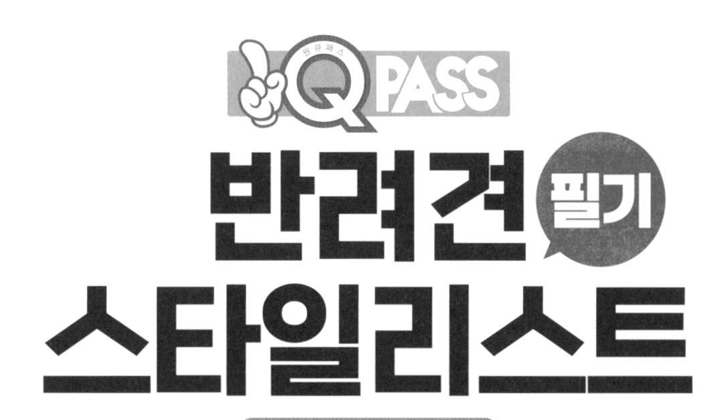

Q PASS 반려견 스타일리스트 필기 1~3급

정재명 · 정재훈 · 김효철 · 류윤희 · 정지은 · 김진성 공저

다락원

머리말

반려견스타일리스트는 반려견에 대한 전문지식과 능숙한 미용능력을 겸비한 인재이고, 선진적인 반려견 문화의 정착을 위하여 노력하고 있습니다. 이 책은 국가공인 반려견스타일리스트 자격검정을 준비하는 수험자들을 위하여 제작된 필기시험 안내서입니다.

목차와 같이 본문은 NCS(국가직무능력표준, National Competency Standards)의 학습모듈에 근거하여 3급, 2급, 1급의 등급별 이론요약과 예상문제를 수록하고 있습니다. 먼저 시험과목별 예상문제 풀이를 통하여 이론과 문제에 대한 감각을 익히고, 최종적으로 등급별 모의고사(총 50문항, 3회)를 통하여 이론의 숙지상태를 점검한다면 필기시험을 성공적으로 준비할 수 있습니다.

국가공인 반려견스타일리스트 자격검정에 도전하시는 여러분을 응원하며, 필기시험에서 좋은 결과가 있으시기를 간절히 기원합니다.

마지막으로, 반려동물 선진문화를 위하여 항상 든든하게 앞장서 주시는 사단법인 한국애견협회에게 깊은 감사를 드리며, 미래의 국가공인 반려견스타일리스트를 위하여 유익한 책이 출판될 수 있도록 도와주신 다락원 출판사의 모든 임직원분들에게 진심으로 감사드립니다.

저자 일동

이 책의 구성

급수별 핵심 이론 정리

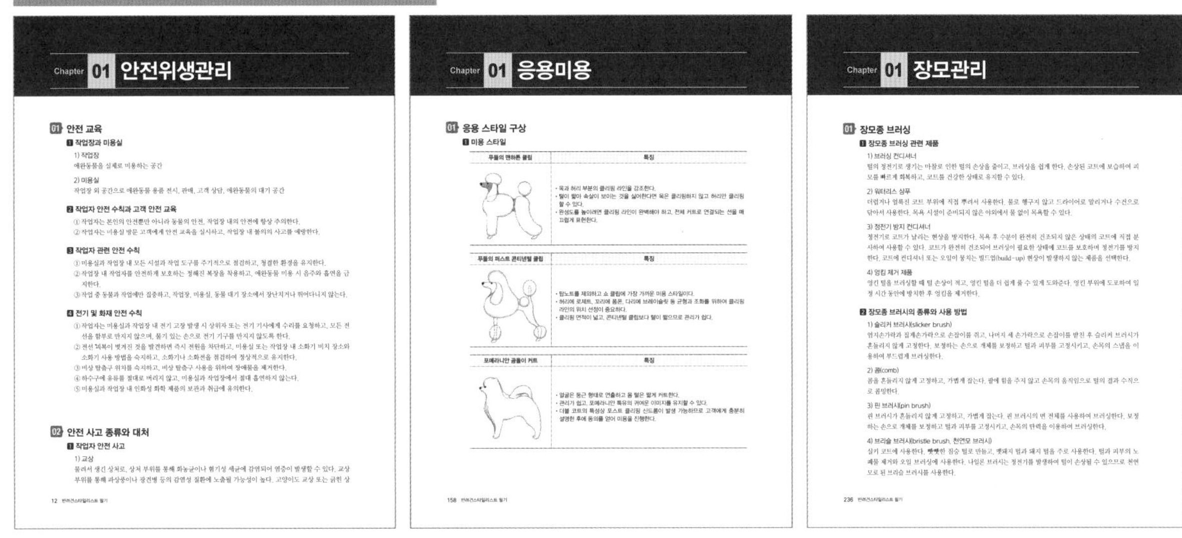
Chapter 01 안전위생관리

Chapter 01 응용미용

Chapter 01 장모관리

출제 기준에 맞춰서 중요한 이론만 뽑아 정리했습니다.
NCS 기준으로 꼭 암기해야 하는 개념만 담았습니다.

급수별 모의고사 문제 3회 분 제공

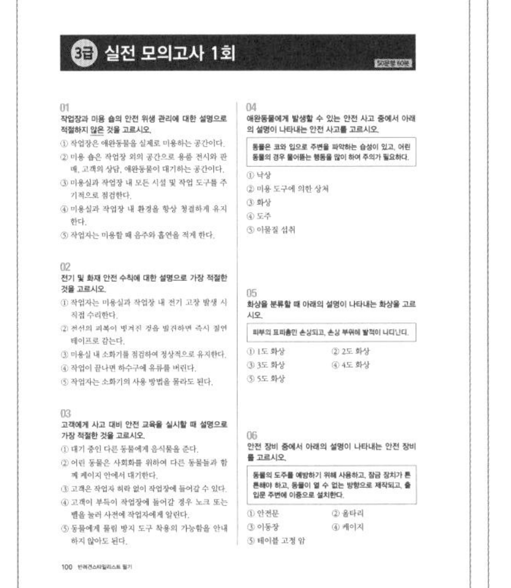
3급 실전 모의고사 1회

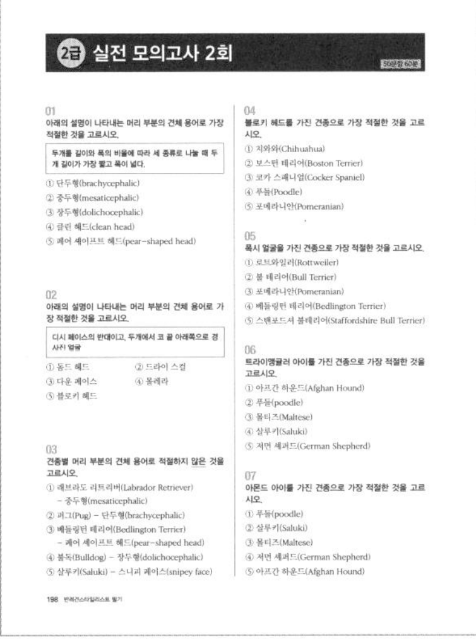
2급 실전 모의고사 2회

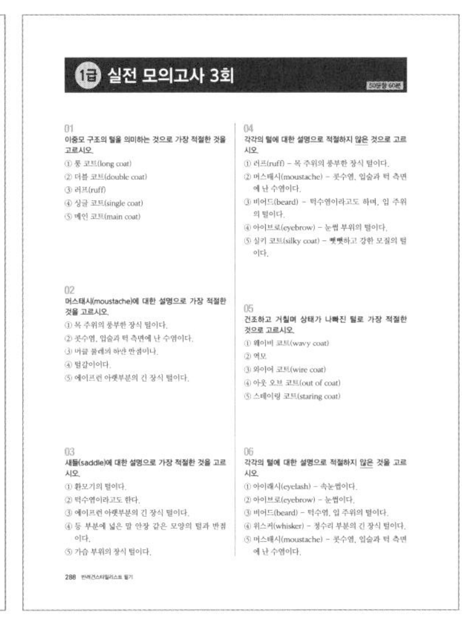
1급 실전 모의고사 3회

출제 기준에 꼭 맞는 출제 빈도가 높은 문제를
반복해서 풀어보며 실전 감각을 키울 수 있습니다.

1 검정기준

등급	응시자격
사범 (비공인)	반려견 미용에 관한 이론 지식과 더불어 관련 교육프로그램에 포함되어 있는 최고급 지식을 이용하여 반려견 미용에 활용하고 실무에 적용 할 수 있는 능력의 유무
1급 (공인)	반려견 장모관리, 쇼미용에 관한 이론 지식과 더불어 관련 교육프로그램에 포함되어 있는 고급 지식을 이용하여 반려견 미용에 활용할 수 있는 능력의 유무
2급 (공인)	반려견 염색, 응용미용에 관한 이론 지식과 더불어 관련 교육프로그램에 포함되어 있는 상급 지식을 이용하여 반려견 미용에 활용할 수 있는 능력의 유무
3급 (공인)	반려견 안전위생관리, 기자재관리, 고객상담, 목욕, 기본미용, 일반미용에 관한 이론 지식과 더불어 관련 교육프로그램에 포함되어 있는 중급 지식을 이용하여 반려견 미용에 활용할 수 있는 능력의 유무

2 검정 방법 및 합격 기준

검정방법	검정시행 형태	합격기준
필기시험	5지선다형 객관식 (OMR카드 이용)	· 100점 만점에 과목별 40점 이상 취득, 전 과목 평균 60점 이상 취득 · 필기시험 합격은 합격자 발표일로부터 만 1년간 유효함

3 필기 검정과목

등급	시험기간	시험과목(문항)	시험방법
사범 (비공인)	총 25문항(30분)	반려견고급미용(25)	5지선다형 객관식
1급 (공인)	총 50문항(60분)	1. 반려견일반미용3(25) 2. 반려견고급미용(25)	5지선다형 객관식
2급 (공인)	총 50문항(60분)	1. 반려견일반미용2(25) 2. 반려견특수미용(25)	5지선다형 객관식
3급 (공인)	총 50문항(60분)	1. 반려견미용관리(20) 2. 반려견기초미용(10) 3. 반려견일반미용1(20)	5지선다형 객관식

4 필기 출제영역

– 애완동물미용 NCS학습모듈에 수록된 내용과 애견미용에 대하여 일반적으로 통용되는 용어, 지식 등을 기반으로 출제

– 「NCS학습모듈」 찾기 : www.ncs.go.kr → ncs 및 학습모듈검색 → 분야별 검색 → 24.농림어업 → 02.축산 → 01.축산지원개발 → 06.애완동물미용

1) 3급 출제영역

시험과목	학습	학습내용
반려견 미용관리	안전위생관리	안전교육
		안전장비점검
		미용숍위생관리
		작업자 위생관리
	기자재 관리	미용도구관리
		미용소모품관리
		미용장비유지보수
	고객상담	고객응대
		고객관리 차트작성
		애완동물상태확인
		스타일 상담
		작업후 상담
반려견 기초미용	목욕	빗질
		샴푸
		린스
		드라이
	기본미용	미용도구활용
		발톱관리
		귀관리
		기본클리핑
		기초시저링
반려견 일반미용1	일반미용	개체특성파악
		클리핑
		시저링
		트리밍 용어

2) 2급 출제영역

시험과목	학습	학습내용
반려견 일반미용2	일반미용	견체용어
반려견 특수미용	응용미용	응용스타일구상
		도구응용사용
		응용스타일완성
	염색	염색준비
		염색작업
		염색마무리

3) 1급 출제영역

시험과목	학습	학습내용
반려견 일반미용3	일반미용	피부와 털
		모색
반려견 고급미용	쇼미용	품종표준미용 파악
		테이블 매너 훈련
		쇼미용 커트
		쇼미용 스트리핑
		쇼미용 메이크업
	장모관리	장모종 브러싱
		장모종 목욕
		장모종 드라잉
		장모종 래핑·밴딩

4) 사범 출제영역

시험과목	학습	학습내용
반려견 고급미용	쇼미용	품종표준미용 파악
		테이블 매너 훈련
		쇼미용 커트
		쇼미용 스트리핑
		쇼미용 메이크업

5 시험관리정보

자격명	반려견스타일리스트
자격발급기관	(사)한국애견협회 https://pskkc.or.kr/
자격의 종류	공인민간자격(부분공인)
등록번호	[등록번호] 2008-0630 [공인번호] 농림축산식품부 2019-1호 [공인] 1급, 2급, 3급 [비공인] 사범
자격유효기간	5년
총비용	[응시료] 필기시험 5만원, 실기시험 5만원 [발급비] 3급 5만원, 2급 7만원, 1급 10만원, 사범 25만원

※ 전화: 02-2265-3349, 이메일: pskkc@naver.com

6 응시자격

등급	세부내용
사범 (비공인)	연령, 학력 : 제한없음 기타 : 1급 자격 취득 후 3년간의 실무경력이 있는 자
1급 (공인)	연령, 학력 : 제한없음 기타 : 2급 자격 취득 후 1년 이상의 실무경력 또는 교육 훈련을 받은 자
2급 (공인)	연령, 학력 : 제한없음 기타 : 3급 자격 취득 후 6개월 이상의 실무경력 또는 교육 훈련을 받은 자
3급 (공인)	연령, 학력, 기타 : 제한없음

수험자 유의사항

다음은 원활한 검정 진행과 공정한 평가를 위한 중요 사항입니다.
응시 전 충분히 숙지바랍니다.
의문 사항이 있으시면 언제든지 수험자 본인의 메일로 문의바랍니다.
(협회 전용메일: pskkc@naver.com)

1 시험당일 공통 사항

1) 신분증 지참

▶ 다음 시점까지 제시하지 못하면 응시할 수 없습니다.

① 필기시험: 시험시작 시점까지

② 실기시험: 시험시작 30분 전까지

<table>
<tr><th>사용 가능한 신분증(만 18세 이상 성인)</th><th>응시불가 사례</th></tr>
<tr><td>주민등록증(분실 시 '주민등록증 발급신청 확인서' 원본), 운전면허증, 국가자격증, 국가기술자격증, 국가공인민간자격증, 기간 만료 전의 여권
* 모바일 운전면허증의 경우 직접 앱에서 생성된 화면만 유효하게 인정되며, 화면 캡쳐본, 촬영본 등 사본은 인정불가</td><td rowspan="3">- 신분증 사본
- 휴대전화로 촬영된 신분증 사진
- 대학생, 대학원생 학생증
- 유효기간이 만료된 신분증
- 이름, 사진, 생년월일, 학교직인 중 어느 하나라도 없는 신분증</td></tr>
<tr><th>사용 가능한 신분증(만 18세 미만)</th></tr>
<tr><td>학생증, 청소년증(분실 시 '청소년증 발급신청 확인서' 원본), 기간만료 전의 여권</td></tr>
</table>

요건을 충족한 신분증이 없는 수험자는 주민센터에서 발급받은 「청소년증 발급신청 확인서」 또는 「주민등록증 발급신청 확인서」 원본을 지참바랍니다.

2) 수험표 지참

수험표가 없으면 수험자 본인의 시험실 확인이 어렵고 필기시험 답안지에 수험번호 표기시 잘못 기재할 염려가 있습니다.

3) 입실시간 준수

시험시작 전 유의사항과 제반 요령에 대해 설명하고 수험자 확인, 준비물 사전 검사(실기시험)를 합니다.

4) 감독위원 안내 경청 및 준수

감독위원은 규정에서 정한 내용과 절차에 따라 안내합니다. 감독위원의 안내 사항을 거부하거나 소란을 야기할 경우 향후 응시가 제한될 수 있습니다.

5) 휴대폰은 OFF

시험실내에서 휴대폰 전원은 반드시 OFF 바랍니다.

6) 스마트워치 반입금지

녹음, 촬영, 메시지 수발신 등의 기능이 있는 전자기기는 사용하거나 반입할 수 없습니다.

7) 한시적 적용

코로나 사태가 종식될 때까지 반드시 입실시 발열체크, 손소독제 사용, 마스크 착용을 의무화 합니다. 또한 페이스쉴드, 위생장갑착용을 허용합니다.

2 필기시험 유의사항

1) 수성 사인펜 지참

컴퓨터용 검정색 수성 사인펜 지참바랍니다. 수정 테이프는 시험실에서 대여합니다.
답안카드 작성시 연하게 표시되어 전산 판독이 불가능할 경우 전적으로 수험자 귀책입니다.

2) 시험지 반납

다음 해당자는 채점 대상에서 제외되며 3년간 응시할 수 없습니다.

▶ 퇴실시 시험지를 감독위원에 반납하지 않은 자

▶ 시험지를 외부로 유출 또는 기도한 자

3) 시험 완료자는 시험시간 1/2 경과 후 퇴실 가능합니다.

3급

1과목 반려견 미용관리

Chapter 01 **안전위생관리**

Chapter 02 **기자재관리**

Chapter 03 **고객상담**

Chapter 01 안전위생관리

01 안전 교육

1 작업장과 미용실

1) 작업장

애완동물을 실제로 미용하는 공간

2) 미용실

작업장 외 공간으로 애완동물 용품 전시, 판매, 고객 상담, 애완동물의 대기 공간

2 작업자 안전 수칙과 고객 안전 교육

① 작업자는 본인의 안전뿐만 아니라 동물의 안전, 작업장 내의 안전에 항상 주의한다.
② 작업자는 미용실 방문 고객에게 안전 교육을 실시하고, 작업장 내 불의의 사고를 예방한다.

3 작업자 관련 안전 수칙

① 미용실과 작업장 내 모든 시설과 작업 도구를 주기적으로 점검하고, 청결한 환경을 유지한다.
② 작업장 내 작업자를 안전하게 보호하는 정해진 복장을 착용하고, 애완동물 미용 시 음주와 흡연을 금지한다.
③ 작업 중 동물과 작업에만 집중하고, 작업장, 미용실, 동물 대기 장소에서 장난치거나 뛰어다니지 않는다.

4 전기 및 화재 안전 수칙

① 작업자는 미용실과 작업장 내 전기 고장 발생 시 상위자 또는 전기 기사에게 수리를 요청하고, 모든 전선을 함부로 만지지 않으며, 물기 있는 손으로 전기 기구를 만지지 않도록 한다.
② 전선 피복이 벗겨진 것을 발견하면 즉시 전원을 차단하고, 미용실 또는 작업장 내 소화기 비치 장소와 소화기 사용 방법을 숙지하고, 소화기나 소화전을 점검하여 정상적으로 유지한다.
③ 비상 탈출구 위치를 숙지하고, 비상 탈출구 사용을 위하여 장애물을 제거한다.
④ 하수구에 유류를 절대로 버리지 않고, 미용실과 작업장에서 절대 흡연하지 않는다.
⑤ 미용실과 작업장 내 인화성 화학 제품의 보관과 취급에 유의한다.

02 안전 사고 종류와 대처

1 작업자 안전 사고

1) 교상

물려서 생긴 상처로, 상처 부위를 통해 화농균이나 혐기성 세균에 감염되어 염증이 발생할 수 있다. 교상 부위를 통해 파상풍이나 광견병 등의 감염성 질환에 노출될 가능성이 높다. 고양이도 교상 또는 긁힌 상

처로 만성적으로 림프절 부종이 나타날 수 있다.

2) 전염성 질환

광견병, 백선증, 개선충에 의한 소양감, 홍반 탈모 피부 질환이 있다. 동물의 배설물로 인한 회충, 지알디아, 캠필로박터, 살모넬라, 대장균 등에 의한 소화기 질환이 있다.

3) 미용 도구에 의한 상처

동물의 돌발 행동, 예측할 수 없는 상황으로 작업하는 미용 도구에 상처를 입을 수 있다. 상처는 감염의 유무에 따라 감염창과 비감염창이 있다.

4) 화상

① 1도 화상: 피부 표피층만 손상된 것으로 손상 부위에 발적이 나타나며, 수포가 생기지 않고, 통증이 일반적으로 3일 정도 지속된다.
② 2도 화상: 피부 진피층까지 손상된 것으로 손상 부위에 수포와 통증이 나타나며, 흉터가 남을 수 있다.
③ 3도 화상: 피부 전체층에 손상된 것으로 피부색이 변하고, 피부 신경이 손상되면 통증이 없을 수 있다.
④ 4도 화상: 피부 전체층과 그 밑의 근육, 인대 또는 뼈까지 손상된 것으로 피부가 검게 변한다.

2 애완동물 안전 사고

1) 낙상

높은 곳에서 떨어지거나 넘어져서 다치는 것으로 어린 동물, 노령 동물뿐만 아니라 전 연령의 동물에서 발생한다. 미용 테이블, 목욕조는 동물에게 매우 높은 곳이므로 떨어지면 심각한 부상을 초래한다.

2) 미용 도구에 의한 상처

작업자뿐만 아니라 작업 중인 동물에게도 발생한다. 미용 도구들은 대부분 뾰족하고 날카로우므로 한순간 방심에도 피부에 상처를 낼 수 있다. 상처의 정도가 심각할 수 있으므로 항상 주의한다.

3) 화상

동물 피부는 사람보다 얇고 취약하므로 사람보다 낮은 온도에서 화상이 발생할 수 있다. 털 건조 시 헤어드라이어와 룸 드라이, 목욕 시 온수, 미용 시 클리퍼, 염색제, 탈색제 등 화학 제품에 주의한다.

4) 도주

보호자와 떨어진 동물은 낯선 환경에서 극도로 불안, 예민한 상태로 과거 미용 경험으로 작업자나 작업장 자체에 공포감을 가질 수 있으므로 작업장을 벗어나려는 도주에 주의한다. 건물 밖으로 도주 시 교통사고와 실종 등의 심각한 문제를 초래할 수 있다.

5) 이물질 섭취

동물은 코와 입으로 주변을 파악하려는 습성을 가진다. 어린 동물은 호기심이 많고 발달 과정에서 물어뜯거나 입에 넣는 행동이 많으므로 주의한다.

6) 다른 동물에 의한 교상

미용실 또는 작업장에 들어온 동물은 극도로 불안, 예민한 상태로 사회화 정도에 따라 다른 동물과 함께 있는 것을 불편해할 수 있다. 언제든지 다른 동물이나 작업자를 공격하여 교상을 일으킬 수 있다.

7) 감전

① 신체에 전류가 흘러 상처를 입거나 충격을 받는 것이다. 노출 시간, 전압 크기, 전류 세기에 따라 부상 정도가 결정된다.

② 개는 물건을 물어뜯는 습성이 있고, 고양이는 줄과 같은 선형 이물질을 물고 삼키는 습성이 있으므로 전열 기기의 전기선에 의한 감전에 주의한다.

③ 동물 피부가 건조하거나 약한 전원에 접촉하였을 때 위험도가 크지 않지만, 물기가 있을 때 전기가 더 잘 통하기 때문에 사망 또는 위급한 상황이 발생할 수 있다.

3 작업장 안전 사고

1) 화재

주된 원인은 전선 합선, 낡은 전선이나 전기 기구의 절연 불량, 전류 과부하, 정전기 불꽃으로 인한 전기 화재이다. 인화성 액체 및 고체의 유지류에 의한 유류 화재, 담뱃불 화재가 있다.

2) 누전

전선 피복의 손상, 낡은 전선의 절연 불량, 습기가 침입하는 등 전기 일부가 전선 밖으로 흘러나와 주변에 흐르는 상태이다. 신체 일부에 닿으면 감전 사고를 일으킬 수 있고, 전류에 의한 열이 인화 물질에 닿아 화재가 발생할 수 있다.

3) 누수

물이 흐르는 통로, 기구 등 손상으로 균열, 구멍이 생겨서 물이 새어 나가는 상태이다. 누수로 물이 주변 전기 기구에 닿으면 감전 사고가 발생할 수 있다.

4 심폐 소생술

호흡, 심장 박동이 멈춘 심폐 정지 상황에서 인공적으로 호흡과 혈액 순환을 유지시켜 주는 응급조치 방법으로, 위급한 동물에게 심폐 소생술 하여 회생 가능하다.

03 안전 장비 점검

1 대기 장소의 안전 장비

1) 안전문

① 도주 예방을 위해 충분히 촘촘한 것을 선택해야 한다. 대기 동물의 크기에 맞춰 충분히 높고, 안전문 잠금 장치가 튼튼하고, 동물이 물리력을 가하여 열 수 없는 방향으로 제작한다.

② 출입문 주변에 안전문을 이중으로 설치하고, 안전문은 항상 닫힌 상태로 유지한다.

2) 울타리

① 동물 몸 높이에 비해 충분히 높고 튼튼하고 촘촘한 것을 선택한다. 동물이 울타리 안에서 대기할 때 동물마다 독립된 공간으로 울타리를 조성한다.

② 독립된 공간을 제공하기 어려울 때에는 연령, 성별, 크기가 비슷한 동물끼리 분리한다.

③ 어린 동물, 노령 동물, 불안감을 보이는 동물들은 다른 동물에게 쉽게 물릴 위험이 있으므로 따로 분리한다. 공격적인 성향을 보이는 동물도 따로 분리한다.

3) 이동장

① 예민하고 공격적인 성향을 보이는 동물(특히 고양이)은 이동장에서 대기하도록 한다.

② 심리적인 안정감 추구를 위해 동물이 평소 사용하는 익숙한 이동장을 추천한다.

③ 여러 동물들이 사용한 이동장은 다른 동물의 냄새가 남아 있어 불안해하므로 추천하지 않는다.

4) 케이지

① 여러 동물들이 대기하므로 동물의 출입과 퇴실 시 각별히 위생에 주의한다.

② 공격적인 성향의 동물, 대형 동물은 울타리를 쉽게 넘고 무너뜨릴 수 있으므로 케이지에서 대기한다.

③ 호흡기·소화기 증상을 보이거나 피부병이 있는 동물은 따로 대기하고 위생에 주의한다.

2 미끄러짐·낙상 방지를 위한 안전 장비

1) 테이블 고정 암(arm)

① 미용 작업 동안 동물의 안전을 위해 움직임을 제한하는 보정 장치이다. 미용 작업 중에만 사용하고, 동물을 혼자 대기시키는 목적으로는 사용을 금지한다.

② 고정 암을 선택할 때 목줄, 허리, 배도 받쳐 줄 수 있는 것을 선택한다. 동물의 체중을 충분히 지탱할 수 있는 튼튼한 것을 사용한다.

③ 목줄, 하니스(harness)를 너무 꽉 조이지 않고 동물의 움직임을 제한할 정도로만 조여 주고, 손가락 몇 개가 들어갈 수 있을 정도의 여유를 두어야 한다.

2) 바닥재

미끄럽지 않은 소재를 선택하거나 밑에 깔개를 깔아 미끄러짐과 낙상을 방지한다.

3 물림 방지를 위한 안전 장비

① 엘리자베스 칼라(Elizabethan collar)

② 입마개

04 미용 숍 위생 관리

1 작업장·대기 장소의 청결 상태 점검 항목

1) 바닥

① 작업장 바닥은 미용 작업 중에 발생한 털, 동물이 대기 중에 발생한 배설물로 오염 가능성이 높다.

② 털과 특히 배설물은 사람과 동물에게 질병을 옮길 수 있으므로 항상 청결하게 유지 관리한다.

2) 작업 테이블

① 동물이 장시간 테이블 위에서 대기하므로 테이블의 상태를 수시로 점검한다. 동물의 이물질 섭취를 예방한다.

② 가위, 클리퍼, 발톱깎이 등 날카롭고 뾰족한 미용 도구를 안전하게 정리한다.

3) 목욕조

① 많은 동물이 출입하고, 미끄러우므로 안전 사고 예방을 위해 반드시 점검한다.

② 목욕과 관련 없는 도구가 방치되지 않도록 관리하고, 목욕 후 마른걸레로 목욕조 주변과 바닥을 미끄럽지 않게 닦는다.

4) 케이지의 청결 상태

① 동물의 대기 공간으로 많이 사용하므로 동물의 배설물로 오염될 가능성이 높다.

② 대기하는 동안 패드를 깔아 주고, 동물의 배설물 유무를 수시로 점검하고, 발견 즉시 교체한다.

③ 동물이 퇴실하면 케이지 바닥, 옆면, 천장, 잠금장치 등 청소, 소독하여 청결하게 유지 관리한다.

5) 울타리와 안전문

① 대기 공간인 울타리와 안전문은 많은 동물이 수시로 출입하므로 동물의 대변, 소변, 침 등 오염될 가능성이 높다.

② 대기하는 동안 울타리와 안전문에 묻은 배설물은 즉시 제거하고, 전체 청소가 어려울 때는 부분적으로 청소, 소독하여 청결하게 유지 관리한다.

2 미용 도구 소독 상태 점검

동물 피부에 직접 닿으므로 위생에 철저한 주의가 필요하다. 피부 질환이 있는 동물의 미용 전과 후에 소독하고, 이물질과 부식된 부분이 없도록 청결하게 유지 관리한다.

3 소독(disinfection)

질병의 감염·전염을 예방하기 위해 아포를 제외한 대부분의 유해한 미생물을 파괴 혹은 불활성화한다. 비병원성 미생물을 파괴하지 않으므로 모든 미생물이 사멸되지는 않는다. 소독과 비슷한 개념인 멸균(sterilization)은 아포를 포함한 모든 미생물을 사멸한다. 소독은 일반적인 오염 물질들을 제거하기 위해 사용하고, 멸균은 식품 보존이나 의약품 및 수술도구에 주로 사용한다.

4 소독 방법

1) 화학적 소독

특정 화학 제품을 사용하여 소독하고 동물에 위해하지 않은 화학적 소독제 중 알맞은 소독제를 사용한다.

2) 자비 소독

① 100℃의 끓는 물에 소독 대상을 넣어 소독한다. 100℃ 이상으로 올라가지 않으므로 미생물 전부를 사멸시키는 것은 불가능하며, 아포와 일부 바이러스에는 효과가 없다.

② 소독 방법은 100℃에서 10~30분 정도 충분히 끓인다. 의류, 금속 제품, 유리 제품 등에 적당하고, 금속 제품은 탄산나트륨 1~2%를 추가하면 녹스는 것을 방지할 수 있다.

③ 자비 소독은 고압 증기 멸균기가 없는 곳에서 사용한다. 유리 제품은 찬물에 넣은 후 끓기 시작하면 10~20분간 두고, 유리 제품을 제외하고는 끓기 시작하면 넣는다.

3) 일광 소독

① 직사광선에 노출하여 소독한다. 가장 간단한 소독 방법이나, 두께가 두꺼운 경우 깊은 부분까지 소독되지 않는 단점이 있고 계절, 기후, 환경에 영향을 받으므로 소독 효과가 일정하지 않다.

② 소독 방법은 소독 대상을 맑은 날 오전 10시~오후 2시 사이에 직사광선에 충분히 노출한다. 작업장에서 사용하는 수건 및 의류 소독에 적합하다.

4) 자외선 소독법

① 2,500~2,650 Å (angstrom)의 자외선을 조사하여 멸균한다. 소독 대상의 변화가 거의 없고, 균에 내성이 생기지 않는다.

② 소독 방법은 소독 대상을 자외선 소독기에 넣고, 10cm 내의 거리에서는 1~2분 동안, 50cm 내의 거리에서는 10분 정도 노출한다.

5) 고압 증기 멸균법

① 포화된 고압 증기 형태의 습열을 이용하여 아포를 포함한 모든 미생물을 사멸한다.

② 소독 방법은 고압 증기 멸균기(autoclave)를 사용하여 소독 대상을 물기 없이 닦고, 증기가 침투하기 쉽게 기구의 뚜껑은 열어 놓고 천 또는 알루미늄 포일로 싼 후, 보통 15파운드의 수증기압과 121℃에서 15~20분간 소독한다.

③ 습열에 약한 대상에 사용하지 않고, 금속날은 무뎌질 수 있다.

5 화학적 소독제 종류

1) 계면 활성제

① 물과 기름 모두에 잘 녹는다. 종류는 비누나 샴푸, 세제 등과 같은 음이온 계면 활성제, 4급 암모늄(역성 비누)과 같은 살균, 소독용으로 사용되는 양이온 계면 활성제가 있다.

② 양이온 계면 활성제는 대부분의 세균, 진균, 바이러스를 불활성화시킨다. 녹농균, 결핵균, 아포에 효과가 없고, 일반적으로 손, 피부 점막, 식기, 금속 기구, 식품 등을 소독한다.

③ 제품 설명서에 명시된 희석 배율로 희석한 후 분무 또는 일정 시간 소독제 안에 담가 둔다.

2) 과산화물

과산화수소, 과산화초산 등을 포함한다. 산화력으로 살균 소독을 하고, 산소와 물로 분해되어 잔류물이 남지 않지만, 단점은 자극성과 부식성이 있으므로 주로 2.5~3.5% 농도로 사용하도록 한다.

3) 알코올

① 주로 에탄올을 사용하며, 알코올과 물을 7:3 희석 시 넓은 범위의 소독력이 있다. 세균, 결핵균, 바이러스, 진균을 불활성화시킨다. 아포에 효과가 없고 손, 피부, 미용 기구 소독에 가장 적합하다.

② 단점은 가격이 비싸고, 고무나 플라스틱을 손상시킬 수 있고, 상처가 난 피부에 사용하면 매우 자극적이고, 인화성이 있어 화재 위험성이 있으므로 보관에 주의한다.

③ 사용 방법은 분무기에 넣어 분무 또는 솜 등에 적셔서 사용하거나 기구를 10분간 담가 둔다.

4) 차아염소산나트륨

① 락스의 구성 성분으로 기구 소독, 바닥 청소, 세탁, 식기 세척 등 다양한 용도로 사용한다. 개에게 전염성이 높은 파보, 디스템퍼, 인플루엔자, 코로나바이러스, 살모넬라균을 불활성화시키기 때문에 넓은 범위의 살균력과 소독력이 있다.

② 제품에 명시된 농도로 희석하여 용도에 맞게 사용한다. 사용 시 독성을 띄는 염소 가스가 발생(특유한 냄새의 원인)되므로 환기에 특히 주의한다. 점막, 눈, 피부에 자극성을 나타내며, 금속을 부식시킬 수 있으므로 기구 소독에 사용 시 유의한다. 보관 시 빛과 열에 분해되지 않도록 주의한다.

5) 페놀류(석탄산)

① 거의 모든 세균을 불활성화시킨다. 살충 효과가 있으며, 바이러스, 아포에는 효과가 없다.
② 가격이 저렴하여 넓은 공간을 소독할 때 적합하다. 고온일수록 소독 효과가 크고, 안정성이 강하여 오래 두어도 화학 변화가 없다. 유기물이 있는 표면에 사용해도 소독력이 감소하지 않는다.
③ 점막, 눈, 피부에 자극성이 있다. 특히 고양이에 독성을 나타내므로 고양이가 있는 환경에 추천하지 않는다.
④ 금속을 부식시키므로 배설물 소독 등 한정된 용도로만 사용하되, 보통 3~5% 농도로 사용한다.

6) 크레졸

① 독성은 페놀류와 같은 정도이다. 페놀류보다 소독 효과가 3~4배 더 좋다. 녹농균, 결핵균을 포함한 대부분의 세균을 불활성화시키고 아포, 바이러스에는 효과가 없다.
② 물에 잘 녹지 않으므로 비누로 유화시킨다. 보통 비눗물과 50%로 혼합한 크레졸 비누액으로 많이 사용한다. 기구나 배설물 소독에 보통 3~5% 농도로 사용한다. 냄새가 강한 편이고, 금속을 부식시키며, 원액은 피부에 손상을 일으키므로 주의한다.

6 청소 도구

1) 진공청소기

소음 때문에 동물들이 불안해하고 두려워할 수 있으므로 가능하면 소음이 적은 제품을 사용하고 영업 전후 동물이 없을 때 사용한다. 동물 가까이 청소기를 대지 않는다.

2) 핸디 청소기

바닥 청소 등 넓은 공간보다 미용 테이블에 떨어진 털을 제거하고, 가구나 기구 위에 떨어진 먼지 청소에 적합하다.

3) 먼지떨이, 빗자루, 걸레

먼지떨이는 먼지를 털기 전 창문을 열어 환기시키고 먼지가 많이 쌓이는 곳에 사용한다. 빗자루는 청소기를 사용하기 전에 사용하고, 용도에 맞게 적당한 크기를 선택한다. 걸레는 용도에 따라 구분해서 사용한다.(예 가구의 먼지, 바닥, 배설물을 닦는 용도 등)

05 작업자 위생 관리

1 작업자 위생 관리 점검 항목

1) 손, 손톱

애완동물 미용은 장시간 손으로 하는 작업으로 손과 손톱의 위생이 매우 중요하다. 손톱 밑에 이물질이 끼여 세균 번식이 쉽고, 동물에게 상처를 입힐 수 있으므로 가능한 짧고 청결하게 유지한다. 손으로 여러 동물을 다루므로 작업자 자신을 보호하고, 전염병의 전파를 예방하기 위하여 손과 손톱의 위생에 주의한다.

2) 입 냄새, 체취

① 동물의 후각은 매우 예민하므로 작업자의 냄새에 민감한 반응을 보일 수 있고, 자극적인 냄새로 동물에게 흡입성 알레르기 유발이 가능하다. 작업자는 냄새가 강한 화장품, 향수의 사용과 흡연을 가능한 금한다.

② 금연하지 못한 경우 담배 냄새를 철저히 제거한다. 작업자는 보호자와 상담하므로 입 냄새에 주의한다.

3) 헤어

헤어 스타일에 특별한 제한은 없으나, 작업 중 머리카락이 끼는 안전 사고를 예방하고 동물이 머리카락을 물어뜯는 것을 방지하기 위해 단정히 뒤로 묶는다. 보호자와 대면하므로 머리는 항상 청결하게 유지한다.

4) 장신구

과도하게 늘어지는 목걸이, 귀걸이, 팔찌 등 장신구를 착용하지 않는다.

5) 작업복과 신발

① 동물의 털, 침, 배설물 등 오염 물질에 쉽게 노출되므로 별도의 작업복과 신발을 착용한다. 오염이 덜 되는 소재, 방수가 되는 것을 선택한다. 작업복은 일차적으로 신체를 보호하기 위해 가급적 긴 형태의 상하의를 입는다.

② 신발은 발을 완전히 감싸는 형태로 굽이 높지 않고 발의 피로감이 적은 신발을 착용한다.

2 인수 공통 전염병

사람과 동물이 같은 병원체에 감염되고, 사람과 동물 사이에 서로 전파 가능한 질병이다. 작업자들은 장시간 동물의 털과 피부를 직접 만지기 때문에 인수 공통 전염병의 위험이 있고, 질병을 전달하는 매개체가 될 가능성이 높다.

1) 광견병(rabies)

광견병 바이러스로 인한 급성 바이러스성 뇌염을 일으키는 질병이다. 광견병 예방 백신 사업으로 드물게 발생하지만 치명적이다. 주로 광견병 바이러스에 감염된 동물에 의한 교상과 상처 부위를 통해 감염된다.

2) 백선증(곰팡이성 피부 질환, ringworm)

곰팡이 감염으로 인한 피부 질환이다. 곰팡이에 감염된 동물과 직접 접촉, 오염된 미용 기구, 목욕조 등의 접촉으로 감염된다.

3) 개선충(옴진드기, sarcoptic mange)

개선충으로 생기는 피부 질환이다. 대부분 동물과 직접 접촉하여 감염되고 개선충이 피부 표피에 굴을 파고 서식하므로 소양감이 매우 심하다.

4) 회충, 지알디아, 캠필로박터, 살모넬라균, 대장균

동물의 배설물에 의해 전염된다. 주로 입으로 감염되어 사람과 동물에게 장염과 같은 소화기 질병이 발생된다.

3 피부 소독제의 종류

1) 알코올(Alcohol)

① 피부와 같이 살아 있는 조직을 소독한다. 점막에 닿으면 자극적이므로 상처 부위에 가급적 피해서 사용한다.

② 물과 희석하여 사용(예 70% → 알코올7 + 물3)한다. 지나치게 많이 사용하면 오히려 피부에 자극을 준다.

2) 클로르헥시딘(Chlorhexidine)

① 일상적인 손 소독, 상처 소독에 모두 사용한다. 세균이 급격히 감소하는 효과를 나타내지만, 알코올보다 소독 효과가 천천히 나타난다.

② 0.5%의 농도로 물, 생리 식염수에 희석하여 사용하고, 4% 이상의 농도에서는 피부에 자극이 될 수 있다. 동물에게는 귀와 눈에 독성을 나타내므로 귀와 눈에 사용을 금지한다.

3) 과산화수소(Hydrogen Peroxide)

① 도포 시 거품이 나고, 산화력이 강하고 산소가 발생하므로 호기성 세균 번식을 억제하는 효과가 있다.

② 농도에 따라 피부에 매우 자극적이므로 2.5~3%의 농도로 사용한다.

4) 포비돈(Povidone-iodine)

① 포비돈은 세균, 곰팡이, 원충, 일부 바이러스 등 넓은 범위의 살균력이 있다.

② 주로 상처 소독용, 수술 전 소독용으로 사용하는데, 알코올과 함께 사용하면 효과가 상승하며, 1~10%의 농도로 사용한다.

4 작업복, 신발 소독 방법

소독 전 소독 효과를 떨어뜨리는 오염 물질이 제거되도록 세제로 세정 작업을 한다. 세정 작업 후 소재에 따라 알맞은 방법을 선택하여 소독한다.

상태	소독 방법
열에 강한 소재의 작업복과 신발	자비 소독, 일광 소독
열에 약한 재질, 소독 설비가 없을 경우	화학적 소독제로 소독

Chapter 01 안전위생관리 출제 예상 문제

01

작업자 안전 수칙에 대한 설명으로 적절하지 않은 것을 고르시오.

① 작업자는 본인의 안전보다 동물의 안전을 항상 우선한다.

② 작업자는 미용실 방문 고객에게 안전 교육을 실시하여 작업장 내 불의의 사고를 예방한다.

③ 미용실과 작업장 내 모든 시설 및 작업 도구를 주기적으로 점검한다.

④ 미용실과 작업장 내 환경을 항상 청결하게 유지한다.

⑤ 작업 중 안전 사고 방지를 위해 반드시 동물과 작업에만 집중한다.

정답 ①

해설 작업자는 본인의 안전과 동물의 안전, 작업장 내의 안전을 위해 항상 주의한다.

02

전기 및 화재 안전 수칙에 대한 설명으로 적절하지 않은 것을 고르시오.

① 작업자는 미용실과 작업장 내 전기 고장 발생 시 상위자 또는 전기 기사에게 수리를 요청한다.

② 전선의 피복이 벗겨진 것을 발견하면 즉시 전원을 차단한다.

③ 미용실 또는 작업장 내 소화기나 소화전을 점검하여 정상적으로 유지한다.

④ 작업자는 비상 탈출구 위치를 알고, 비상 탈출구 사용을 위하여 장애물을 제거한다.

⑤ 작업자는 작업장에서 절대 흡연하지 않고, 흡연 시 미용실을 이용한다.

정답 ⑤

해설 작업장은 애완동물을 실제로 미용하는 공간이고, 미용실은 작업장 외 공간으로 애완동물 용품 전시, 판매, 고객 상담, 애완동물 대기 공간이다. 작업자는 미용실과 작업장에서 절대 흡연하지 않는다.

03

고객에게 사고 대비 안전 교육을 실시할 때 설명으로 적절하지 않은 것을 고르시오.

① 대기 중인 다른 동물을 함부로 만지지 않고, 음식물을 주지 않는다.

② 어린 동물은 사회화를 위하여 다른 동물들과 함께 케이지 안에서 대기한다.

③ 작업자 허락 없이 작업장에 들어가지 않는다.

④ 고객이 부득이 작업장에 들어갈 경우 노크 또는 벨을 눌러 사전에 작업자에게 알린다.

⑤ 동물과 작업자 안전을 위해 물림 방지 도구 착용이 가능함을 사전에 알린다.

정답 ②

해설 어린 동물은 질병에 취약하고 공격당하기 쉬우므로 안거나 이동장 안에서 대기한다.

04

안전 사고 중 교상에 대한 설명으로 적절하지 않은 것을 고르시오.

① 교상은 물려서 생긴 상처이다.

② 상처 부위를 통해 화농균이나 혐기성 세균에 감염되어 염증이 발생할 수 있다.

③ 교상 부위를 통해 파상풍이나 광견병 등의 감염성 질환에 노출될 수 있다.

④ 고양이도 교상 또는 긁힌 상처로 만성적으로 림프절 부종이 나타날 수 있다.

⑤ 광견병은 개의 혈액을 통해 감염되며 잠복 기간 중 증세가 없을 수 있다.

정답 ⑤

해설 광견병은 개의 타액을 통해 감염되며 잠복 기간 중 증세가 나타나지 않을 수 있으므로 약 1주일 동안 보호 관찰하여 광견병 발병 여부를 확인해야 한다.

05

안전 사고 중 화상에 대한 설명으로 적절하지 않은 것을 고르시오.

① 1도 화상은 피부 표피층만 손상된 것이다.
② 2도 화상은 피부 진피층까지 손상된 것이다.
③ 3도 화상은 피부 전체층이 손상된 것이다.
④ 4도 화상은 피부 전체층과 그 밑의 근육, 인대 또는 뼈까지 손상된 것이다.
⑤ 5도 화상은 피부 전체층이 손상되어 피부가 검게 변한다.

정답 ⑤
해설 화상은 1~4도로 분류하고, 4도 화상은 피부 전체층과 그 밑의 근육, 인대 또는 뼈까지 손상되고, 피부가 검게 변한다.

06

애완동물에게 발생 가능한 안전 사고에 대한 설명으로 적절하지 않은 것을 고르시오.

① 낙상은 높은 곳에서 떨어지거나 넘어져서 다치는 것이다.
② 동물 피부는 사람보다 조금 두꺼우므로 사람보다 높은 온도에서 화상을 입을 수 있다.
③ 과거 미용 경험으로 작업장 자체에 공포감을 가지는 경우 도주에 각별히 주의한다.
④ 감전은 신체에 전류가 흘러 상처를 입거나 충격을 받는 것이다.
⑤ 감전은 전압 크기, 전류 세기, 노출 시간에 따라 부상 정도가 결정된다.

정답 ②
해설 동물 피부는 일반적으로 사람보다 얇고 취약하므로 사람보다 낮은 온도에서 화상을 입을 수 있고, 털 건조 시 사용하는 헤어 드라이어와 룸 드라이, 목욕 시 사용하는 온수, 미용 시 사용하는 클리퍼, 염색제와 탈색제 등의 일부 화학 제품이 화상을 입힐 수 있다.

07

가벼운 교상 상처 대처에 대한 설명으로 적절하지 않은 것을 고르시오.

① 물과 비누를 이용하여 몇 분 동안 상처를 깨끗이 씻는다.
② 멸균 거즈나 깨끗한 수건으로 상처를 압박한다.
③ 피가 계속 날 경우 15분 이상 압박하여 지혈한다.
④ 항생제 연고를 바르고, 반창고나 거즈, 붕대로 상처 부위를 완전히 덮어 보호한다.
⑤ 심하게 붓거나 농이 나오는 경우 깨끗한 물로 반복하여 씻는다.

정답 ⑤
해설 심하게 붓거나 농이 나오는 경우 병원으로 이동하여 처치를 받는다.

08

미용 도구에 의한 안전 사고 대처에 대한 설명으로 적절하지 않은 것을 고르시오.

① 상처 부위에 깨끗한 물을 흘려서 세척한다.
② 클로르헥시딘 또는 포비돈으로 소독한다.
③ 상처 부위를 반창고로 덮어 상처 부위에 물이 들어가지 않게 한다.
④ 출혈이 있는 경우 멸균 거즈나 깨끗한 수건으로 충분히 압박하여 지혈한다.
⑤ 출혈이 멈추지 않으면 병원으로 이동하여 처치를 받는다.

정답 ①
해설 상처 부위를 생리 식염수나 클로르헥시딘 액을 흘려서 세척한다.

09

낙상에 의한 안전 사고 대처에 대한 설명으로 적절하지 않은 것을 고르시오.

① 작업자는 동물의 신체 중 어느 부분이 먼저 땅에 닿았는지 기억한다.
② 작업자는 당황해서 소리를 지르지 말고, 동물을 끌어안고 상태를 살핀다.
③ 동물이 의식이 있다면 걷는 행동에 이상이 있는지 관찰한다.
④ 동물이 의식이 없다면 호흡과 심장 박동을 확인한다.
⑤ 낙상 후 행동 이상, 상처 부위가 확인되지 않더라도 반드시 보호자에게 알린다.

정답 ②

해설 작업자는 당황해서 소리를 지르거나 급하게 동물을 끌어안는 행동을 하지 않고, 동물이 의식이 있는지 관찰한다.

10

동물의 미용 도구에 의한 상처에 대한 대처로 적절하지 않은 것을 고르시오.

① 발톱을 너무 짧게 잘라서 가벼운 출혈이 있을 때 지혈제로 지혈한다.
② 심각한 출혈이 있을 때 상처 부위를 멸균 거즈로 덮고 압박하여 동물병원으로 이동한다.
③ 피부 베임이 있을 때 상처 부위를 클로르헥시딘액으로 세척하고, 멸균 거즈로 덮고 동물병원으로 이동한다.
④ 미용 도구가 피부에 깊게 박힌 경우 박힌 미용 도구를 빨리 빼내어 멸균 거즈로 덮고 압박한다.
⑤ 깊게 박힌 부위를 멸균 거즈로 감싸고, 미용 도구가 빠지지 않게 꼭 잡은 상태로 동물병원으로 이동한다.

정답 ④

해설 박힌 미용 도구를 무리해서 빼지 않고, 뺄 경우 더 큰 출혈이 가능하여 매우 위험하다.

11

동물의 화상에 의한 안전 사고 예방에 대한 설명으로 적절하지 않은 것을 고르시오.

① 헤어 드라이어와 동물의 간격을 30cm 이상 유지한다.
② 헤어 드라이어가 동물의 몸에 직접 닿지 않게 한다.
③ 동물을 목욕시킬 때 온수 온도를 40~41℃ 정도로 준비한다.
④ 클리핑 중 금속날이 너무 뜨거울 때 날이나 클리퍼를 교체하여 사용한다.
⑤ 화학 제품을 사용할 시 정해진 용량과 방법을 준수한다.

정답 ③

해설 동물을 목욕시킬 때 온수 온도를 사람의 체온 37.5℃보다 조금 높은 38~39℃ 정도로 준비한다.

12

동물의 도주에 의한 안전 사고 예방에 대한 설명으로 적절하지 않은 것을 고르시오.

① 모든 공간이 동물에게 친숙한 환경이 되도록 조성한다.
② 작업장 출입구, 작업장으로 가는 통로에 안전문을 설치한다.
③ 건물 밖으로 나가는 출입구에 별도의 안전문을 설치한다.
④ 대형견은 불안감을 줄이기 위해 케이지 안에 넣어 두는 것보다 대기 공간에 두는 것이 좋다.
⑤ 동물의 대기 공간에 CCTV를 설치하여 동물의 상태를 수시로 확인한다.

정답 ④

해설 대형견의 경우 안전문을 쉽게 넘거나 발로 무너뜨릴 수 있으므로 케이지 안에 넣어 두는 것이 좋고, 케이지의 잠금장치를 항상 확인한다.

13

동물 간의 교상에 의한 안전 사고 예방에 대한 설명으로 적절하지 않은 것을 고르시오.

① 동물이 대기할 때 서로 독립되어 있는 케이지 안에 두는 것을 원칙으로 한다.

② 동물이 부득이 울타리 안에서 대기할 때 체구가 비슷한 동물끼리 함께 둔다.

③ 대형견과 소형견을 같은 울타리 안에 둘 경우 성별이 같은 동물끼리 함께 둔다.

④ 좁은 울타리 안에 많은 동물들을 함께 두지 않는다.

⑤ 예민하거나 겁에 질린 동물은 발견 즉시 다른 동물들과 분리한다.

정답 ③

해설 대형견과 소형견을 같은 울타리 안에 두지 않는다.

14

동물의 감전에 의한 안전 사고 예방과 대처에 대한 설명으로 적절하지 않은 것을 고르시오.

① 동물의 대기 공간에 전기선이 없도록 한다.

② 전기 기기를 사용한 후 항상 콘센트에서 분리한다.

③ 감전 사고가 발생하면 고무장갑을 사용하여 콘센트를 즉시 뽑는다.

④ 동물의 호흡과 심장 박동에 이상이 있으면 심폐소생술을 하면서 동물병원으로 이동한다.

⑤ 동물의 외관과 행동에 이상이 없다면 동물을 케이지에 두고 안정시킨다.

정답 ⑤

해설 동물의 외관과 행동에 이상이 없더라도 감전으로 폐수종 등 내부 장기에 손상이 있을 수 있으므로 동물병원으로 이동한다.

15

심폐 소생술에 대한 설명으로 적절하지 않은 것을 고르시오.

① 동물을 가볍게 흔들어 반응을 확인하고, 윗입술 아래 잇몸색의 창백함과 동공의 확장 여부를 확인한다.

② 입을 열어 혀를 입 밖으로 잡아당겨 기도를 확보한다.

③ 기도 확보 후 동물에게 인공호흡을 4초에 한 번씩(15회/1분) 실시한다.

④ 동물의 왼쪽 부분이 땅에 닿고, 심장이 위치하는 오른쪽이 위로 향하도록 눕히고 가슴을 압박한다.

⑤ 가슴을 15회(3회/2초) 압박하고, 15회 압박 후 2회 인공호흡 과정을 반복한다.

정답 ④

해설 동물의 오른쪽 부분이 땅에 닿고, 심장이 위치하는 왼쪽이 위로 향하도록 눕히고 가슴을 압박한다.

16

하임리히법(Heimlich Maneuver)에 대한 설명으로 적절하지 않은 것을 고르시오.

① 먼저 동물의 입을 열고 입 안에 이물질이 있는지 확인하고 제거한다.

② 소형 동물은 양손으로 하복부나 다리를 잡고 거꾸로 들어올려 부드럽게 좌우로 흔든다.

③ 대형 동물은 양손으로 뒷다리를 들어올려 머리가 땅을 향하게 몸을 기울여 이물질이 나오도록 흔든다.

④ 소형 동물은 한 손으로 가슴 가운데를 강하게 위로 압박하고, 한 손으로 등을 쳐 준다.

⑤ 대형 동물은 두 팔로 동물의 갈비뼈를 감싸 안고, 갈비뼈를 강하게 압박한다.

정답 ⑤

해설 대형 동물은 두 팔로 동물의 갈비뼈가 끝나는 바로 아래의 하복부를 감싸 안고, 한 손은 주먹을 쥐고 다른 한 손은 주먹을 잡아 동물에 밀착시키고, 복부를 위쪽으로 강하게 압박하며 빠른 속도로 5회 반복한다.

17

작업장 화재의 안전 사고 예방에 대한 설명으로 적절하지 않은 것을 고르시오.

① 전기 기구의 전선 상태를 수시로 점검한다.
② 전기 기구 주변에 인화성 물건을 둘 때 전선을 피하여 둔다.
③ 동시에 많은 전기 기구를 연결해서 사용하면 과부하로 화재가 발생할 수 있다.
④ 사용하지 않는 콘센트는 안전 커버를 꽂아 둔다.
⑤ 콘센트에 먼지가 끼지 않도록 자주 청소한다.

정답 ②

해설 전기 기구 주변에 인화성 물건이 있는지 수시로 점검하고, 인화성 물건을 두지 않는다.

18

동물 대기 장소의 안전 장비 점검으로 적절하지 않은 것을 고르시오.

① 안전문은 동물의 도주를 예방하기 위해 충분히 촘촘한 것을 선택한다.
② 안전문은 출입문 주변에 동물이 도주하지 못하도록 이중으로 설치하고, 항상 닫힌 상태로 둔다.
③ 울타리는 동물마다 독립 공간을 제공하기 어렵다면 연령, 성별, 크기가 비슷한 동물끼리 분리하여 둔다.
④ 이동장은 예민하고 공격적인 성향을 보이는 동물을 대기시킨다.
⑤ 공격적인 성향의 동물과 대형 동물의 경우 케이지보다 울타리에서 대기하는 것을 추천한다.

정답 ⑤

해설 공격적인 성향의 동물과 대형 동물의 경우 울타리를 쉽게 넘고 무너뜨릴 수 있으므로 케이지에서 대기하는 것을 추천한다.

19

미끄러짐과 낙상 방지를 위한 안전 장비에 대한 설명으로 적절하지 않은 것을 고르시오.

① 테이블 고정 암(arm)의 경우 미용 작업 중 동물의 안전을 위해 움직임을 제한하는 보정 장치이다.
② 동물을 혼자 대기시킬 때 테이블 고정 암으로 동물을 보정한다.
③ 고정 암은 목줄만 있는 것이 아니라 허리, 배를 받쳐 줄 수 있는 것도 있다.
④ 고정 암은 동물의 체중을 충분히 지탱할 수 있는 튼튼한 것을 사용한다.
⑤ 바닥재의 경우 미끄럽지 않은 소재를 선택하거나 밑에 깔개를 깔아 동물의 미끄러짐과 낙상을 방지한다.

정답 ②

해설 테이블 고정 암(arm)은 미용 작업 중에만 사용하고, 동물을 혼자 대기시키는 목적으로 사용하지 않는다.

20

미용 숍 위생 관리 점검에 대한 설명으로 적절하지 않은 것을 고르시오.

① 작업장 바닥은 미용 작업으로 발생한 털과 동물 대기로 발생한 배설물로 오염 가능성이 높고, 털과 배설물은 사람과 동물에게 질병을 옮기므로 항상 청결하게 유지 관리한다.
② 동물이 장시간 미용 테이블 위에서 대기하므로 미용 테이블의 상태를 수시로 점검하여 이물질 섭취를 예방한다.
③ 목욕조에 목욕과 관련 없는 도구가 방치되어 있는지 점검한다.
④ 케이지는 동물이 퇴실하면 케이지의 바닥만 청소하고, 일과 후 전체를 소독한다.
⑤ 미용 도구는 피부 질환이 있는 동물의 미용 전과 후에 반드시 소독한다.

정답 ④

해설 동물이 퇴실하면 케이지의 바닥, 옆면, 천장, 잠금장치 등을 청소하고 소독하여 청결하게 유지 관리한다.

21

소독(disinfection)과 멸균(sterilization)에 대한 설명으로 적절하지 않은 것을 고르시오.

① 소독은 질병의 감염이나 전염을 예방하기 위해 아포(spore, 홀씨, 생식세포)를 제외한 대부분의 유해한 미생물을 파괴하거나 불활성화시킨다.
② 소독은 비병원성 미생물을 파괴하지 않으므로 모든 미생물을 사멸시키지 않는다.
③ 멸균은 아포를 제외한 모든 미생물을 사멸한다.
④ 소독은 일반적인 오염 물질을 제거하기 위해 사용한다.
⑤ 멸균은 식품 보존이나 의약품 및 수술 도구에 주로 사용한다.

정답 ③
해설 멸균은 아포를 포함한 모든 미생물을 사멸한다.

22

자비 소독에 대한 설명으로 적절하지 않은 것을 고르시오.

① 100℃의 끓는 물에 소독 대상을 넣어 소독한다.
② 100℃ 이상으로 올라가지 않으므로 미생물 전부를 사멸시키는 것은 불가능하여 아포와 일부 바이러스에는 효과가 없다.
③ 소독 방법은 100℃에서 10~30분 정도 충분히 끓이는 것이다.
④ 의류, 금속 제품, 유리 제품 등에 적당하다.
⑤ 유리 제품을 포함한 모든 제품은 물이 끓기 시작하면 넣는다.

정답 ⑤
해설 유리 제품은 찬물에 넣은 후 끓기 시작하면 10~20분간 두고, 그 외 제품들은 끓기 시작하면 넣는다.

23

일광 소독에 대한 설명으로 적절하지 않은 것을 고르시오.

① 직사광선에 노출하여 소독한다.
② 가장 간단한 소독 방법이나, 두께가 두꺼울 때 깊은 부분까지 소독되지 않고, 계절, 기후, 환경에 영향을 받으므로 소독 효과가 일정하지 않은 단점이 있다.
③ 소독 방법은 맑은 날 오전 10시~오후 2시 사이에 직사광선에 충분히 노출시킨다.
④ 작업장에서 사용하는 수건 및 의류 소독에 적합하다.
⑤ 포화된 고압 증기 형태의 습열을 이용하여 아포를 포함한 모든 미생물을 사멸시킨다.

정답 ⑤
해설 포화된 고압 증기 형태의 습열을 이용하여 아포를 포함한 모든 미생물을 사멸시키는 것은 고압 증기 멸균법이다.

24

화학적 소독제 중 계면 활성제에 대한 설명으로 적절하지 않은 것을 고르시오.

① 물에 잘 녹고, 기름에 잘 녹지 않는다.
② 비누나 샴푸, 세제 등과 같은 음이온 계면 활성제가 있다.
③ 4급 암모늄(역성 비누)과 같은 살균, 소독용으로 사용되는 양이온 계면 활성제가 있다.
④ 양이온 계면 활성제는 대부분의 세균, 진균, 바이러스를 불활성화시키지만, 녹농균, 결핵균, 아포에는 효과가 없다.
⑤ 양이온 계면 활성제는 일반적으로 손, 피부 점막, 식기, 금속 기구와 식품 등을 소독한다.

정답 ①
해설 물과 기름 모두에 잘 녹는다.

25

화학적 소독제 중 알코올에 대한 설명으로 적절하지 않은 것을 고르시오.

① 주로 에탄올을 사용하고, 알코올과 물을 5:5 희석 시 넓은 범위의 소독력을 가진다.
② 세균, 결핵균, 바이러스, 진균을 불활성화시키지만, 아포에 효과가 없다.
③ 손, 피부 및 미용 기구 소독에 가장 적합하다.
④ 가격이 비싸고, 고무나 플라스틱에 손상을 일으킬 수 있고, 상처가 난 피부에 사용하면 매우 자극적이다.
⑤ 인화성이 있어 화재 위험성이 있으므로 보관할 때 주의한다.

정답 ①
해설 주로 에탄올을 사용하고, 알코올과 물을 7:3 희석 시 넓은 범위의 소독력을 가진다.

26

화학적 소독제 중 차아염소산나트륨에 대한 설명으로 적절하지 않은 것을 고르시오.

① 락스의 구성 성분이고, 기구 소독, 바닥 청소, 세탁, 식기 세척 등 다양한 용도로 사용한다.
② 개에서 전염성이 높은 파보, 디스템퍼, 인플루엔자, 코로나바이러스, 살모넬라균을 불활성화시킬 수 있다.
③ 살균력은 약하지만 소독력이 좋다.
④ 사용 시 독성을 띠는 염소 가스가 발생하기 때문에 환기에 특히 주의한다.
⑤ 점막, 눈, 피부에 자극성을 나타내며, 금속에 부식을 일으킬 수 있으므로 기구 소독에 유의한다.

정답 ③
해설 넓은 범위의 살균력이 있고 소독력도 좋다.

27

화학적 소독제 중 페놀류(석탄산)에 대한 설명으로 적절하지 않은 것을 고르시오.

① 거의 모든 세균을 불활성화시키고, 살충 효과가 있고, 바이러스나 아포에도 효과가 있다.
② 가격이 저렴하여 넓은 공간을 소독할 때 적합하고, 고온일수록 소독 효과가 크다.
③ 안정성이 강하여 오래 두어도 화학 변화가 없다.
④ 유기물이 있는 표면에 사용해도 소독력이 감소하지 않는다.
⑤ 고양이에 독성을 나타내므로 고양이가 있는 환경에 사용을 추천하지 않는다.

정답 ①
해설 거의 모든 세균을 불활성화시키고, 살충 효과도 있으나, 바이러스나 아포에 효과가 없다.

28

화학적 소독제 중 크레졸에 대한 설명으로 적절하지 않은 것을 고르시오.

① 크레졸의 독성은 페놀류와 같은 정도이지만, 소독 효과는 3~4배 더 좋다.
② 녹농균, 결핵균을 포함한 대부분의 세균을 불활성화시키지만, 아포나 바이러스에 효과가 없다.
③ 물에 잘 녹지 않으므로 비누로 유화해서 비눗물과 50%로 혼합한 크레졸 비누액으로 많이 사용한다.
④ 기구나 배설물 소독에 보통 3~5% 농도로 사용한다.
⑤ 냄새는 약하고, 금속을 부식시키지 않는다.

정답 ⑤
해설 냄새가 강한 편이고, 금속을 부식시키며, 원액은 피부에 손상을 일으키므로 주의한다.

29

작업자의 위생 관리 점검에 대한 설명으로 적절하지 않은 것을 고르시오.

① 작업자의 손톱 밑에 이물질이 끼여 세균 번식이 쉽고, 동물에게 상처를 입힐 수 있으므로 손톱을 가능한 짧고 청결하게 유지한다.

② 작업자는 냄새가 강한 화장품과 향수의 사용을 가능한 금한다.

③ 과도하게 늘어지는 목걸이, 귀걸이, 팔찌 등 장신구를 착용하지 않는다.

④ 작업복은 활동성이 좋은 짧은 형태의 상하의를 착용한다.

⑤ 신발은 발이 오염 물질에 직접 접촉되지 않도록 발을 완전히 감싸는 형태이다.

정답 ④

해설 작업복은 일차적으로 신체를 보호하기 위해 가급적 긴 형태의 상하의를 착용한다.

30

접촉에 의한 주요 인수 공통 전염병에 대한 설명으로 적절하지 않은 것을 고르시오.

① 광견병(rabies)은 광견병 바이러스로 인해 급성 바이러스성 뇌염을 일으키는 질병이다.

② 주로 광견병 바이러스에 감염된 동물에 의한 교상을 통해 감염된다.

③ 백선증(ringworm)은 곰팡이성 피부 질환이다.

④ 개선충(sarcoptic mange)은 옴진드기 개선충으로 생기는 피부 질환으로 대부분 동물과 직접 접촉하여 감염된다.

⑤ 회충, 지알디아, 캠필로박터, 살모넬라균, 대장균은 동물의 타액에 의해 옮겨지며, 주로 상처 부위를 통하여 감염되어 사람과 동물에게 장염과 같은 소화기 질병을 일으킨다.

정답 ⑤

해설 회충, 지알디아, 캠필로박터, 살모넬라균, 대장균은 동물의 배설물에 의해 옮겨지며, 주로 입으로 감염되어 사람과 동물에게 장염과 같은 소화기 질병을 일으킨다.

31

피부 소독제의 종류에 대한 설명으로 적절하지 않은 것을 고르시오.

① 알코올(Alchohol)은 피부와 같이 살아 있는 조직을 소독하는 데 주로 사용한다.

② 클로르헥시딘(Chlorhexidine)은 일상적인 손 소독과 상처 소독에 모두 사용 가능한 광범위 소독제이다.

③ 클로르헥시딘(Chlorhexidine)은 세균이 천천히 감소하는 효과가 있지만, 알코올보다 소독 효과가 빠르게 나타난다.

④ 과산화수소(Hydrogen Peroxide)는 도포 시 거품이 나고, 산화력이 강하고 산소가 발생하므로 호기성 세균 번식을 억제하는 효과가 있다.

⑤ 포비돈요오드(Povidone-iodine)는 세균, 곰팡이, 원충, 일부 바이러스 등 넓은 범위의 살균력을 가지며, 주로 상처 소독용과 수술 전 소독용으로 사용한다.

정답 ③

해설 클로르헥시딘(Chlorhexidine)은 세균이 급격히 감소하는 효과를 나타내지만, 알코올보다 소독 효과가 천천히 나타난다.

Chapter 02 기자재관리

01 미용 도구 관리

1 미용 도구 세트

1) 가위

① 블런트 가위(blunt scissors): 민가위라고도 부르며, 용도에 따라 가위의 크기와 길이가 다양하다.

② 시닝 가위(thinning scissors): 숱가위라고도 부르며, 숱을 치는 데 사용한다. 발 수와 홈에 따라 절삭률이 다르다.

③ 커브 가위(curved scissors): 가윗날이 휘어져 있어 곡선을 표현할 때 사용한다.

④ 텐텐 가위(tenten scissors): 요술 가위라고도 부르며, 시닝 가위보다 절삭률이 좋고, 제품별 절삭률 확인이 필요하다.

2) 클리퍼(clipper)

① 클리퍼: 애완동물의 털을 일정한 길이로 자르는 데 사용한다. 전문가용 클리퍼는 몸체, 얼굴, 발 등 전반적으로 다양하게 사용하고, 클리퍼 본체에 길이가 다른 여러 클리퍼 날을 장착하여 사용 가능하다. 소형 클리퍼는 전문가용 클리퍼보다 작고 가볍지만, 날의 길이가 제한적이고, 부착된 날의 종류가 한 가지이며, 클리퍼 종류에 따라 날의 길이 조절이 가능하고, 날의 폭이 매우 좁아서 섬세한 표현이 가능하다.

② 클리퍼 날(clipper blade): 클리퍼에 장착하여 잘리는 털 길이를 조절한다. 아랫날의 두께에 따라 클리핑되는 길이가 결정되고, 윗날은 털을 자르는 역할을 한다. 클리퍼 날의 번호가 클수록 털 길이가 짧게 깎이고, 번호에 따른 날 길이는 제조사마다 조금 다르다.

③ 클리퍼 콤(clipper comb): 클리퍼 날에 끼우는 덧빗으로, 보통 1mm 길이의 클리퍼 날에 덧끼워 사용한다.

3) 빗

① 슬리커 브러시(slicker brush): 엉킨 털을 빗거나 드라이를 위한 빗질에 사용한다. 금속이나 플라스틱 재질의 판에 고무 쿠션이 붙어 있고 그 위에 구부러진 철사 모양의 쇠가 촘촘하게 박혀 있다.

② 핀 브러시(pin brush): 장모종의 엉킨 털을 제거하고 오염물을 탈락시키는 데 사용한다. 플라스틱이나 나무 판 위에 고무 쿠션이 붙어 있고, 그 위에 둥근 침 모양의 쇠 핀이 끼워져 있다.

③ 브리슬 브러시(bristle brush): 동물의 털로 만든 빗으로 오일이나 파우더를 바르거나 피부를 자극하는 마사지에 사용한다.

④ 콤(comb): 엉키거나 죽은 털 제거, 가르마 나누기, 털을 세우거나 방향 만들기 등 다양하게 사용한다. 길쭉한 금속 막대 위에 끝이 굵고 둥근 빗살이 꽂혀 있다.

⑤ 오발빗(5-toothed comb): 포크 콤(fork comb)이라고도 부르며, 볼륨 표현을 위해 털을 부풀릴 때 사용한다.

⑥ 꼬리빗(pointed comb): 털을 가르거나 래핑을 할 때 사용한다.

4) 스트리핑 나이프(stripping knife)

죽은 털을 제거하고 굵고 건강한 모질을 만드는 데 사용한다.

① 코스 나이프(coarse knife): 세 종류의 나이프 중 날이 가장 두껍고 거칠다. 언더코트를 제거하는 데 사용한다.

② 미디엄 나이프(medium knife): 중간 두께의 날로 꼬리, 머리, 목 부분의 털을 제거하는 데 사용한다.

③ 파인 나이프(fine knife): 세 종류의 나이프 중 날이 가장 얇고 촘촘하다. 귀, 눈, 볼, 목 아래의 털을 제거하는 데 사용한다.

5) 코트킹(coat king)

필요 없는 언더코트를 자연스럽게 제거할 때 사용한다.

6) 겸자(mosquito forceps)

귓속 털을 뽑거나 다듬을 때 사용한다. 곡선 유구, 곡선 무구, 직선 무구 등의 형태가 있다.

7) 그 밖의 도구

① 발톱깎이(nail clipper): 발톱을 깎는 데 사용한다. 집게형, 니퍼형, 기요틴형 등의 형태가 있다.

② 발톱갈이(nail file): 발톱을 깎은 후 절단면의 뾰족하고 날카로운 부분을 갈아서 둥글게 다듬는 데 사용한다. 전동식, 수동식 등의 형태가 있다.

③ 밴딩 가위(bending scissors): 래핑, 밴딩 작업 시 고무 밴드를 자를 때 사용한다.

④ 도그 위그, 견체 모형: 견체 모형에 위그(wig)를 씌워서 미용 연습에 사용한다.

2 물림 방지 도구

1) 엘리자베스 칼라

원래는 동물이 수술을 마치고 수술 부위를 핥지 못하게 동물의 목에 착용시켜 얼굴을 감싸는 용도지만, 물지 못하게 하는 데도 유용하게 사용한다.

2) 입마개

동물이 물지 못하도록 입에 씌우는 도구로, 단두종, 장두종, 동물의 종류에 따라 다양하다. 오리 주둥이나 엘리자베스 칼라는 매우 사나운 동물에게 적합하지 못하며, 입이 다 가려지는 플라스틱 입마개는 호흡 문제 때문에 주의해야 한다.

02 미용 도구 성능 점검과 보관

1 가위 관리 방법

새로 구입한 가위에 적응하는 데 대략 3주에서 2개월 정도 필요하다. 적응 기간 동안 어떻게 사용하느냐에 따라 가위 수명이 크게 달라지므로 기존의 가위질보다 좀 더 가볍고 부드럽게 사용한다.

1) 볼트 조절

볼트가 너무 느슨하거나 꽉 조여 있으면 엄지손가락으로 손잡이를 밀어서 커트하게 되고 가윗날 두 개 중 한쪽 날만 마모되어 가위 수명이 단축된다. 볼트 조절은 개인마다 차이가 있으므로 본인이 힘을 주지 않고 가위를 잡아 가위질할 때 너무 가볍거나 무겁지 않게 느껴지는 정도가 적당하다.

2) 유지
가윗날의 예리함이 가위 품질에서 가장 중요하고, 예리함을 더 길게 유지하려면 가위의 소독, 관리, 보관이 중요하다. 엉키거나 굵고 억센 털을 마구 자르면 가윗날 마모가 빨라져 가위 수명이 단축되므로 가급적 조금씩 잡고 가볍게 커트한다.

3) 관리
가위 사용 전후에 윤활제를 뿌리고, 가위를 닦을 때 전용 가죽, 천을 사용한다. 날을 왕복해서 닦으면 가윗날이 손상되므로 날의 바닥면을 날의 손잡이 쪽에서 날 끝 쪽으로 밀면서 닦는다.

4) 날 연마
가윗날 마모, 외부 충격으로 날을 수리할 때 최대한 빨리 수리를 받아야 가위 손상을 줄일 수 있고, 숙련된 전문가에게 의뢰한다.

5) 보관
① 항상 가윗날을 닫힌 상태로 보관한다. 만약 가위가 벌어진 상태면 안전 사고 위험이 있고 외부 충격으로 가윗날이 크게 손상된다.
② 사용 후 항상 날을 닦아서 보관한다. 날에 미세한 상처가 생기는 것을 방지하고, 한 마리의 미용이 끝날 때마다 가볍게 닦고, 하루 일과를 마친 후 깨끗이 닦고 가위의 각 부위에 윤활제를 충분히 발라서 보관한다.

2 클리퍼 · 클리퍼 날 관리 방법

1) 사용 전 관리
새 클리퍼는 사용 전에 관리 작업을 하면 더 오래 사용할 수 있다. 기름을 충분히 바른 상태에서 2~3분 정도 공회전하고, 그 후 분사되는 윤활제를 주입하여 생산 과정에서 날에 묻은 이물질을 제거 후 사용한다.

2) 유지
클리퍼 날과 모터는 클리퍼의 성능과 밀접하게 연관되어 있다. 클리퍼 날은 항상 청결하게 관리하며 사용하지 않을 때 윤활제를 주입 후 보관하고, 사용 후에 유분이 많은 동물의 털, 이물질을 청소하지 않으면 날의 수명이 짧아지고 날에 묻은 이물질이 굳어져 모터의 성능이 저하된다.

3) 관리
클리퍼 날은 습기에 취약하고 날에 묻은 수분이 클리퍼 날을 부식시키므로 미용 중이나 소독할 때 물기가 묻은 경우 반드시 건조시켜 사용하고 보관한다. 사용 전후 윤활제를 바르고, 윤활제를 닦지 않고 날에 기름이 묻은 상태로 클리핑하면 털이 달라붙고 뭉쳐져 클리핑, 세척, 소독이 어려우므로 마른 수건이나 휴지로 윤활제를 닦아낸 후 사용한다.

4) 날 연마
클리퍼 날은 연마가 가능하다. 관리를 잘하면 반영구적으로 사용 가능하며, 날 연마는 숙련된 전문가에게 의뢰한다.

5) 보관
날은 깨끗이 청소 후 윤활제를 뿌려 건조한 곳에 보관한다.

3 빗 관리 방법

1) 핀 브러시

① 엄지손가락과 집게손가락으로 핀 브러시에 붙은 털을 제거한다. 핀 브러시와 패드 부분에 낀 이물질을 제거 후 남은 이물질은 비눗물로 씻고 깨끗한 물로 헹구어 제거한다. 이때 패드 부분의 작은 구멍에 물이 들어가지 않도록 브러시를 뒤집어 잡고 닦는다.

② 브러시를 흔들어 물기를 털어 낸 후 뜨겁지 않은 바람으로 건조한다. 너무 뜨거운 바람은 패드 부분을 손상시키므로 주의한다. 직사광선, 오일, 제습기, 공기 청정기는 패드 부분을 손상시킬 수 있다.

2) 슬리커 브러시

① 콤, 손을 이용하여 붙은 털을 제거한다. 패드 부분과 브러시 전체의 이물질을 제거하기 위해 비눗물로 세척 후 깨끗한 물로 씻어 낸다. 이때 패드에 물이 들어가지 않도록 뒤집어 닦고, 브러시의 물기를 털어 내고 뜨겁지 않은 바람으로 건조한다.

② 미용 테이블에 슬리커 브러시를 긁어 털을 제거하면 핀 끝부분이 손상되어 빗질할 때 동물의 피부에 찰과상을 입힐 수 있으므로 반드시 손가락, 굵은 콤으로 털을 제거한다. 슬리커 브러시를 젖은 채로 보관하면 패드가 부식되거나 핀에 녹이 생길 수 있으므로 완전히 건조시켜 보관한다.

3) 브리슬 브러시

붙은 털을 손으로 털어 내고, 파우더가 묻었으면 손을 부드럽게 양옆으로 움직여 털어 내고, 오일이 묻었으면 마른 수건으로 가볍게 닦는다. 브러시를 뒤집어 물에 적셔 남은 오일과 파우더를 전용 세정제로 충분히 닦아 낸 후 건조시켜 보관한다. 건조 시 직사광선을 피하고 털이 갈라지거나 손상되지 않도록 주의한다.

03 미용 소모품 종류와 상태 점검

1 미용 소모품 종류

1) 기자재

① 소독제: 미용사의 손이나 작업복, 미용 도구, 기자재, 작업장 등의 소독에 사용한다.

② 윤활제: 미용 도구, 기자재 관리에 사용한다. 뿌리거나 도구를 담가 보관하는 등 활용도에 따라 윤활제의 종류가 다양하다.

③ 냉각제: 장시간 사용할 때 열이 발생하는 미용 도구를 냉각시킨다. 제품에 따라 도구를 부식시키는 성분이 포함된 것도 있으므로 반드시 닦아서 보관한다.

2 고객 상담

아로마 향, 방향제, 커피, 음료수는 미용 스타일 상담, 미용 후 관리 방법 상담 등이 이루어지는 공간에 비치되는 소모품으로, 고객에게 좋은 인상을 주고 좀 더 편안하게 상담할 수 있도록 다양한 제품을 활용한다.

3 목욕

1) 샴푸, 린스, 모발 영양제

각 동물의 pH에 맞추어 연구 개발된 여러 종류의 제품들이 시판 중이다. 미용사는 고객에게 의뢰 받은 동물의 모질, 모색, 코트의 상태를 파악하여 알맞은 제품을 선택한다.

2) 치약, 칫솔(구강 관리)

구강 관리는 신체 건강과 밀접한 관계가 있으며, 동물 치약은 삼켜도 유해하지 않은 성분이고, 칫솔질이 어려울 때 사용하는 뿌리거나 바르는 제품도 다양하게 시판 중이다.

4 기본 미용, 일반 미용, 응용 미용

1) 지혈제

발톱 관리 시 출혈이 발생하면 지혈하는 데 사용한다. 가루로 된 제품, 지혈과 소독이 동시에 가능한 젤·스프레이 형태의 다양한 제품이 시판 중이다.

2) 이어파우더

귓속의 털을 뽑을 때 털이 잘 잡히도록 사용한다.

3) 이어클리너

귀 세정제로 귀의 이물질을 제거, 소독하는 데 사용한다.

5 염색

1) 염모제

털을 염색하는 데 사용한다. 다양한 색으로 구성되어 하나의 색 또는 두 개 이상의 색을 섞어 새로운 색을 만들어 사용한다.

2) 컬러믹스

염색약과 섞어서 사용하면 밝은 색 표현이 가능하다. 물감의 원색에 하얀색을 섞는 원리와 같다.

3) 이염 방지제

염색할 때 염색을 원하지 않는 부위에 바르면 원치 않는 염색을 방지할 수 있다.

4) 컬러페이스트, 컬러초크, 컬러젤, 블로펜, 페인트펜

털에 일시적으로 염색 효과를 낼 때 사용한다. 목욕 시 지워지고, 털에 스텐실 효과 또는 모양을 그리는 작업에 활용한다.

5) 알루미늄 포일, 일회용 장갑, 이염 방지 테이프

알루미늄 포일은 염색 시 염색약이 잘 스며들게 한다. 이염 방지 테이프는 다른 부위에 염색을 방지하고자 염색 부위를 감아두는 데 사용한다. 일회용 장갑은 미용사 손에 염색약이 묻지 않도록 하는 데 사용한다.

6 장모 관리

1) 브러싱 스프레이

장모종 브러싱에 발생하는 마찰을 줄여 모발 손상을 줄이고 브러싱을 쉽게 한다.

2) 워터리스 샴푸

물 없이 오염을 제거하는 데 사용한다. 액상과 파우더 형태가 있다.

3) 정전기 방지 컨디셔너

정전기로 코트가 날리는 현상을 줄여 모질 손상을 방지한다.

4) 엉킴 제거 제품

엉킨 털을 쉽게 풀기 위해 사용한다.

5) 래핑지

장모종 털을 보호하기 위해 사용한다. 종이나 비닐로 된 것 등 소재가 다양하고, 털의 성질에 따라 두께나 소재를 선택하여 사용한다. 저가 제품은 백모 견종의 털을 염색시키므로 주의한다.

6) 고무 밴드

털을 묶거나 래핑지를 고정시키는 데 사용한다. 용도에 따라 밴드의 재질이나 크기가 매우 다양하다.

7 쇼 도그(show dog) 용품

1) 헤어 스프레이

털을 높이 세우거나 풍성하게 보이기 위해 사용한다.

2) 초크

흰 털의 동물을 하얗게 보이기 위해 사용한다.

8 위그

실제 개를 대신하여 미용 연습 시 사용하는 가짜 털이다. 견체 모형에 씌워 사용하고, 펫 클립, 쇼 클립, 래핑 연습용 등 한 마리의 개를 연습할 수 있는 전체 위그, 얼굴과 다리 부위 등 부분적인 연습이 가능한 부분 위그가 있다.

04 미용 소모품 재고 관리

1 소모품 구매 요구량의 파악 방법

1) 일별, 주별, 월별 소모품의 평균 사용량을 체크

고객 수가 매일, 매주, 매년 같을 수 없고, 보통 겨울보다 여름에 고객이 많은 편이며, 평일보다 주말에 미용 의뢰가 많은 경우도 있다. 계절, 요일에 따라 작업 양에 차이가 있다면 이를 고려하여 사용량을 체크한다.

2) 소모품 보유량, 예상 사용량 비교

현재 보유량과 예상 사용량을 비교하면 구매량 결정이 가능하다.

3) 구매할 소모품 수량 결정

예상 사용량에 딱 맞춘 재고량을 보유하지 않고 약간의 여유분을 둔다.

2 소모품 구매 절차

1) 구매처 관리 대장, 거래처 관리 카드 확인 후 구매 업체 선정
구매량별 할인율, 특정 기간 할인율, 사은품 지급 방식 등을 참고한다. 여러 업체를 비교하여 더 저렴하게 구매 가능한 업체를 선정한다.

2) 전화, 메일, 팩스, 인터넷 등으로 소모품을 주문

3 납품 받는 방법

1) 주기적으로 용품 업체 담당자가 방문하여 납품
펫 숍에서 판매하는 사료, 애완동물 용품은 따로 주문하지 않아도 정해진 날짜에 주기적으로 용품 업체 담당자가 방문하여 납품하는 경우가 많다. 물품을 주문하는 절차가 생략되어 편리하지만 필요한 물품이 구비되어 있지 않을 가능성이 있으므로 필요 물품이 생기면 방문 일정 전에 미리 전화로 주문한다.

2) 주문 후 용품 업체 담당자가 방문하여 납품
담당자가 직접 납품하는 방식으로, 일정 시간이 소요되는 단점이 있다. 제품에 대한 전문적인 지식을 가진 담당자가 방문할 때가 많으므로 새로 개발된 소모품에 대한 정보를 얻거나 제품에 대한 질의를 할 수 있는 것이 장점이다.

3) 택배 발송으로 납품
보통 인터넷으로 주문 접수하는 업체에서 많이 사용되는 방식으로, 어느 지역이든 납품을 받을 수 있는 것이 장점이다. 배송 도중 파손이나 분실 우려가 있으며 택배사의 상황에 따라 납품 일정이 유동적이므로 정해진 정확한 날짜에 납품 받기 어려운 단점이 있다.

4) 직접 방문 구입
마트에서 쉽게 구하는 소모품(포일, 비닐장갑)은 직접 방문 구입이 편리하다.

05 미용 장비 관리

1 미용 장비 종류

1) 미용 테이블
애완동물 미용에 사용하는 테이블로, 미용은 주로 높고 좁은 테이블 위에서 이루어지며 이는 동물의 불필요한 활동을 제한하고 미용사가 바르고 편한 자세로 작업하기 위함이다.
① 접이식 미용 테이블: 견고하고 튼튼하지는 않지만 가볍고 휴대가 간편하여 이동식 미용 테이블로 사용한다.
② 수동 미용 테이블: 접었다 펼 수 있게 제작된 미용 테이블로, 미용사의 키, 작업 스타일에 맞추어 높낮이를 조절할 수 있어 편리하고, 가격이 매우 저렴하고 접어서 이동이 가능한 장점이 있다. 미용 시작 전에 애완동물의 크기나 상황에 맞추어 테이블 높이를 수동으로 조절해야 하는 것이 단점이다.
③ 유압식 미용 테이블: 버튼을 발로 눌러 높낮이를 조절하는 미용 테이블로, 높낮이 조절이 편리하며 비교적 가격이 저렴한 것이 장점이다.

④ 전동식 미용 테이블: 전력을 이용하여 높낮이를 조절하는 미용 테이블로, 부피가 크고 가격이 비싼 것이 단점이고, 높낮이 조절이 매우 편리한 것이 장점이다.

2) 테이블 고정 암과 바구니

① 테이블 고정 암: 테이블 위 동물의 추락을 방지한다.

② 테이블 바구니: 테이블 아래에 도구를 올려 놓는 용도로 사용한다.

3) 드라이어

① 개인용 드라이어: 보통 가정용 드라이어로, 바람의 단계 조절이 어렵고 바람 세기가 약하여 미용에 많이 사용하지 않지만, 장소가 협소하거나 이동해야 할 경우 편리한 장점이 있다.

② 스탠드 드라이어: 바람의 세기, 각도 조절이 쉬워 미용에 많이 사용한다.

③ 룸 드라이어: 자동 드라이 시스템으로, 박스 형태의 룸 안에 동물을 넣고 작동시켜 미용사가 직접 동물을 말리지 않는다.

④ 블로 드라이어: 강한 바람으로 털을 말리는 드라이어로, 호스나 스틱형 관을 끼워 사용한다. 바닥이나 테이블 위, 스탠드 위에 올려 각도를 조절하며 사용한다.

4) 샤워 장비

① 목욕조

② 수도꼭지

③ 샤워기

④ 스파 기기: 노폐물과 냄새 제거 효과가 탁월하다.

5) 온수기

온수를 공급하는 장치로, 전기 온수기와 가스 온수기를 주로 사용한다. 전기 온수기는 설치가 간편하지만 저장된 물을 모두 사용하면 물을 데우는 데 시간이 오래 걸려 많은 양의 물을 사용하는 곳에 적절치 않다. 가스 온수기는 설치 방법이 까다롭지만 많은 양의 물을 빨리 데울 수 있다.

6) 소독 기기

자외선으로 살균하는 기계로, 미용 도구 소독에 사용한다. 소독과 건조 기능을 함께 갖춘 제품이 편리하며, 가열 살균이나 약제 소독에 비해 소독 시간이 짧은 장점이 있다.

Chapter 02 기자재관리 출제 예상 문제

01

가위와 클리퍼에 대한 설명으로 적절하지 않은 것을 고르시오.

① 블런트 가위(blunt scissors)는 민가위이고, 용도에 따라 가위의 크기와 길이가 다양하다.

② 시닝 가위(thinning scissors)는 숱가위이고, 발 수와 홈에 따라 절삭률이 다르다.

③ 커브 가위(curved scissors)는 가윗날이 휘어져 있어 곡선을 표현할 때 좋다.

④ 클리퍼(clipper)는 애완동물의 털을 일정한 길이로 자르는 데 사용한다.

⑤ 클리퍼 날(clipper blades)은 클리퍼 날의 번호가 작을수록 털의 길이가 짧게 깎인다.

정답 ⑤

해설 클리퍼 날의 번호가 클수록 털의 길이가 짧게 깎이고, 번호에 따른 날의 길이는 제조사마다 약간씩 차이가 있다.

02

브러시와 콤에 대한 설명으로 적절하지 않은 것을 고르시오.

① 슬리커 브러시(slicker brush)는 엉킨 털을 빗거나 드라이를 위한 빗질에 사용하고, 금속이나 플라스틱 재질의 판에 고무 쿠션이 붙어 있고, 그 위에 구부러진 모양의 철사가 촘촘하게 박혀 있다.

② 핀 브러시(pin brush)는 장모종의 엉킨 털을 빗거나 오염 물질을 탈락시키는 데 사용하고, 플라스틱이나 나무판 위에 고무 쿠션이 붙어 있고, 그 위에 둥근 모양의 핀이 끼워져 있다.

③ 브리슬 브러시(bristle brush)는 동물의 털로 만든 빗이고, 오일이나 파우더를 바르거나 피부를 자극하는 마사지 용도로 사용한다.

④ 콤(comb)은 엉키거나 죽은 털 제거, 가르마 나누기, 털을 세우거나 방향 만들기 등 다양한 용도로 사용하고, 길쭉한 금속 막대 위에 끝이 굵고 둥근 빗살이 꽂혀 있다.

⑤ 꼬리빗(tail comb)은 포크 콤(fork comb)이라고도 부르며, 털을 부풀릴 때 사용한다.

정답 ⑤

해설 오발빗(5-Toothed comb)이 포크 콤(fork comb)이라고도 불리며, 볼륨을 표현하기 위해 털을 부풀릴 때 사용한다. 꼬리빗(tail comb)은 털을 가르거나 래핑을 할 때 사용한다.

03

여러 미용 도구에 대한 설명으로 적절하지 않은 것을 고르시오.

① 스트리핑 나이프(stripping knife)는 죽은 털을 제거하고 굵고 건강한 모질을 만드는 데 사용한다.

② 코스 나이프(coarse knife)는 세 종류의 나이프 중 날이 가장 두껍고 거칠고, 언더코트를 제거하는 데 사용한다.

③ 미디엄 나이프(medium knife)는 중간 두께의 날로 꼬리, 머리, 목 부분의 털을 제거하는 데 사용한다.

④ 파인 나이프(fine knife)는 세 종류의 나이프 중 날이 가장 얇고 촘촘하고, 귀, 눈, 볼, 목 아래의 털을 제거하는 데 사용한다.

⑤ 코트킹(coat king)은 귓속 털을 뽑거나 다듬을 때 사용한다.

정답 ⑤

해설 코트킹(coat king)은 필요 없는 언더코트를 자연스럽게 제거할 때 사용하고, 겸자(forceps)는 귓속 털을 뽑거나 다듬을 때 사용한다.

04

여러 미용 도구 중에서 아래의 설명이 나타내는 미용 도구를 고르시오.

> 동물이 수술을 마치고 수술 부위를 핥지 못하도록 동물의 목에 착용시켜 얼굴을 감싸는 용도로 만들어졌으며, 물지 못하게 하는 데도 사용 가능하다.

① 발톱깎이(nail clipper)
② 발톱갈이(nail file)
③ 코트킹(coat king)
④ 엘리자베스 칼라(Elizabethan collar)
⑤ 핀 브러시(pin brush)

정답 ④

해설 엘리자베스 칼라(Elizabethan collar)는 원래는 동물이 수술을 마치고 수술 부위를 핥지 못하도록 동물의 목에 착용시켜 얼굴을 감싸는 용도로 만들어졌으나, 물지 못하게 하는 데도 유용하게 사용한다.

05

미용 도구 소독에 대한 설명으로 적절하지 않은 것을 고르시오.

① 미용 도구의 재질에 따라 적용할 수 있는 소독제의 종류를 파악하고, 소독제를 사용할 때 주의 사항을 확인한다.
② 가위에 붙은 털은 나중에 제거하고, 먼저 소독제를 뿌린다.
③ 콤에 소독제를 분무하고 도구가 젖어 있으면 소독제를 닦고 건조한다.
④ 미용 도구의 재질에 따라 적용할 수 있는 소독 기기의 종류를 파악하고, 소독 기기를 사용할 때 주의 사항을 확인한다.
⑤ 플라스틱 재질의 물림 방지 도구는 소독약에 담그거나 소독제를 분무하여 소독한다.

정답 ②

해설 미용 도구에 붙은 털을 털어 내지 않으면 소독 효과가 떨어지고, 도구의 수명을 단축시킬 수 있다.

06

가위 관리 방법에 대한 설명으로 적절하지 않은 것을 고르시오.

① 볼트 조절은 힘을 주지 않고 가위를 잡고, 상하로 가위질할 때 너무 가볍거나 무겁지 않게 느껴지는 정도가 적당하다.
② 가위로 엉키거나 굵고 억센 털을 마구 자르면 가윗날 마모가 빨라져 가위 수명이 단축된다.
③ 가윗날을 왕복해서 닦으면 날이 손상되고, 날 끝 쪽에서 손잡이 쪽으로 당기면서 닦는다.
④ 외부 충격으로 가윗날을 수리해야 할 때 가능하면 빨리 수리를 받아야 가위의 손상을 줄일 수 있다.
⑤ 가위를 보관할 때 항상 가윗날을 닫힌 상태로 보관한다.

정답 ③

해설 가위 관리는 사용 전후에 윤활제를 뿌리는 것이 좋으며 가위를 닦을 때 전용 가죽과 천을 사용하고, 날을 왕복해서 닦으면 가윗날이 손상되므로 날의 바닥면을 손잡이 쪽에서 날 끝 쪽으로 밀면서 닦는다.

07

클리퍼와 클리퍼 날의 관리 방법에 대한 설명으로 적절하지 않은 것을 고르시오.

① 새로 구입한 클리퍼는 기름을 바를 필요가 없고, 바로 사용해도 오래 사용이 가능하다.
② 클리퍼 날은 항상 청결하게 관리하고 사용하지 않을 때 윤활제를 주입하고 보관한다.
③ 클리퍼 날은 습기에 취약하고 날에 묻은 수분은 날을 부식시키므로 반드시 건조시켜 보관한다.
④ 클리퍼 날에 기름을 뿌린 경우 마른 수건이나 휴지로 윤활제를 닦아 낸 후 사용한다.
⑤ 클리퍼 날은 연마가 가능하다.

정답 ①

해설 새로 구입한 클리퍼는 사용하기 전에 관리 작업을 먼저 하면 더 오래 사용 가능하고, 기름을 충분히 바른 상태에서 2~3분 정도 공회전이 필요하다.

08

브러시 관리 방법에 대한 설명으로 적절하지 않은 것을 고르시오.

① 핀 브러시에 붙은 털과 이물질을 제거하고, 비눗물로 씻고 깨끗한 물로 헹군다.

② 핀 브러시를 흔들어 물기를 털어 낸 후 부식 방지를 위하여 뜨거운 바람으로 빨리 건조시킨다.

③ 슬리커 브러시를 미용 테이블에 긁어서 털을 제거하면 핀 끝이 손상되어 찰과상을 입힐 수 있다.

④ 슬리커 브러시를 젖은 상태로 보관하면 핀에 녹이 생길 수 있으므로 완전히 건조시켜서 보관한다.

⑤ 브리슬 브러시를 건조할 때 직사광선을 피한다.

정답 ②

해설 핀 브러시를 흔들어 물기를 털어 낸 후 뜨겁지 않은 바람으로 건조시키고, 너무 뜨거운 바람은 패드 부분을 손상시킨다.

09

미용 소모품 종류에 대한 설명으로 적절하지 않은 것을 고르시오.

① 냉각제는 미용 테이블 소독에 사용한다.

② 지혈제는 발톱 관리 시 출혈이 발생할 경우에 사용한다.

③ 이어파우더는 귓속의 털을 뽑을 때 사용한다.

④ 이어클리너는 귀의 이물질 제거와 소독에 사용한다.

⑤ 염모제는 털을 염색하는 데 사용한다.

정답 ①

해설 냉각제는 클리퍼와 같은 미용 도구를 장시간 사용하면 열이 발생하고, 뜨거워진 클리퍼 날을 냉각할 때 사용한다. 제품에 따라 도구를 부식시키는 성분이 포함된 것도 있으므로 사용 후 반드시 닦아서 보관한다.

10

염색에 사용되는 미용 소모품에 대한 설명으로 적절하지 않은 것을 고르시오.

① 염모제는 다양한 색이 있고, 하나의 색을 사용하거나 두 개 이상의 색을 섞어서 사용한다.

② 컬러믹스는 염색약과 섞어서 사용하면 밝은 색을 표현할 수 있다.

③ 이염 방지제는 염색을 원하지 않는 부위에 바르면 염색을 방지할 수 있다.

④ 컬러페이스트는 일시적으로 털에 염색 효과를 낼 수 있고, 목욕 시 지워지지 않는다.

⑤ 알루미늄 포일은 염색 시 염색약이 잘 스며들게 한다.

정답 ④

해설 컬러페이스트, 컬러초크, 컬러젤, 블로펜, 페인트펜은 털에 일시적으로 염색 효과를 낼 때 사용하고, 목욕 시 지워진다.

11

장모 관리에 사용되는 미용 소모품 중에서 아래의 설명이 나타내는 것을 고르시오.

물 없이 오염을 제거하는 데 사용하고, 액상과 파우더 형태가 있다.

① 브러싱 스프레이

② 워터리스 샴푸

③ 정전기 방지 컨디셔너

④ 엉킴 제거 제품

⑤ 래핑지

정답 ②

해설 브러싱 스프레이는 브러싱할 때 발생하는 마찰을 줄여 모발 손상을 줄이고, 정전기 방지 컨디셔너는 정전기로 코트가 날리는 현상을 줄여 모질 손상을 방지하고, 엉킴 제거 제품은 엉킨 털을 쉽게 풀 수 있도록 하는 데 사용하고, 래핑지는 장모종 개의 털을 보호하기 위해 사용한다.

12

미용 소모품의 상태 점검에 대한 설명으로 적절하지 않은 것을 고르시오.

① 분사식 제품은 분사되는 노즐에 문제가 없는지 분사해보고 흔들어서 남은 양을 점검한다.

② 지혈제는 제품이 굳었거나 변질되지 않았는지 점검한다.

③ 이어파우더는 동물에게 닿는 용기 부분이 오염되지 않았는지 점검한다.

④ 래핑지는 찢어지거나 오염된 부분이 없는지 점검한다.

⑤ 미용 소모품 중에서 구매 후 6개월이 지난 제품은 모두 폐기한다.

정답 ⑤

해설 제품의 유효 기간은 사용 설명서로 확인 가능하다. 사용 설명서로 확인할 수 있는 내용은 원료 및 분량, 성상 및 제형, 효능 및 효과, 용법 및 용량, 포장 단위, 저장 방법 및 유효 기간, 주의 사항, 원산지 및 제조지, 수입 판매원 등이 있다.

13

미용 장비에 대한 설명으로 적절하지 않은 것을 고르시오.

① 접이식 미용 테이블은 튼튼하지 않지만 가볍고 휴대가 간편하다.

② 전동식 미용 테이블은 전력을 이용하여 높낮이를 조절하는 미용 테이블이다.

③ 테이블 고정 암은 테이블 위에 동물을 올려 놓고 미용할 때 동물의 추락을 방지한다.

④ 룸 드라이어는 룸 안에 동물을 넣고 작동시키면 바람이 나오는 자동 드라이 시스템이다.

⑤ 블로 드라이어는 보통 가정용 드라이어이고 바람의 세기가 약하다.

정답 ⑤

해설 블로 드라이어는 강한 바람으로 털을 말리는 장비이고, 호스나 스틱형 관을 끼워 사용한다.

14

미용 장비 관리 대장을 작성할 때 물품 구분으로 적절하지 않은 것을 고르시오.

① 신품은 사용하지 않은 물품이고, 수리가 필요하지 않은 물품이다.

② 중고품은 사용 중인 물품이고, 수리가 필요하지 않은 물품이다.

③ 요정비품은 수리하여 사용하는 것이 경제적인 물품이다.

④ 폐품은 수리하여 사용하는 것이 비경제적인 물품이다.

⑤ 정품은 정해진 규격에 일치하는 물품이다.

정답 ⑤

해설 기자재 목록을 참고하여 장비 관리 대장을 작성할 수 있고, 물품을 신품, 중고품, 요정비품, 폐품으로 구분한다.

15

다음 그림이 나타내는 미용 도구를 고르시오.

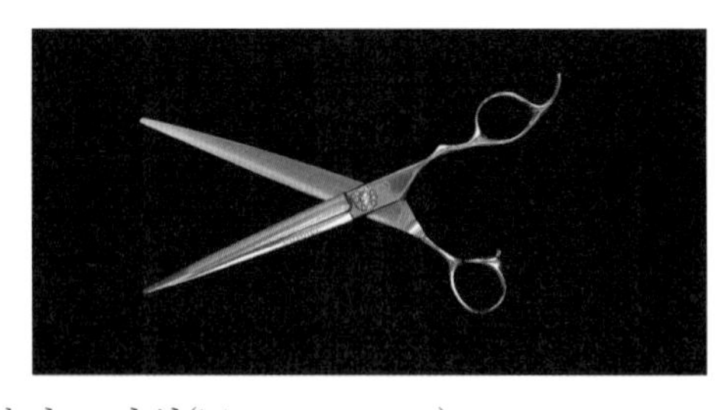

① 블런트 가위(blunt scissors)

② 시닝 가위(thinning scissors)

③ 커브 가위(curved scissors)

④ 텐텐 가위(tenten scissors)

⑤ 클리퍼 날(clipper blade)

정답 ①

해설 블런트 가위(blunt scissors)는 민가위이고, 용도에 따라 가위의 크기와 길이가 다양하다.

16

다음 그림이 나타내는 미용 도구에 대한 설명으로 가장 적절한 것을 고르시오.

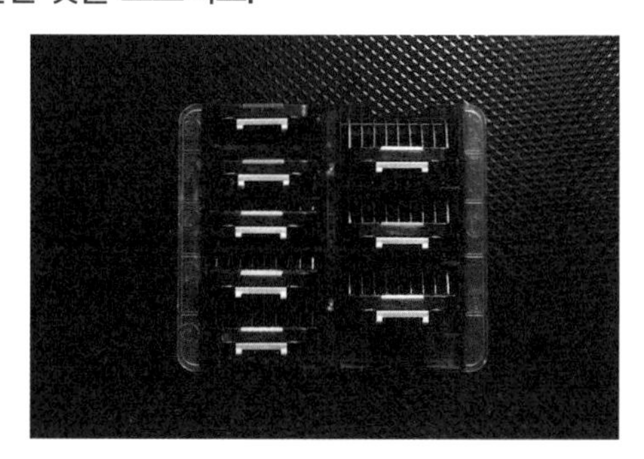

① 장모종의 엉킨 털을 제거할 때 사용한다.
② 물 없이 오염을 제거하는 데 사용한다.
③ 클리퍼 날에 끼우는 덧빗이다.
④ 털을 가르거나 래핑을 할 때 사용한다.
⑤ 필요 없는 언더코트를 자연스럽게 제거할 때 사용한다.

정답 ③

해설 클리퍼 콤은 클리퍼 날에 끼우는 덧빗이고, 보통 1mm 길이의 클리퍼 날에 덧끼워 사용한다.

17

다음 그림이 나타내는 미용 도구에 대한 설명으로 가장 적절한 것을 고르시오.

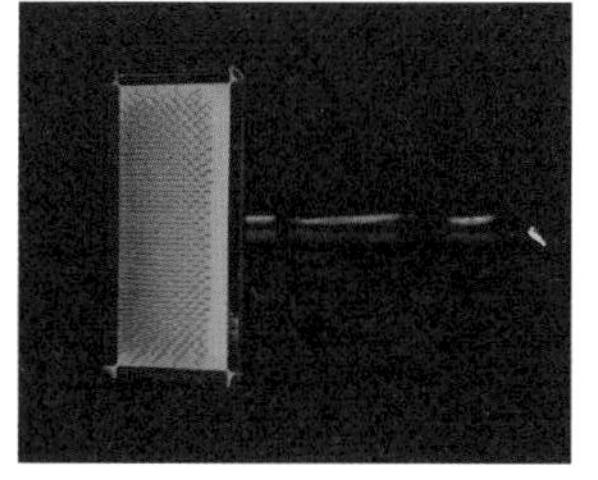

① 엉킨 털을 빗거나 드라이를 위한 빗질에 사용한다.
② 털을 가르거나 래핑할 때 사용한다.
③ 귓속 털을 뽑거나 다듬을 때 사용한다.
④ 발톱을 깎은 후 절단면의 날카로운 부분을 둥글게 다듬는 데 사용한다.
⑤ 오일이나 파우더를 바르거나 피부를 자극하는 마사지에 사용한다.

정답 ①

해설 슬리커 브러시는 엉킨 털을 빗거나 드라이를 위한 빗질에 사용한다.

18

다음 그림이 나타내는 미용 도구에 대한 설명으로 가장 적절한 것을 고르시오.

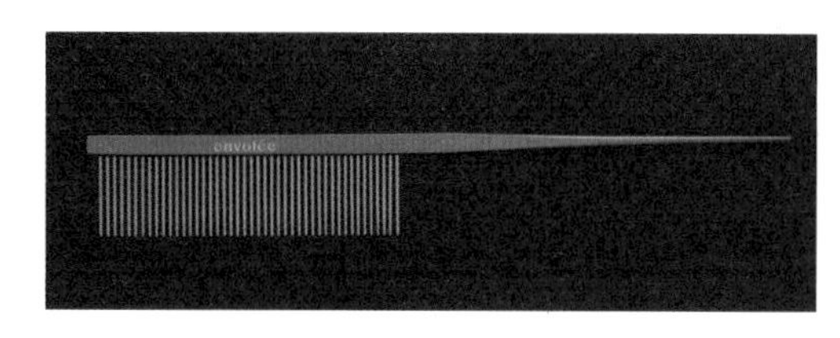

① 피부를 자극하는 마사지에 사용한다.
② 엉키거나 죽은 털 제거에 사용한다.
③ 털을 부풀릴 때 사용한다.
④ 털을 가르거나 래핑할 때 사용한다.
⑤ 언더코트를 자연스럽게 제거할 때 사용한다.

정답 ④

해설 꼬리빗은 털을 가르거나 래핑할 때 사용한다.

Chapter 03 고객상담

01 고객 응대

1 고객 응대 태도와 요령

1) 용모, 복장 체크

① 유니폼: 항상 깨끗한 상태로 착용하고, 불쾌한 냄새가 나지 않게 관리한다.

② 화장, 액세서리: 단정하고 깔끔한 이미지를 위해 위화감을 주는 짙은 화장은 피하고, 작은 크기의 귀걸이 외에 단정해 보이지 않는 귀걸이, 작업복 위의 목걸이, 팔찌 등 착용하지 않는다.

③ 복장, 손톱: 작업복 착용을 원칙으로 한다. 작업 외 시간에 단정한 근무복을 착용하여 고객에게 전문적으로 보이도록 하고, 맨발에 슬리퍼를 신지 않고, 짧은 바지나 치마를 입지 않는다. 손톱은 짧게 유지한다.

2) 인사 예절, 화법

① 표정: 미용 숍의 첫인상을 결정하는 중요한 요인이다. 항상 웃는 모습을 유지하여 밝은 분위기를 연출한다. 고객의 눈을 마주 보며 밝은 미소로 인사하여 신뢰감을 높인다.

② 상황별 인사

- 고객 방문 시: "안녕하세요?"라는 인사말과 함께 미소로 맞이한다.
- 작업 중: "안녕하세요? 잠시만 기다려 주세요. 미용 중입니다." 등의 인사말로 고객에게 양해를 구하고 안전하게 애완동물을 케이지에 넣고 고객을 맞이한다.
- 전화 응대 또는 다른 고객 응대 중: 가볍게 목례를 하거나 눈인사를 한다.

3) 호칭

"고객님", "○○ 보호자님" 등 상황과 상대에 알맞은 호칭을 사용한다.

4) 목소리

최대한 밝고 생기 있는 목소리로 신뢰감을 높이고 고객의 기분을 좋게 한다. 부정적이고 위압감을 줄 수 있는 낮은 음성의 어두운 목소리는 피하고, 한숨이 섞인 말투, 가벼운 신음 소리도 피한다.

5) 긍정적 화법

고객의 요구를 이행하지 못할 때 "고객님, 죄송합니다. 오늘은 예약이 종료되었습니다. 내일 이 시간은 예약이 가능합니다. 괜찮으시겠어요?"와 같은 화법을 사용하여 가능한 방법을 안내한다.

6) 불만 고객 응대 순서

문제 경청 → 동감 및 이해 → 해결 방법 제시 → 동감 및 이해

7) 고객 응대 매뉴얼 제작

① 기본 응대 매뉴얼: 일상적인 서비스 응대 행동에 대한 표준 매뉴얼을 만들어 서비스 품질을 향상시키고 불만 고객을 줄이도록 한다.

② 상황별 응대 매뉴얼: 불만 고객, 돌발 상황에 최적 대응 방법을 매뉴얼로 만들고, 금기 사항도 정리한다.

2 상담실 대기 환경

1) 상담·대기 공간의 위생 관리

배변 봉투, 위생 용품은 잘 보이는 곳에 비치한다. 배변과 배뇨 처리에 사용한 쓰레기통은 수시로 비워 준다. 미용 숍의 대기 공간까지 털이 날리지 않도록 청소기로 수시로 관리하고, 아로마 발향으로 편안하고 아늑한 느낌을 준다.

2) 상담 환경 조성

① 대기 시간 관리: 미용 스타일북, 애완동물 관련 정보지 등 읽을거리를 비치하고, 차, 다과를 준비한다.
② 음악: 외부 소음을 차단하고, 숍 내부에 잔잔한 선율의 음악을 틀어 둔다.
③ 대기 공간에서 좋은 기억 만들기(고전적 조건 형성): 대기 공간에서 애완동물에게 간식, 놀이를 제공한다.
④ 고양이가 좋아하는 식물: 가능하면 고양이 전용 대기실을 조성하는 것이 좋지만, 공간의 여유가 없다면 최대한 가려져 있고 조용하며 안정된 공간에서 대기하도록 한다. 박하류 허브인 캣닙(개박하)을 사용한다.

3 개와 고양이에게 위험한 식물

1) 아스파라거스 고사리

개와 고양이 모두에게 독성이 있으며 열매를 먹으면 구토와 설사, 복통이 일어날 수 있고, 지속적으로 노출되면 알레르기성 피부염이 발생할 수 있다.

2) 옥수수식물(Dracaena fragrans)

옥수수나무, 행운목, 드라세나, 리본식물이 있다. 개와 고양이 모두에게 독성이 있는 식물이고, 사포닌이라는 독성 화합물이 존재하여 섭취할 경우 구토, 토혈, 식욕 감퇴, 우울증, 유연 증상이 나타나고, 고양이의 경우 동공이 커진다.

3) 디펜바키아(Dieffenbachia)

개와 고양이 모두가 섭취할 경우 구강에 간지럼증이 일어나 주로 혀와 입술에 집중되고, 타액 분비 증가로 음식물을 삼키기 어렵고 구토한다.

4) 백합

많은 종류의 백합은 고양이에게 독성이 있고, 몇 가지는 개에게도 독성이 있다. 일반적으로 고양이의 증상은 구토, 무기력증, 식욕 감퇴이고, 빨리 치료하지 않으면 심각한 신장 손상과 사망에 이를 수 있다.

5) 시클라멘(Cyclamen)

풍접초(족두리꽃)가 있다. 개와 고양이에게 모두 위험하고, 섭취할 경우 타액 분비가 증가하고, 구토와 설사 증세를 보이고, 줄기 뿌리를 상당량 섭취할 경우 심장 박동에 이상을 보이며, 심장 마비와 사망에 이를 수 있다.

6) 몬스테라(Monstera deliciosa)

흔한 실내 화초이지만, 개와 고양이가 섭취할 경우 입과 혀, 입술을 간지럽게 하는 물질이 있어 타액 분비 증가, 구토, 음식물을 삼키는 데 어려움이 있다.

7) 알로에

개와 고양이에게 독성이 있는 식물이고, 즙이 아주 많고, 섭취 시 구토하거나 소변이 붉어진다.

8) 아이비

실내에서 기르는 흔한 식물이며, 잎이 열매보다 독성이 강하고, 섭취 시 설사, 위장 장애, 발열, 다음다갈증(지나치게 목말라 물을 많이 마심), 동공 확장, 근육 쇠약, 호흡 곤란 등의 증상을 보인다.

02 애완동물 개체 특성 파악

1 고객 상담을 통한 개체 특성 파악

1) 직접적 파악

애완동물이 나타내는 행동, 피모 상태, 눈·귀·구강 체크, 걸음걸이 등으로 신체 건강 상태를 눈으로 확인한다. 애완동물이 나타내는 행동, 피모 상태, 신체 건강 상태를 만져서 확인한다.

2) 간접적 파악

미용 작업 중에 발생 가능한 상황을 설명하고, 애완동물의 전신 건강 상태, 질병 유무, 과거 병력, 미용 전후로 나타내는 행동을 고객에게 듣고 기록한다. 애완동물 상태는 계속 변하므로 기록하는 일은 고객과 소통하며 지속적으로 갱신한다.

2 동물 행동 이해

1) 개와 친밀감 형성하기

① 개의 인사법: 개에게 접근하기 전에 고객에게 먼저 "만져도 될까요?"라고 묻고 접근한다. 개는 얼굴을 정면으로 마주 보며 접근하는 것을 위협의 신호로 받아들인다.

② 개를 안아서 개의 등 쪽으로 받기: 고객이 개를 안아서 고객이 개의 얼굴을 볼 수 있도록 몸 뒤쪽으로 상담자에게 전달한다. 상담자는 개를 개의 등 쪽으로 받는다.

③ 개의 움직임 중지시키기: 개를 향해 똑바로 서서 고개를 숙이고 목줄을 잡아당기며 얼굴을 빤히 들여다보면 개를 꼼짝 않고 그 자리에 앉아 있도록 하는 효과가 있다.

④ 부드러운 어루만짐: 갑자기 머리부터 만지지 말고, 작업자는 몸을 낮추고 손을 가볍게 펴서 개의 눈높이보다 낮은 상태로 접근한다. 개가 작업자의 냄새를 먼저 맡을 수 있게 하고, 작업자는 개의 모습을 관찰하며 부드럽게 어루만진다.

⑤ 간식으로 친해지기: 개가 숍에 들어와서 냄새를 맡으며 주변을 살필 때 작업자는 고객에게 사전 동의를 받은 후 개의 이름을 부르며 전용 비스킷, 간식을 준다. 경계심을 보이는 개에게는 효과가 없으므로 억지로 진행하지 않는다.

⑥ 놀이로 친해지기: 어린 개, 활동량이 많거나 낯선 환경을 두려워하지 않는 개라면 공, 장난감 놀이로 개의 본능을 자극하여 친해질 수 있고, 개가 미용 숍에 방문하는 것이 익숙하고 즐겁다는 것을 인식시켜 준다.

2) 고양이 이해하기

고양이는 개처럼 복종을 강요하거나 길들일 수 없고, 고양이의 습성은 자신보다 큰 동물을 사냥하지 않기 때문에 무리의 서열을 만들거나 사람에게 복종적으로 행동하지 않는다.

① 고양이의 의사 표현
- 경계: 눈을 동그랗게 뜨고 동공이 확장된다.
- 공격 준비: 귀 뒷면이 보이도록 귀가 돌아간다.
- 두려움: 납작해진 귀에 입을 벌리고 '하악' 소리를 낸다.
- 평화: 얼굴에 긴장감이 없고 힘이 빠져 있다.

② 고양이 안기: 손을 펼쳐서 앞다리 뒤의 가슴과 배 부분을 안아서 들어올린 후 바로 엉덩이와 뒷다리를 받치고, 경계심이 강한 고양이는 안지 않는다. 불가피하게 안아야 한다면 작업자와 고양이 모두 다치지 않도록 목덜미를 잡고 빠르게 케이지로 옮긴다.

③ 고양이 쓰다듬기: 고양이가 작업자의 옆에 다가왔을 때 조심스럽고 부드럽게 얼굴을 만져 주고, 가벼운 접촉부터 지속적으로 시도한다. 콧등 위, 입 주위를 문질러 주거나 목 부위 아래를 쓰다듬어 주고, 고양이가 졸거나 쉴 때 손만 살짝 닿은 채로 기다려 주고, 조금이라도 싫어하면 진행하지 않는다.

④ 고양이 페로몬 제품의 사용: 고양이의 스트레스를 줄이기 위하여 페로몬 성분의 제품을 이동장, 대기 공간에 사용하여 불안감을 감소시킨다.

3) 그 밖의 동물

① 페럿: 호기심이 많고 훈련이 가능하다. 실내에서 기를 경우 특유의 냄새로 목욕을 자주 해야 하고, 숍 방문 시 도주 예방을 위하여 막혀 있는 이동장에서 대기하도록 한다. 대기 장소에서 편안함을 느낄 수 있도록 사용하던 해먹이나 전용 이불 등을 고객에게 방문 전 요청하여 준비한다.

② 원숭이: 집단을 이루고 사회 구성원의 서열을 결정하는 본성을 가진 원숭이는 새로운 환경이 위협으로 느껴져 원활한 작업이 어려우므로 고객과 함께 미용 작업하는 것이 안전하다.

③ 햄스터: 습기 때문에 털이 뭉치는데, 전용 모래로 목욕하여 몸의 습기를 제거한다.

03 고객 관리 차트 작성

1 고객 관리 차트 작성 요령

1) 고객 정보 기록

개인정보보호법에 의해 관리한다. 서비스 제공에 필요한 부분만 받아야 하고, 숍 안에서만 사용되어야 하며, 외부 유출은 금지한다.

2) 애완동물 정보 기록

미용 스타일, 미용 시간, 미용 제품을 선정하는 데 중요하다. 애완동물 이름, 품종, 나이, 중성화 수술 여부, 과거 병력 등이 있고, 첫 방문 시 스타일북 작성을 위해 사진을 찍어도 되는지 미리 동의를 구한다.

3) 미용 스타일 기록

날짜별로 기록하거나 전자 차트로 기록하여 애완동물의 스타일을 전반적으로 확인한다. 작업 전후에 스타일을 기록하여 다음 작업 시 고객과 원활한 소통이 가능하도록 한다.

4) 기록 정리와 갱신

고객의 개인정보와 애완동물의 신체 건강상의 정보는 변동이 가능하므로 작업 전에 확인하여 다른 부분을 발견하면 고객에게 확인 후 다시 작성한다.

5) 미용 관리 차트 작성

고객 정보와 애완동물 정보를 수기로 작성하여 보관한다.

6) 전자 차트 사용

고객 정보와 애완동물 정보를 전자 차트 프로그램을 사용하여 보관한다.

2 전화 응대 요령

전화 응대의 4원칙은 친절, 정확, 신속, 예의이다.

1) 전화 받을 때 요령

① 메모지와 미용 예약 장부를 전화기 옆에 늘 준비한다.
② 전화벨이 3번 이상 울리기 전에 받는다.
③ 환한 미소와 밝은 목소리로 받는다.
④ 인사와 소속과 성명을 밝힌다.
⑤ 고객의 말을 적극적으로 경청한다.
⑥ 고객이 필요한 만큼 정보를 제공한다.
⑦ 고객의 입장과 상황을 배려하여 정중히 받는다.
⑧ 고객보다 먼저 끊지 않는다.

2) 쿠션 화법 사용

고객과 대화에 단답형으로 응대하지 말고, 응대가 어렵다면 "죄송합니다만", "고맙습니다만", "번거로우시겠지만", "바쁘시겠지만" 등의 단어를 사용하여 고객과의 관계를 부드럽고 만족스러운 관계로 발전시킨다.

04 애완동물 상태 확인

1 기초 신체 검사

1) 체중 체크

애완동물의 체중은 사람과 함께 체중계로 재는 것이 좋고, 움직임이 심하거나 경계심이 많은 애완동물은 고객 또는 작업자가 안고 측정하거나 이동장을 활용한다.

2) 체온 체크

① 애완동물이 정상 체온보다 높거나 낮은 경우 신체 대사 기능에 문제가 생기고 호흡기, 신경계, 순환기 계통 등의 문제가 발생하여 위험하다.
② 개와 고양이의 정상 체온은 사람보다 조금 높은 37.5~39.5℃이다. (대형견은 소형견보다 조금 낮다.)

3) 건강 상태 확인

① 눈: 충혈, 다량의 분비물, 안구 돌출, 눈물 분비로 주변부 발적 등을 확인한다.
② 귀: 귀지, 부종, 발적, 진드기 등을 확인한다.
③ 구강: 구취, 치석, 흔들리는 치아, 잇몸 발적 및 부종, 구강 내 출혈 등을 확인한다.

④ 전신 상태: 기침, 콧물, 거친 숨, 과도한 헐떡임, 호흡 불안정 등을 확인하고, 시간이 지나도 안정되지 않으면 미용 작업을 중지한다.
⑤ 걸음걸이: 다리를 절거나 다리 모양이 정상적이지 않다면 확인하고 안내한다.

2 피모 상태

털 엉킴, 피부 종양, 궤양, 홍반, 부스럼과 딱지, 수포, 색소 침착, 가려움 등을 확인하여 안내한다.

3 미용 동의서 작성

① 노령 동물, 미접종 어린 동물, 과거나 현재 뇌신경 질환, 순환기 질환, 호흡기 질환, 소화기 질환, 골 질환 등 질병이 있는 경우, 예민하거나 경계심이 강하여 무는 동물의 경우 가급적 미용을 진행하지 않지만, 고객이 원한다면 위험성에 대해 충분히 설명한 후 불필요한 마찰을 피하고자 동의서를 작성한다.
② 접종과 건강 검진의 유무를 확인한다. 과거 또는 현재의 병력을 기록한다. 미용 후 스트레스로 인한 2차적인 증상이 나타날 수 있음을 안내한다. 미용 작업 중 불가항력적인 가능성을 충분히 설명하고, 경계심이 강하고 예민한 동물에게 쇼크나 경련 등의 증상이 나타날 수 있음을 안내한다. 사납거나 무는 동물의 경우 물림 방지 도구를 사용할 수 있음을 미리 안내한다.

05 미용 스타일 상담

1 스크랩북 제작

애완동물의 개체별 특성 파악 후 고객이 요구하는 미용 스타일에 대한 상담을 진행한다. 고객이 원하는 미용 스타일을 정확히 파악하기 위해 여러 예시 사진과 그림을 활용한다. 숍에서 사용하는 샴푸, 보습제 등의 제품들을 피모에 맞게 선택할 수 있도록 표로 만들어 제공하면 고객의 선택에 도움이 된다.

1) 스타일북의 정보 수집 유형

① 인터넷: 관련 키워드를 검색하여 사진 자료를 얻는다.
② 사진 촬영: 미용 작업 후 사진을 촬영하여 수집한다.
③ 스마트 기기: 사진을 검색해 모아 놓는다.

2) 제품 안내 방법

① POP 광고: 브랜드(상표)를 식별시키고 상품을 주목하게 만들어 구매를 결정하게 한다. (충동적 동기 이용)
② 제품 사진 스크랩: 주제별로 제품을 전단지나 사진을 스크랩하여 소책자로 만들어 필요한 제품의 브랜드와 관련 없이 장단점을 구별하여 선택 가능하도록 한다.

2 요금표 제작

1) 삽입 내용

① 미용 방법에 따른 요금표: 목욕, 기본 미용, 일반 미용, 시저링, 스포팅, 염색, 장모 관리에 관한 요금을 표기한다.

② 품종에 따른 요금표: 개와 고양이의 요금을 표기한다. 대형견, 특수 동물, 특수 목적의 동물은 작업자와 상담 후 비용 안내가 가능함을 표기한다.

2) 비용 책정

미용 가격은 체중, 품종, 크기, 털 길이, 미용 기법, 엉킴 정도, 지역, 애완동물 숍의 전문성 등에 따라 달라지므로 미용 소요 시간을 기준으로 책정한다.

3) 게시 방법

① POP 광고: POP 광고 옆에 가격표를 부착하여 고객에게 쉽게 안내한다.

② 스크랩북 활용: 제작한 스타일북, 제품 스크랩북 내부에 가격표를 부착하여 고객에게 쉽게 안내한다.

3 요금 안내

미용 작업 전에 요금을 안내하지 않으면 작업 후 요금을 정산할 때 고객과 불필요한 마찰이 발생하거나 고객의 불만족으로 연결된다. 책정된 요금을 고객에게 쉽게 설명하며 동의를 구해야 고객이 서비스에 만족할 수 있다. 비용이 추가될 수 있는 상황에 대해서도 미리 안내한다.

06 미용 작업 후 고객 상담

1 고객 만족도 확인

고객이 재방문 시 원활하게 작업하여 고객에게 신뢰감을 줄 수 있다. 미용 작업 후 미용 스타일, 작업자의 태도 등에 만족도를 확인하고 차트에 기록한다. 정기적인 설문 조사로 개별적인 피드백을 받아 서비스 품질 향상을 위해 노력한다.

1) 작업 후 확인

작업자가 작업이 끝난 직후 고객에게 의견을 묻고 보완이 필요한 부분을 바로 수정하여 만족도를 높인다.

2) 전화 확인

미용 작업 후 건강 상태나 피모 상태의 변화가 있는지 확인이 필요하다. 작업 다음 날 하는 것이 좋고, 다음 미용 날짜에 대해서도 안내한다면 고객의 기분, 만족도, 재방문율이 상승한다.

3) 설문 조사

① 설문지: 작업자가 직접 컴퓨터 문서 작성 프로그램으로 만들고, 애완동물 숍의 내방 고객에게 미용 작업 후 바로 진행하면 응답률이 높아 피드백이 쉽다.

② 인터넷 활용: 포털 사이트의 문서 양식을 검색하여 설문지를 작성 후 문자, 이메일, 스마트폰 메신저를 사용하여 전송한다. 무기명으로 고객의 불만 요소를 확인할 수 있으나 응답률은 높지 않다.

2 애완동물 상태표 작성

작업 중 발견한 애완동물의 건강 상태를 간단하게 작성하여 고객에게 쉽게 설명하고 수의사의 진료를 받도록 안내한다.

3 사고 발생 시 대처와 고객 안내

① 미용 작업 시 작업자가 주의하더라도 발생하는 불가피한 사고에 대한 응급 처치 요령을 반드시 숙지한다.

② 위급한 상황에는 반드시 수의사에게 진료를 받는다.

③ 고객에게 상세한 경위와 애완동물의 상태를 설명하고 수의사에게 진료받도록 안내한다. 사고 발생 상황을 고객에게 전달할 때는 최대한 사실을 이야기하고, 작업자가 방어적인 태도를 보이지 않으며 애완동물의 행동에 핑계를 대는 느낌이 들지 않도록 전달한다.

④ 애완동물이 서로 공격할 때 안전하게 떨어뜨린다. 개는 다른 동물이나 작업자를 공격하여 교상을 일으킬 수 있으므로 섣부르게 개에게 접근하지 말고, 개의 뒷다리를 들거나 개와 다른 동물의 사이를 막거나 천 패드나 큰 수건으로 눈을 덮어 시야를 가리는 방법 등을 사용한다.

Chapter 03 고객상담 출제 예상 문제

01

고객 응대에서 용모 및 복장에 대한 설명으로 적절하지 않은 것을 고르시오.

① 유니폼은 항상 깨끗한 상태로 착용하고, 불쾌한 냄새가 나지 않게 한다.

② 위화감을 주는 짙은 화장은 피한다.

③ 단정해 보이지 않는 귀걸이, 작업복 위의 목걸이, 팔찌 등을 착용하지 않는다.

④ 작업복 착용을 원칙으로 한다.

⑤ 편한 작업을 위하여 맨발에 슬리퍼를 신는다.

정답 ⑤

해설 맨발에 슬리퍼를 신지 않고, 짧은 바지나 치마를 입지 않고, 청결하고 단정한 이미지를 주기 위해 손톱은 짧게 유지한다.

02

고객 응대에서 인사 예절과 화법에 대한 설명으로 적절하지 않은 것을 고르시오.

① 항상 웃는 모습을 유지하여 밝은 분위기를 만든다.

② 고객이 부담감이 없도록 고객의 눈을 보지 말고 밝은 미소로 인사한다.

③ 고객 방문 시 "안녕하세요?"라는 인사말과 함께 미소로 맞이한다.

④ "고객님", "○○ 보호자님" 등 상황과 상대에 알맞은 호칭을 사용한다.

⑤ 최대한 밝고 생기 있는 목소리로 응대한다.

정답 ②

해설 표정은 미용 숍의 첫인상을 결정하는 중요한 요인이고, 항상 웃는 모습을 유지하여 밝은 분위기를 만들고, 고객의 눈을 마주 보며 밝은 미소로 인사하여 신뢰감을 높인다.

03

불만 고객 응대 과정을 단계별로 바르게 나열한 것을 고르시오.

(가) 문제 경청	(나) 동감 및 이해
(다) 해결 방법 제시	(라) 동감 및 이해

① (가) → (나) → (다) → (라)

② (나) → (가) → (라) → (다)

③ (가) → (나) → (라)

④ (나) → (가) → (다)

⑤ (가) → (나) → (다)

정답 ①

해설 불만 고객을 빠르게 응대하지 않으면 더 큰 불만을 호소하거나 나쁜 소문을 낼 수 있으므로 최대한 고객의 요구 사항을 귀 기울여 듣고 해결 방법을 제시한다. 문제 경청 → 동감 및 이해 → 해결 방법 제시 → 동감 및 이해 순으로 진행한다.

04

미용 숍 상담실 환경에 대한 설명으로 적절하지 않은 것을 고르시오.

① 배변 봉투와 위생 용품을 잘 보이는 곳에 비치한다.

② 미용 숍의 대기 공간까지 털이 날리지 않도록 관리한다.

③ 아로마 발향으로 편안하고 아늑한 느낌을 준다.

④ 미용 스타일북이나 애완동물 관련 정보지 등 읽을거리를 비치한다.

⑤ 신나고 비트가 빠른 음악을 틀어 미용 숍 분위기를 밝고 경쾌하게 만든다.

정답 ⑤

해설 낯선 환경과 소음 때문에 애완동물이 불안해할 수 있으므로 외부 소음을 차단하고 숍 내부에 잔잔한 선율의 음악을 틀어 안정감을 준다. 심리적 안정감을 주는 비트가 느린 음악을 선정하는 것을 추천한다.

05

개와 고양이에게 위험한 식물에 대한 설명으로 적절하지 않은 것을 고르시오.

① 아스파라거스 고사리는 개와 고양이에게 모두 독성이 있고, 열매를 먹으면 구토와 설사, 복통이 일어날 수 있고, 지속적으로 노출되면 알레르기성 피부염이 발생할 수 있다.

② 옥수수식물은 옥수수나무, 행운목, 드라세나, 리본식물로 불리며, 개와 고양이에게 모두 독성이 있고, 사포닌이라는 독성 화합물이 존재하는데 섭취할 경우 구토, 토혈, 식욕 감퇴, 우울증, 유연 증상이 나타난다.

③ 디펜바키아는 개와 고양이가 섭취할 경우 구강에 간지럼증이 나타나고, 타액 분비의 증가로 음식물을 삼키기 어렵고 구토로 이어진다.

④ 백합은 많은 종류가 고양이에게 독성이 있고, 몇 가지는 개에게도 독성이 있고, 일반적으로 고양이의 증상은 구토, 무기력증, 식욕 감퇴이고, 빨리 치료하지 않으면 심각한 신장 손상과 사망에 이를 수 있다.

⑤ 시클라멘은 잎이 열매보다 독성이 강하고, 섭취 시 설사, 위장 장애, 발열, 다음다갈증, 동공 확장, 근육 쇠약, 호흡 곤란 등의 증상이 보인다.

정답 ⑤

해설 시클라멘(Cyclamen)은 풍접초(족두리꽃)이고, 개와 고양이 모두에게 위험하고, 섭취 시 타액 분비가 증가하고 구토와 설사 증세를 보이고, 줄기 뿌리를 상당량 섭취할 경우 심장 박동 이상을 보이며, 심장 마비와 사망에 이를 수 있다. 잎이 열매보다 독성이 강하고, 섭취 시 설사, 위장 장애, 발열, 다음다갈증, 동공 확장, 근육 쇠약, 호흡 곤란 등 증상이 나타나는 것은 아이비이다.

06

개와 고양이에게 위험한 식물 중에서 아래의 설명이 나타내는 식물을 고르시오.

> 개와 고양이에게 독성이 있는 식물이고, 즙이 아주 많고, 섭취 시 구토와 소변이 붉어진다.

① 백합　　② 시클라멘
③ 몬스테라　　④ 알로에
⑤ 아이비

정답 ④

해설 알로에는 개와 고양이에게 독성이 있는 식물이고, 즙이 아주 많고, 섭취 시 구토와 소변이 붉어진다.

07

개와 고양이에게 위험한 식물 중에서 아래의 그림이 나타내는 식물에 대한 설명으로 가장 적절한 것을 고르시오.

① 개와 고양이에게 모두 독성이 있고, 열매를 먹으면 구토와 설사, 복통이 일어날 수 있고, 지속적으로 노출되면 알레르기성 피부염이 발생할 수 있다.

② 개와 고양이에게 모두 독성이 있고, 사포닌이라는 독성 화합물이 존재하는데 섭취할 경우 구토, 토혈, 식욕 감퇴, 우울증, 유연 증상이 나타난다.

③ 개와 고양이가 섭취할 경우 구강에 간지럼증이 나타나고, 타액 분비의 증가로 음식물을 삼키기 어렵고 구토 증상이 나타난다.

④ 많은 종류는 고양이에게 독성이 있고, 몇 가지는 개에게도 독성이 있고, 일반적으로 고양이의 증상은 구토, 무기력증, 식욕 감퇴이고, 빨리 치료하지 않으면 심각한 신장 손상과 사망에 이를 수 있다.

⑤ 잎이 열매보다 독성이 강하고, 섭취 시 설사, 위장 장애, 발열, 다음다갈증, 동공 확장, 근육 쇠약, 호흡 곤란 등 증상이 나타난다.

정답 ②

해설 행운목(Dracaena fragrans, Corn plant)이고, 개와 고양이에게 모두 독성이 있고, 사포닌이라는 독성 화합물이 존재하는데 섭취할 경우 구토, 토혈, 식욕 감퇴, 우울증, 유연 증상이 나타난다.

08

고객 응대 기법 중에서 플러스 화법에 대한 설명으로 적절하지 않은 것을 고르시오.

① 재방문 고객에게 애완동물의 이름, 미용 기록 등을 기억하고 대화한다.
② 애완동물의 행동 변화에 관심을 보이며 대화한다.
③ 애완동물의 외모 변화에 관심을 보이며 대화한다.
④ 배려하는 말투로 칭찬하며 대화한다.
⑤ 날씨 이야기는 피하고, 주로 사적인 취미 활동에 대하여 대화한다.

정답 ⑤

해설 플러스 화법에는 고객과 애완동물의 행동과 외모의 변화에 관심을 보이며 대화하는 방법과 배려하는 말투로 칭찬, 날씨 등을 이야기하며 대화하는 방법 등이 있다.

09

고객 응대에 대한 예시로써 적절하지 않은 것을 고르시오.

① 다른 고객과 상담 중일 때 "잠시만 기다려 주세요. 상담이 끝난 후 안내하겠습니다." 양해를 구한다.
② 당일 예약된 애완동물은 기억하고, 고객이 방문 시 반가움을 표시하고 신뢰감을 높인다.
③ 당일 미용 예약이 되지 않은 고객이 방문 시 "오늘 예약이 종료되어 안 돼요." 솔직히 말한다.
④ 미용 소요 시간을 설명 후 숍에서 기다릴지 다른 용무를 보고 올지 확인한다.
⑤ 최초 미용 예상 시간보다 길어질 경우 미리 고객에게 연락하여 예상 시간을 다시 안내한다.

정답 ③

해설 미용 예약이 되지 않은 고객에게 "오늘 예약이 종료되어 안 돼요.", "전화 예약 안 하면 미용 못 합니다." 등의 부정적인 안내를 하지 않고, 최대한 가능한 방법을 모색하여 안내한다.

10

고객의 불만 사항 발생 시 빠른 응대에 대한 설명으로 적절하지 않은 것을 고르시오.

① 고객의 불만 사항이 무엇인지 집중해서 경청한다.
② 고객의 말에 동감하고, 상담자가 실수한 부분에 대해 충분히 유감을 표현하고 사과한다.
③ 부드럽게 해결 방법을 제시하고 고객이 최선의 방법이라고 느껴지도록 성의껏 표현한다.
④ 고객의 불편 사항 표현에 감사한다.
⑤ 마지막으로 고객의 불편 사항에 동감할 필요는 없다.

정답 ⑤

해설 마지막으로 고객의 불편함에 또 다시 동감하고 불만 사항 표현에 감사한다.

11

고객의 불만 사항을 경청하는 태도에 대한 설명으로 적절하지 않은 것을 고르시오.

① 상대방의 이야기에 집중한다.
② 말을 듣는 중간에 이유를 설명한다.
③ 판단하지 않고 듣는다.
④ 눈 맞춤, 고개 끄덕임, 맞장구, 내용에 알맞은 표정을 짓는다.
⑤ 몸의 방향을 고객에게 향한다.

정답 ②

해설 경청하는 태도에는 상대방의 이야기에 집중하기, 말을 중간에 가로막지 않기, 판단하지 않고 듣기, 눈 맞춤, 고개 끄덕임, 맞장구, 내용에 알맞은 표정, 몸의 방향을 고객에게 향하기 등의 언어적과 비언어적 반응이 있다.

12

고객의 불만을 가중시키는 태도에 대한 설명으로 적절하지 않은 것을 고르시오.

① 같이 화내기

② 무관심하기

③ 무시하고 발뺌하기

④ 동감하고 이해하기

⑤ 규정만 앞세우기

정답 ④

해설 고객의 불만을 가중시키는 태도에는 같이 화내기, 무관심하기, 무시하기, 발뺌하기, 규정만 앞세우기, 업무 미숙 등이 있다.

13

애완동물의 개체 특성 파악에 대한 설명으로 적절하지 않은 것을 고르시오.

① 직접적으로 신체 건강 상태를 눈으로 파악하지 않는다.

② 직접적으로 애완동물이 나타내는 행동, 피모 상태, 신체 건강 상태를 만져서 확인한다.

③ 고객을 통하여 간접적으로 애완동물의 전신 건강 상태를 확인한다.

④ 고객을 통하여 간접적으로 질병의 유무와 과거 병력을 확인한다.

⑤ 고객을 통하여 간접적으로 미용 전과 후에 나타내는 애완동물의 행동을 확인한다.

정답 ①

해설 직접적으로 개체 특성을 파악할 때 애완동물이 나타내는 행동, 피모 상태, 눈·귀·구강의 체크, 걸음걸이 등의 신체 건강 상태를 눈으로 확인한다.

14

개와 친밀감을 형성하는 방법에 대한 설명으로 적절하지 않은 것을 고르시오.

① 개에게 접근하기 전에 고객에게 먼저 “만져도 될까요?”라고 묻는다.

② 고객이 개를 안아서 전달하고, 상담자는 개의 등 쪽으로 받는다.

③ 만져도 된다는 고객과 개의 사인이 있으면 머리부터 만진다.

④ 작업자는 고객에게 사전 동의를 받은 후 개의 이름을 부르며 간식을 준다.

⑤ 낯선 환경을 두려워하지 않는 개라면 공이나 장난감을 이용한다.

정답 ③

해설 만져도 된다는 고객과 개의 사인이 있더라도 갑자기 머리부터 만지지 말고, 작업자는 몸을 낮추고 손을 가볍게 펴서 개의 눈높이보다 낮은 상태로 접근하고, 개가 작업자의 냄새를 먼저 맡을 수 있게 하고, 작업자는 개의 모습을 관찰하며 부드럽게 어루만진다.

15

고객 관리 차트 작성 방법에 대한 설명으로 적절하지 않은 것을 고르시오.

① 고객 정보는 개인정보보호법에 의해 관리되고, 외부로 유출되지 않도록 관리한다.

② 애완동물 이름, 품종, 나이, 중성화 수술 여부, 과거 병력 등을 기록한다.

③ 날짜별 미용 작업 전과 후에 스타일을 기록하면 다음 작업 시 고객과 원활한 소통이 가능하다.

④ 고객의 개인정보는 민감하기 때문에 최초 1회만 기록한다.

⑤ 미용 관리 차트는 수기로 작성 가능하다.

정답 ④

해설 고객의 개인정보와 애완동물의 신체 건강상의 정보는 변동이 가능하므로 작업 전에 확인하여 다른 부분을 발견하면 고객에게 확인 후 기록을 갱신한다.

16

전화 응대 요령을 단계별로 바르게 나열한 것을 고르시오.

(가) 메모지와 미용 예약 장부를 준비하기 (나) 전화벨이 3번 이상 울리기 전에 받기 (다) 밝은 목소리로 인사하고, 소속과 성명을 밝히기 (라) 고객의 말을 경청하고, 정보 제공하기 (마) 정중히 받고, 고객보다 먼저 끊지 않기

① (가) → (나) → (다) → (라) → (마)
② (가) → (나) → (라) → (다) → (마)
③ (나) → (가) → (다) → (라) → (마)
④ (나) → (가) → (라) → (다) → (마)
⑤ (나) → (다) → (가) → (라) → (마)

정답 ①

해설 전화 응대의 4원칙은 친절, 정확, 신속, 예의이다. 메모지와 미용 예약 장부는 전화기 옆에 항상 준비해 두고, 전화를 받을 때의 요령을 숙지한다.

17

쿠션 화법에 대한 예시로써 적절하지 않은 것을 고르시오.

① "죄송합니다만, 다시 한 번 말씀해 주시겠습니까?"
② "바쁘시겠지만, 잠시만 기다려 주시겠습니까? 확인 후 말씀드리겠습니다."
③ "번거로우시겠지만, 오늘 주문하면 다음주에 도착하는데 그때까지 괜찮으신가요?"
④ "죄송합니다만, 당일 예약이 어려운데 내일 시간은 안 되시나요?"
⑤ "잠시만, 잠깐만요."

정답 ⑤

해설 쿠션 화법은 "죄송합니다만", "고맙습니다만", "번거로우시겠지만", "바쁘시겠지만" 등의 단어를 사용하고, 고객과의 관계를 부드럽고 만족스럽게 증진시킬 수 있다.

18

애완동물의 상태 확인에 있어서 기초 신체 검사에 대한 설명으로 적절하지 않은 것을 고르시오.

① 애완동물의 안전, 미용 금액 책정, 작업 전후에 발생하는 고객과 불필요한 마찰을 피할 수 있다.
② 애완동물의 체중 체크는 사람이 함께 잴 수 있는 체중계로 재는 것이 좋다.
③ 애완동물이 정상 체온보다 높거나 낮은 경우 호흡기, 신경계, 순환기 계통 등의 문제가 생긴다.
④ 개와 고양이의 정상 체온은 사람보다 조금 높은 35.5~37.5℃이다.
⑤ 비정상적으로 체온이 높을 경우 얼음팩을 허벅지, 겨드랑이, 목 뒤 등에 올려 주어 응급 처치 한다.

정답 ④

해설 개와 고양이의 정상 체온은 사람보다 조금 높은 37.5~39.5℃이다.

19

기초 신체 검사 중에 건강 상태 확인에 대한 설명으로 적절하지 않은 것을 고르시오.

① 애완동물의 건강 상태를 미리 체크하여 안내하여 작업 중의 사고를 방지하고 작업 후의 고객과 불필요한 마찰을 피한다.
② 수의사의 진료가 필요한 경우 미용 작업 후에 고객에게 안내한다.
③ 눈은 충혈, 다량의 분비물, 안구 돌출, 눈물 분비로 주변부 발적 등을 확인하고 안내한다.
④ 귀는 귀지, 부종, 발적, 진드기 등을 확인하고 안내한다.
⑤ 구강은 구취, 치석, 흔들리는 치아, 잇몸 발적 및 부종, 구강 내 출혈 등을 확인하고 안내한다.

정답 ②

해설 수의사의 진료가 필요한 경우 미용 작업을 진행하지 않고 고객에게 안내한다.

20

기초 신체 검사 중에 전신 건강 상태를 확인하는 부분이 아닌 것을 고르시오.

① 기침, 콧물
② 거친 숨, 과도한 헐떡임
③ 비만
④ 다리 모양, 걸음걸이
⑤ 귀 크기

정답 ⑤

해설 애완동물이 마르거나 비만인 경우 긴 모발로 고객이 모를 수 있으므로 미리 안내하고 기침과 콧물, 거친 숨을 쉬거나 과도한 헐떡임, 호흡이 불안정하지 않은지 확인하고, 다리를 절거나 다리 모양이 정상적으로 보이지 않을 경우에도 안내한다.

21

기초 신체 검사 중에 피모 상태를 확인하는 부분이 아닌 것을 고르시오.

① 털 엉킴
② 피부 종양, 궤양, 홍반
③ 부스럼과 딱지
④ 수포, 색소 침착, 가려움
⑤ 기침, 콧물

정답 ⑤

해설 기침과 콧물은 애완동물의 피모 상태가 아닌 건강 상태에서 확인한다.

22

미용 동의서 작성에 대한 설명으로 적절하지 않은 것을 고르시오.

① 노령의 동물은 가급적 미용하지 않지만 고객이 미용을 원한다면 작성한다.
② 미접종된 어린 동물은 가급적 미용하지 않지만 고객이 미용을 원한다면 작성한다.
③ 호흡기 질환이 있는 동물은 가급적 미용하지 않지만 고객이 미용을 원한다면 작성한다.
④ 경계심이 강하여 무는 동물이지만 고객이 미용을 원한다면 작성한다.
⑤ 고객에게 사고 위험성에 대해 충분히 설명하였다면 작성할 필요가 없다.

정답 ⑤

해설 고객에게 사고 위험성에 대해 충분히 설명하였더라도 불필요한 마찰을 피하기 위해 동의서를 작성한다.

23

애완동물의 체온을 정확하게 측정하는 방법으로 가장 적절한 것을 고르시오.

① 소형견은 체온계를 항문에 끼워 넣어 측정한다.
② 소형견은 체온계를 허벅지 안쪽에 넣어 측정한다.
③ 대형견은 체온계를 허벅지 안쪽에 넣어 측정한다.
④ 고양이는 체온계를 항문에 끼워 넣어 측정한다.
⑤ 고양이는 체온계를 허벅지로 안쪽에 넣어 측정한다.

정답 ①

해설 체온을 정확하게 측정할 때 소형견과 대형견은 체온계를 항문에 끼워 넣어 측정하고, 고양이는 귀 안쪽에 체온계를 넣어 측정한다.

24

미용 스타일 상담을 위한 정보 수집 방법에 대한 설명으로 적절하지 않은 것을 고르시오.

① 인터넷으로 검색한 사진 자료
② 미용 작업 후 촬영한 사진
③ 스마트 기기를 활용하여 검색한 사진
④ 자체 제작한 스타일북
⑤ 저작권에 문제가 있는 자료

정답 ⑤

해설 인터넷에 관련 키워드를 검색하여 사진 자료를 얻고, 이를 품종별, 스타일 유형별로 구분해 놓으면 쉽게 찾아볼 수 있고, 저작권에 문제가 없는 자료를 취합한다.

25

미용 숍에서 제품을 안내할 때 POP 광고에 대한 설명으로 가장 적절한 것을 고르시오.

① 브랜드(상표) 식별이 쉽지 않다.
② 상품을 주목시키기 어렵다.
③ 구매 결정을 위한 설득력이 약하다.
④ 충동적 동기를 이용한다.
⑤ 판매에 직접적인 역할을 하지 못한다.

정답 ④

해설 POP(Point Of Purchase)란 구매 시점 광고이고, 브랜드(상표)를 식별시키고, 상품을 주목하게 만들고, 구매 결단을 내리게 하는 설득력을 가지고, 충동적 동기를 이용해 상품을 판매하는 직접적인 역할을 한다.

26

요금표 제작과 요금 안내에 대한 설명으로 적절하지 않은 것을 고르시오.

① 목욕, 기본 미용, 일반 미용, 시저링, 스포팅, 염색, 장모 관리 등 미용 방법에 따라 요금을 표기한다.
② 개와 고양이, 대형견, 특수 동물, 특수 목적의 동물 등 품종에 따라 요금을 표기한다.
③ 체중, 품종, 크기, 털 길이, 미용 기법, 엉킴 정도 등에 따라 달라지는 미용 소요 시간을 기준으로 미용 가격을 책정한다.
④ 요금표를 POP 광고 옆에 부착하거나 제작한 스타일북 내부에 부착하여 고객에게 쉽게 안내한다.
⑤ 미용 작업이 끝나고 요금을 정산할 때 고객에게 요금을 안내해도 무방하다.

정답 ⑤

해설 요금 안내는 애완동물의 미용 작업 전에 안내하지 않으면 미용 작업 후 요금을 정산할 때 고객과 불필요한 마찰이 발생하거나 고객의 불만족으로 연결된다. 따라서, 미용 작업 전에 책정된 요금을 고객에게 안내하고 쉽게 설명하여 동의를 구하고, 비용이 추가될 수 있는 상황에 대해서 미리 안내한다.

27

고객이 요구하는 미용 스타일을 파악할 때에 대한 설명으로 적절하지 않은 것을 고르시오.

① 미용 스타일을 제안하기 전에 먼저 고객의 의견을 경청한다.
② 전문가인 미용사의 의견을 고객의 의견보다 우선적으로 반영한다.
③ 미용사가 최선이라고 생각하는 미용이 고객을 만족시키지 못할 수 있다.
④ 스타일북, 사진을 활용하여 고객이 원하는 미용 스타일을 확인한다.
⑤ 사진 예시의 완성된 스타일과 고객의 애완동물의 모량과 신체 형태가 다름을 인지시킨다.

정답 ②

해설 미용사의 의견보다 고객의 의견을 우선적으로 반영한다. 사람은 개개인의 취향과 개성이 다르므로 미용사가 최선이라고 생각하는 미용이 고객을 만족시키지 못할 수 있다.

28

미용 작업 전에 고객에게 요금을 제시할 때에 대한 설명으로 적절하지 않은 것을 고르시오.

① 고객이 서비스를 선택하기 전에 표준화된 요금표를 근거하여 기본적인 가격 정보를 제공한다.
② 요금을 애완동물 품종에 따라 분류한다.
③ 품종별 체중에 따른 요금을 표기하여 안내한다.
④ 요금표에 없는 특수 동물, 특수 목적의 애완동물의 미용 요금은 공정하게 시장 요금을 기준한다.
⑤ 작업 시간이 오래 걸리거나 순응하지 못하는 애완동물의 경우의 추가 비용은 제시할 수 없다.

정답 ⑤

해설 작업 시간이 오래 걸리거나 애완동물이 순응하지 못하는 경우에 따라 비용이 달라지는 부분도 함께 제시하면 불필요한 마찰을 줄일 수 있다.

29

미용 작업 후에 고객 만족도 확인에 대한 설명으로 적절하지 않은 것을 고르시오.

① 작업자가 미용 작업이 끝난 직후 고객에게 의견을 묻는다.

② 고객 만족도를 확인하면 고객이 재방문 시 원활하게 작업 가능하고 고객에게 신뢰감을 줄 수 있다.

③ 전화로 건강과 피모 상태의 변화를 확인할 때 미용 작업 후 일주일이 지나서 하는 것이 좋다.

④ 설문지로 미용 숍의 내방 고객에게 미용 작업 후 바로 진행하면 응답률이 높다.

⑤ 인터넷으로 설문지를 전송하여 고객의 불만 요소를 확인할 수 있으나 응답률은 높지 않다.

정답 ③

해설 전화로 미용 작업 후 건강과 피모 상태의 변화가 있는지 확인이 필요하고, 이는 작업 다음 날에 하는 것이 좋고, 다음 미용 날짜에 대해서도 안내한다면 고객의 기분, 만족도, 재방문율이 상승할 수 있다.

30

애완동물이 서로 공격할 때 분리할 수 있는 안전한 방법으로 가장 적절한 것을 고르시오.

① 큰 수건으로 눈을 덮어 시야를 가린다.

② 꼬리를 잡아당긴다.

③ 귀를 잡아당긴다.

④ 앞다리를 들어올린다.

⑤ 고무장갑으로 턱을 잡는다.

정답 ①

해설 개는 작업자를 공격하여 교상을 일으킬 수 있고, 섣부르게 접근하면 다칠 수 있으므로 천 패드나 큰 수건 등을 이용하여 눈을 덮어 시야를 가린다. 또한, 개의 뒷다리를 들거나 개와 다른 동물의 사이를 장애물로 막을 수 있다.

31

고객에게 미용 작업 시간이 지연된 경우 안내 방법에 대한 설명으로 적절하지 않은 것을 고르시오.

① 최초 상담과 다르게 작업이 지연된 경우 그 이유와 상황을 명확히 전달하고 양해를 구한다.

② 애완동물의 건강 문제나 스트레스로 작업이 지연된 경우 고객에게 조심스럽게 사실을 알린다.

③ 애완동물이 사나울 경우 "사나워서 힘들어요." 와 같이 직접적으로 솔직하게 말한다.

④ 애완동물의 건강 때문에 천천히 미용할 수 있지만 반드시 고객에게 상황을 설명한다.

⑤ 만약 작업 시간의 지연을 안내하지 못하였더라도 우왕좌왕하거나 횡설수설하지 않는다.

정답 ③

해설 "얘가 너무 산만해서 못 하겠어요.", "사나워서 힘들어요." 등의 직접적인 단어는 고객에게 불만 사항으로 들려 신뢰감이 떨어뜨리므로 가급적 돌려서 이야기한다.

32

고객에게 미용 전과 후에 애완동물의 상태 변화를 안내할 때 적절하지 않은 것을 고르시오.

① 피부염 원인을 진단, 처방한다.

② 미용 후 발생하는 피부의 과민 반응을 설명한다.

③ 패드 또는 발톱 부위의 습진을 설명한다.

④ 피부염으로 인한 가려움증을 설명한다.

⑤ 동물병원 방문 또는 수의사에게 진료를 받도록 안내한다.

정답 ①

해설 애견미용사의 역할 범위에 애완동물 질병의 진단과 처방을 포함하지 않는다.

33

미용 후에 애완동물에게 나타날 수 있는 증상으로 적절하지 않은 것을 고르시오.

① 구석에 숨기 ② 식욕 부진
③ 구토와 설사 ④ 공격성
⑤ 퇴행성 신경 질환

정답 ⑤

해설 애완동물의 미용 후 증상으로 침울하여 구석이나 어두운 곳에 숨어 있거나 활력이 없을 수 있고, 가벼운 소화기 증상인 식욕 부진이나 구토와 설사를 나타낼 수 있고, 공격성을 나타내어 신경질적이거나 만지지 못하게 하며 이빨을 드러낼 수 있다.

34

고객에게 애완동물의 미용 후 관리 방법을 안내할 때 적절하지 않은 것을 고르시오.

① 빗질 주기
② 빗질 방법
③ 털 엉킴 확인 방법
④ 처방약 복용 방법
⑤ 목욕 방법

정답 ④

해설 진단과 처방약 복용 방법 등 진료 행위는 수의사의 역할이다.

35

고객으로부터 애완동물의 미용 후 피드백을 받는 방법으로 적절하지 않은 것을 고르시오.

① 미용 다음 날 전화나 문자를 한다.
② 고객이 피모나 신체 건강상의 문제를 제기할 경우 적극적으로 관심을 표현한다.
③ 애완동물에게 문제가 생겼다면 누구의 과실인지 먼저 찾는다.
④ 만약 숍의 과실이 인정된다면 충분한 사과와 치료를 약속한다.
⑤ 미용 후 전화나 설문 조사를 통하여 고객의 만족도를 확인하고 고객 관리 차트에 기록한다.

정답 ③

해설 애완동물에게 문제가 생겼다면 과실을 찾기 전에 보호자의 마음을 생각하며 공감을 표현한다.

36

고객 관리 차트 상에 기록하는 내용으로 적절하지 않은 것을 고르시오.

① 고객 성명
② 연락처
③ 동물 이름과 품종
④ 동물 분양처
⑤ 동물 나이와 성별

정답 ④

해설 고객 관리 차트 상에 동물 분양처는 포함하지 않는다.

37

개인정보 수집 및 활용 동의서 상에 기록하는 내용으로 적절하지 않은 것을 고르시오.

① 고객 이름과 주소
② 고객 전화와 이메일
③ 고객 계좌 번호
④ 동물 이름과 품종
⑤ 동물 나이와 성별

정답 ③

해설 개인정보 수집 및 활용 동의서 상에 고객 계좌 번호를 포함하지 않는다.

38

미용 만족도 설문 조사 내용으로 적절하지 않은 것을 고르시오.

① 미용 일자와 고객 이름
② 미용 주기와 미용 스타일
③ 애완동물의 건강 상태와 행동 변화
④ 작업자의 태도
⑤ 작업자의 외모

정답 ⑤

해설 미용 만족도 설문 조사 내용에 작업자의 외모는 포함하지 않는다.

3급

2과목
반려견 기초미용

Chapter 01 **목욕**

Chapter 02 **기본미용**

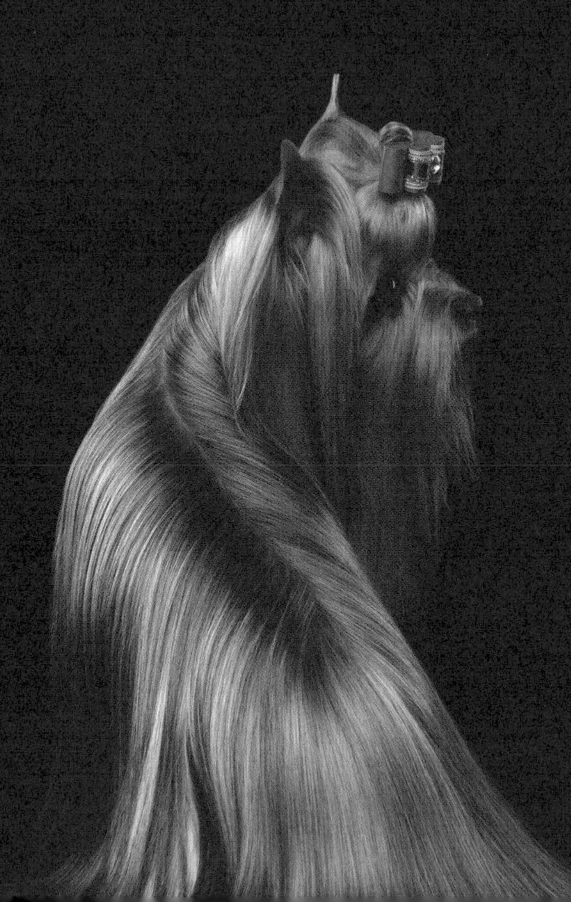

Chapter 01 목욕

01 브러싱

1 브러싱(brushing)

1) 브러싱의 효과

피부에 적당한 자극을 주어 신진대사(metabolism)와 혈액 순환(blood circulation)을 촉진하여 건강한 털을 유지할 수 있다. 털의 관리 상태, 건강 상태, 기생충과 이물질을 점검하고, 털갈이 시기에 기본 관리를 할 수 있다. 애완동물과 작업자 사이에 친숙함을 형성한다.

2) 목욕 전에 브러싱하는 이유

엉킨 털이 풀과 씨앗, 입 주변의 오물, 눈, 항문, 생식기 주변의 분비물과 뭉쳐져 젖으면 털이 더욱 단단해져 브러싱이 어렵고, 드라잉 시간이 길어진다. 동물과 작업자 모두가 힘들어지므로 이를 방지하기 위함이다.

3) 브러싱 순서

① 개체의 특징 파악: 고객과 상담하여 개체 특징을 파악 후 작업에 들어가고, 개체 성격과 사육 환경을 알면 교상 위험과 애완동물의 스트레스를 최소화하고, 빗질 작업에 도움이 된다.
② 털과 피부의 상태 점검: 털과 피부에 대한 질병과 관리 상태를 점검 가능하다. 고객과 개체 상태에 대한 상담이 가능하다.
③ 피부 손상과 털 끊김에 주의하여 빗질: 엉킨 털을 풀 때 털을 잡아당겨 고통스럽지 않게 강도를 조절한다. 장모종은 털 엉킴이 있을 경우 컨디셔너를 도포하여 털의 손상을 최소화한다.

4) 찰과상(brush burn) 주의

① 얼굴, 눈 주변, 귀, 관절 등 뼈가 돌출된 부위, 피부가 약한 부위는 주의한다.
② 목, 겨드랑이, 서혜부, 항문, 꼬리, 생식기 주변 등은 움직임이 많아 마찰로 엉킨 부위를 확인하고 주의한다.

5) 엉킨 부위를 콤으로 점검

브러싱 후 콤으로 털의 흐름을 따라 빗어 엉킨 부위 여부를 최종 점검한다.

2 피부와 털

1) 피부 구조와 특징

① 주모(primary hair): 길고 굵으며 뻣뻣하다.
② 표피(epidermis): 피부의 외층 부분이고, 개와 고양이의 표피는 털이 있는 부위가 얇다.
③ 진피(dermis): 입모근, 혈관, 임파관, 신경 등이 분포되어 있다.
④ 입모근(arrestor pili muscle): 불수의근으로, 추위, 공포를 느꼈을 때 털을 세우는 근육이다.
⑤ 피하 지방(subcutaneous fat): 피부 밑과 근육 사이의 지방이다.

⑥ 피지선(sebaceous gland): 털이 난 피부 부위에 분포되어 있고, 물리·화학적 장벽을 형성하고 피지는 항균 작용과 페로몬 성분을 함유하고 있다.
⑦ 땀샘(sweat gland): 아포크린선(apocrine gland)은 꼬인 낭 또는 관 형태로 털이 난 모든 피부에 분포하고 비경에 분포하지 않으며 페로몬과 항균 성분이 있다.
⑧ 부모(secondary hair): 짧은 털로 주모가 바로 서도록 돕고, 보온 기능과 피부를 보호하는 역할을 한다.
⑨ 모낭(papilla): 모근을 싸고 있는 주머니 형태의 구조물로 털을 보호하고 단단히 지지한다.

2) 털의 종류과 기능

① 보호털(guard hair): 몸의 외형을 이루는 털로, 길고 두꺼우며 방수 기능으로 체온을 유지한다.
② 솜털(wool hair): 보호털에 비해 짧고 부드러우며 단열재 역할을 한다.
③ 촉각털(tactile hair): 외부 자극으로 들어오는 감각 정보를 수용하는 털로, 보호털보다 두껍고 크며 안면부에 집중되어 있다.

3) 털 주기(hair cycle)

① 털은 각각 다른 성장 주기를 가지고 있다. 광주기, 주위 온도, 영양, 호르몬, 전신 건강 상태, 유전자 등에 의해 제어된다.
② 모자이크 타입(mosaic type)은 각기 다른 털 주기를 갖는 타입이고, 싱크로니스틱 타입(synchronistic type)은 전체의 털 주기가 일치하는 타입이다.

4) 털 분류

① 모량과 모장에 따른 분류

구분	견종
장모	코커스패니얼(Cocker Spaniel), 포메라니안(Pomeranian), 푸들(Poodle), 베들링턴테리어(Bedlington Terrier), 케리블루테리어(Kerry Blue Terrier)
단모	로트와일러(Rottweiler), 복서(Boxer), 닥스훈트(Dachshund), 미니어처핀셔(Miniature Pinscher)
털이 없는 종	멕시칸헤어리스(Mexican hairless), 차이니스헤어리스(Chinese hairless)

② 모질에 따른 분류

분류	구분	내용
컬리 코트 (curly coat)	특징	• 털이 곱슬거리며 엉키지 않도록 자주 빗질해 주는 것이 중요하다. • 목욕과 털 손질 후 필요에 따라 털을 자른다.
	견종	푸들(Poodle), 에어데일테리어(Airedale Terrier), 베들링턴테리어(Bedlington Terrier), 케리블루테리어(Kerry Blue Terrier)
실키 코트 (silky coat)	특징	길고 부드러운 털로 빗질할 때 피부 관리에 주의가 필요하다.
	견종	요크셔테리어(Yorkshire Terrier), 몰티즈(Maltese), 실키테리어(Silky Terrier)
스무스 코트 (smooth coat)	특징	• 부드럽고 짧은 털로 루버 브러시를 사용하여 털을 관리한다. • 빗질하여 죽은 털을 제거하고 피부에 자극을 주어 건강하고 윤기 있게 관리한다.
	견종	치와와(Chihuahua), 퍼그(Pug), 보스톤테리어(Boston Terrier), 불독(Bulldog)
와이어 코트 (wire coat)	특징	거칠고 두꺼운 털로 뽑아 주는 관리를 한다.
	견종	노리치테리어(Norwich Terrier), 와이어헤어드닥스훈트(Wire-haired Dachshund), 와이어헤어드폭스테리어(Wire-haired Fox Terrier)

02 샴핑

1 샴핑(shampooing)의 목적

애완동물의 피부 표면은 피지 분비선의 피지와 분비물로 보호막을 형성하고, 피지와 외부에서 부착되는 여러 오염 물질이 피부에 쌓이면 피부와 털이 건강하지 못하게 되므로 정기적인 샴핑으로 건강한 피부와 털을 관리하고, 오염된 피부와 털을 청결히 하여 털 발육과 피부 건강을 관리한다. 과도한 피지 제거와 세정은 정상적인 피부 보호막의 기능을 약화시키므로 주의한다.

2 샴푸의 기능과 특징

1) 외부 먼지, 때, 피지를 제거하고, 모질을 부드럽고 빛나게 하여 빗질하기 쉽게 하고, 잔류물을 남기지 않고, 눈에 자극이 없고, 오물을 쉽게 제거 가능해야 한다.
2) 샴푸 내 계면 활성제, 향수 기능의 다양한 첨가제, 영양 성분, 보습 물질이 함유되어 있다.
3) 개의 피부(pH 7~7.4)는 중성에 가깝고, 사람의 피부(pH 4.5~5.5)와 다르다. 사람용 샴푸는 개의 피부에 자극적일 수 있고, 최근에는 천연 성분을 함유하여 피부와 털에 자극이 적고 기능이 강화된 제품들이 있다.

3 항문낭 관리

1) 항문낭은 개체마다 특색 있는 체취를 담은 주머니로, 항문의 양쪽에 있고, 항문낭액은 냄새가 나는 끈적한 타르 형태이다.
2) 항문낭의 문제로 생기는 행동 특징은 핥기와 엉덩이 끌기, 앉을 때 갑자기 놀라는 행동을 보인다.
3) 항문선이 붓거나 막힌 경우 방치하게 되면 배변이 고통스럽고 염증이 유발되어 수술로 항문낭을 제거해야 할 수 있으므로 꾸준한 점검과 관리로 항문낭 질병을 예방한다.

4 어린 동물의 목욕

1) 처음 손질은 놀라거나 아프게 하지 않도록 주의한다.
2) 놀아 주는 것처럼 빗을 대거나 발을 만지작거려 사람의 손길에 익숙하게 길들인 후 손질을 시작하고, 손질을 습관화시켜 관리하기 쉽게 길들이는 것이 작업자와 개체 모두에게 중요하다.
3) 발바닥, 생식기, 항문 주변의 털은 짧게 깎아 자주 목욕시키는 일이 없도록 한다.
4) 온수로 최단 시간에 자극을 최소화하고, 호흡기에 물이 들어가지 않도록 주의가 필요하다.
5) 드라잉 시 소음과 브러시 사용에 주의하고, 브러싱으로 고통 받지 않도록 부드럽게 사용한다.

5 샴푸의 종류와 기능

1) 종류와 기능이 다양하며 선택의 폭이 넓고, 기능에 대한 정보를 습득하여 개체 특징에 알맞은 제품을 사용한다.
2) 일반적으로 세척력이 강한 샴푸는 알칼리성이 강하다. 건강한 털을 관리하기 위해서 샴푸의 선택은 매우 중요하며, pH가 중성에 가까운 샴푸를 사용하고, 천연 성분을 함유하여 자극이 적은 제품을 선택한다.

털의 모색과 모질에 따라 샴푸 선택	• 모색 강화용으로 화이트닝, 블랙 코트용, 컬러 코트용이 있다. • 모질에 따라 와이어 코트의 털을 납작하게 눕히거나 또는 털을 가라앉히는 기능의 샴푸를 선택하면 가위질이 쉬워진다.
털의 상태에 따라 샴푸 선택	• 영양 강화, 민감, 보습, 외부 기생충의 퇴치와 예방, 드라이 샴푸 등 털 상태에 따라 선택한다.

03 린싱

1 린싱(rinsing)의 목적

1) 샴핑으로 알카리화된 상태를 중화시키는 것으로, 린스의 질과 용도에 따라 차이가 있지만 린싱으로 과도한 세정 때문에 생긴 피부와 털의 손상을 적절히 회복 가능하다.
2) 일반적으로 용기에 적당한 농도로 희석하여 사용한다. 과도하게 사용하면 드라이 후 털이 끈적거리고 너무 지나치게 헹구면 린스 효과가 떨어지므로 사용 방법을 숙지한 후 사용한다.

2 린스의 종류와 기능

1) 기본적으로 정전기 방지제, 보습제, 오일, 수분 등 성분으로 구성되어 있고, 오일 성분과 여러 기능성 성분이 털에 윤기와 광택을 주고 정전기를 방지해 엉킴을 방지한다. 빗질로 발생한 손상에서 털을 보호해 주는 역할, 드라이로 인한 열 손상을 막는 전처리제 역할을 한다.
2) 종류는 천연 성분을 함유하여 자극이 적은 천연 제품, 기능이 강화된 제품, 엉킴을 풀기 위한 크림 형태의 고농축 제품, 오일과 영양이 강화된 형태의 오일 린스 제품, 영양과 보습 제품 등이 있다.

04 드라잉

1 드라잉(drying)의 목적

1) 털을 말리는 것으로, 드라이어의 풍향, 풍량, 온도의 조절과 브러시를 사용하는 타이밍이 가장 중요하다. 타이밍을 적절하지 못하면 털이 곱슬거리는 상태로 건조되므로 말리는 동안 반복해서 신속하게 빗질을 해야 하며, 피부에서 털 바깥쪽으로 풍향을 설정한다.
2) 드라잉이 잘 되어야 커트가 잘 마무리될 수 있다. 드라잉도 브러싱처럼 일정한 순서를 정해서 작업해야 효율적인 작업이 가능하며, 털을 커트하기 위해 털의 상태를 최상으로 마무리하는 것이 가장 중요하다. 드라잉 바람과 브러싱이 동시에 이루어져야 하고, 품종과 털의 특징에 따라 드라잉 방법이 다르다.

2 드라잉 방법

1) 타월링(towelling)

목욕 후 수분을 제거하기 위해 타월을 사용한다. 수분 제거가 잘 되면 드라잉을 빨리 끝낼 수 있지만 지나치게 수분을 제거하면 드라잉할 때 피부와 털이 건조되므로 적당한 수분 제거로 털의 습도를 조절할 수 있어야 하고, 와이어 코트는 타월링의 수분 제거만으로 드라잉 대체가 가능하다.

2) 새킹(sacking)

털이 들뜨고 곱슬거리는 상태로 건조되는 것을 방지하고자 드라잉 시 타월로 몸을 감싸고, 드라이어 바람이 건조할 부위에만 가도록 유도한다. 바람이 브러싱하는 곳의 주변 털을 건조시키지 않도록 주의한다.

3) 플러프 드라이

몰티즈, 요크셔테리어와 같은 장모보다 짧은 이중모를 가진 페키니즈, 포메라니안, 러프콜리 등의 경우 핀 브러시를 사용하여 모근부터 털을 세워 가며 모량을 풍성하게 드라잉한다.

4) 켄넬 드라이

① 케이지 드라이라고 하며, 켄넬 박스 안에 목욕을 마친 동물을 넣고 안으로 드라이어 바람을 쏘아 털의 수분을 날리는 방법이다.

② 켄넬 박스에 드라이어 걸기 장치를 하고 드라이어를 걸어 바람을 쏘이거나 스탠드 드라이어의 높이에 맞추어 켄넬 박스를 두어 바람을 쏘이게 하고, 켄넬 드라이 후 어느 정도 수분이 제거된 후 드라이어 바람으로 귀, 얼굴, 가슴을 포함하여 전체적으로 한 번 더 꼼꼼하게 손으로 말린다.

③ 익숙하지 않은 개체는 연습이 필요하고, 드라잉 중 개체를 방치하면 드라이어 바람의 열로 화상을 입거나 체온이 상승해 호흡 곤란을 일으킬 수 있으므로 절대로 동물을 방치하지 않는다.

5) 룸 드라이어

① 드라이어를 크게 공간화하여 다양한 사이즈와 기능을 갖춘 드라이어이고, 룸 안에 목욕과 타월링을 마친 동물을 두고 타이머, 바람 세기, 음이온, 자외선 소독 등의 기능을 조정하여 사용하고, 룸 안에서 입체적으로 바람이 만들어져 털의 수분이 날아가게 하는 방법이다.

② 룸 드라잉 후 어느 정도 수분이 제거된 후 드라이어 바람으로 귀, 얼굴, 가슴 등을 포함하여 전체적으로 한 번 더 꼼꼼하게 말린다. 켄넬 드라이와 같은 이유로 절대로 동물을 방치하지 않는다.

Chapter 01 목욕 출제 예상 문제

01

브러싱(brushing)의 효과로 적절하지 않은 것을 고르시오.

① 신진대사와 혈액 순환 촉진
② 털의 관리 상태와 건강 상태 점검
③ 털갈이 시기의 기본적인 관리
④ 애완동물과 작업자 사이에 친숙함 형성
⑤ 행동 교정

정답 ⑤

해설 애완동물 미용은 행동 교정을 포함하지 않는다.

02

애완동물을 목욕하기 전에 브러싱을 해야 하는 이유로 적절하지 않은 것을 고르시오.

① 엉킨 속털을 제거할 수 있다.
② 오염 물질을 제거할 수 있다.
③ 목욕 시간을 단축할 수 있다.
④ 드라잉 시간을 단축할 수 있다.
⑤ 낙상을 방지할 수 있다.

정답 ⑤

해설 목욕 전에 브러싱을 해야 하는 이유는 브러싱을 꼼꼼하게 하지 않으면 겉털은 잘 빗겨진 것처럼 보이지만 털을 갈라서 속털을 보면 엉켜져 있다. 그리고 산책으로 털에 붙은 풀과 씨앗, 음식 섭취로 입 주변의 오물, 눈, 항문, 생식기 주변의 분비물 등이 털과 엉켜져 목욕 물에 젖으면 털이 더욱 단단해지고, 브러싱이 어려워진다. 결국 드라잉 시간이 길어지고 개체와 작업자가 모두 힘들게 된다. 따라서, 반드시 목욕 전에 브러싱이 필요하고, 브러싱이 충분히 되면 드라잉을 수월하게 할 수 있다.

03

브러싱 방법에 대한 설명으로 적절하지 않은 것을 고르시오.

① 털의 결에 따라 일정한 순서와 방향을 정해서 꼼꼼하게 브러싱한다.
② 고객과 상담하여 개체의 특징을 파악하고 브러싱한다.
③ 브러싱하면서 피부와 털의 상태를 점검한다.
④ 엉킨 털을 브러싱할 때 컨디셔너를 도포하여 털의 손상을 최소화한다.
⑤ 뼈가 돌출된 부위는 반복적으로 강하게 브러싱한다.

정답 ⑤

해설 브러싱할 때 찰과상에 주의해야 하고, 얼굴, 눈 주변, 귀와 관절 등 뼈가 돌출된 부위와 피부가 약한 부위를 주의한다.

04

피부와 털의 구조와 특징으로 적절하지 않은 것을 고르시오.

① 주모는 길고 굵으며 뻣뻣하다.
② 표피는 피부의 외층으로 개와 고양이의 표피는 털이 있는 부위가 얇다.
③ 진피는 입모근, 혈관, 임파관, 신경 등이 분포한다.
④ 피하 지방은 피부 밑과 근육 사이의 지방으로 피부 밑과 근육 사이에 분포한다.
⑤ 피지선은 불수의근으로 추위, 공포를 느꼈을 때 털을 세울 수 있는 근육이다.

정답 ⑤

해설 피지선(sebaceous gland)은 털이 난 피부 부위에 분포하며 물리적·화학적 장벽을 형성하고, 피지는 항균 작용과 페로몬 성분을 함유한다. 입모근(arrector pili muscle)은 불수의근으로 추위, 공포를 느꼈을 때 털을 세울 수 있는 근육이다.

05

피부의 구조와 특징으로 적절하지 않은 것을 고르시오.

① 피지선은 털이 난 피부 부위에 분포, 물리적·화학적 장벽을 형성하고, 피지는 항균 작용과 페로몬 성분을 함유한다.
② 땀샘은 꼬인 낭(주머니) 형태 또는 관 형태로 털이 나 있는 모든 피부에 분포하며 비경에는 분포하지 않고, 페로몬, 항균 성분이 있다.
③ 부모는 짧은 털로 주모가 바로 설 수 있게 도와주며, 보온 기능과 피부 보호의 역할을 한다.
④ 모낭은 모근을 싸고 있는 주머니 형태의 구조물로 털을 보호하고 단단히 지지한다.
⑤ 피부층은 바깥층부터 진피 – 표피 – 피하지방 순으로 구성된다.

정답 ⑤

해설 피부층은 바깥층부터 표피 – 진피 – 피하지방 순으로 구성된다.

06

털의 기능에 따라 털을 분류할 때 아래의 기능이 있는 털을 고르시오.

몸의 외형을 이루고, 길고 두꺼우며 방수 기능을 한다.

① 보호털 ② 솜털
③ 촉각털 ④ 컬리 코트
⑤ 실키 코트

정답 ①

해설 솜털(wool hair)은 보호털(guard hair)에 비해 짧고 부드러우며 단열재의 역할을 한다. 촉각털(tactile hair)은 외부 자극으로 들어오는 감각 정보를 수용하고, 보호털보다 두껍고 크며 안면부에 집중되어 있다. 컬리 코트와 실키 코트는 모질에 따른 분류이다.

07

털 주기(hair cycle)에 대한 설명으로 적절하지 않은 것을 고르시오.

① 털 주기란 털이 각각 다른 성장 주기를 갖는 것을 의미한다.
② 모자이크 타입(mosaic type)이란 각기 다른 털 주기를 갖는 타입이다.
③ 싱크로니스틱 타입(synchronistic type)이란 전체의 털 주기가 일치하는 타입이다.
④ 털은 광주기, 주위 온도, 영양, 호르몬, 전신 건강 상태, 유전자 등에 의해 제어된다
⑤ 진돗개는 모자이크 타입으로 봄가을에 털갈이가 진행된다.

정답 ⑤

해설 요크셔테리어와 몰티즈는 모자이크 타입의 털 주기를 갖고 있어 일정한 길이를 유지하며 털갈이가 진행되고, 진돗개는 싱크로니스틱 타입으로 봄가을에 털갈이가 진행된다.

08

털을 모량과 길이에 따라 분류할 때 아래의 견종이 가진 털의 종류를 고르시오.

코커스패니얼(Cocker Spaniel), 포메라니안(Pomeranian)

① 스무스 코트
② 장모
③ 단모
④ 헤어리스
⑤ 와이어 코트

정답 ②

해설 코커스패니얼과 포메라니안은 털이 미세하여 단위 면적당 털의 무게가 적은 장모에 속한다.

09

털을 모량과 길이에 따라 분류할 때 아래의 견종이 가진 털의 종류를 고르시오.

로트와일러(Rottweiler), 복서(Boxer), 닥스훈트(Dachshund), 미니어처핀셔(Miniature Pinscher)

① 스무스 코트
② 장모
③ 단모
④ 헤어리스
⑤ 와이어 코트

정답 ③

해설 단모 중에 거친 단모로는 로트와일러와 많은 테리어 종이 있고, 미세한 단모로는 복서, 닥스훈트, 미니어처핀셔 등이 있다. 장모에는 코커스패니얼, 포메라니안, 푸들, 베들링턴테리어, 케리블루테리어 등이 있고, 헤어리스에는 멕시칸헤어리스, 차이니스헤어리스 등이 있다.

10

털을 모질에 따라 분류할 때 설명으로 적절하지 않은 것을 고르시오.

① 컬리 코트(curly coat)는 털이 곱슬거리고, 엉키지 않도록 자주 빗질해 주는 것이 중요하다.
② 실키 코트(silky coat)는 길고 부드러운 털이고, 빗질할 때 피부 관리에 주의한다.
③ 스무스 코트(smooth coat)는 부드럽고 짧은 털이고, 루버 브러시를 사용하여 털을 관리한다.
④ 와이어 코트(wire coat)는 거칠고 두꺼운 털이고, 뽑아 주며 관리한다.
⑤ 보호털(guard hair)은 몸의 외형을 이루는 털이고, 길고 두꺼우며 방수 기능을 한다.

정답 ⑤

해설 보호털은 털을 기능에 따라 분류할 때 구분되는 털이다.

11

털을 모질에 따라 분류할 때 아래의 견종이 가진 털의 종류를 고르시오.

치와와, 퍼그, 보스톤테리어, 불독

① 컬리 코트
② 실키 코트
③ 스무스 코트
④ 와이어 코트
⑤ 보호털

정답 ③

해설 스무스 코트에 치와와(Chihuahua), 퍼그(Pug), 보스톤테리어(Boston Terrier), 불독(Bulldog) 등이 있다. 컬리 코트에 푸들(Poodle), 에어데일테리어(Airedale Terrier), 베들링턴테리어(Bedlington Terrier), 케리블루테리어(Kerry Blue Terrier) 등이 있다. 실키 코트에 요크셔테리어(Yorkshire Terrier), 몰티즈(Maltese), 실키테리어(Silky Terrier) 등이 있다. 와이어 코트에 노리치테리어(Norwich Terrier), 와이어헤어드닥스훈트(Wire-haired Dachshund), 와이어헤어드폭스테리어(Wire-haired Fox Terrier) 등이 있다.

12

털의 흐름과 털이 난 방향에 맞게 브러싱 순서를 정할 때 가장 적절하게 나열한 것을 고르시오.

(가) 머리와 귀	(나) 몸통과 사지
(다) 배와 엉덩이	(라) 꼬리
(마) 콤으로 점검	(바) 엉킨 부분 브러싱

① (가) → (나) → (다) → (라) → (마) → (바)
② (가) → (나) → (라) → (다) → (마) → (바)
③ (가) → (다) → (라) → (나) → (마) →(바)
④ (가) → (다) → (나) → (라) → (마) → (바)
⑤ (나) → (다) → (라) → (가) → (마) → (바)

정답 ①

해설 털의 흐름과 털이 난 방향에 맞게 차례대로 브러싱하면 빠진 부위 없이 꼼꼼하게 빗질할 수 있다.

13
다음 그림이 나타내는 미용 도구의 사용 방법으로 적절하지 않은 것을 고르시오.

① 가볍게 쥔다.
② 손잡이를 움켜쥐어 핀 브러시를 고정한다.
③ 핀 브러시의 자체 무게만으로 가볍게 누른다.
④ 핀 브러시의 모서리를 사용하여 브러싱한다.
⑤ 손목의 탄력을 이용하여 원을 그린다.

정답 ④
해설 핀 브러시의 핀 면 전체를 사용하여 브러싱한다.

14
다음 그림이 나타내는 미용 도구의 사용 방법으로 적절하지 않은 것을 고르시오.

① 가볍게 쥔다.
② 엄지와 집게손가락으로 손잡이를 움켜쥐고 나머지 손가락으로 받쳐 준다.
③ 손목 스냅을 이용하여 브러싱한다.
④ 피부에 닿게 움직이며 브러싱한다.
⑤ 빗질하지 않는 손으로 털과 피부를 고정시킨다.

정답 ④
해설 피부에 닿지 않게 부드럽게 움직이며 브러싱한다.

15
다음 그림이 나타내는 미용 도구의 사용 방법으로 적절하지 않은 것을 고르시오.

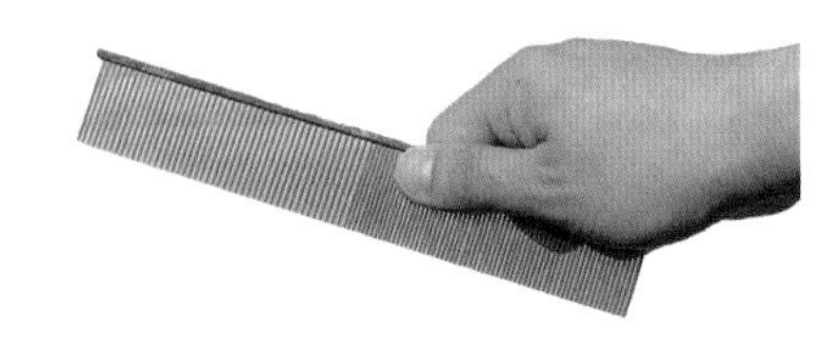

① 가볍게 잡는다.
② 엄지와 집게손가락으로 빗 윗면의 1/3 지점을 감싸 쥔다.
③ 팔에 힘을 주고 팔과 손목을 일직선으로 유지하며 콤밍한다.
④ 털의 결과 수직으로 콤밍한다.
⑤ 모량이 많을 경우 면을 나누어 엉킴을 확인한다.

정답 ③
해설 팔에 힘을 주지 않고 손목의 움직임으로만 콤밍한다.

16
루버 브러시에 대한 설명으로 적절하지 않은 것을 고르시오.

① 털의 흐름에 따라 피부를 마사지하듯이 빗어 준다.
② 고무 재질의 판과 돌기로 구성되어 있다.
③ 글로브 형태와 브러시 형태가 있다.
④ 단모종의 죽은 털 제거와 피부 마사지에 사용한다.
⑤ 목욕 시 사용할 수 없다.

정답 ⑤
해설 루버 브러시는 목욕 시에도 사용할 수 있다. 브러싱하여 윤기 있는 털을 유지시킬 수 있다.

17

샴핑(shampooing)의 목적으로 가장 적절한 것을 고르시오.

① 신진대사와 혈액 순환을 촉진한다.
② 털의 관리 상태와 건강 상태를 점검한다.
③ 오염된 피부와 털을 청결하게 하여 털 발육과 피부 건강을 관리한다.
④ 털갈이 시기에 기본적인 관리를 할 수 있다.
⑤ 애완동물과 작업자 사이에 친숙함을 형성한다.

정답 ③
해설 그 외는 브러싱의 효과에 대한 설명이다.

18

샴푸의 기능과 특징에 대한 설명으로 적절하지 않은 것을 고르시오.

① 외부 먼지, 때, 피지를 제거한다.
② 모질을 부드럽고 빛나게 한다.
③ 눈에 자극이 없어야 한다.
④ 주로 pH가 약산성인 샴푸를 사용한다.
⑤ 대부분 계면 활성제를 함유하고 있다.

정답 ④
해설 개의 피부(pH 7~7.4)는 중성에 가깝고, 사람의 피부(pH 4.5~5.5)와 다르다. 따라서, 약산성의 사람용 샴푸는 개의 피부에 자극적일 수 있다.

19

항문낭에 대한 설명으로 적절하지 않은 것을 고르시오.

① 항문낭은 개체마다 특색 있는 체취를 담은 주머니이다.
② 항문낭액은 냄새가 나는 끈적한 타르 형태이다.
③ 항문낭은 1개이고, 항문의 오른쪽에 위치한다.
④ 항문낭에 문제가 생기면 핥거나 엉덩이를 끌게 된다.
⑤ 항문선이 붓거나 막히면 방치하지 말고 치료한다.

정답 ③
해설 항문낭은 2개이고, 항문의 양쪽에서 'ㅅ'(시옷)자 형태로 위치한다.

20

어린 동물의 목욕에 대한 설명으로 적절하지 않은 것을 고르시오.

① 처음 손질할 때 놀라거나 아프지 않도록 주의한다.
② 태어나서 처음 받는 손질에 평생 버릇이 길들여진다.
③ 발바닥, 생식기, 항문 주변 털은 길게 깎아 준다.
④ 목욕은 자극을 최소화하도록 온수로 짧은 시간 안에 작업한다.
⑤ 드라이할 때 고통이 없도록 브러시를 조심스럽게 사용한다.

정답 ③
해설 발바닥, 생식기, 항문 주변 등의 털은 짧게 깎아 주어 자주 목욕시키는 일이 없도록 한다.

21

샴핑에 대한 설명으로 적절하지 않은 것을 고르시오.

① 용기에 샴푸를 희석하지 않고 원액을 사용하는 것이 효과적이다.
② 샴푸를 몸 전체에 골고루 도포한다.
③ 눈과 귓속에 샴푸가 들어가지 않도록 주의한다.
④ 눈 주변의 눈곱은 온수에 불려 안면 빗을 사용하여 제거한다.
⑤ 단모의 경우 루버 브러시를 이용하여 마사지하면 죽은 털의 관리가 쉽다.

정답 ①
해설 용기에 샴푸를 희석하여 사용하거나 희석한 샴푸를 스펀지에 적셔 사용하면 쓸데없는 샴푸의 낭비를 막을 수 있고 희석액이 전신에 골고루 퍼져 효과적인 샴핑을 할 수 있다.

22

린싱의 목적으로 가장 적절한 것을 고르시오.

① 샴핑으로 알카리화된 상태를 중화시키는 것이다.
② 과도한 세정 때문에 생긴 피부와 털의 손상을 적절히 회복시켜 준다.
③ 농축 형태로 된 것을 적당한 농도로 희석하여 사용한다.
④ 잘못 사용하면 드라잉 후에 털이 끈적거린다.
⑤ 너무 지나치게 헹구면 린싱 효과가 떨어진다.

정답 ①

해설 샴핑 과정에서 과도한 세정이 이루어지면 피부에 자극을 주게 된다. 샴핑으로 알카리화된 상태를 중화시키는 것이 린싱의 가장 큰 목적이다. 그 외는 린싱의 효과와 방법이다.

23

린스의 종류와 기능에 대한 설명으로 적절하지 않은 것을 고르시오.

① 정전기 방지제, 보습제, 오일, 수분 등의 성분으로 구성된다.
② 털에 윤기와 광택을 준다.
③ 정전기를 방지해 엉킴을 방지한다.
④ 빗질로 발생하는 손상을 방지한다.
⑤ 샴핑으로 인한 열 손상을 방지한다.

정답 ⑤

해설 린스는 드라잉으로 인한 열의 손상을 막는 전처리제 역할을 한다.

24

린스의 올바른 사용 방법에 대한 설명으로 적절하지 않은 것을 고르시오.

① 샴푸에 비해 종류가 적고 선택의 폭이 좁다.
② 린스를 잘못 사용하면 린스 효과가 떨어진다.
③ 건강한 털 관리를 위해 린스의 기능에 대한 정보를 습득한다.
④ 개체 특징에 알맞은 린스 제품을 사용한다.
⑤ 털 상태에 따라 기능이 강화된 제품을 사용한다.

정답 ①

해설 린스는 샴푸와 같이 종류와 기능이 다양하고 사용 선택의 폭이 넓다.

25

드라잉에 대한 설명으로 적절하지 않은 것을 고르시오.

① 드라잉의 목적은 털을 말리는 것이다.
② 드라이어의 풍향, 풍량, 온도의 조절과 브러시를 사용하는 타이밍이 가장 중요하다.
③ 피부에서 털 바깥쪽으로 풍향을 설정하여 드라잉한다.
④ 커트하기 위해 털을 최상의 상태로 마무리하는 것이다.
⑤ 품종과 털의 특징에 따라 드라잉 방법은 동일하다.

정답 ⑤

해설 품종과 털의 특징에 따라 드라잉 방법은 달라질 수 있다.

26

드라잉 방법 중에서 아래의 설명이 나타내는 것을 고르시오.

> 드라잉을 위해 타월로 몸을 감싸고, 드라이어 바람이 건조할 부위에만 가도록 유도하고, 바람이 브러싱하는 곳의 주변 털을 건조시키지 않도록 주의한다.

① 타월링(toweling)
② 새킹(sacking)
③ 플러프 드라이
④ 켄넬 드라이
⑤ 룸 드라이어

정답 ②

해설 새킹은 커트를 위해 털이 들뜨고 곱슬거리는 상태로 건조되는 것을 방지하고, 털을 최고의 상태로 유지하여 드라잉하기 위해 타월로 몸을 감싸고, 드라이어 바람이 건조할 부위에만 가도록 유도하고, 바람이 브러싱하는 곳의 주변 털을 건조시키지 않도록 주의한다.

27

드라잉 방법 중에서 아래의 설명이 나타내는 것을 고르시오.

> 드라이어를 크게 공간화하여 다양한 사이즈와 기능을 갖춘 드라이어이고, 룸 안에 목욕과 타월링을 마친 동물을 두고 타이머, 바람 세기, 음이온, 자외선 소독 등의 기능을 조정하여 사용하고, 룸 안에서 입체적으로 바람이 만들어져 털의 수분이 날아가게 하는 방법이다.

① 타월링(toweling)
② 새킹(sacking)
③ 플러프 드라이
④ 켄넬 드라이
⑤ 룸 드라이어

정답 ⑤

해설 룸 드라이어에 익숙하지 않은 동물일 경우 연습이 필요하며, 드라잉 중 동물을 방치하게 되면 드라이어 바람의 열로 화상을 입거나 체온이 상승하여 호흡 곤란 등을 일으킬 수 있으므로 절대로 개체를 방치하지 않는다.

28

타월링에 대한 설명으로 적절하지 않은 것을 고르시오.

① 타월링으로 수분을 완전히 제거하고 드라잉 시간을 단축한다.
② 목욕 후 몸에 남아 있는 수분을 손으로 눌러 짜고 타월링한다.
③ 펫 타월로 몸통과 머리, 다리와 꼬리 부분을 눌러 가며 수분을 제거한다.
④ 펫 타월을 짜내어 수분을 제거하면서 타월링한다.
⑤ 수분이 많이 남아 있는 부위를 한번 더 점검하며 수분을 제거한다.

정답 ①

해설 타월링에서 중요한 것은 수분을 모두 제거하지 않고, 털에 적당한 수분을 남겨서 드라잉하는 것이다.

29

드라잉 순서를 정할 때 가장 적절하게 나열한 것을 고르시오.

> (가) 머리와 귀　　(나) 몸통과 사지
> (다) 배와 엉덩이　　(라) 꼬리
> (마) 콤으로 점검, 엉킴 제거　　(바) 컨디셔너 도포

① (가) → (나) → (다) → (라) → (마) → (바)
② (가) → (나) → (라) → (다) → (마) → (바)
③ (가) → (다) → (라) → (나) → (마) → (바)
④ (가) → (다) → (나) → (라) → (마) → (바)
⑤ (나) → (다) → (라) → (가) → (마) → (바)

정답 ①

해설 드라잉할 때 브러시를 사용하여 빗질하며 털의 흐름과 털이 난 방향에 맞게 차례대로 드라잉하면 빠진 부위 없이 꼼꼼하게 드라잉할 수 있다.

Chapter 02 기본미용

01 미용도구 활용

1 콤(comb)

빗의 크기, 핀의 길이, 핀의 간격에 따라 사용하는 부위와 용도가 다양하다.

2 가위(scissors)

1) 블런트 가위(blunt scissors)

민가위, 스트레이트 시저(straight scissors)라고도 한다. 털 길이를 자르고 다듬는 데 사용한다. 크기는 평균 7인치(약 20cm)가 기준이고, 인치가 높을수록 초벌이나 대형견 미용에 사용한다.

2) 시닝 가위(thinning scissors)

① 숱가위라고도 한다. 모량이 많은 털의 숱을 치거나 털을 자연스럽게 연결시킬 때 사용한다. 실키 코트의 부드러운 털과 쳐진 털을 자를 때 가위 자국 없이 자를 수 있다.

② 정날은 빗살, 동날은 가위의 자르는 면이다. 빗살의 간격 수에 따라 절삭력이 다르다.

3) 보브 가위

블런트 가위와 같은 모양으로, 평균 5.5인치(13.97cm)의 크기이고, 눈 앞의 털, 풋 라인의 털, 귀 끝의 털을 자를 때 많이 사용한다.

4) 커브 가위(curved scissors)

가윗날이 둥그렇게 휘어져 있어 볼륨감을 주는 부위에 사용한다. 얼굴, 몸통, 다리의 각을 없앨 때 사용한다.

3 클리퍼 날(clipper blade) 사이즈와 종류

mm 수가 작을수록 날 간격이 좁고, mm 수가 클수록 날 간격이 넓다. 클리퍼 날의 mm 수가 클수록 피부에 상처를 입힐 위험성이 높다.

02 발톱 관리

1 발톱의 구조

개, 고양이 발톱은 앞발에 5개, 뒷발에 4개가 있다. 발톱에 혈관과 신경이 연결되어 있고, 발톱이 자라면서 혈관과 신경도 같이 자란다.

1) 발톱의 역할

발가락뼈(지골)를 보호하고, 발가락뼈의 역할을 보조한다.

2) 발바닥의 역할
땅에 닿는 부분인 발바닥 패드는 발이 미끄러지지 않도록 털이 나지 않고 피부가 각질화되어 있다. 발바닥 패드에 많은 신경과 혈관이 있어 지면 상태를 감지하고, 지면에서 받는 충격을 완화시킨다.

2 혈관이 보이는 발톱

발톱 안에 혈관이 분포하고 있고, 혈관이 보이기 때문에 발톱 관리에 유리하다.

3 혈관이 안 보이는 발톱

발톱에 있는 멜라닌 색소로 인해 검게 보이는 발톱, 갈색의 발톱, 어두운 색의 발톱으로, 혈관이 보이지 않아 발톱 관리가 다소 어렵고, 발톱의 절단면을 확인하면서 혈관 앞까지 발톱을 깎는다.

03 귀 관리

1 귀의 구조

외이, 중이, 내이로 구분되며, L자형의 구조이다. 고막을 보호하기에 좋지만 공기가 쉽게 통하지 않아 세균 번식, 염증 발생, 악취 발생이 쉽다.

1) 외이
수직 이도, 수평 이도로 구성되어 있다. 소리를 고막으로 전달하는 기능을 하며, 이도의 표면은 피부와 동일한 구조로 모낭, 피지샘, 귀지샘 등의 상피와 탄성 섬유와 콜라겐을 함유하는 진피가 존재한다.

2) 중이
고막, 이소골, 고실, 유스타키오관(이관)으로 구성되어 있다. 고막은 중이를 보호하고 이소골을 진동시켜 소리를 내이로 전달하는 기능을 하며, 고실은 이소골이 있는 내이와 외이 사이의 공간이다. 유스타키오관은 고막 안팎의 기압을 일정하게 유지한다.

3) 내이
반고리관, 전정 기관, 달팽이관으로 구성되어 있다. 반고리관은 회전을 감지하고, 전정 기관은 위치와 균형을 감지하며, 달팽이관은 듣기를 담당한다.

2 귀 청소(ear cleaning)

1) 애완동물의 귓속을 관리해 주지 않으면 외부 기생충이 기생하여 귓병의 원인이 되고, 대부분의 견종은 귓속에서 털이 자라고, 주기적으로 털을 뽑아 관리해야 한다.
2) 귓속 털이 자라지 않는 견종은 탈지면에 이어클리너를 사용하여 귓속을 닦아 주고, 귀 청소를 위해서 겸자, 이어파우더, 이어클리너, 탈지면이 필요하다.
① 이어파우더는 미끄럼을 방지하고, 피부 자극과 피부 장벽을 느슨하게 하며 모공을 수축한다.
② 이어클리너는 귀지를 용해하고, 귓속 이물질을 제거하고, 귓속 미생물의 번식을 억제하며 귓속 악취를 제거한다.

TIP

귀 관리가 안 될 경우 나타나는 증상
- 귀에서 냄새가 나며 이물질이 쌓이고, 귀를 자주 긁는다.
- 외이의 피부가 정상보다 두꺼워지고 붉어 보이고, 이도가 좁아진다.
- 머리가 한쪽으로 기울어지고, 비틀거리고 앞으로 걸으려 하나 빙빙 돈다.
- 귀의 표면이 부어 있고, 한쪽 귀가 쳐지고, 귀 만지는 것을 싫어한다.

04 기본 클리핑

1 클리핑의 이해

클리핑이란 커팅의 한 종류로 클리퍼로 털의 길이를 자르고 깎아내는 작업이다. 기본 클리핑은 0.1~1mm의 클리퍼 날을 이용해서 발바닥, 발등, 항문, 복부, 귀, 꼬리, 얼굴 부위의 털을 제거하는 작업이다.

2 클리퍼 날의 평행

클리퍼 날은 피부와 평행하게 들어가고, 클리퍼 날을 피부에 세워서 사용하면 피부에 상처가 발생할 수 있다.

TIP

클리퍼 사용 시 주의사항
- 클리퍼를 장시간 사용하면 기계가 뜨거워져 피부에 화상(clipper burn)을 입힐 수 있으므로 냉각제로 열을 식히면서 사용한다.
- 클리퍼 날의 mm 수가 클수록 피부에 해를 입힐 수 있으므로 주의한다.
- 클리퍼 날은 세우지 않고 피부와 평행하게 하여 사용한다.
- 클리퍼 사용 후 클리퍼 날 사이의 털을 제거하고 소독제로 소독한다.

3 발바닥과 발등 기본 클리핑

1) 발의 뼈 구조

발바닥 패드가 쿠션 역할을 하여 지면으로부터 발을 보호해 주고, 발가락뼈는 보행 시 걸을 수 있게 힘을 받쳐 주는 역할을 한다.

2) 발 모양에 따른 분류

① 캣 풋: 발가락뼈의 끝 부위에 있는 뼈가 작아 고양이 발을 닮은 발이다.

② 헤어 풋: 엄지발가락을 제외한 네 발가락 중에 가운데 두 발가락이 긴 발이다. (예) 베들링턴테리어, 보르조이, 사모예드)

③ 페이퍼 풋: 발바닥이 종이처럼 얇고 패드의 움직임이 빈약한 발이다.

3) 패스턴(pastern)

발목뼈로, 발등을 클리핑할 때 패스턴 위치까지 클리핑한다.

4 복부 기본 클리핑

암컷은 배꼽 위에서 역U자형으로 클리핑하고, 수컷은 배꼽 위에서 역V자형으로 클리핑한다.

TIP

기본 클리핑으로 털을 제거하는 목적
- 발바닥의 털이 자라 있으면 미끄러지고 보행이 불편하고, 습진이 발생할 수 있다.
- 항문에 배변이 묻지 않도록 청결하게 항문 주위의 털을 제거해야 하고, 장시간 방치하면 배변과 함께 뭉친 털이 항문을 막아 건강에 해롭다.
- 주둥이 부위에 피부병이 있다면 치료 목적으로 제거한다. (푸들의 표준 미용은 주둥이의 털을 제거하는 것이다.)

5 귀 기본 클리핑

견종에 따른 귀 클리핑

클리핑 방법	견종
귀 시작부의 1/2 클리핑	코커스패니얼
귀의 장식 털 끝만 남기고 클리핑	베들링턴테리어, 댄디디몬드테리어
귀를 전체 클리핑	슈나우저, 케리블루테리어
귀 끝의 1/3 클리핑	요크셔테리어, 스코티시테리어, 화이트테리어

6 주둥이 기본 클리핑

1) 주둥이 형태

머즐(muzzle)이라고 하며, 주둥이는 견종에 따라 여러 길이가 있고, 주둥이 길이에 따라 후각에 차이가 있다. 셰퍼드처럼 긴 주둥이의 견종은 후각이 발달되어 있고, 짧은 주둥이의 견종은 콧구멍이 작고 후각이 덜 발달되어 있다.

2) 주둥이 털의 클리핑

① 귀 시작점에서 눈꼬리까지 클리핑한다.
② 귀 시작점에서 애담스애플 아래로 1~2cm 지점까지 V자형으로 클리핑한다.
③ 주둥이 털을 클리핑한다.
④ 턱 밑을 주둥이와 같은 길이로 클리핑한다.
⑤ 눈과 눈 사이를 역V자형(인덴테이션)으로 클리핑한다.

05 기초 시저링

1 부위별 기초 시저링

1) 발 주변의 털

① 발바닥이 클리핑된 발: 발바닥 패드를 가리는 털을 제거하고, 발등의 털은 발톱이 가려지게 발 주변의 털을 동그랗게 시저링한다.

② 발바닥과 발등이 클리핑된 발: 클리핑 라인이 보이도록 풋 라인을 시저링한다.
③ 발 주변의 털을 제거하는 목적: 발바닥 패드를 가리는 털을 잘라 보행 시 미끄러지지 않게 하고, 발등이 클리핑된 발은 클리핑 라인을 따라 시저링하여 발을 아름답게 보이게 한다.

2) 눈 주변의 털

① 눈이 보이도록 눈 앞의 털을 시저링하고, 눈 위 부분의 털을 시저링한다.
② 눈 주변의 털을 제거하는 목적: 눈 주변의 털이 자라면서 눈을 찔러 눈병의 원인이 되고, 털이 길면 시야를 가려 생활에 지장을 주고, 눈물이 흐르는 경우 피부병의 원인이 된다.

3) 항문 주변의 털

청결함을 위해 클리핑 후 항문 주위의 털을 제거한다.

4) 언더라인

가슴 밑부터 턱 업 앞까지의 라인을 말하며, 복부 주변의 털을 클리핑한 후 클리핑 라인을 가리고 있는 털을 제거한다.

5) 꼬리 털(테일)

① 모양에 따른 구분

테일 형태	견종
직립 테일	비글
컬드 테일	페키니즈
스냅 테일	포메라니안

② 꼬리 유무에 따른 구분

형태 구분	견종
꼬리를 단미하는 견종	푸들, 슈나우저, 요크셔테리어
꼬리가 없는 견종	웰시코기, 올드잉글리시시프도그

6) 귀 털

① 귀 끝을 일직선 또는 라운드로 시저링한다.
② 쫑긋 선 귀는 요크셔테리어, 슈나우저, 화이트테리어, 늘어진 귀는 코커스패니얼, 몰티즈, 앞으로 꺾인 귀는 폭스테리어가 있다.

2 발의 미용 종류

동그란 발	발바닥을 클리핑한다. 발의 모양을 따라 동그랗게 시저링한다. ㉔ 포메라니안, 페키니즈, 슈나우져
푸들 발	발바닥과 발등을 클리핑한다. 풋 라인을 시저링한다. ㉔ 푸들
포메라니안 발	발바닥을 클리핑한다. 동그란 발의 모양에 발톱이 보이게 시저링한다. ㉔ 포메라니안

Chapter 02 기본미용 출제 예상 문제

01

가위의 종류와 용도에 대한 설명으로 적절하지 않은 것을 고르시오.

① 블런트 가위(blunt scissors)는 민가위, 스트레이트 시저(straight scissors)라고도 부른다.
② 시닝 가위(thinning scissors)는 빗살 간격 수와 관계 없이 절삭력이 일정하다.
③ 보브 가위는 눈 앞의 털, 풋 라인의 털, 귀 끝의 털을 자를 때 많이 사용한다.
④ 커브 가위(curved scissors)는 가윗날이 둥그렇게 휘어져 있어 볼륨감을 줄 때 사용한다.
⑤ 블런트 가위의 크기는 평균 7인치 기준이 되고, 초벌 미용에 사용한다.

정답 ②

해설 시닝 가위는 빗살 간격 수에 따라 잘리는 면의 절삭력에 차이가 있고, 모량이 많은 털의 숱을 치거나 털을 자연스럽게 연결시킬 때 사용한다.

02

다음 그림이 나타내는 가위에 대한 설명으로 가장 적절한 것을 고르시오.

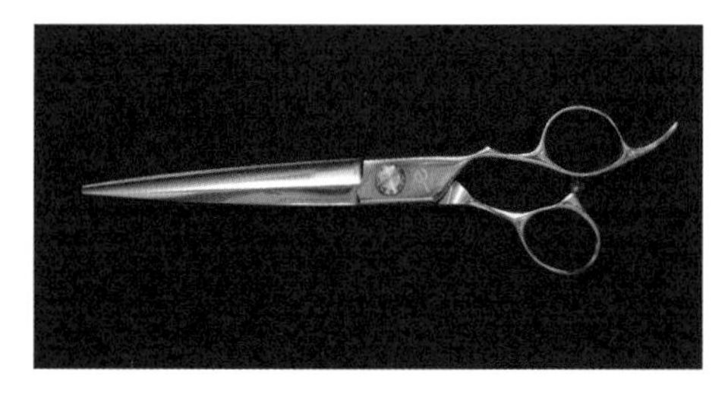

① 가윗날이 둥그렇게 휘어져 있어 볼륨감을 줄 때 사용한다.
② 모량이 많은 털의 숱을 칠 때 사용한다.
③ 처진 털을 자를 때 가위 자국 없이 자를 수 있다.
④ 민가위, 스트레이트 시저(straight scissors)라고도 부른다.
⑤ 빗살 사이의 간격 수에 따라 절삭력에 차이가 있다.

정답 ④

해설 블런트 가위(blunt scissors)는 민가위, 스트레이트 시저(straight scissors)라고도 부른다.

03

가위의 각 부분별 명칭에 대한 설명으로 적절하지 않은 것을 고르시오.

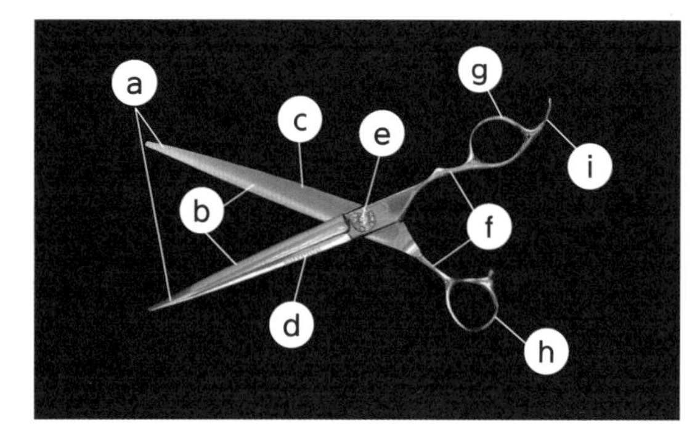

① a – 가위 끝
② b – 날 끝
③ c – 동날(moving blade)
④ d – 다리(shank)
⑤ e – 선회축(pivot point)

정답 ④

해설 d는 정날(still blade)이고, 넷째 손가락의 움직임으로 조작되는 움직이지 않는 날이다. 다리(shank)는 f이다.

04

클리퍼 날의 사이즈와 종류에 대한 설명으로 적절하지 않은 것을 고르시오.

① 클리퍼 날의 mm 수가 작으면 날의 간격이 좁다.
② 클리퍼 날의 mm 수가 클수록 클리퍼 날의 간격이 넓다.
③ 클리퍼 날의 mm 수가 클수록 피부에 상처를 입힐 수 있는 위험성이 높다.
④ 0.1~1mm 클리퍼 날은 주둥이, 발바닥, 발등, 항문, 꼬리, 복부, 귀 등에 적용할 수 있다.
⑤ 3~20mm 클리퍼 날은 슈나우저와 코커스패니얼의 얼굴부 등에 적용할 수 있다.

정답 ⑤

해설 3~20mm 클리퍼 날은 개체의 몸통부에 적용할 수 있고, 2mm 클리퍼 날은 슈나우저와 코커스패니얼의 얼굴부 등에 적용할 수 있다.

05

클리퍼 날 장착 방법을 올바르게 나열한 것을 고르시오.

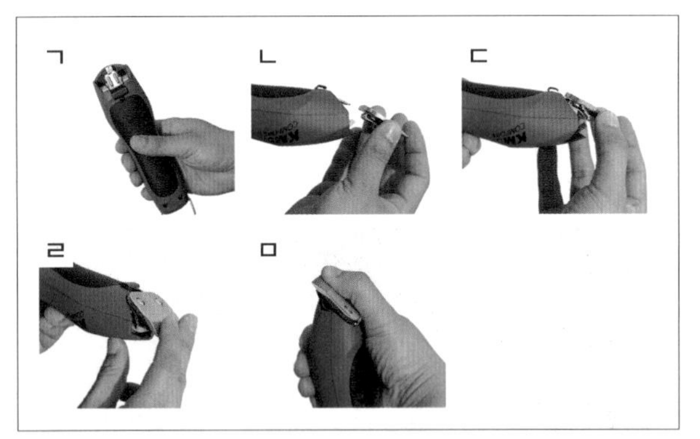

① (ㄱ) → (ㄴ) → (ㄷ) → (ㄹ) → (ㅁ)
② (ㄱ) → (ㄴ) → (ㄷ) → (ㅁ) → (ㄹ)
③ (ㄱ) → (ㄷ) → (ㄴ) → (ㄹ) → (ㅁ)
④ (ㄱ) → (ㄷ) → (ㄴ) → (ㅁ) → (ㄹ)
⑤ (ㄱ) → (ㄹ) → (ㅁ) → (ㄴ) → (ㄷ)

정답 ①
해설 클리퍼 날이 잘 끼워져 있지 않으면 날의 떨림이 불안정하고 요란한 소리가 난다.

06

발톱의 구조와 역할에 대한 설명으로 적절하지 않은 것을 고르시오.

① 발톱에는 혈관과 신경이 연결되어 있다.
② 발톱이 자라면서 혈관과 신경은 같이 자라지 않는다.
③ 발톱은 지면으로부터 발을 보호하기 위해 단단하게 되어 있다.
④ 발톱의 구조는 발톱 안에 신경이 혈관을 감싸고 있다.
⑤ 발톱은 발가락뼈를 보호하며 발가락뼈의 역할을 보조해 준다.

정답 ②
해설 발톱이 자라면서 혈관과 신경도 같이 자란다.

07

발바닥의 역할에 대한 설명으로 적절하지 않은 것을 고르시오.

① 발이 미끄러지지 않도록 발바닥에 털이 나지 않는다.
② 발바닥은 피부가 각질화한 패드로 되어 있다.
③ 패드에는 많은 신경과 혈관이 있어 지면의 상태를 감지한다.
④ 발가락뼈를 보호하며 발가락뼈의 역할을 보조해 준다.
⑤ 패드는 지면에서 받는 충격을 완화시켜 준다.

정답 ④
해설 발톱의 역할은 발가락뼈를 보호하며 발가락뼈의 역할을 보조해 준다.

08

발톱 관리에 대한 설명으로 적절하지 않은 것을 고르시오.

① 산책을 자주하는 애완동물은 며느리발톱 관리가 필요 없다.
② 생활 환경에 따라 발톱을 다르게 관리한다.
③ 살을 파고 들어간 발톱의 휘어진 부분을 니퍼형 발톱깎이로 자른다.
④ 발톱의 중간 지점이 부러져 있는 경우 부러진 부분의 바로 윗부분을 자른다.
⑤ 발톱을 제때 관리해 주지 않으면 발톱이 옆으로 휘어지면서 자라고 보행에 문제가 생긴다.

정답 ①
해설 산책을 자주 하거나 실외에서 생활하는 애완동물의 경우 보행함으로써 자연적으로 관리되는 경우가 있으나, 며느리발톱은 따로 관리해야 한다.

09

귀의 구조에 대한 설명으로 적절하지 않은 것을 고르시오.

① 애완동물의 귀는 외이, 중이, 내이로 나뉜다.
② L자형의 구조이다.
③ 고막을 보호하기 좋은 구조이다.
④ 공기가 쉽게 통하는 구조이다.
⑤ 외이는 소리를 고막으로 전달하는 기능을 한다.

정답 ④

해설 사람과 다르게 L자형의 구조이고, 고막을 보호하기 좋은 구조이지만, 공기가 쉽게 통하는 구조가 아니다. 따라서, 세균이 번식하고 염증이 일어나고 악취가 발생하기 쉽다.

10

귀의 구조와 기능에 대한 설명으로 적절하지 않은 것을 고르시오.

① 외이는 수직 이도와 수평 이도로 구성된다.
② 중이는 고막, 이소골, 고실, 유스타키오관(이관)으로 구성된다.
③ 고막은 중이를 보호하고, 이소골을 진동시켜 소리를 내이로 전달한다.
④ 내이는 반고리관, 전정 기관, 달팽이관으로 구성된다.
⑤ 전정 기관은 고막 안팎의 기압을 일정하게 유지해 준다.

정답 ⑤

해설 중이의 유스타키오관은 고막 안팎의 기압을 일정하게 유지해 준다. 내이의 반고리관은 회전을 감지하고, 전정 기관은 위치와 균형을 감지하며, 달팽이관은 듣기를 담당한다.

11

귀 관리가 안 될 경우 나타나는 증상에 대한 설명으로 적절하지 않은 것을 고르시오.

① 귀에서 냄새가 나며 이물질이 쌓인다.
② 귀를 자주 긁는다.
③ 내이의 피부가 정상보다 두꺼워지고 붉어 보인다.
④ 비틀거리고 앞으로 걸으려 하나 빙빙 돈다.
⑤ 귀 만지는 것을 싫어한다.

정답 ③

해설 내이가 아니고, 외이의 피부가 정상보다 두꺼워지고 붉어 보인다. 내이는 반고리관, 전정 기관, 달팽이관으로 구성된다.

12

이어파우더와 이어클리너의 효과에 대한 설명으로 적절하지 않은 것을 고르시오.

① 이어파우더는 미끄럼을 방지하고, 모공을 수축시킨다.
② 이어파우더는 피부 자극과 피부 장벽을 느슨하게 한다.
③ 이어클리너는 귀지를 용해하고, 귓속의 이물질을 제거시킨다.
④ 이어클리너는 귓속의 미생물 번식을 억제시킨다.
⑤ 이어파우더는 귓속의 악취를 제거시킨다.

정답 ⑤

해설 이어클리너는 귀지의 용해, 귓속의 이물질 제거, 귓속 미생물의 번식 억제, 귓속의 악취 제거 등에 효과가 있다.

13

기본 클리핑에 대한 설명으로 적절하지 않은 것을 고르시오.

① 클리핑이란 커팅의 한 종류로 클리퍼로 털의 길이를 자르고 깎아 내는 작업이다.

② 기본 클리핑은 발바닥, 발등, 항문, 복부, 귀, 꼬리, 얼굴 부위의 털을 제거하는 작업이다.

③ 클리퍼 날을 피부면에 직각으로 세워서 사용한다.

④ 클리퍼를 장시간 사용할 경우 냉각제로 열을 식히면서 사용해야 한다.

⑤ 클리퍼 날의 mm 수가 클수록 피부에 상처를 입힐 수 있으므로 주의해서 사용한다.

정답 ③

해설 클리퍼는 피부와 평행하게 들어가야 하고, 클리퍼 날을 피부에 세워서 사용하게 되면 피부에 상처를 낼 수 있다.

14

발의 구조와 모양에 대한 설명으로 적절하지 않은 것을 고르시오.

① 캣 풋 – 발가락뼈(지골)의 끝 부위 뼈가 작아 고양이 발을 닮은 발 모양이다.

② 헤어 풋 – 엄지발가락을 제외한 네 발가락 중에서 가운데 두 발가락이 긴 발 모양이다.

③ 페이퍼 풋 – 발바닥이 종이처럼 얇고 패드의 움직임이 빈약한 발이다.

④ 패스턴 – 발목뼈이다.

⑤ 개가 보행할 때 발꿈치가 지면에 닿고 쿠션 역할을 한다.

정답 ⑤

해설 개가 보행할 때 사람과 달리 발꿈치가 지면에 닿지 않는다. 발바닥 패드가 쿠션 역할을 하여 지면으로부터 발을 보호해 주고, 발가락뼈는 걸을 수 있게 힘을 받쳐 주는 역할을 한다.

15

기본 클리핑으로 털을 제거하는 목적과 방법에 대한 설명으로 적절하지 않은 것을 고르시오.

① 발바닥에 털이 자라면 미끄러지고 보행이 불편하다.

② 발바닥 패드 주변에 털이 많이 자라면 습진이 생긴다.

③ 항문에 배변이 묻지 않고 청결하도록 털을 제거한다.

④ 주둥이 부위에 피부병이 있는 경우 치료 목적을 위해 털을 제거한다.

⑤ 수컷의 경우 배꼽 위에서 역U자형으로 클리핑한다.

정답 ⑤

해설 암컷의 경우 배꼽 위에서 역U자형으로 클리핑하고, 수컷의 경우 배꼽 위에서 역V자형으로 클리핑한다.

3급

3과목 반려견 일반미용1

Chapter 01 일반미용

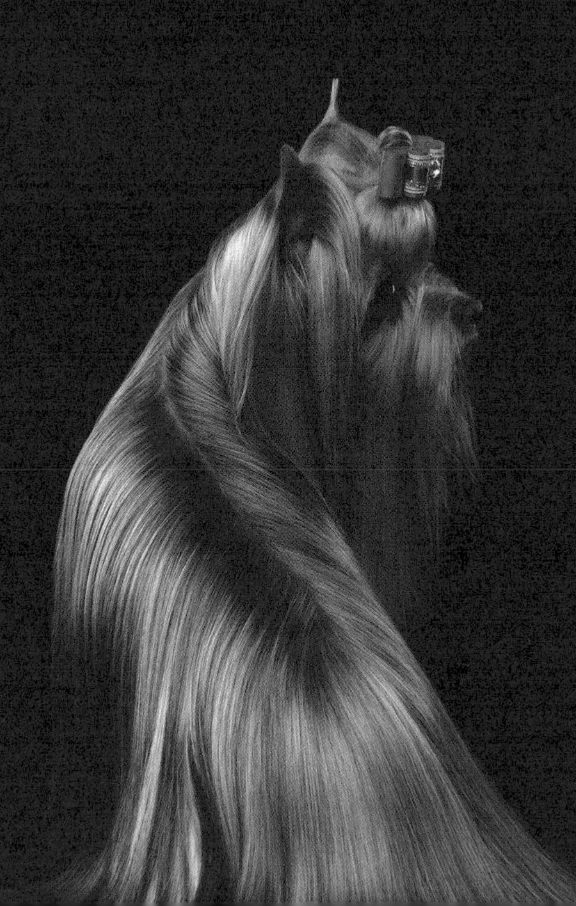

Chapter 01 일반미용

01 개체 특성 파악

1 대상에 맞는 미용 스타일 선정 방법

1) 몸 구조에 문제가 있는 경우

① 이상적인 체형에 대한 지식이 필요하다.

② 이상적인 체형에서 벗어난 단점을 문제 부위의 털을 이용하여 보완하는 미용 방법을 선택한다.

③ 신체의 장애 부위는 안 보이도록 보완할지, 그 부위를 개성으로 부각시킬지를 결정하여 미용 스타일을 선택한다.

2) 털 길이가 짧지만 고객이 털이 긴 미용 스타일을 원할 경우

① 시간이 흐른 후 고객이 원하는 미용이 가능하게 틀을 잡아 주는 미용을 진행한다.

② 미용사는 고객이 원하는 미용 스타일의 실현을 위해 털이 자라는 데 걸리는 시간을 예상하여 고객에게 안내한다.

③ 이다음에 시행할 미용 스타일을 완성하기 위해 털을 기르기 위한 관리 방법을 설명한다.

3) 털에 오염된 부분이 있는 경우

① 일시적인지, 미용 후에도 발생 가능한지를 파악한다.

② 일시적으로 착색된 경우 그 부위의 털을 제거한다.

③ 지속적으로 다시 착색될 가능성이 있다면 원인을 해결할 필요가 있다.

4) 예민하거나 사나운 경우

① 예민함과 사나움의 정도를 파악한다.

② 애완동물의 상태가 미용이 불가능하다면 그 이유를 고객에게 이해하기 쉽게 설명한다.

③ 미용이 가능하다면 물림 방지 도구의 사용을 고객에게 알리고 동의를 얻는다.

5) 특정 부위의 미용을 거부할 경우

발을 만질 때 매우 예민하게 반응한다면 발 미용 시간을 최소화하고, 얼굴 부위를 클리핑할 때 거부 반응이 있다면 얼굴 부위를 시저링하는 방법으로 애완동물의 스트레스를 줄이는 미용 스타일을 선택한다.

6) 날씨나 온도의 영향을 받는 곳에 생활하는 경우

① 추운 곳에서 생활하면 털의 길이가 너무 짧은 미용 스타일은 피한다.

② 뜨거운 햇볕에 오랜 시간 노출된다면 피부가 드러나지 않는 미용 스타일을 선택한다.

7) 미끄러운 곳에 생활하는 경우

보행에 방해되는 발바닥 아래의 털을 짧게 유지하는 미용 스타일을 선택한다.

8) 고객이 시간적 여유가 없을 경우

① 털 손질에 많은 시간을 투자할 여유가 없을 때 손질이 비교적 간단한 미용 방법을 선택한다.

② 음식을 먹을 때 오염 가능한 얼굴 부위를 짧게 하고, 빗질에 걸리는 시간을 최소화하는 미용 스타일을 선택한다.

9) 노령이거나 지병이 있는 경우

① 보호자에게 애완동물의 나이, 질병 종류 등 설명을 요청하고, 내용을 정확하게 파악하여 차트에 기록한다.

② 미용 동의서가 필요하면 고객에게 작성을 요청하고, 디자인보다 위생 관리에 초점을 맞춘 미용 스타일을 선택한다.

애완동물이 노령일 때	질병이 있을 때
• 피부에 탄력이 없고 주름이 있으므로 클리핑 시 상처가 나지 않게 주의한다. • 오랜 시간 서 있어야 가능한 미용 스타일은 피한다. • 미용 작업 시간이 오래 걸리는 미용 스타일은 피하고, 모질이 힘이 없고 모량이 적으므로 모질과 모량에 따라 실현 가능한 미용 스타일을 선택한다. • 청각이나 시각을 잃어 예민할 수 있으므로 주의하고, 노화로 인한 심장병 등 지병이 있는 경우 그 정도가 미용이 가능한지 확인한다.	• 미용 작업 시간이 오래 걸리는 미용 스타일은 피한다. • 질병 발생 부위에 접촉을 거부하는 특이 사항을 참고하여 미용 스타일을 결정한다. • 미용이 질병을 악화시킬 수 있다면 미용하지 않는다.

2 미용 스타일 제안

1) 고객 의견을 우선적으로 반영

미용 스타일 제안 전에 먼저 고객 의견을 경청하고, 고객이 원하는 미용 스타일을 정확하고 구체적으로 파악한다. 개개인의 취향과 개성이 다르며, 미용사가 최선이라고 생각하는 미용 스타일이 고객을 만족시키지 못할 수도 있다.

2) 제안하는 미용 스타일을 고객에게 이해하기 쉽게 설명

① 고객이 이해할 수 있는 용어로 설명

- 전문 용어를 사용하면 프로페셔널하게 보일 수는 있지만 너무 어려운 용어를 사용하면 고객이 이해하기 어렵다.
- 보편적으로 사용하는 전문 용어를 일부 섞어서 설명할 수 있지만 대부분의 사람들이 이해할 수 있는 용어를 사용한다.
- 전문 용어 중에 쉬운 말로 바꿀 수 없다면 그 전문 용어를 사용하고 고객이 이해하기 쉽게 설명한다.

② 새로운 미용 용어를 이해하기 위한 노력

- 전문적인 미용 명칭이 아니라 보호자들 사이에서 쓰이는 미용 명칭을 이해하기 위해 노력한다.
- 고객들은 방송과 인터넷 커뮤니티를 통해 동물 관련 내용을 자주 접하고, 유행하는 미용 스타일 명칭이 새롭게 생겨나고 바뀐다.
- 미용사의 기본 지식만으로 알아듣기 어려우므로 인터넷 검색을 활용한다.

③ 스타일북을 활용하여 고객과 미용사 간에 생각의 오차를 줄임

- 말로만 설명하면 고객과 미용사가 다르게 이해할 수 있고, 이러한 생각 차이는 결국 미용에 대한 불만으로 표현된다.

- 생각의 오차를 줄이려면 사진과 그림을 활용하여 해당 스타일을 직접 눈으로 확인이 필요하다.

④ 미용 스타일 제안 시 미용 요금 함께 안내

- 털의 오염도, 젖은 상태, 엉킴 정도, 애완동물의 미용 협조 정도 등에 따라 추가적인 요금이 발생할 수 있다.
- 개체 특성을 파악하여 미용 스타일을 제안할 때 이러한 부분도 함께 안내한다.

> **TIP**
>
> **포스트 클리핑 신드롬(post-clipping syndrome)**
>
> 포스트 클리핑 앨러피시어(post-clipping alopecia)라고도 한다. 털을 깎은 자리에 털이 다시 자라나지 않는 증상으로 피부병으로 오해하지만 탈모를 제외하면 다른 피부 병변의 증상을 보이지 않는다. 보통 포메라니안, 스피츠, 사모예드 등 이중모 개에게서 발견된다. 잭 러셀 테리어, 스무스 헤어드 폭스테리어, 미니핀 같은 단모종 개에게서도 흔히 볼 수 있고, 클리핑 시 주로 털을 짧게 미용하는 고양이에게서도 자주 발생한다.

02 클리핑

1 전체 클리핑

클리퍼로 애완동물의 몸 전체(등, 배, 다리, 가슴, 얼굴, 머리, 귀, 꼬리)에 있는 털을 모두 깎는 작업이다.

1) 클리퍼 선택

털을 깎아 내는 부위가 넓고 많으므로 전문가용 클리퍼를 사용한다. 소형 클리퍼를 사용하면 클리퍼 날의 폭이 좁고 얇아서 클리핑 작업 시간이 길어지고 애완동물의 피부를 자극할 수 있다.

2) 클리퍼 날 선택

클리퍼 날의 사이즈(mm), 털을 정방향 또는 역방향으로 깎느냐에 따라 남는 털 길이가 다르다.

역방향 클리핑	• 클리퍼 날에 표기된 숫자는 역방향으로 클리핑 시 남는 털 길이이다. • 관리가 편하지만 미용 주기가 길어지고 피모가 손상될 수 있다.
정방향 클리핑	• 역방향보다 정방향 클리핑 시 남는 털 길이는 두 배이다. • 미용 주기가 짧아지고 피모 손상 위험이 감소한다.
1mm 클리퍼 날	• 정교한 클리핑이 필요할 때 사용한다. • 3mm 클리퍼 날로 역방향으로 털을 깎기 어렵다면 1mm 클리퍼 날로 정방향 클리핑을 진행한다. • 겨드랑이 털이 많이 엉켜 있거나, 귀 안쪽 부위는 1mm 클리퍼 날을 사용한다.

3) 전체 클리핑을 하는 이유

고객 요청, 개체 특성, 상황 등에 따라 전체 클리핑을 한다. 보호자가 털 알레르기나 비염 때문에 요청하거나 털이 심하게 엉킨 경우, 수술 같은 치료가 필요할 때, 피부 질환 때문에 약물 목욕이나 연고를 바를 때, 털이 심하게 오염(껌, 끈끈이)되었을 때 등 전체 클리핑을 한다.

4) 이미지너리 라인

클리핑 전에 만드는 가상선으로, 정방향 클리핑 또는 역방향 클리핑으로 이미지너리 라인을 만들 수 있다.

5) 전체 클리핑 시 부위별 보정 방법

부위	보정 방법
등	구부러지거나 휘어지지 않게 곧게 펴서 보정한다.
뒷다리	관절이 움직이지 않게 고정하여 보정한다.
앞다리	다리의 관절이 움직이지 않게 겨드랑이에 손을 넣어 보정한다.
가슴	주둥이를 잡고 얼굴 쪽을 위로 들어올려 보정한다.
얼굴	양쪽 입꼬리 부분을 귀 쪽으로 당겨서 보정한다.
머리	주둥이를 잡고 바닥으로 향하게 보정한다.

03 시저링

1 시저링

커트의 한 종류로 블런트 가위로 털을 자르는 작업이다. 신체의 단점을 보완하여 개체의 모양을 만들어야 하므로 신체 구조의 특징을 파악해야 한다.

2 신체 구조의 특징

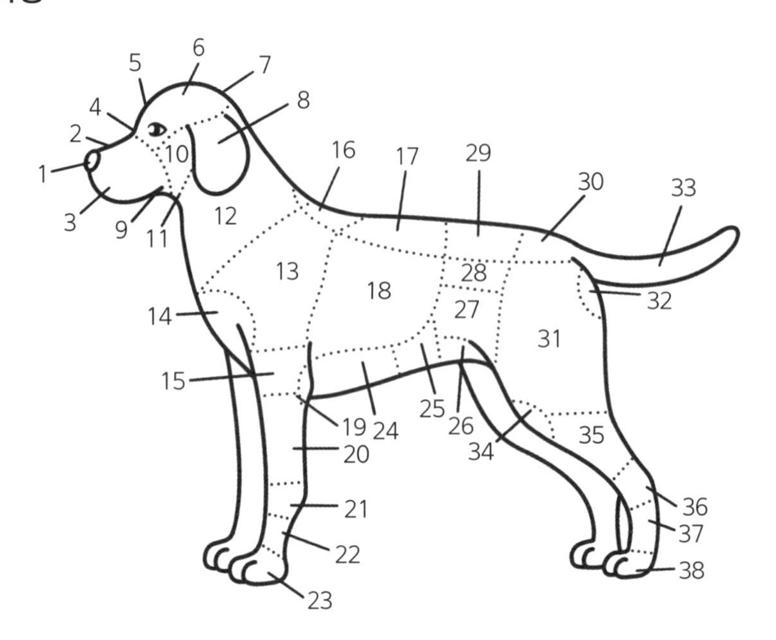

구분	명칭			
머리	1	코(nose)	7	후두부(occiput)
	2	주둥이(muzzle)	8	귀(ear)
	3	입술(lip)	9	아래턱
	4	이마 단(stop)	10	뺨(cheek)
	5	눈(eye)	11	인후(throat)
	6	두개부(skull)		
몸통·다리	12	목(neck)	26	턱 업(tuck up)
	13	어깨(shoulder)	27	옆구리(flank)
	14	견단(point of shoulder, 어깨 끝)	28	커플링(coupling, 늑골 관골 연결부)
	15	상완(upper arm)	29	허리(loin)
	16	기갑(withers)	30	엉덩이(croup)
	17	등(back)	31	대퇴부(thigh)
	18	갈비(rib)	32	좌골단(point of buttock)
	19	팔꿈치(elbow)	33	꼬리(tail)
	20	전완(forearm)	34	무릎관절(stifle)
	21	무릎(knee)	35	하퇴부(second thigh)
	22	중족(pastern)	36	비절(hock)
	23	발(foot)	37	중족(pastern)
	24	앞가슴(brisker)	38	발(foot)
	25	복부(abdomen)		

3 모질에 따른 가위 선택

1) 블런트 가위

① 모질이 굵고 건강하여 콤으로 빗질하였을 때 털이 잘 서는 모질에 사용한다.
② 전반적인 커트와 마무리 작업에 사용한다.

2) 시닝 가위

① 모질이 부드럽고 힘이 없어 빗질하였을 때 처지는 모질에 사용한다.
② 모량이 많은 털을 가볍게 할 때, 털의 단차를 자연스럽게 연결할 때, 얼굴 라인을 자를 때 사용한다.
③ 실수해도 라인이 뚜렷하지 않아 수정이 가능하다.

3) 커브 가위

① 부위별 커트 후 각을 없앨 때 사용한다.
② 아치형 또는 동그랗게 커트할 때 쉽고 간단하게 연출이 가능하다.
③ 얼굴의 머리 부분이나 다리 장식 털을 커트할 때 많이 사용한다.

4 애완동물의 체형

유형	구분	특징
하이온 타입 (high-on type)		• 몸 높이가 몸 길이보다 긴 체형이다. • 몸에 비해 다리가 길다. • 긴 다리가 짧아 보이게 커트한다. • 키가 작아 보이게 백 라인 털을 짧게 커트한다. • 다리가 짧아 보이게 언더라인 털을 길게 남긴다.
드워프 타입 (dwarf type)		• 몸 길이가 몸 높이보다 긴 체형이다. • 다리에 비해 몸이 길다. • 긴 몸이 짧아 보이게 커트한다. • 몸 길이가 짧아 보이게 가슴과 엉덩이 털을 짧게 커트한다. • 다리가 길어 보이게 언더라인 털을 짧게 커트한다.
스퀘어 타입 (square type)		• 몸 길이(체장)와 몸 높이(체고)가 1:1의 이상적인 체형이다.

3 푸들의 램 클립

1) 램 클립(lamb clip)

램 클립은 어린 양의 모습에서 나온 미용 스타일로, 푸들 클립 중 가장 보편화된 미용이다.

2) 램 클립의 특징

클리핑 부위(0.1~1mm)는 머즐, 발바닥, 발등, 복부, 항문, 꼬리이다.

① 머리 부분 시저링: 머즐 클리핑 후 이미지너리 라인이 보이도록 자른다. 눈꼬리 끝과 귀 끝을 일직선으로 시저링한다. 스톱에서 크라운까지 볼륨감을 주고, 눈 시작점에서 귀뿌리 앞까지 크라운 높이가 가장 높다. 머리에서 목까지 곡선으로 밸런스에 맞추어 시저링하고, 머리 앞은 동그랗게 시저링한다.

② 몸통 부분 시저링

몸통	시저링	
	백 라인	• 꼬리 앞에서 기갑(위더스)까지 시저링한다. • 꼬리에서 엉덩이(좌골단)까지 30° 각도로 시저링한다.
	언더라인	• 턱 업에서 뒷다리를 연결하여 아치형으로 시저링한다. • 턱 업에서 엘보까지 대각선으로 시저링한다
	앞가슴	• 아담스애플에서 볼륨감 있게 시저링한다. • 흉골단에서 앞다리 시작점까지 시저링한다.
	뒷다리	• 엉덩이(좌골단)에서 비절(호크)까지 아치형으로 시저링한다. • 비절(호크)에서 지면까지 일직선으로 시저링한다.

③ 다리 부분 시저링: 앞다리는 원통형으로 시저링한다.

④ 꼬리 부분 시저링: 꼬리 길이의 1/3을 꼬리 하단에서 클리핑하고, 클리핑 라인을 시저링한다. 꼬리 털은 구 형태로 시저링한다.

04 트리밍 용어

1	그루머 (groomer)	애완동물 미용사라고도 하며, 동물의 피모 관리를 전문적으로 하는 사람은 트리머(trimmer)라고 함
2	그루밍 (grooming)	피모에 대한 일상적인 손질을 모두 포함하는 포괄적인 것을 의미하며, 몸을 청결하고 건강하게 하기 위한 브러싱, 베이싱, 코밍, 트리밍 등의 피모에 대한 모든 작업을 통칭함
3	그리핑 (gripping)	트리밍 나이프로 소량의 털을 골라 뽑는 것
4	네일 트리밍 (nail trimming)	발톱 손질
5	듀플렉스 쇼튼 (duplex-shorten)	듀플렉스 트리밍(duplex trimming)이라고도 하며, 스트리핑 후 일정 기간 새 털이 자라날 때까지 들뜬 오래된 털을 다시 뽑는 것
6	드라잉 (drying)	드라이어로 코트를 말리는 과정으로, 모질이나 품종의 스탠더드에 따라 여러 가지 드라이 방법을 달리 활용할 수 있음
7	래핑 (wrapping)	장모종의 긴 털을 보호하기 위해 적당한 양의 털을 나누어 래핑지로 감싸 주는 작업으로, 동물의 보행에 불편함이 없어야 하며 털을 보호할 수 있도록 해야 함

8	레이저 커트 (razor cut)	면도날로 털을 잘라 내는 것
9	레이킹 (raking)	스트리핑 후 남은 오버코트나 언더코트를 일정 간격으로 제거해 주는 것
10	린싱 (rinsing)	샴푸 후 린스를 뿌려 코트를 마사지하고 헹구어 내는 작업으로, 털을 부드럽게 하여 정전기를 방지하고 샴푸로 인한 알칼리 성분을 중화하는 작업
11	밥 커트 (bob cut)	털을 가위로 잘라 일직선으로 가지런히 하는 것
12	밴드 (band)	띠 모양으로 형태를 잡아 깎아 들어간 부분
13	베이싱 (bathing)	목욕, 입욕이라고도 하며, 물로 코트를 적셔 샴푸로 세척하고 충분히 헹구어 내는 작업
14	브러싱 (brushing)	• 브러시를 이용하여 빗질하는 것으로, 피부를 자극하여 마사지 효과를 주고 노폐모와 탈락모, 엉킨 털 뭉치를 제거하고 피모를 청결하게 함 • 피부의 혈액 순환을 좋게 하고 신진대사를 촉진하여 건강한 피모가 되도록 함
15	블렌딩 (blending)	털의 길이가 다른 곳의 층을 연결하여 자연스럽게 하는 것
16	블로 드라잉 (blow drying)	드라이어를 사용하여 코트를 말리는 작업
17	새킹 (sacking)	베이싱 후 털이 튀어나오거나 뜨는 것을 막아 가지런히 하기 위해 신체를 타월로 싸 놓는 것
18	샴핑 (shampooing)	샴푸를 이용하여 씻기는 것으로, 몸을 따뜻한 물로 적시고 손가락으로 마사지하여 세척한 후 헹구어 내는 작업
19	세트 스프레이 (set spray)	톱 노트 부분의 코트를 세우기 위해 스프레이 등을 뿌리는 작업
20	세트업 (set up)	톱 노트를 형성시키기 위해 두부의 코트를 밴딩하고 세트 스프레이를 하는 작업
21	셰이빙 (shaving)	드레서나 나이프를 이용하여 털을 베듯이 자르는 기법
22	쇼 클립 (show clip)	쇼에 출진하기 위한 그루밍, 쇼에서 요구하는 타입의 미용 스타일로, 보통 각 견종의 표준에 맞는 그루밍 방법이 정해져 있으며, 출진할 시기에 맞추어 출진 견이 최고의 상태로 돋보일 수 있도록 쇼 당일에 초점을 맞추어 계획적으로 피모를 정돈함
23	스웰 (swell)	두부를 부풀려 볼륨 있게 모양을 낸 것
24	스테이징 (staging)	미니어처슈나우저 등에게 하는 스트리핑 방법의 순서
25	스트리핑 (stripping)	트리밍 나이프를 사용해 노폐물 및 탈락된 언더코트를 제거하거나 과도한 언더코트 양을 줄이기 위해 털을 뽑아 스타일을 만들어 내는 미용 방법
26	스펀징 (sponging)	샴핑할 때 스펀지를 이용하는 것
27	시닝 (thinning)	빗살 가위로 과도하게 많은 부분의 털을 잘라 내어 모량을 감소시키고 형태를 만드는 것

28	시저링 (scissoring)	가위로 털을 잘라 내는 것
29	오일 브러싱 (oil brushing)	피모에 오일을 발라 브러싱하는 것
30	이미지너리 라인 (imaginary line)	외부에 설정하는 가상의 선
31	인덴테이션 (indentation)	우묵한 패임을 만드는 것으로, 푸들의 스톱에 역V형 표현
32	초킹 (chalking)	냄새나 더러움을 제거하기 위해 흰색 털에 흰색을 표현할 수 있는 제품을 문질러 바르는 것
33	치핑 (chipping)	가위나 빗살 가위를 사용하여 털 끝을 잘라 내는 미용 방법
34	카딩 (carding)	빗질하거나 긁어 내어 털을 제거하는 미용 방법
35	커팅 (cutting)	가위나 클리퍼로 털을 잘라 원하는 형태를 만들어 내는 것
36	코밍 (combing)	털을 가지런하게 빗질하는 것으로, 보통 털의 방향으로 일정하게 정리하는 것이 기본적인 의미
37	클리핑 (clipping)	클리퍼를 사용하여 스타일 완성에 불필요한 털을 잘라 내는 것
38	타월링 (toweling)	베이싱 후 타월을 감싸 닦아 내는 것
39	토핑오프 (topping-off)	스트리핑 후 완성된 아웃코트 위에 튀어나오는 털을 뽑아 정리하는 것
40	트리밍 (trimming)	털을 자르거나 뽑거나 미는 등의 모든 미용 작업을 일컫는 말로, 불필요한 부분의 털을 제거하여 스타일을 만듦
41	파팅 (parting)	털을 좌우로 분리시키는 것으로, 분리한 선은 파팅 라인이라고 함
42	페이킹 (faking)	눈속임이라고도 하며, 여러 기법으로 모색 및 모질에 대한 눈속임을 하는 것
43	펫 클립 (pet clip)	• 쇼 클립을 제외한 나머지 미용의 대부분으로, 가정에서 애완견으로 키우기 위하여 털을 청결하게 관리해 건강을 유지함 • 견종에 따른 피모의 특성, 생활 환경, 개체의 성격과 보호자의 생활 방식이나 취향 등을 고려하여 다양한 스타일을 연출함
44	플러킹 (plucking)	트리밍 칼로 털을 뽑아 원하는 미용 스타일을 만드는 것
45	피킹 (picking)	듀플렉스 쇼트와 같은 작업, 주로 손가락을 사용하여 오래된 털을 정리함
46	핑거 앤드 섬 워크 (finger and thumb work)	엄지손가락과 집게손가락을 이용해 털을 제거하는 것으로, 기구로 하는 방법보다 자연스러운 표현이 가능
47	화이트닝 (whitening)	견체의 하얀 털 부분을 더욱 하얗게 보이게 하기 위한 작업

Chapter 01 일반미용 출제 예상 문제

01

애완동물의 몸 구조에 문제가 있을 때 미용 스타일 선정 방법으로 적절하지 않은 것을 고르시오.

① 이상적인 체형에 대한 지식이 필요하다.
② 이상적인 체형에서 벗어난 단점을 보완하는 미용 방법으로 작업한다.
③ 뒷다리 무릎이 안쪽으로 휘어져 있다면, 뒷다리 내측을 짧게, 외측을 길게 커트한다.
④ 뒷다리 무릎이 바깥쪽으로 휘어져 있다면, 뒷다리 내측을 길게, 외측을 짧게 커트한다.
⑤ 골격에 따라서 모든 부위의 털 길이를 일정하게 커트한다.

정답 ⑤

해설 몸의 구조에 문제가 있으면 해당 부위의 털을 이용하여 단점을 보완한다. 그리고 신체에 장애 부위가 있는 경우에 그 부위를 안 보이도록 보완할 것인지, 그 부위를 개성으로 부각시킬 것인지를 결정하여 미용 스타일을 선택한다.

02

미용 스타일을 선정하는 방법으로 적절하지 않은 것을 고르시오.

① 털 길이가 짧지만 고객이 털이 긴 미용 스타일을 원한다면 틀을 잡아 주는 미용을 선택한다.
② 털에 오염된 부분이 있다면 일시적인 것인지 미용 후에도 발생할 수 있는지를 파악하여 선택한다.
③ 애완동물이 예민하거나 사나워서 미용이 불가능하다면 고객에게 이유를 이해하기 쉽게 설명한다.
④ 애완동물이 뜨거운 햇볕에 장시간 노출된다면 시원하게 피부가 드러나는 미용 스타일을 선택한다.
⑤ 애완동물이 미끄러운 곳에 생활한다면 발바닥 아래의 털을 짧게 유지하는 미용 스타일을 선택한다.

정답 ④

해설 애완동물이 추운 곳에서 생활할 경우 털의 길이가 너무 짧은 미용 스타일은 피하고, 뜨거운 햇볕에 오랜 시간 노출될 경우 피부가 드러나지 않는 미용 스타일을 선택해야 한다.

03

애완동물이 노령이거나 지병이 있을 경우 미용 스타일을 선정하는 방법으로 적절하지 않은 것을 고르시오.

① 디자인보다 위생 관리에 초점을 맞춘 미용 스타일을 선택한다.
② 피부에 탄력이 없고 주름이 있으므로 클리핑할 때 상처가 나지 않도록 주의한다.
③ 오래 서 있기가 힘들기 때문에 작업을 위하여 장시간 서 있어야 하는 미용 스타일은 피한다.
④ 신체적으로 건강하지 못할 경우 시간이 오래 걸리는 미용 스타일은 피한다.
⑤ 미용 동의서 작성은 고객이 원하지 않는다면 작성하지 않는다.

정답 ⑤

해설 애완동물이 노령이거나 지병이 있을 때 보호자에게 애완동물의 나이나 질병의 종류 등에 대한 설명을 요청하고 내용을 정확하게 파악해야 한다. 파악한 내용을 차트에 기록하고 미용 동의서가 필요하면 고객에게 작성하도록 한다.

04

고객에게 미용 스타일을 제안할 때 설명으로 적절하지 않은 것을 고르시오.

① 미용 스타일을 제안하기 전에 먼저 고객의 요구사항을 구체적으로 파악한다.
② 미용사의 의견보다는 고객의 의견을 우선하여 반영한다.
③ 프로페셔널하게 보이기 위하여 전문적인 용어를 많이 사용한다.
④ 애완동물 보호자들 사이에서 사용되는 미용의 명칭을 이해하도록 노력한다.
⑤ 스타일북을 활용하여 고객과 미용사 간에 생길 수 있는 생각의 오차를 줄인다.

정답 ③

해설 전문적인 용어를 사용하면 프로페셔널하게 보일 수는 있으나 너무 어려운 용어를 사용하면 고객이 이해하기 어렵다. 따라서 보편적으로 사용하는 전문 용어를 어느 정도 섞어서 설명하되 대부분의 사람들이 알아들을 수 있을 정도의 용어를 사용한다.

05

포스트 클리핑 신드롬(post clipping syndrome)에 대한 설명으로 적절하지 않은 것을 고르시오.

① 털을 깎은 자리에 털이 다시 자라나지 않는 증상 때문에 피부병으로 오해하기도 한다.

② 보통 포메라니안, 스피츠, 사모예드 등의 이중모 개에게서 발견된다.

③ 잭 러셀 테리어, 스무스 헤어드 폭스 테리어, 미니어처 핀셔 같은 단모종 개에게서도 발견된다.

④ 고양이에게서 발생되지 않는다.

⑤ 포스트 클리핑 신드롬을 예방하기 위해서 털을 짧게 클리핑하지 않는다.

정답 ④

해설 클리핑으로 주로 털을 짧게 미용하는 고양이에게서도 자주 발생된다.

06

미용 스타일 제안 시 종의 특성 파악에 대한 설명으로 적절하지 않은 것을 고르시오.

① 고양이는 스트레스에 매우 민감하여 스트레스가 질병의 직접적인 원인이 될 수 있다.

② 고양이의 수염은 미용할 때 깔끔하게 자르도록 한다.

③ 미용 시작 전에 미용 후에 생길 수 있는 문제점 및 유의 사항을 안내한다.

④ 털이 심하게 엉킨 애완동물은 피부 질환이 발생하기 쉽다.

⑤ 애완동물의 종에 따라 주의 사항을 확인하고 미용 스타일을 구상한다.

정답 ②

해설 고양이의 수염은 촉각을 감지하므로 미용할 때 수염을 자르지 않는다. 입 주변의 감각모(촉모)는 밤에 이동할 때 안테나 역할을 하고, 먹이의 움직임을 파악할 수 있다.

07

미용 스타일 제안 시 몸의 구조적 특징 파악에 대한 설명으로 적절하지 않은 것을 고르시오.

① 몸을 만져 보고 움직여 보면서 구조적 특징을 파악한다.

② 종 표준에 따른 이상적인 체형을 파악한다.

③ 종의 이상적인 표준과 미용 의뢰를 받은 동물의 몸 구조를 비교한다.

④ 몸 구조에서 장점이 되는 부분을 부각시키고, 단점이 되는 부분을 보완한다.

⑤ 보완이 어려운 단점이라면 개성으로 표현하지 말고 감춘다.

정답 ⑤

해설 보완이 어려운 단점이라면 개성으로 표현할 수 있는 스타일을 구상한다.

08

미용 스타일 제안 시 털의 특징 파악에 대한 설명으로 적절하지 않은 것을 고르시오.

① 털 길이가 가장 짧은 곳을 파악하여 미용 스타일을 구상한다.

② 털이 젖어 있으면 털 말리는 작업을 먼저 하고, 이에 따라 추가 비용이 발생할 수 있다.

③ 이물질이 붙어 있다면 목욕으로 제거 가능한지 털을 잘라 내야 하는지를 확인한다.

④ 털에 외부 기생충이 있다면 조심해서 미용한다.

⑤ 털의 엉킴 정도를 파악하고, 실현 가능한 미용 스타일을 구상한다.

정답 ④

해설 애완동물이 외부 기생충에 감염되었을 경우 미용을 보류하고 외부 기생충 구제를 먼저 하고 미용한다. 외부 기생충이 다른 애완동물이나 미용사에게 감염되면 외부 기생충을 매개로 질병이 전염되는 2차 피해를 일으킬 수 있다. 간혹 상담할 때 발견하지 못한 외부 기생충을 미용 중 발견할 경우 미용을 중단하고 보호자에게 연락하여 동물을 인계한다.

09

미용 스타일 제안 시 애완동물의 성격 파악에 대한 설명으로 적절하지 않은 것을 고르시오.

① 예민함과 산만함 정도, 미용 순응도를 파악한다.
② 사나움 정도를 파악하고, 사람이나 다른 동물을 공격하는지를 확인한다.
③ 특정 부위에 대한 미용 부적응도를 파악한다.
④ 모자 쓴 사람을 공격하거나 키 큰 미용사를 거부하는 등의 특이 행동을 파악한다.
⑤ 이상 행동을 보일 때 안정시키는 방법은 인터넷으로 파악한다.

정답 ⑤
해설 애완동물이 이상 행동을 보일 때 안정을 취하게 할 수 있는 방법이 있다면 고객으로부터 정보를 제공 받는다.

10

애완동물의 생활 환경에 따른 미용 스타일 제안으로 적절하지 않은 것을 고르시오.

① 실외 생활 하는 경우 추위나 더위를 피할 곳이 있는지 확인하고 계절과 날씨에 맞추어 제안한다.
② 바닥이 미끄러운 곳에서 생활한다면 보행을 위하여 발바닥 아래 털은 짧게 제안한다.
③ 풀밭에서 산다면 외부 기생충의 감염 여부를 수시로 파악한다.
④ 젖은 화장실에서 배변한다면 습진에 유의한다.
⑤ 실외 생활 한다면 털을 길게 미용하면 추운 계절에 동사 위험이 있다.

정답 ⑤
해설 실외에서 생활하는 애완동물의 털을 짧게 미용할 경우에는 추운 계절에는 동사할 위험이 있고, 직사광선 아래에서는 화상을 입을 수 있으며, 수풀이 우거진 곳을 다닐 때에는 찰과상을 입을 수 있다.

11

나이가 많은 애완동물의 개체 특징을 파악할 때 적절하지 않은 것을 고르시오.

① 입을 벌려 치아의 상태를 확인한다.
② 미용 시 위험이 예상된다면 시작 전에 보호자에게 알린다.
③ 관절 이상 여부를 확인한다.
④ 미용으로 관절 이상이 악화될 수 있다면 천천히 미용한다.
⑤ 노화로 탈모 부위를 확인한다.

정답 ④
해설 미용으로 인하여 관절 이상이 악화될 수 있다고 판단되면 미용하지 않고, 미용이 불가능한 이유를 고객에게 설명한다.

12

애완동물의 질병 여부를 확인할 때 적절하지 않은 것을 고르시오.

① 보호자에게 물어보면 미용에 부정적일 수 있으므로 미용사가 동물의 건강 상태를 직접 확인한다.
② 미용 시 동물이 받는 스트레스는 피할 수 없기 때문에 질병을 악화시킬 수 있다.
③ 애완동물의 질병 종류에 따라 미용 스트레스로 사망할 수 있다.
④ 질병이 있는 경우 미용이 가능한지 판단한다.
⑤ 미용이 가능하다면 질병이 악화되지 않는 미용 스타일을 선택한다.

정답 ①
해설 애완동물의 질병은 보호자에게 정보를 요청하여 질병 여부를 확인한다. 질병은 눈으로 확인하기 어려운 경우가 대다수이므로 보호자에게 동물의 건강 상태를 질문해야 한다. 그리고 미용할 때 동물이 받는 스트레스는 피할 수 없기 때문에 질병을 악화시킬 수 있고, 질병의 종류에 따라 스트레스로 동물이 사망할 수도 있기 때문에 미용 스타일을 상담할 때 보호자에게 반드시 애완동물의 질병 여부를 확인해야 한다.

13

고객 상담에서 파악한 여러 가지 개체의 특성에 대한 정보를 토대로 알맞은 미용 방법을 선정할 때에 대한 설명으로 적절하지 않은 것을 고르시오.

① 털 길이에 따라 실현 가능한 미용 방법을 선정한다.
② 털에 변색된 부분이 있다면 미용 후 이를 방지할 수 있는 미용 방법을 선정한다.
③ 털의 곱슬거림 정도, 상모와 하모의 유무, 모량의 많고 적음 등을 파악하여 실행 가능하고 단점을 보완할 수 있는 미용 방법을 선정한다.
④ 동물이 예민한 경우에는 미용에 걸리는 시간이 길어지더라도 완성도를 높이도록 한다.
⑤ 애완동물이 민감하게 반응하거나 거부 반응을 보이는 미용사의 행동이 있다면 이러한 행동을 최소화할 수 있는 미용 방법을 선정한다.

정답 ④

해설 동물이 예민한 경우에는 미용에 걸리는 시간을 최소화하는 미용 방법을 선정한다.

14

고객에게 미용 스타일을 제안할 때에 대한 설명으로 적절하지 않은 것을 고르시오.

① 먼저 고객이 원하는 미용 스타일을 확인한다.
② 고객 상담에서 수집한 애완동물의 특성을 정리하여 고객에게 다시 설명한다.
③ 고객이 원하는 미용 스타일과 미용사가 선정한 미용 방법이 일치하면 미용을 시작하고, 작업 후 고객에게 미용 비용을 설명한다.
④ 고객이 원하는 미용 스타일이 불가능할 때에는 타당한 이유를 설명하고 실현 가능한 미용 스타일을 제안한다.
⑤ 제안한 미용 스타일의 관리 방법을 설명한다.

정답 ③

해설 비용에 대한 안내는 반드시 미용 스타일을 상담할 때 이루어져야 한다. 미용 작업이 끝난 후 고객이 예상한 지출 비용과 매우 상이한 가격이 결정될 경우에는 고객 불만의 원인이 될 수 있다. 따라서 미용 스타일을 상담할 때 각 스타일에 따른 비용 추가 원인과 최종 결정되는 애완동물 미용의 가격을 자세히 설명하도록 한다.

15

전체 클리핑에 대한 설명으로 적절하지 않은 것을 고르시오.

① 애완동물의 몸 전체(등, 배, 다리, 가슴, 얼굴, 머리, 귀, 꼬리)에 있는 털을 모두 클리퍼로 깎는 작업이다.
② 소형 클리퍼를 사용하여 섬세하게 작업한다.
③ 같은 클리퍼 날을 이용하여 털을 정방향 또는 역방향으로 깎느냐에 따라 털 길이가 달라진다.
④ 고객의 요청, 개체의 특성, 상황 등에 따라 전체 클리핑을 한다.
⑤ 개체의 털이 심하게 오염되었을 경우에 전체 클리핑을 한다.

정답 ②

해설 전체 클리핑을 할 때에는 클리퍼로 털을 깎아 내는 부위가 넓고 많으므로 전문가용 클리퍼를 사용한다. 소형 클리퍼를 사용하면 클리퍼 날의 폭이 좁고 얇아서 클리핑 작업 시간이 길어지고 애완동물의 피부에 자극을 줄 수 있다.

16

전체 클리핑할 때 부위별 보정 방법에 대한 설명으로 적절하지 않은 것을 고르시오.

① 등을 클리핑할 때에는 등이 구부러지게 보정한다.
② 뒷다리를 클리핑할 때에는 관절이 움직이지 않게 고정하여 보정한다.
③ 앞다리를 클리핑할 때에는 다리의 관절이 움직이지 않게 겨드랑이에 손을 넣어 보정한다.
④ 가슴을 클리핑할 때에는 주둥이를 잡고 얼굴 쪽을 위로 들어올린다.
⑤ 얼굴을 클리핑할 때에는 양쪽 입꼬리 부분을 귀 쪽으로 당겨서 보정한다.

정답 ①

해설 등을 클리핑할 때에는 등이 구부러지거나 휘어지지 않게 곧게 펴서 보정한다.

17

클리핑 작업을 할 때 안전·유의 사항에 대한 설명으로 적절하지 않은 것을 고르시오.

① 애완동물이 산만할 경우에는 입마개를 씌우면 더 산만해지므로 최대한 천천히 작업한다.
② 클리퍼를 장시간 사용할 경우 클리퍼 날에 화상을 입힐 수 있으므로 주의한다.
③ 항문 또는 생식기 주변을 클리핑할 때에는 찰과상을 입히지 않도록 주의한다.
④ 한 개체의 전체 클리핑이 끝나면 항상 소독을 한다.
⑤ 클리핑 전에 애완동물의 몸에 딱지 등 상처가 있는지 구석구석 확인한다.

정답 ①
해설 애완동물이 물거나 산만할 경우에는 클리퍼를 입으로 물거나 상처를 입을 수 있으므로 입마개를 씌워야 한다.

18

다음 그림이 나타내는 클리핑에 대한 설명으로 적절하지 않은 것을 고르시오.

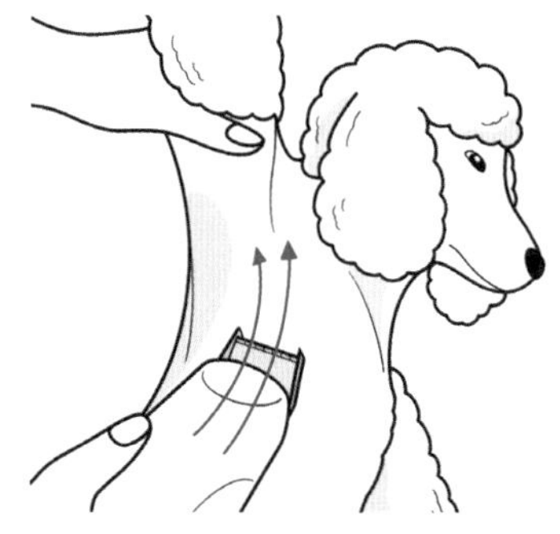

① 한 손으로 애완동물이 움직이지 않게 앞다리를 들어올리고 클리핑한다.
② 겨드랑이 피부가 접히지 않게 펴서 클리퍼 날 모서리를 이용해서 클리핑한다.
③ 겨드랑이를 정방향으로 클리핑한다.
④ 겨드랑이는 상처가 잘 나는 부위이므로 1mm 클리퍼 날을 사용한다.
⑤ 1mm 클리퍼 날을 사용할 경우 겨드랑이 안쪽 부위에만 사용한다.

정답 ③
해설 겨드랑이를 역방향으로 클리핑하는 모습이다.

19

개의 신체를 머리와 몸통·다리로 구분할 때 머리에 해당되는 것만을 고르시오.

㉠ 옥시풋(occiput)	㉡ 턱 업(tuck up)
㉢ 로인(loin)	㉣ 위더스(withers)
㉤ 호크(hock)	㉥ 패스턴(pastern)
㉦ 스톱(stop)	

① ㉠, ㉦
② ㉡, ㉢
③ ㉣, ㉤
④ ㉥, ㉦
⑤ ㉠, ㉣

정답 ①
해설 옥시풋은 후두부이고, 스톱은 이마 단으로 머리로 구분된다. 그 외는 모두 몸통·다리로 구분된다.

20

개의 신체에서 몸통과 다리에 해당되는 것을 모두 고르시오.

㉠ 옥시풋(occiput)	㉡ 턱 업(tuck up)
㉢ 머즐(muzzle)	㉣ 위더스(withers)
㉤ 스컬(skull)	㉥ 패스턴(pastern)
㉦ 스톱(stop)	

① ㉡, ㉢, ㉣
② ㉡, ㉢, ㉦
③ ㉡, ㉣, ㉥
④ ㉠, ㉥, ㉦
⑤ ㉠, ㉣, ㉦

정답 ③
해설 턱 업, 위더스, 패스턴은 몸통과 다리로 구분된다.

21

모질에 따라 가위를 선택하는 방법으로 적절하지 않은 것을 고르시오.

① 블런트 가위 – 모질이 굵고 콤으로 빗질하였을 때 털이 잘 서는 모질에 사용한다.

② 블런트 가위 – 전반적인 커트와 마무리 작업에 사용한다.

③ 시닝 가위 – 모질이 부드럽고 힘이 없어 빗질하였을 때 처지는 모질에 사용한다.

④ 블런트 가위 – 모량이 많은 털을 가볍게 하고, 털을 자연스럽게 연결할 때 사용한다.

⑤ 커브 가위 – 부위별 커트 후 각을 없앨 때 사용한다.

정답 ④

해설 시닝 가위는 모질이 부드럽고 힘이 없어 빗질하였을 때 처지는 모질에 사용하고, 모량이 많은 털을 가볍게 할 때와 털의 단사를 자연스럽게 연결할 때 사용한다. 또한, 얼굴 라인을 자를 때 좋다. 실수를 해도 라인이 뚜렷하지 않기 때문에 수정이 가능하다.

22

다음 그림의 체형에 알맞은 미용 스타일에 대한 설명으로 적절하지 않은 것을 고르시오.

① 몸 높이가 몸 길이보다 긴 체형이다.

② 드워프 타입이다.

③ 긴 다리를 짧아 보이게 커트한다.

④ 백 라인을 짧게 커트하여 키를 작아 보이게 한다.

⑤ 언더라인의 털을 길게 남겨 다리를 짧아 보이게 한다.

정답 ②

해설 하이온 타입이고, 몸 높이가 몸 길이보다 긴 체형으로 몸에 비해 다리가 길다.

23

다음 그림의 체형에 알맞은 미용 스타일에 대한 설명으로 적절하지 않은 것을 고르시오.

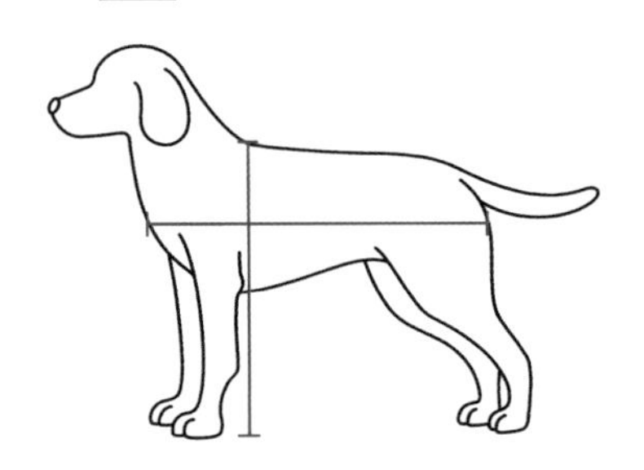

① 몸 길이가 몸 높이보다 긴 체형이다.

② 드워프 타입이다.

③ 긴 몸의 길이를 짧아 보이게 커트한다.

④ 가슴과 엉덩이 부분의 털을 짧게 커트하여 몸 길이를 짧아 보이게 한다.

⑤ 언더라인의 털을 길게 커트하여 다리를 짧게 보이게 한다.

정답 ⑤

해설 언더라인의 털을 짧게 커트하여 다리를 길어 보이게 한다.

24

램 클립에 대한 설명으로 적절하지 않은 것을 고르시오.

① 어린 양의 모습에서 나온 미용 스타일이고, 푸들 클립 중 가장 보편화된 미용 방법이다.

② 클리핑 부위는 발바닥, 발등, 복부, 항문, 꼬리이고, 머즐을 제외한다.

③ 눈 끝과 귀의 끝을 일직선으로 시저링한다.

④ 꼬리에서 좌골단까지 30° 각도로 시저링한다.

⑤ 뒷다리는 엉덩이에서 비절까지 아치형으로 시저링한다.

정답 ②

해설 클리핑 부위는 머즐, 발바닥, 발등, 복부, 항문, 꼬리이다.

25

트리밍 용어에 대한 설명으로 적절하지 않은 것을 고르시오.

① 그루머(groomer)는 애완동물 미용사이고, 동물의 피모 관리를 전문적으로 하는 사람으로 트리머(trimmer)라고 부르기도 한다.
② 그루밍(grooming)은 트리밍을 제외하고, 브러싱, 베이싱, 코밍 등 피모에 대한 작업을 포함한다.
③ 네일 트리밍(nail trimming)은 발톱 손질이다.
④ 듀플렉스 쇼튼(duplex-shorten)은 스트리핑 후 일정 기간 새 털이 자라날 때까지 들뜬 오래된 털을 다시 뽑는 것이다.
⑤ 래핑(wrapping)은 장모종의 긴 털을 보호하기 위해 적당한 양의 털을 나누어 래핑지로 감싸 주는 작업이다.

정답 ②
해설 그루밍(grooming)은 피모에 대한 일상적인 손질을 포괄적으로 모두 포함하고, 몸의 청결과 건강을 위하여 브러싱, 베이싱, 코밍, 트리밍 등의 피모에 대한 모든 작업을 포함한다.

26

트리밍 용어 중 레이킹(raking)에 대한 설명으로 옳은 것을 고르시오.

① 스트리핑 후 남은 오버코트나 언더코트를 일정 간격으로 제거하는 것이다.
② 띠 모양으로 형태를 잡아 깎아 들어간 부분이다.
③ 털의 길이가 다른 층을 자연스럽게 연결하는 것이다.
④ 베이싱 후 신체를 타월로 감싸는 것이다.
⑤ 샴푸를 이용하여 씻는 것이다.

정답 ①
해설 ②은 밴드(band), ③은 블렌딩(blending), ④은 새킹(sacking), ⑤은 샴핑(shampooing)이다.

27

트리밍 용어 중 아래의 설명에 대한 용어를 고르시오.

두부를 부풀려 볼륨 있는 모양

① 셰이빙(shaving)
② 스웰(swell)
③ 스트리핑(stripping)
④ 스펀징(sponging)
⑤ 시닝(thinning)

정답 ②
해설 스웰은 두부를 부풀려 볼륨 있게 모양을 낸 것이다.

28

트리밍 용어 중 아래의 설명에 대한 용어를 고르시오.

눈 사이에 움푹한 패임, 푸들 스톱에 역V형 표현

① 이미지너리 라인(imaginary line)
② 인덴테이션(indentation)
③ 초킹(chalking)
④ 치핑(chipping)
⑤ 커팅(cutting)

정답 ②
해설 인덴테이션은 우묵한(움푹한) 패임을 만드는 것이고, 푸들의 스톱에 역V형 표현이다.

29

트리밍 용어 중 아래의 설명에 대한 용어를 고르시오.

털을 자르거나 뽑거나 미는 등의 모든 미용 작업을 말하고, 불필요한 부분의 털을 제거하여 스타일을 만든다.

① 트리밍(trimming)
② 파팅(parting)
③ 펫 클립(pet clip)
④ 플러킹(plucking)
⑤ 피킹(picking)

정답 ①
해설 트리밍은 털을 자르거나 뽑거나 미는 등의 모든 미용 작업을 일컫는 말이고, 불필요한 부분의 털을 제거하여 스타일을 만든다.

멈추지 말고 한 가지 목표에 매진하라.
그것이 성공의 비결이다.

안나 파블로바

3급

[3급] 시험 대비

실전 모의고사

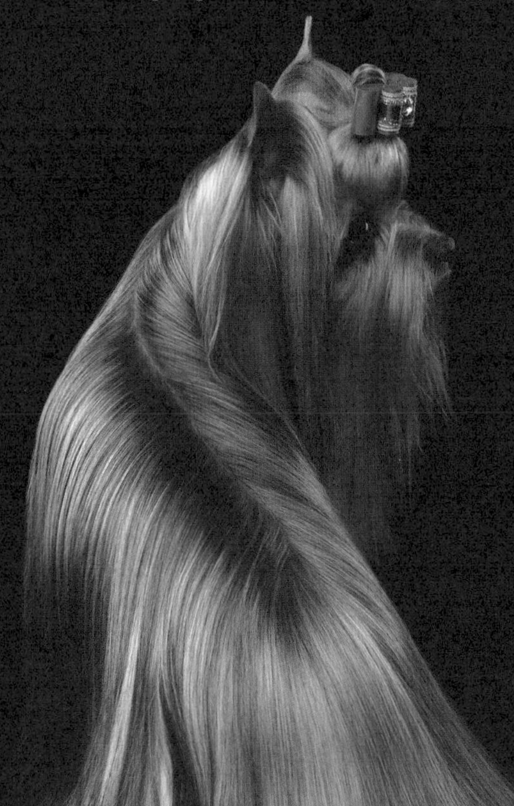

3급 실전 모의고사 1회

50문항 60분

01
작업장과 미용 숍의 안전 위생 관리에 대한 설명으로 적절하지 않은 것을 고르시오.

① 작업장은 애완동물을 실제로 미용하는 공간이다.
② 미용 숍은 작업장 외의 공간으로 용품 전시와 판매, 고객의 상담, 애완동물이 대기하는 공간이다.
③ 미용실과 작업장 내 모든 시설 및 작업 도구를 주기적으로 점검한다.
④ 미용실과 작업장 내 환경을 항상 청결하게 유지한다.
⑤ 작업자는 미용할 때 음주와 흡연을 적게 한다.

02
전기 및 화재 안전 수칙에 대한 설명으로 가장 적절한 것을 고르시오.

① 작업자는 미용실과 작업장 내 전기 고장 발생 시 직접 수리한다.
② 전선의 피복이 벗겨진 것을 발견하면 즉시 절연테이프로 감는다.
③ 미용실 내 소화기를 점검하여 정상적으로 유지한다.
④ 작업이 끝나면 하수구에 유류를 버린다.
⑤ 작업자는 소화기의 사용 방법을 몰라도 된다.

03
고객에게 사고 대비 안전 교육을 실시할 때 설명으로 가장 적절한 것을 고르시오.

① 대기 중인 다른 동물에게 음식물을 준다.
② 어린 동물은 사회화를 위하여 다른 동물들과 함께 케이지 안에서 대기한다.
③ 고객은 작업자 허락 없이 작업장에 들어갈 수 있다.
④ 고객이 부득이 작업장에 들어갈 경우 노크 또는 벨을 눌러 사전에 작업자에게 알린다.
⑤ 동물에게 물림 방지 도구 착용의 가능함을 안내하지 않아도 된다.

04
애완동물에게 발생할 수 있는 안전 사고 중에서 아래의 설명이 나타내는 안전 사고를 고르시오.

동물은 코와 입으로 주변을 파악하는 습성이 있고, 어린 동물의 경우 물어뜯는 행동을 많이 하여 주의가 필요하다.

① 낙상
② 미용 도구에 의한 상처
③ 화상
④ 도주
⑤ 이물질 섭취

05
화상을 분류할 때 아래의 설명이 나타내는 화상을 고르시오.

피부의 표피층만 손상되고, 손상 부위에 발적이 나타난다.

① 1도 화상
② 2도 화상
③ 3도 화상
④ 4도 화상
⑤ 5도 화상

06
안전 장비 중에서 아래의 설명이 나타내는 안전 장비를 고르시오.

동물의 도주를 예방하기 위해 사용하고, 잠금 장치가 튼튼해야 하고, 동물이 열 수 없는 방향으로 제작되고, 출입문 주변에 이중으로 설치한다.

① 안전문
② 울타리
③ 이동장
④ 케이지
⑤ 테이블 고정 암

07

미용 숍 위생 관리를 위한 소독 방법 중에서 아래의 설명이 나타내는 소독 방법을 고르시오.

> 직사광선에 노출시켜 소독하는 방법으로 가장 간단한 소독 방법이다. 그러나, 두께가 두꺼울 경우 깊은 부분까지 소독되지 않고, 계절, 기후, 환경에 영향을 받으므로 효과가 일정하지 않다.

① 화학적 소독 ② 자비 소독
③ 일광 소독 ④ 자외선 소독
⑤ 고압 증기 멸균법

08

화학적 소독제 중에서 아래의 설명이 나타내는 소독제를 고르시오.

> 락스의 구성 성분으로 기구 소독, 바닥 청소, 세탁, 식기 세척 등 다양하게 사용되고, 개에게 전염성이 높은 파보, 디스템퍼, 인플루엔자, 코로나바이러스, 살모넬라균 등을 불활성화시키고, 넓은 범위의 살균력과 좋은 소독력을 가진다. 용도별 제품에 명시된 농도로 희석하여 사용하고, 사용 시에 독성을 띄는 염소 가스가 발생하므로 환기에 신경을 써야 한다.

① 계면 활성제 ② 과산화물
③ 알코올 ④ 차아염소산나트륨
⑤ 페놀류

09

인수 공통 전염병 중에서 아래의 설명이 나타내는 전염병을 고르시오.

> 옴진드기로 생기는 피부 질환으로 대부분 동물과 직접 접촉하여 감염되고, 소양감이 매우 심하다.

① 광견병 ② 백선증
③ 개선충 ④ 회충
⑤ 살모넬라균

10

다음 그림이 나타내는 미용 도구에 대한 설명으로 적절하지 않은 것을 고르시오.

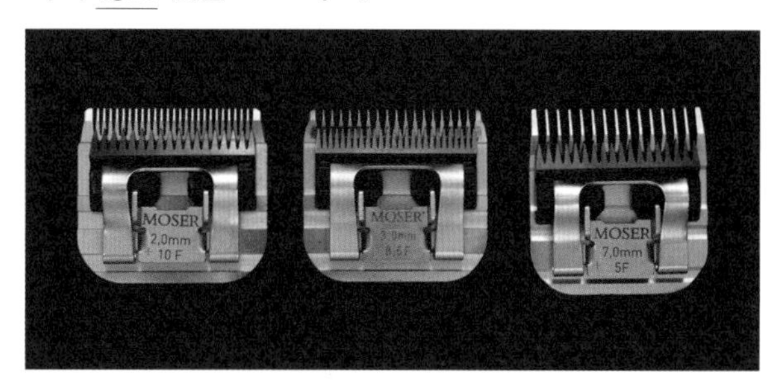

① 클리퍼에 장착하고, 털이 잘리는 길이를 조절한다.
② 아랫날과 윗날 중에서 윗날의 두께가 클리핑되는 길이를 결정한다.
③ 번호가 클수록 털의 길이가 짧게 깎인다.
④ 번호에 따른 날의 길이는 제조사마다 조금씩 다르다.
⑤ 동물의 종류, 미용 방법, 사용 부위에 따라 적당한 길이를 선택하여 사용한다.

11

다음 그림이 나타내는 미용 도구에 대한 설명으로 가장 적절한 것을 고르시오.

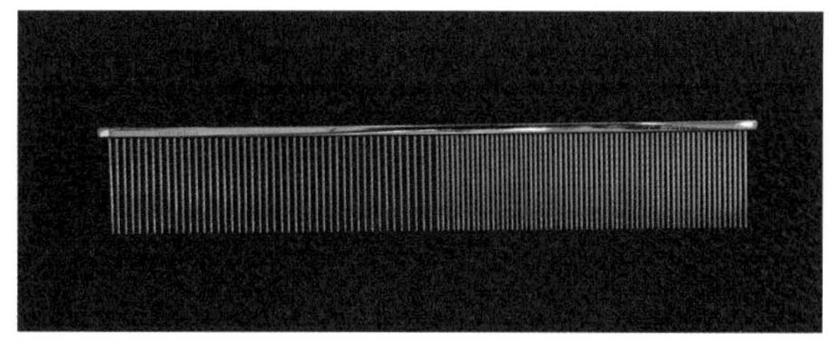

① 엉킨 털을 빗거나 드라이하는 용도이다.
② 장모종의 엉킨 털을 제거하거나 오염 물질을 탈락시키는 용도이다.
③ 오일, 파우더를 바르거나 피부 마사지를 위한 용도이다.
④ 엉키거나 죽은 털 제거, 가르마 나누기, 털을 세우거나 방향 만들기 등 다양한 용도로 사용한다.
⑤ 털을 가르거나 래핑할 때 사용한다.

12

다음 그림이 나타내는 미용 도구에 대한 설명으로 가장 적절한 것을 고르시오.

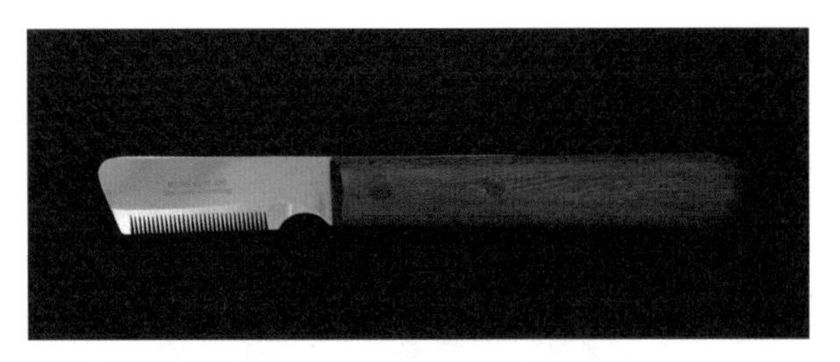

① 필요 없는 언더코트를 자연스럽게 제거한다.
② 귓속의 털을 뽑거나 다듬을 때 사용한다.
③ 애완동물의 볼륨을 표현하기 위해 털을 부풀릴 때 사용한다.
④ 죽은 털을 제거하고 굵고 건강한 모질을 만드는 데 사용한다.
⑤ 집게형, 니퍼형, 기요틴형 등 다양한 종류가 있다.

13

가위 관리 방법을 단계별로 바르게 나열한 것을 고르시오.

(가) 털 털어 내기	(나) 소독제 도포하기
(다) 소독제 닦아 내기	(라) 오일 바르기

① (가) → (나) → (다) → (라)
② (가) → (라) → (나) → (다)
③ (나) → (다) → (가) → (라)
④ (나) → (다) → (라) → (가)
⑤ (나) → (가) → (다) → (라)

14

다음 그림이 나타내는 미용 장비를 고르시오.

① 접이식 미용 테이블
② 수동 미용 테이블
③ 유압식 미용 테이블
④ 전동식 미용 테이블
⑤ 스탠드 드라이어

15

다음 그림이 나타내는 미용 장비에 대한 설명으로 가장 적절한 것을 고르시오.

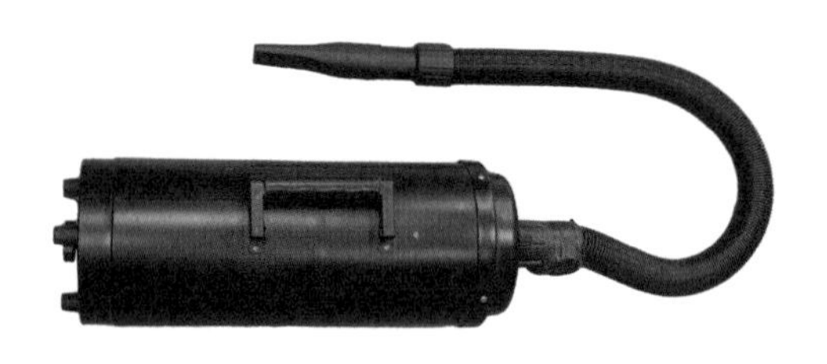

① 바람 세기가 약하고, 장소가 협소하거나 이동해야 할 경우 편리하다.
② 바람 세기 조절과 각도 조절이 쉬워서 미용에 많이 사용한다.
③ 박스 형태의 룸 안에 바람이 나오는 자동 드라이 시스템이다.
④ 노폐물과 냄새 제거 효과가 탁월하여 목욕시킬 때 사용한다.
⑤ 강한 바람으로 털을 말리고, 바닥이나 테이블 위에 올려놓고 사용한다.

16

고객 응대 시 불만 고객을 응대하는 과정을 단계별로 바르게 나열한 것을 고르시오.

(가) 동감 및 이해	(나) 문제 경청
(다) 해결 방법 제시	(라) 동감 및 이해

① (가) → (나) → (다) → (라)
② (나) → (가) → (라) → (다)
③ (나) → (가) → (다) → (라)
④ (나) → (가) → (다)
⑤ (가) → (나) → (다)

17
전화 응대 요령을 단계별로 바르게 나열한 것을 고르시오.

> (가) 전화벨이 3번 이상 울리기 전에 받기
> (나) 메모지, 미용 예약 장부 준비하기
> (다) 밝은 목소리로 소속과 성명을 밝히기
> (라) 고객의 말을 경청하고, 정보 제공하기
> (마) 전화를 고객보다 먼저 끊지 않기

① (가) → (나) → (다) → (라) → (마)
② (가) → (나) → (라) → (다) → (마)
③ (나) → (가) → (다) → (라) → (마)
④ (나) → (가) → (라) → (다) → (마)
⑤ (나) → (다) → (가) → (라) → (마)

18
미용 동의서 작성 요령에 대한 설명으로 적절하지 않은 것을 고르시오.
① 접종과 건강 검진 유무를 확인한다.
② 과거 병력은 제외하고 현재 병력만 기록한다.
③ 미용 후 스트레스로 가능한 2차적인 증상을 안내한다.
④ 미용 작업 중 불가항력적인 가능성을 설명한다.
⑤ 물림 방지 도구 사용이 가능함을 안내한다.

19
미용 스타일을 상담할 때 사용하는 요금표의 제작과 요금 안내에 대한 설명으로 적절하지 않은 것을 고르시오.
① 요금은 목욕, 기본 미용, 시저링, 염색, 장모 관리 등 미용 방법별로 표기한다.
② 대형견, 특수 목적 동물 등의 요금은 중형견에 통합하여 적용한다.
③ 미용 가격은 미용에 소요되는 시간을 기준으로 책정한다.
④ 요금표는 POP 광고 옆에 게시하거나 스타일북 내부에 부착하여 안내한다.
⑤ 요금은 미용 작업 전에 안내한다.

20
미용 작업 후에 고객 만족도를 확인하는 방법으로 적절하지 않은 것을 고르시오.
① 작업자가 작업이 끝난 직후 고객에게 의견을 묻는다.
② 고객 만족도 확인 시 작업자의 태도는 제외하고, 미용 스타일을 확인한다.
③ 작업 다음 날에 전화로 건강과 피모 상태를 확인한다.
④ 작업 후 설문지로 확인한다.
⑤ 설문지를 이메일로 전송하여 확인한다.

21
브러싱의 효과로 적절하지 않은 것을 고르시오.
① 신진대사 촉진
② 혈액 순환 촉진
③ 피부 표면의 피지 제거와 세정
④ 애완동물과 친숙함 형성
⑤ 기생충과 이물질 점검

22
피부와 털의 구조에서 아래의 특징과 기능이 나타내는 것을 고르시오.

> 털이 난 피부에 분포하고, 배출물이 물리적, 화학적 장벽을 형성하고 항균 작용과 페로몬 성분을 함유한다.

① 입모근　② 피하지방
③ 피지선　④ 땀샘
⑤ 모낭

23
애완동물이 각기 다른 털 주기를 갖는 것을 무엇이라고 부르는지 고르시오.
① 모자이크 타입
② 싱크로니스틱 타입
③ 컬리 코트
④ 실키 코트
⑤ 스무스 코트

24

루버 브러시의 특징에 대한 설명으로 적절하지 않은 것을 고르시오.

① 재질은 고무 판과 돌기로 구성되어 있다.
② 형태는 글로브와 브러시 형태가 있다.
③ 장모종의 죽은 털을 제거한다.
④ 목욕 시 사용 가능하다.
⑤ 윤기 있는 털을 유지할 수 있다.

25

드라잉 방법 중에서 아래의 설명이 나타내는 것을 고르시오.

> 핀 브러시를 사용하여 모근부터 털을 세워 가며 모량을 풍성하게 드라잉한다.

① 타월링 ② 새킹
③ 플러프 드라이 ④ 켄넬 드라이
⑤ 룸 드라이어

26

다음 그림이 나타내는 미용 도구에 대한 설명으로 가장 적절한 것을 고르시오.

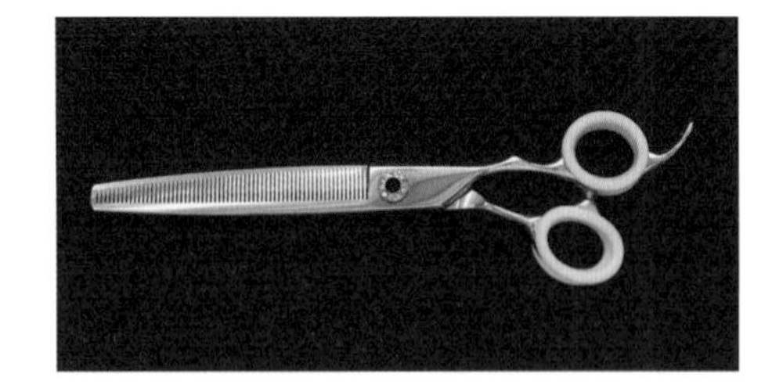

① 털의 길이를 자르고 다듬는 데 사용한다.
② 털의 흐름을 자연스럽게 연결할 때 사용한다.
③ 눈 앞의 털이나 풋 라인을 자를 때 사용한다.
④ 가윗날이 둥그렇게 휘어져 있어 볼륨감을 주는 부위에 사용한다.
⑤ 빗살 간격 수에 따라 절삭력에 차이는 없다.

27

가위 구조와 명칭에 대한 설명으로 적절하지 않은 것을 고르시오.

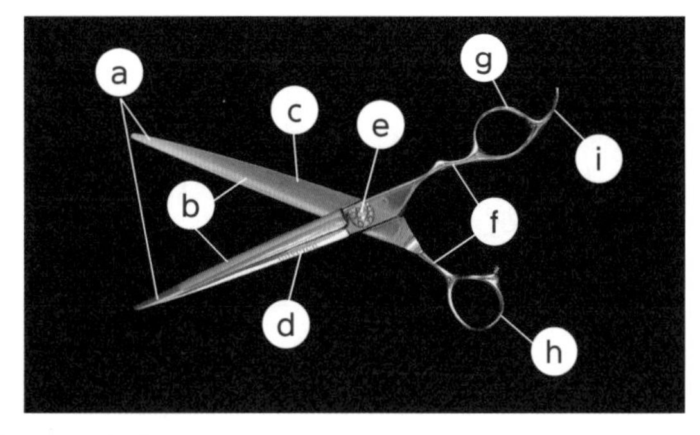

① a – 가위 끝
② c – 동날(moving blade)
③ d – 정날(still blade)
④ e – 선회축(pivot point)
⑤ h – 약지 환

28

가위 사용 방법을 올바르게 나열한 것을 고르시오.

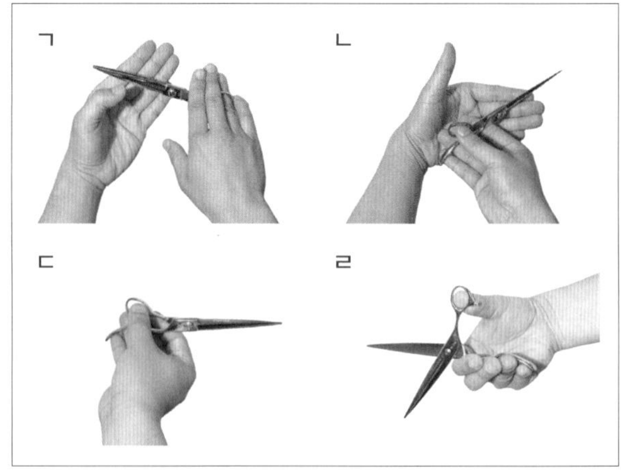

① (ㄱ) → (ㄴ) → (ㄷ) → (ㄹ)
② (ㄱ) → (ㄴ) → (ㄹ) → (ㄷ)
③ (ㄴ) → (ㄱ) → (ㄷ) → (ㄹ)
④ (ㄴ) → (ㄷ) → (ㄱ) → (ㄹ)
⑤ (ㄷ) → (ㄱ) → (ㄴ) → (ㄹ)

29

발톱의 단면을 보고 자를 때 발톱을 어디까지 잘라야 되는지 가장 적절한 것을 고르시오.

① 발톱의 끝만 자른다.
② 발톱의 신경 앞까지 자른다.
③ 발톱의 혈관 앞까지 자른다.
④ 발톱의 혈관 안까지 자른다.
⑤ 발바닥의 패드면까지 자른다.

30

이어클리너의 효과에 대한 설명으로 적절하지 않은 것을 고르시오.

① 귀지 용해
② 귓속 이물질 제거
③ 귓속 미생물 번식 억제
④ 귓속 악취 제거
⑤ 모공 수축

31

고객에게 미용 스타일을 제안할 때 설명으로 적절하지 않은 것을 고르시오.

① 미용 스타일을 제안하기 전에 먼저 고객의 요구 사항을 파악한다.
② 전문가인 미용사의 의견을 고객의 의견보다 우선하여 반영한다.
③ 전문 용어보다 고객이 이해할 수 있는 용어로 설명한다.
④ 애완동물 보호자들이 사용하는 미용 명칭을 이해한다.
⑤ 스타일북을 활용한다.

32

포스트 클리핑 신드롬과 관계가 없는 것을 고르시오.

① 포스트 클리핑 앨러피시어(post-clipping alopecia)
② 이중모
③ 모공의 영구적인 손상
④ 탈모
⑤ 클리핑

33

몸의 구조적 특징에 따라 미용 스타일을 제안할 때 적절하지 않은 것을 고르시오.

① 몸 구조의 단점을 보완하기 어렵다면 개성으로 표현한다.
② 종 표준에 근거하여 이상적인 체형을 파악한다.
③ 종 표준의 이상적인 체형과 미용 대상인 동물의 체형을 비교한다.
④ 몸 구조의 장점을 숨긴다.
⑤ 몸 구조의 단점을 보완한다.

34

애완동물의 생활 환경에 따라 미용 스타일을 제안할 때 적절하지 않은 것을 고르시오.

① 실외 생활 하는 경우 추위나 더위를 피할 곳이 있는지 확인한다.
② 바닥이 미끄러운 곳에서 생활하는 경우 발바닥 아래 털을 짧게 미용한다.
③ 풀밭에서 살 경우 외부 기생충 감염 여부를 수시로 파악한다.
④ 젖은 화장실에서 배변하는 경우 습진에 걸리기 쉽다.
⑤ 실외 생활 하는 경우 위생 관리 때문에 털을 짧게 미용한다.

35

애완동물의 나이가 많을 때 개체 특징을 파악하는 방법으로 적절하지 않은 것을 고르시오.

① 치아와 치석 상태를 확인하고, 약해져 있는 치아와 턱뼈를 주의한다.
② 미용 시 예상되는 위험성은 미용 후에 보호자에게 피드백한다.
③ 관절에 이상이 있는지 확인하고, 바닥에서 걷게 하여 보행 상태를 확인한다.
④ 관절 이상이 있지만 미용이 가능할 경우 최대한 관절에 무리가 안 되는 미용 스타일을 선택한다.
⑤ 모량과 모질을 확인하고, 털이 빠진 부위를 확인한다.

36

전체 클리핑에 대한 설명으로 적절하지 않은 것을 고르시오.

① 애완동물의 몸 전체의 털을 모두 클리퍼로 깎는 작업이다.
② 전문가용 클리퍼를 사용한다.
③ 털을 정방향 또는 역방향으로 깎는 작업이다.
④ 애완동물의 털이 심하게 엉킨 경우 작업한다.
⑤ 얼굴을 클리핑할 때 양쪽 입꼬리를 코 쪽으로 당겨서 보정하고 작업한다.

37

전체 클리핑할 때 부위별 보정 방법으로 적절하지 않은 것을 고르시오.

① 등은 곧게 펴서 보정하고 클리핑한다.
② 머리는 주둥이를 잡고 시선을 바닥으로 향하게 보정하고 클리핑한다.
③ 꼬리는 손바닥에 올려 놓고 보정하고 클리핑한다.
④ 귀는 귀 끝을 잡고 위로 세워서 보정하고 클리핑한다.
⑤ 얼굴은 양쪽 입꼬리를 귀 쪽으로 당겨서 보정하고 클리핑한다.

38

개를 머리와 몸으로 구분할 때 신체 부위별 명칭과 연결이 적절하지 않은 것을 고르시오.

① 머리 – 옥시풋(occiput)
② 머리 – 스톱(stop)
③ 몸 – 호크(hock)
④ 몸 – 위더스(withers)
⑤ 몸 – 머즐(muzzle)

39

애완동물의 체형에서 하이온 타입에 대한 설명으로 적절하지 않은 것을 고르시오.

① 몸 높이가 몸 길이보다 긴 체형이다.
② 백라인의 털을 짧게 커트한다.
③ 언더라인의 털을 길게 커트한다.
④ 몸에 비해 다리가 긴 체형이다.
⑤ 언더라인의 털을 짧게 커트한다.

40

다음 그림의 클립에 대한 설명으로 적절하지 않은 것을 고르시오.

① 램 클립이다.
② 턱 업과 뒷다리는 아치형으로 연결하여 시저링한다.
③ 좌골은 지면과 30° 각도를 주어 시저링한다.
④ 앞다리는 원통형으로 시저링한다.
⑤ 머리 부분의 이미지너리 라인은 아치형으로 시저링한다.

41

램 클립을 작업할 때 다음 그림이 나타내는 작업과 관계가 없는 것을 고르시오.

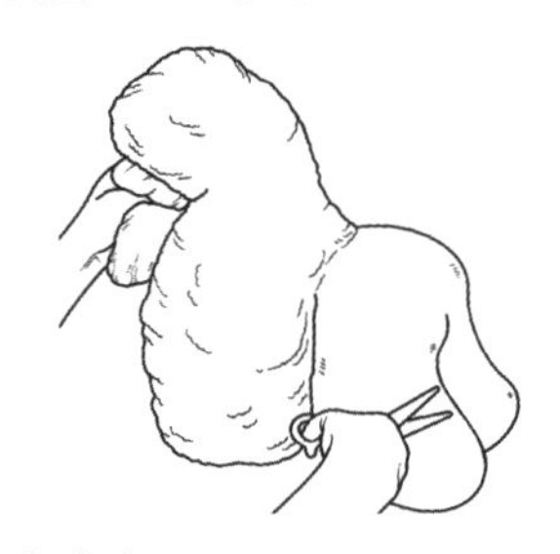

① 앵귤레이션이다.
② 아치형으로 표현한다.
③ 엉덩이와 비절을 연결한다.
④ V자로 클리핑한다.
⑤ 곡선으로 표현한다.

42

아래의 설명이 나타내는 트리밍 용어를 고르시오.

털의 길이가 다른 곳의 층을 자연스럽게 연결하는 것

① 셰이빙(shaving)
② 블렌딩(blending)
③ 스트리핑(stripping)
④ 스펀징(sponging)
⑤ 시닝(thinning)

43
아래의 설명이 나타내는 트리밍 용어를 고르시오.

동물의 피모 관리를 전문적으로 하는 사람

① 트리머(trimmer) ② 커팅(cutting)
③ 초킹(chalking) ④ 플러킹(plucking)
⑤ 드라잉(drying)

44
아래의 설명이 나타내는 트리밍 용어를 고르시오.

우묵한 패임, 푸들의 스톱에 역V자 표현

① 클리핑(clipping)
② 타월링(toweling)
③ 인덴테이션(indentation)
④ 화이트닝(whitening)
⑤ 피킹(picking)

45
새킹(sacking)에 대한 설명으로 가장 적절한 것을 고르시오.

① 목욕 후 털이 뜨는 것을 막고 신체를 타월로 싸서 놓는다.
② 피부를 자극하여 마사지 효과를 준다.
③ 면도날로 털을 잘라 낸다.
④ 트리밍 나이프로 소량의 털을 골라 뽑는다.
⑤ 외부에 설정하는 가상의 선이다.

46
아래의 설명이 나타내는 트리밍 용어를 고르시오.

블런트 가위나 시닝 가위를 사용하여 털 끝을 잘라 내는 미용 방법

① 시저링(scissoring) ② 래핑(wrapping)
③ 치핑(chipping) ④ 스트리핑(stripping)
⑤ 커팅(cutting)

47
아래의 트리밍 용어 중에서 성격이 다른 하나를 고르시오.

① 핑거 앤드 섬 워크(finger and thumb work)
② 샴핑(shampooing)
③ 린싱(rinsing)
④ 베이싱(bathing)
⑤ 스펀징(sponging)

48
아래의 트리밍 용어 중에서 성격이 다른 하나를 고르시오.

① 시닝(thinning) ② 시저링(scissoring)
③ 치핑(chipping) ④ 커팅(cutting)
⑤ 타월링(toweling)

49
트리밍 용어 중 아래의 설명이 나타내는 용어를 고르시오.

털을 가지런하게 빗질하는 것

① 블로 드라잉(blow drying)
② 코밍(combing)
③ 오일 브러싱(oil brushing)
④ 스테이징(staging)
⑤ 클리핑(clipping)

50
그루머(groomer)에 대한 설명으로 가장 적절한 것을 고르시오.

① 동물의 피모를 전문적으로 관리하는 사람이다.
② 가위로 털을 자르는 작업이다.
③ 털을 뽑는 작업이다.
④ 톱 노트를 세우기 위해 스프레이를 뿌리는 작업이다.
⑤ 털을 나누어 래핑지로 감싸는 작업이다.

실전 모의고사 1회 3급 정답 및 해설

1	⑤	2	③	3	④	4	⑤	5	①	6	①	7	③	8	④	9	③	10	②
11	④	12	④	13	①	14	②	15	⑤	16	③	17	③	18	②	19	②	20	②
21	③	22	③	23	①	24	③	25	③	26	②	27	⑤	28	①	29	③	30	⑤
31	②	32	③	33	④	34	⑤	35	②	36	⑤	37	④	38	⑤	39	⑤	40	⑤
41	④	42	②	43	①	44	③	45	①	46	③	47	①	48	⑤	49	②	50	①

01 작업자는 미용할 때 음주와 흡연을 하지 않는다. 작업자의 음주로 미용 시 불의의 사고가 발생할 수 있고, 작업자의 흡연은 본인뿐만 아니라 간접 흡연으로 동물의 건강을 해칠 수 있다.

02 미용 숍 또는 작업장에 있는 소화기나 소화전은 점검을 하여 정상적으로 유지되게 한다.

03 고객은 작업자 허락 없이 작업장에 들어갈 수 없으며, 고객이 부득이 작업장에 들어갈 경우 노크 또는 벨을 눌러 사전에 작업자에게 알려야 한다.

04 동물은 코와 입으로 주변을 파악하려는 습성이 있고, 어린 동물의 경우 호기심이 많고 발달 과정에서 물어뜯거나 입에 넣는 행동을 많이 하므로 이물질 섭취에 대한 주의가 필요하다.

05 1도 화상은 피부의 표피층만 손상되고, 손상 부위에 발적이 나타나고, 수포는 생기지 않고, 통증은 일반적으로 3일 정도 지속된다.

06 안전문은 동물의 도주를 예방하기 위해 사용하고, 충분히 촘촘한 것을 선택한다. 또, 대기하는 동물의 크기에 따라 충분히 높고, 안전문의 잠금장치가 튼튼해야 하며, 동물이 물리력을 가하여 열 수 없는 방향으로 제작되어야 한다. 출입문 주변에 안전문을 이중으로 설치하는 것이 좋고, 안전문은 항상 닫힌 상태로 유지해야 한다.

07 일광 소독은 소독 대상을 맑은 날 오전 10시~오후 2시 사이에 직사광선에 충분히 노출시킨다. 작업장에서 사용하는 수건과 의류 소독에 적합하다.

08 차아염소산나트륨은 용도별로 희석해서 사용하고, 독성이 있는 염소 가스 때문에 환기에 특히 신경을 써야 한다. 점막, 눈, 피부에 자극성이 있고, 금속을 부식시키므로 기구 소독에 사용할 때 유의한다. 보관 시 빛과 열에 분해되지 않도록 주의한다.

09 개선충(옴진드기)으로 생기는 피부 질환이고, 대부분 동물과 직접 접촉하여 감염된다. 개선충이 피부 표피에 굴을 파고 서식하므로 소양감이 매우 심하다.

10 클리퍼 날의 아랫날이 두께에 따라 클리핑되는 길이를 결정하고, 윗날이 털을 자르는 역할을 한다.

11 콤(comb)은 엉키거나 죽은 털의 제거, 가르마 나누기, 털을 세우거나 방향 만들기 등 다양한 용도로 사용된다. 길쭉한 금속 막대 위에 끝이 굵고 둥근 빗살이 꽂혀 있고, 가볍고 털에 손상을 덜 주는 장점이 있다. 빗의 크기, 굵기, 길이, 중량 등이 다양하므로 애완동물의 품종과 미용 방법에 따라 알맞은 것을 선택하여 사용한다.

12 스트리핑 나이프(stripping knife)는 스트리핑에 사용하는 나이프이다. 코스, 미디엄, 파인 세 종류의 나이프가 있으며, 죽은 털을 제거하고 굵고 건강한 모질을 만드는 데 사용한다.

13 가위를 닦을 때에 전용 가죽이나 천을 사용하고, 날을 왕복해서 닦으면 가윗날이 손상될 수 있으므로 날의 손잡이 쪽에서 날 끝 쪽으로 밀면서 닦는 것이 좋다.

14 수동 미용 테이블은 미용사의 키와 작업 스타일에 맞추어 높낮이를 조절할 수 있어 편리하고, 가격이 매우 저렴하고, 접어서 이동이 가능한 장점이 있다. 미용 시작 전에 미용하는 애완동물의 크기나 상황에 맞추어 테이블의 높이를 수동으로 조절해야 하는 불편함이 있다.

15 블로 드라이어는 강한 바람으로 털을 말리는 드라이어이고, 호스나 스틱형 관을 끼워 사용한다. 바닥이나 테이블 위에 올려 놓고 사용하거나 스탠드 위에 올려 각도를 조절하며 사용하기도 한다.

16 불만 고객을 빠르게 응대하지 않으면 더 큰 불만을 호소하거나 나쁜 소문을 낼 수 있으므로 최대한 고객의 요구 사항을 귀 기울여 듣고 해결 방법을 제시한다. 문제 경청 → 동감 및 이해 → 해결 방법 제시 → 동감 및 이해 순으로 진행한다.

17 전화 응대의 4원칙은 친절, 정확, 신속, 예의이다. 메모지와 미용 예약 장부는 전화기 옆에 항상 준비해 두고, 전화를 받을 때의 요령을 숙지한다.

18 과거와 현재의 병력을 모두 기록한다.

19 요금표 제작 시 대형견과 특수 동물, 특수 목적의 애완동물은 작업자와 상담 후 비용이 안내가 될 수 있음을 표기한다.

20 고객 만족도 확인은 고객의 재방문 시 작업을 원활하게 하고 고객에게 신뢰감을 준다. 미용 작업 후 애완동물의 미용 스타일과 작업자의 태도에 대한 만족도를 확인하여 차트에 기록한다. 또, 정기적인 설문 조사로 개별적인 피드백을 받아 서비스 품질 향상을 위해 노력한다.

21 피부 표면의 피지를 제거하고 세정하는 것은 샴핑이다.

22 털이 난 피부 부위에 분포하며, 피지는 물리적, 화학적 장벽을 형성하고 항균 작용과 페로몬 성분을 함유한다.

23 털은 각각 다른 성장 주기를 갖는데 이를 털 주기라 한다. 각기 다른 털 주기를 갖는 것을 모자이크 타입(mosaic type)이라 하며, 전체의 털 주기가 일치하는 것을 싱크로니스틱 타입(synchronistic type)이라 한다. 털은 광주기, 주위 온도, 영양, 호르몬, 전신 건강 상태, 유전자 등에 의해 제어된다.

24 단모종의 죽은 털 제거와 피부 마사지에 사용한다.

25 몰티즈, 요크셔테리어 등과 같은 장모에 비해 짧은 이중모를 가진 페키니즈, 포메라니안, 러프콜리 등의 경우 핀 브러시를 사용하여 모근부터 털을 세워 가며 모량을 풍성하게 플러프 드라잉한다.

26 시닝 가위는 모량이 많은 털의 숱을 치거나 털의 흐름을 자연스럽게 연결할 때 사용한다.

27 h는 엄지 환(thumb grip)이고, 엄지를 끼워 동날을 조작할 수 있다.

28 (ㄱ) 정날의 약지환에 넷째손가락을 끼운다. → (ㄴ) 동날의 엄지환에 엄지손가락을 끼운다. → (ㄷ) 집게손가락과 가운데손가락으로 가위를 감싸듯이 잡는다. → (ㄹ) 가위의 정날은 움직이지 않고 동날만 움직인다.

29 발톱은 혈관 앞까지 깎는다.

30 이어파우더의 효과는 미끄럼을 방지하고, 피부 자극과 피부 장벽을 느슨하게 하고, 모공을 수축시킨다.

31 고객의 의견을 우선적으로 반영한다.

32 모공의 영구적인 손상이 아니기 때문에 털이 다시 자라지만 시간이 오래 걸려 외관상 문제가 되므로 주의해야 한다.

33 애완동물의 몸 구조에서 장점이 되는 부분이 있다면 부각시킨다.

34 실외에서 생활하는 애완동물은 털을 짧게 미용할 경우 추운 계절에 동사할 위험이 있고, 직사광선 아래에서 화상을 입을 수 있으며, 수풀이 우거진 곳을 다닐 때 찰과상을 입을 수 있다.

35 미용 시 예상되는 위험성은 미용을 시작하기 전에 보호자에게 알려 주어야 한다.

36 얼굴은 양쪽 입꼬리를 귀 쪽으로 당겨서 보정하고 클리핑한다.

37 귀는 손바닥에 올려서 주름지지 않게 귀를 펴서 보정한다.

38 머즐(muzzle)은 주둥이이고 머리로 구분된다.

39 언더라인의 털을 짧게 커트하는 것은 드워프 타입이다.

40 이미지너리 라인은 일직선으로 시저링한다.

41 램 클립은 목 부위(넥 라인)를 V자로 클리핑한다.

42 스펀징(sponging)은 샴핑할 때 스펀지를 이용하는 것이다.

43 동물의 피모 관리를 전문적으로 하는 사람은 애완동물 미용사이고, 그루머(groomer) 또는 트리머(trimmer)라고 부른다.

44 피킹은 듀플렉스 쇼튼(duplex-shorten)과 같은 작업이고 주로 손가락을 사용하여 오래된 털을 정리한다.

45 이미지너리 라인(imaginary line)은 외부에 설정하는 가상의 선이다.

46 스트리핑(stripping)은 과도한 언더코트 양을 줄이기 위해 트리밍 나이프로 털을 뽑아 스타일을 만드는 미용 방법이다.

47 핑거 앤드 섬 워크는 엄지손가락과 집게손가락을 이용해 털을 제거하는 것이고, 기구로 하는 것보다 자연스러운 표현이 가능하다. 나머지는 목욕에 관계된 것들이다.

48 타월링은 목욕 후 타월로 수분을 닦아 내는 것이고, 나머지는 가위로 털을 자르는 행위이다.

49 코밍(combing)은 털을 가지런하게 빗질하는 것이다.

50 그루머(groomer)는 애완동물 미용사이고, 동물의 피모를 전문적으로 관리하며, 트리머(trimmer)라고도 부른다.

3급 실전 모의고사 2회

50문항 60분

01
작업자 안전 수칙에 대한 설명으로 적절하지 않은 것을 고르시오.

① 미용 숍과 작업장에 있는 모든 시설 및 작업 도구를 주기적으로 점검한다.
② 작업장은 애완동물을 실제로 미용하는 공간을 의미한다.
③ 미용 숍은 작업장 외의 공간으로 용품 전시, 판매, 고객 상담, 애완동물 대기 공간 등을 의미한다.
④ 미용 숍과 작업장을 항상 청결하게 유지한다.
⑤ 작업장에서 작업하기 편한 슬리퍼를 착용한다.

02
작업자의 전기 및 화재 안전 수칙에 대한 설명으로 적절하지 않은 것을 고르시오.

① 전기 고장을 발견하는 즉시 직접 수리해야 한다.
② 물기가 있는 손으로 전기 기구를 만지지 않는다.
③ 미용 숍 또는 작업장에 있는 소화기의 비치 장소를 알아야 한다.
④ 소화기의 사용 방법을 알아야 한다.
⑤ 미용 숍과 작업장에서 흡연하지 않는다.

03
고객에게 사고 대비를 위하여 안전 교육을 할 때 적절하지 않은 것을 고르시오.

① 대기 중인 다른 동물을 함부로 만지지 않는다.
② 대기 중인 다른 동물에게 음식을 주지 않는다.
③ 출입문과 통로에 있는 안전문을 열어두도록 한다.
④ 작업자의 허락 없이 작업장에 들어가지 않는다.
⑤ 미용 숍에 있는 전선을 만지지 않는다.

04
애완동물에게 발생할 수 있는 안전 사고가 아닌 것을 고르시오.

① 낙상 ② 누수
③ 화상 ④ 도주
⑤ 감전

05
동물에 의한 가벼운 교상에 대하여 작업자의 대처 순서를 가장 적절하게 나열한 것을 고르시오.

(ㄱ) 물과 비누로 상처를 씻음
(ㄴ) 멸균 거즈로 상처를 압박
(ㄷ) 피가 날 경우 지혈
(ㄹ) 항생제 연고를 바름
(ㅁ) 반창고로 상처를 덮음
(ㅂ) 병원으로 이동하여 처치

① (ㄱ) → (ㄴ) → (ㄷ) → (ㄹ) → (ㅁ) → (ㅂ)
② (ㄱ) → (ㄴ) → (ㄷ) → (ㅁ) → (ㄹ) → (ㅂ)
③ (ㄱ) → (ㄴ) → (ㄷ) → (ㅁ) → (ㅂ) → (ㄹ)
④ (ㄴ) → (ㄱ) → (ㄷ) → (ㄹ) → (ㅁ) → (ㅂ)
⑤ (ㄴ) → (ㄱ) → (ㄷ) → (ㅁ) → (ㄹ) → (ㅂ)

06
화학적 소독제 중에서 아래의 설명이 나타내는 소독제를 고르시오.

- 물과 기름 모두에 잘 녹는다.
- 세균, 진균, 바이러스를 불활성화시킨다.
- 녹농균, 결핵균, 아포에 효과가 없다.
- 손, 피부 점막, 식기, 금속 기구, 식품 등을 소독할 때 사용한다.

① 계면 활성제 ② 과산화물
③ 알코올 ④ 차아염소산나트륨
⑤ 페놀류

07

화학적 소독제 중에서 아래의 설명이 나타내는 소독제를 고르시오.

- 독성은 페놀류와 같지만, 소독 효과는 3~4배 더 좋다.
- 녹농균, 결핵균을 포함한 대부분의 세균을 불활성화 시킨다.
- 아포, 바이러스에 효과가 없다.
- 물에 잘 녹지 않아서 비누로 유화해서 사용한다.

① 계면 활성제 ② 과산화물
③ 알코올 ④ 차아염소산나트륨
⑤ 크레졸

08

피부 소독제로써 적절하지 않은 것을 고르시오.

① 알코올 ② 클로르헥시딘
③ 과산화수소 ④ 포비돈
⑤ 차아염소산나트륨

09

화학적 소독제인 알코올을 사용할 때 알코올과 물의 희석 배율로써 가장 적절한 것을 고르시오. (알코올 : 물)

① 9 : 1 ② 8 : 2
③ 7 : 3 ④ 6 : 4
⑤ 5 : 5

10

다음 그림이 나타내는 미용 도구를 고르시오.

① 블런트 가위(blunt scissors)
② 시닝 가위(thinning scissors)
③ 코트킹(coat king)
④ 스트리핑 나이프(stripping knife)
⑤ 브리슬 브러시(bristle brush)

11

다음 그림이 나타내는 미용 도구를 고르시오.

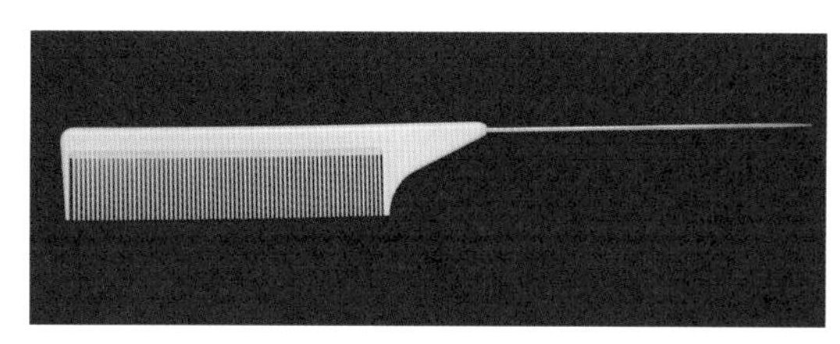

① 오발빗 ② 꼬리빗
③ 코트킹 ④ 핀 브러시
⑤ 브리슬 브러시

12

다음 그림이 나타내는 미용 도구를 고르시오.

① 오발빗 ② 꼬리빗
③ 겸자 ④ 입마개
⑤ 엘리자베스 칼라

13

다음 그림이 나타내는 미용 도구에 대한 설명으로 가장 적절한 것을 고르시오.

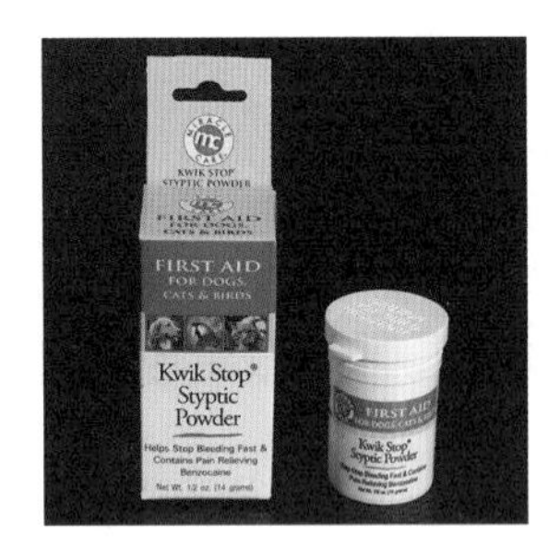

① 장시간 사용할 때 열이 발생하는 미용 도구의 냉각에 사용한다.
② 발톱 관리 중에 출혈이 발생하면 지혈하는 데 사용한다.
③ 귓속의 털을 뽑을 때 털이 잘 잡히도록 하기 위해 사용한다.
④ 귀의 이물질을 제거하거나 소독하는 데 사용한다.
⑤ 염색을 원하지 않는 부위에 바르면 원치 않는 염색을 방지할 수 있다.

14

다음 그림이 나타내는 미용 도구에 대한 설명으로 가장 적절한 것을 고르시오.

① 장시간 사용할 때 열이 발생하는 미용 도구의 냉각에 사용한다.
② 발톱 관리 중에 출혈이 발생하면 지혈하는 데 사용한다.
③ 귓속의 털을 뽑을 때 털이 잘 잡히도록 하기 위해 사용한다.
④ 귀의 이물질을 제거하거나 소독하는 데 사용한다.
⑤ 염색을 원하지 않는 부위에 바르면 원치 않는 염색을 방지할 수 있다.

15

다음 그림이 나타내는 미용 도구에 대한 설명으로 가장 적절한 것을 고르시오.

① 물이 없이 오염을 제거하는 데 사용한다.
② 정전기로 코트가 날리는 현상을 줄여서 모질 손상을 방지하는 데 사용한다.
③ 동물의 털을 묶거나 래핑지를 고정할 때 사용한다.
④ 동물의 털을 높이 세우거나 풍성해 보이게 하기 위해 사용한다.
⑤ 흰 털의 동물을 하얗게 보이게 하기 위해 사용한다.

16

다음 그림이 나타내는 미용 장비에 대한 설명으로 가장 적절한 것을 고르시오.

① 튼튼하지 않지만 가볍고 휴대하기가 간편하다.
② 가격이 매우 저렴하고 접어서 이동이 가능하다.
③ 발로 높낮이 조절이 편리하고 비교적 가격이 저렴하다.
④ 전력으로 높낮이를 조절하고, 부피가 크고 가격이 비싸다.
⑤ 테이블 아래에 도구를 올려 놓는 용도이다.

17

다음 그림이 나타내는 미용 장비에 대한 설명으로 가장 적절한 것을 고르시오.

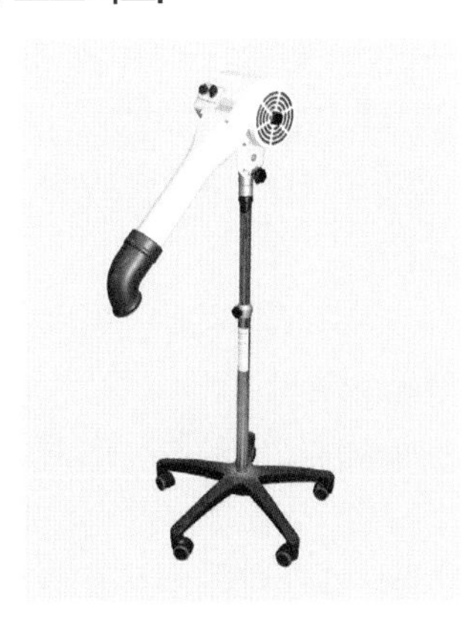

① 보통 가정에서 사용한다.
② 바람의 세기와 각도 조절이 쉽다.
③ 자동 드라이 시스템이다.
④ 강한 바람으로 털을 말리며 호스나 스틱형 관을 끼워 사용한다.
⑤ 노폐물과 냄새 제거 효과가 탁월하다.

18

미용 장비 관리 대장을 작성할 때 물품 구분으로 적절하지 않은 것을 고르시오.

① 신품 – 사용하지 않은 물품, 수리가 필요하지 않은 물품
② 중고품 – 사용 중인 물품, 수리가 필요하지 않은 물품
③ 정비품 – 수리가 완료된 물품
④ 요정비품 – 수리하여 사용하는 것이 경제적인 물품
⑤ 폐품 – 수리하여 사용하는 것이 비경제적인 물품

19

불만 고객에 대한 응대 과정을 단계별로 바르게 나열한 것을 고르시오.

(가) 문제 경청	(나) 동감 및 이해
(다) 해결 방법 제시	(라) 동감 및 이해

① (가) → (나) → (라) → (다)
② (나) → (가) → (라) → (다)
③ (가) → (나) → (다) → (라)
④ (나) → (가) → (다)
⑤ (가) → (나) → (다)

20

개와 고양이에게 위험한 식물 중에서 아래의 설명이 나타내는 식물을 고르시오.

> 흔한 편이며 즙이 아주 많고, 섭취 시 구토, 소변이 붉어지는 현상을 보임

① 백합 ② 시클라멘
③ 알로에 ④ 몬스테라
⑤ 아이비

21

브러싱의 효과에 대한 설명으로 적절하지 않은 것을 고르시오.

① 신진대사 촉진
② 털 관리 상태 점검
③ 혈액 순환 촉진
④ 품종 특성 파악
⑤ 친숙함 형성

22

브러싱 순서와 방법에 대한 설명으로 적절하지 않은 것을 고르시오.

① 털의 결에 따라 일정한 순서와 방향을 정해 놓고 브러싱한다.
② 고객과 상담하여 개체의 특징을 파악하고 브러싱 작업을 시작한다.
③ 브러싱하면서 털과 피부의 질병과 관리 상태를 점검할 수 있다.
④ 피부 손상과 털의 끊김에 주의하여 빗질한다.
⑤ 장모종의 개체에게 엉킴이 있을 경우 컨디셔너를 사용하지 않는다.

23

피부와 털의 구조와 특징으로 적절하지 않은 것을 고르시오.

① 주모 – 길고 굵으며 뻣뻣하다.
② 표피 – 피부의 외층으로, 털이 있는 부위가 얇다.
③ 진피 – 입모근, 혈관, 임파관, 신경 등이 분포해 있다.
④ 피하 지방 – 피부 밑과 근육 사이의 지방이다.
⑤ 피지선 – 불수의근으로, 추위와 공포를 느꼈을 때 털을 세울 수 있는 근육이다.

24

털의 기능에 따라 분류할 때 아래의 기능이 있는 털을 고르시오.

보호털보다 짧고 부드럽고 단열재 역할

① 장모 ② 솜털
③ 촉각털 ④ 컬리 코트
⑤ 실키 코트

25

털을 모질에 따라 분류할 때 설명으로 적절하지 않은 것을 고르시오.

① 컬리 코트 – 털이 곱슬거리고, 엉키지 않도록 잦은 빗질이 필요하다.
② 실키 코트 – 길고 부드러운 털로, 빗질할 때 피부 관리에 주의한다.
③ 스무스 코트 – 부드럽고 짧은 털로, 루버 브러시를 사용하여 관리한다.
④ 와이어 코트 – 거칠고 두꺼운 털로, 뽑아 주며 관리한다.
⑤ 촉각털 – 외부 자극으로 들어오는 감각 정보를 수용한다.

26

털을 모질에 따라 분류할 때 아래의 견종이 가진 털의 종류를 고르시오.

요크셔테리어, 말티즈

① 컬리 코트 ② 실키 코트
③ 스무스 코트 ④ 와이어 코트
⑤ 솜털

27

항문낭에 대한 설명으로 적절하지 않은 것을 고르시오.

① 개체마다 특색 있는 체취를 담은 주머니이다.
② 항문낭액은 끈적한 타르 형태이다.
③ 항문의 양쪽에 위치하고 있다.
④ 문제가 생기면 핥거나 엉덩이를 끌게 된다.
⑤ 항문선이 붓거나 막히면 배변이 쉬워진다.

28

샴핑 방법에 대한 설명으로 적절하지 않은 것을 고르시오.

① 용기에 샴푸를 희석하여 준비한다.
② 물의 온도와 수압을 조절한다.
③ 몸 전체에 샴푸 희석액을 골고루 도포한다.
④ 피부를 적당히 자극하여 마사지한다.
⑤ 눈과 귓속에 샴푸가 들어가도 무방하다.

29

샴핑 방법으로 적절하지 않은 것을 고르시오.

① 용기에 샴푸를 희석하여 준비한다.
② 물의 온도와 수압을 조절한다.
③ 몸 전체에 샴푸 희석액을 골고루 도포한다.
④ 눈 주변의 눈곱 등의 분비물은 온수에 불려 안면 빗으로 조심하여 제거한다.
⑤ 장모의 경우 루버 브러시로 마사지한다.

30

발톱과 발바닥의 구조 및 역할에 대한 설명으로 적절하지 않은 것을 고르시오.

① 발톱 – 보행 시 힘을 지탱하는 발가락뼈를 보호한다.
② 발톱 – 발가락뼈 역할을 보조한다.
③ 발바닥 – 발이 미끄러지지 않도록 털이 없고 피부가 각질화한 패드가 있다.
④ 발바닥 – 패드에 많은 신경과 혈관이 있어 지면 상태를 감지하고 충격을 완화한다.
⑤ 발톱 – 발톱이 자라면서 혈관과 신경은 같이 자라지 않는다.

31

몸 구조에 문제가 있을 때 미용 스타일을 선정하는 방법으로 적절하지 않은 것을 고르시오.

① 이상적인 체형에 대한 지식을 습득해야 한다.
② 이상적인 체형에서 벗어난 단점을 보완하는 미용 방법을 선택한다.
③ 뒷다리 무릎이 안쪽으로 휘어진 경우 뒷다리 내측을 짧게, 외측을 길게 커트한다.
④ 뒷다리 무릎이 바깥쪽으로 휘어진 경우 뒷다리 내측을 짧게, 외측을 길게 커트한다.
⑤ 신체에 장애 부위가 있는 경우 그 부위가 안 보이게 하거나 개성으로 부각시킨다.

32

미용 스타일을 선정하는 방법으로 적절하지 않은 것을 고르시오.

① 털 길이가 짧지만 고객이 털 길이가 긴 미용 스타일을 원하면 먼저 틀을 잡아 주는 미용을 선택한다.
② 털에 오염이 있다면 일시적인 것인지 미용 후에도 발생할 수 있는지 파악한다.
③ 동물이 예민하여 미용이 불가능하면 고객에게 이유를 쉽게 설명한다.
④ 동물이 햇볕에 장시간 노출되면 시원하게 피부가 드러나는 미용을 선택한다.
⑤ 동물이 미끄러운 곳에서 생활하면 발바닥 아래의 털을 짧게 유지하는 미용을 선택한다.

33

대상에 맞는 미용 스타일을 선정하는 방법으로 적절하지 않은 것을 고르시오.

① 동물이 특정 부위의 미용을 거부하면 그 부위의 미용 시간을 최소화한다.

② 털에 오염이 있다면 일시적인 것인지 미용 후에도 발생할 수 있는지 파악한다.

③ 동물이 사나워서 미용이 불가능하면 고객에게 이유를 쉽게 설명한다.

④ 동물이 추운 곳에서 생활하면 유지 관리가 쉽게 털 길이를 짧게 미용한다.

⑤ 동물이 미끄러운 곳에서 생활하면 발바닥 아래의 털을 짧게 유지하는 미용을 선택한다.

34

애완동물의 미용 스타일을 제안할 때 고려해야 할 것으로 적절하지 않은 것을 고르시오.

① 종에 따른 미용 시 주의 사항

② 몸의 구조적 특징 및 털의 특징

③ 애완동물의 성격 및 생활 환경

④ 고객의 취향과 성향

⑤ 미용 도구 가격

35

고객에게 미용 스타일을 제안할 때 설명으로 적절하지 않은 것을 고르시오.

① 제안하기 전에 먼저 고객의 요구 사항을 구체적으로 파악한다.

② 미용사의 의견보다 고객의 의견을 우선하여 반영한다.

③ 프로페셔널하게 보이기 위하여 전문적인 용어를 많이 사용한다.

④ 보호자들 사이에서 사용되는 미용 명칭을 이해한다.

⑤ 스타일북을 활용한다.

36

포스트 클리핑 신드롬에 대한 설명으로 적절하지 않은 것을 고르시오.

① 피부병으로 오해할 수 있다.

② 보통 이중모 개에게서 발견된다.

③ 단모종 개에게서도 발견된다.

④ 고양이에게서 발생되지 않는다.

⑤ 예방하려면 털을 짧게 클리핑하지 않는다.

37

미용 스타일 제안 시 애완동물의 성격 파악에 대한 설명으로 적절하지 않은 것을 고르시오.

① 예민함과 산만함 정도를 파악한다.

② 사나움 정도를 파악한다.

③ 특정 부위에 대한 미용 부적응도를 파악한다.

④ 애완동물이 거부 반응을 보이는 행동을 파악한다.

⑤ 이상 행동을 보일 때 안정시키는 방법은 인터넷으로 파악한다.

38

미용 스타일 제안 시 고객의 특성 파악에 대한 설명으로 적절하지 않은 것을 고르시오.

① 고객의 가족 구성원 특성을 파악한다.

② 고객의 생활 패턴을 파악한다.

③ 고객이 가진 털 관리의 시간적 여유를 파악한다.

④ 고객의 사회적 지위를 파악한다.

⑤ 고객의 취향과 성향을 파악한다.

39

개의 신체에서 몸통과 다리에 해당되는 것을 모두 고르시오.

㉠ 옥시퓻(occiput)	㉡ 턱 업(tuck up)
㉢ 머즐(muzzle)	㉣ 위더스(withers)
㉤ 스컬(skull)	㉥ 패스턴(pastern)
㉦ 스톱(stop)	

① ㉡, ㉢, ㉣　　② ㉡, ㉢

③ ㉡, ㉣　　④ ㉠, ㉥, ㉦

⑤ ㉡, ㉣, ㉥

40

다음 그림의 체형에 알맞은 미용 스타일에 대한 설명으로 적절하지 않은 것을 고르시오.

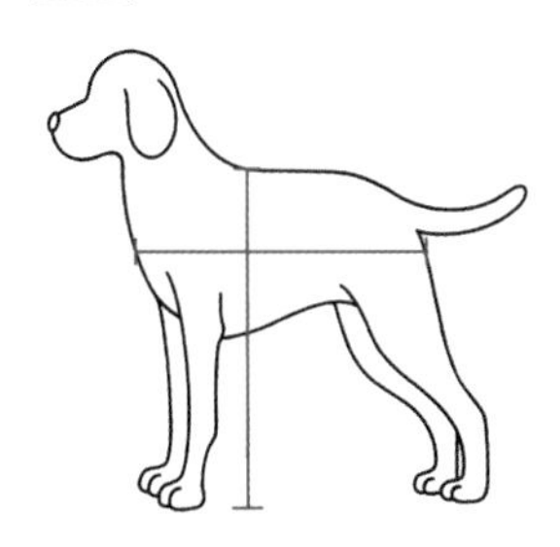

① 몸 높이가 몸 길이보다 긴 체형이다.
② 하이온 타입이다.
③ 스퀘어 타입이다.
④ 백 라인 털을 짧게 커트한다.
⑤ 언더라인 털을 길게 커트한다.

41

다음 그림의 체형에 알맞은 미용 스타일에 대한 설명으로 적절하지 않은 것을 고르시오.

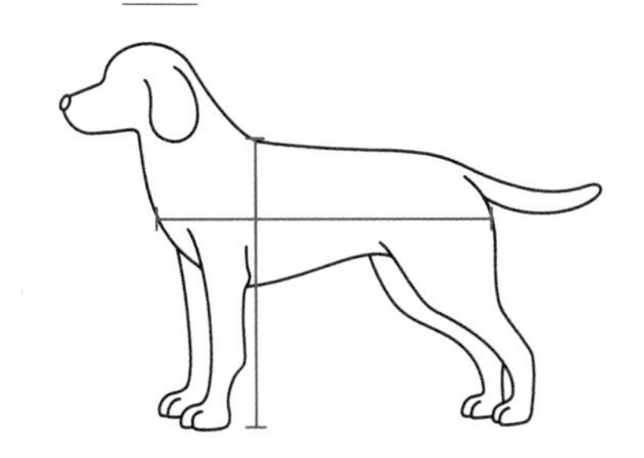

① 몸 길이가 몸 높이보다 긴 체형이다.
② 드워프 타입이다.
③ 스퀘어 타입이다.
④ 가슴과 엉덩이 부분의 털을 짧게 커트한다.
⑤ 언더라인의 털을 짧게 커트한다.

42

트리밍 용어에 대한 설명으로 적절하지 않은 것을 고르시오.

① 그루머 – 애완동물 미용사로, 동물의 피모 관리를 전문적으로 하는 사람이며 트리머라고도 불린다.
② 그루밍 – 브러싱, 베이싱, 코밍 등 피모에 대한 작업을 포함하고, 트리밍은 제외된다.
③ 네일 트리밍 – 발톱 손질이다.
④ 듀플렉스 쇼튼 – 스트리핑 후 일정 기간 새 털이 자라날 때까지 들뜬 오래된 털을 다시 뽑는 것이다.
⑤ 래핑 – 장모종의 긴 털을 보호하기 위해 적당한 양의 털을 나누어 래핑지로 감싸 주는 작업이다.

43

트리밍 용어 중 레이킹(raking)에 대한 설명으로 옳은 것을 고르시오.

① 털 길이가 다른 층을 자연스럽게 연결하는 것이다.
② 띠 모양으로 깎아 들어간 부분이다.
③ 스트리핑 후 남은 오버코트와 언더코트를 일정 간격으로 제거하는 것이다.
④ 베이싱 후 신체를 타월로 감싸는 것이다.
⑤ 샴푸로 씻는 것이다.

44

트리밍 용어 중 아래의 설명에 대한 용어를 고르시오.

두부를 부풀려 볼륨 있는 모양

① 셰이빙(shaving)
② 스웰(swell)
③ 스트리핑(stripping)
④ 스펀징(sponging)
⑤ 시닝(thinning)

45

트리밍 용어 중 아래의 설명에 대한 용어를 고르시오.

털을 자르거나 뽑거나 미는 등의 모든 미용 작업, 불필요한 부분의 털을 제거하여 스타일 만들기

① 트리밍(trimming)
② 파팅(parting)
③ 펫 클립(pet clip)
④ 플러킹(plucking)
⑤ 피킹(picking)

46

아래의 설명이 나타내는 트리밍 용어를 고르시오.

동물의 피모 관리를 전문적으로 하는 사람

① 트리머 ② 커팅
③ 초킹 ④ 플러킹
⑤ 트리밍

47

아래의 설명이 나타내는 트리밍 용어를 고르시오.

우묵한 패임, 푸들의 스톱에 역V자 표현

① 클리핑 ② 치핑
③ 인덴테이션 ④ 화이트닝
⑤ 피킹

48

트리핑 용어 중 새킹에 대한 설명으로 가장 적절한 것을 고르시오.

① 목욕 후 털이 뜨는 것을 막고 신체를 타월로 싸서 놓는다.
② 피부를 자극하여 마사지 효과를 준다.
③ 면도날로 털을 잘라 낸다.
④ 트리밍 나이프로 소량의 털을 골라 뽑는다.
⑤ 외부에 설정하는 가상의 선이다.

49

아래의 트리밍 용어 중에서 성격이 <u>다른</u> 하나를 고르시오.

① 시닝(thinning)
② 시저링(scissoring)
③ 치핑(chipping)
④ 커팅(cutting)
⑤ 타월링(toweling)

50

트리밍 용어 중 아래의 설명이 나타내는 용어를 고르시오.

털을 가지런하게 빗질하는 것

① 블로 드라잉(blow drying)
② 코밍(combing)
③ 오일 브러싱(oil brushing)
④ 스테이징(staging)
⑤ 클리핑(clipping)

실전 모의고사 2회 3급 정답 및 해설

1	⑤	2	①	3	③	4	②	5	①	6	①	7	⑤	8	⑤	9	③	10	③
11	②	12	⑤	13	②	14	④	15	③	16	③	17	②	18	③	19	③	20	③
21	④	22	⑤	23	⑤	24	②	25	⑤	26	②	27	⑤	28	⑤	29	⑤	30	⑤
31	④	32	④	33	④	34	⑤	35	③	36	④	37	⑤	38	④	39	⑤	40	③
41	③	42	②	43	③	44	②	45	①	46	①	47	③	48	①	49	⑤	50	②

01 작업장에서 작업자를 안전하게 보호하기 위하여 정해진 복장을 착용한다.

02 작업자는 미용 숍과 작업장에서 전기 고장을 발견하는 즉시 상위자 또는 전기 기사에게 수리를 요청한다.

03 동물의 도주를 예방하기 위하여 출입문과 통로에 있는 안전문을 반드시 닫도록 교육한다.

04 누수는 균열 또는 구멍으로 물이 새어 나가는 것을 의미한다.

05 먼저 물과 비누로 수 분간 상처를 깨끗이 씻어 주고, 멸균 거즈나 깨끗한 수건으로 상처를 압박한다. 피가 계속 날 경우 15분 이상 압박하여 지혈하고, 항생제 연고를 바르고, 반창고나 거즈, 붕대 등으로 상처 부위를 완전히 덮어 보호하고, 심하게 붓거나 농이 나오는 경우 병원으로 이동하여 처치를 받는다.

06 계면 활성제는 물과 기름 모두에 잘 녹고, 세균, 진균, 바이러스를 불활성화시키지만, 녹농균, 결핵균, 아포에 효과가 없다. 일반적으로 손, 피부 점막, 식기, 금속 기구, 식품 등을 소독할 때 사용하고, 희석하여 분무하거나 일정 시간 소독제 안에 담가서 소독한다.

07 크레졸은 독성이 페놀류와 같지만, 소독 효과는 3~4배 더 좋다. 녹농균, 결핵균을 포함한 대부분의 세균을 불활성화시키지만, 아포나 바이러스에는 효과가 없다. 물에 잘 녹지 않아서 비누로 유화해서 보통 비눗물과 50%로 혼합한 크레졸 비누액으로 많이 사용한다. 기구나 배설물 소독에는 보통 3~5%의 농도로 사용한다. 냄새가 강하고 금속을 부식시킨다. 원액은 피부를 손상시키므로 주의해서 사용해야 한다.

08 차아염소산나트륨은 락스의 구성 성분으로 기구 소독, 바닥 청소, 세탁, 식기 세척에 사용한다. 개에게 전염성이 높은 파보, 디스템퍼, 인플루엔자, 코로나바이러스 등과 살모넬라균 등을 불활성화시킬 수 있고, 넓은 범위의 살균력을 가지며 소독력도 좋다.

09 알코올은 주로 에탄올을 사용하며, 알코올은 물과 70%로 희석하였을 때 넓은 범위의 소독력을 가진다. (알코올 7 + 물3)

10 코트킹은 필요 없는 언더코트를 자연스럽게 제거해 주고, 애완동물의 모발 특징에 따라 날의 촘촘함 정도와 크기를 선택하여 사용한다.

11 꼬리빗은 동물의 털을 가르거나 래핑을 할 때 사용한다.

12 엘리자베스 칼라는 원래는 동물이 수술을 마치고 수술 부위를 핥지 못하게 하기 위해서 동물의 목에 착용시켜 얼굴을 감싸는 용도로 만들어졌으나, 물지 못하게 하기 위해서도 유용하게 사용된다. 플라스틱과 천으로 된 것 등 다양한 종류가 있다.

13 지혈제는 동물의 발톱 관리 중에 출혈이 발생하면 지혈하는 데 사용한다. 가루로 된 제품과 젤이나 스프레이 형태의 제품 등 다양한 제품이 시판되고 있다.

14 이어클리너는 귀 세정제로 귀의 이물질을 제거하거나 소독하는 데 사용한다.

15 고무 밴드는 동물의 털을 묶거나 래핑지를 고정시키는 등의 용도로 사용한다. 사용 용도에 따라 밴드의 재질과 크기가 매우 다양하므로 사용 용도에 알맞은 제품을 선택한다.

16 유압식 미용 테이블은 버튼을 발로 눌러 높낮이를 조절하는 미용 테이블이다. 높낮이 조절이 편리하며 비교적 가격이 저렴한 장점이 있다.

17 스탠드 드라이어는 바람의 세기와 각도 조절이 쉬워 애완동물 미용에 많이 사용한다.

18 장비 관리 대장에서 물품은 신품, 중고품, 요정비품, 폐품으로 구분한다.

19 불만 고객을 빠르게 응대하지 않으면 더 큰 불만을 호소하거나 나쁜 소문을 낼 수 있으므로 최대한 고객의 요구

사항을 귀 기울여 듣고 해결 방법을 제시한다. 문제 경청 → 동감 및 이해 → 해결 방법 제시 → 동감 및 이해 순으로 진행한다.

20 알로에는 개와 고양이에게 독성이 있는 식물 중에 흔한 편이며 즙이 아주 많다. 섭취 시 구토, 소변이 붉어지는 현상을 보인다.

21 브러싱의 효과는 피부에 적당한 자극을 주면 신진대사와 혈액 순환이 촉진되어 건강한 털을 유지할 수 있고, 털의 관리 상태, 건강 상태, 기생충과 이물질의 점검할 수 있고, 털갈이 시기의 기본 관리이다. 또한, 애완동물과 작업자 사이에 친숙함이 형성된다.

22 장모의 털을 유지하고 있는 개체에게 엉킴이 있을 경우 엉킨 털 풀기에 도움이 되는 컨디셔너를 도포하여 털의 손상을 최소화해야 한다.

23 피지선(sebaceous gland)은 털이 난 피부 부위에 분포하며 물리적/화학적 장벽을 형성하고, 피지는 항균 작용과 페로몬 성분을 함유한다. 입모근(arrector pili muscle)은 불수의근으로 추위, 공포를 느꼈을 때 털을 세울 수 있는 근육이다.

24 보호털(guard hair)은 몸의 외형을 이루고, 길고 두꺼우며 방수 기능을 하고, 솜털(wool hair)은 보호털(guard hair)에 비해 짧고 부드러우며 단열재의 역할을 한다. 촉각털(tactile hair)은 외부 자극으로 들어오는 감각 정보를 수용하고, 보호털보다 두껍고 크며 안면부에 집중되어 있다.

25 촉각털은 털을 기능에 따라 분류할 때 구분되는 털이다.

26 스무스 코트에 치와와(Chihuahua), 퍼그(Pug), 보스톤테리어(Boston Terrier), 불독(Bulldog) 등이 있다. 컬리 코트에 푸들(Poodle), 에어데일테리어(Airedale Terrier), 베들링턴테리어(Bedlington Terrier), 케리블루테리어(Kerry Blue Terrier) 등이 있다. 실키 코트에 요크셔테리어(Yorkshire Terrier), 몰티즈(Maltese), 실키테리어(Silky Terrier) 등이 있다. 와이어 코트에 노리치테리어(Norwich Terrier), 와이어헤어드닥스훈트(Wire-haired Dachshund), 와이어헤어드폭스테리어(Wire-haired Fox Terrier) 등이 있다.

27 항문선이 붓거나 막힌 경우 치료하지 않고 방치하게 되면 배변이 고통스러워지며 염증이 유발되어 수술로 항문낭을 제거해야 될 수 있고, 꾸준한 점검과 관리로 항문낭 질병을 예방한다.

28 눈과 귓속에 샴푸가 들어가지 않도록 주의한다.

29 장모의 경우 털의 손상에 주의하며 마사지하고, 단모의 경우 루버 브러시로 샴푸 마사지를 하면 죽은 털의 관리가 쉬워진다.

30 발톱에는 혈관과 신경이 연결되어 있고, 발톱이 자라면서 혈관과 신경도 같이 자란다.

31 뒷다리 무릎이 오 다리처럼 바깥쪽으로 휘어진 경우 뒷다리 내측을 길게, 외측을 짧게 커트하여 체형의 단점을 보완한다.

32 애완동물이 추운 곳에서 생활할 경우 털의 길이가 너무 짧은 미용 스타일은 피하고, 뜨거운 햇볕에 오랜 시간 노출될 경우 피부가 드러나지 않는 미용 스타일을 선택해야 한다.

33 애완동물이 추운 곳에서 생활할 경우 털의 길이가 너무 짧은 미용 스타일은 피하고, 뜨거운 햇볕에 오랜 시간 노출될 경우 피부가 드러나지 않는 미용 스타일을 선택해야 한다.

34 미용 스타일을 제안할 때 미용 도구 가격은 고려하지 않는다.

35 전문적인 용어를 사용하면 프로페셔널하게 보일 수는 있으나 너무 어려운 용어를 사용하면 고객이 이해하기 어렵다. 따라서 보편적으로 사용하는 전문 용어를 어느 정도 섞어서 설명하되 대부분의 사람들이 알아들을 수 있을 정도의 용어를 사용한다.

36 클리핑으로 주로 털을 짧게 미용하는 고양이에게서도 자주 발생된다.

37 애완동물이 이상 행동을 보일 때 안정을 취하게 할 수 있는 방법이 있다면 고객으로부터 정보를 제공 받는다.

38 미용 스타일을 제안할 때 고객의 특성에서 사회적 지위는 고려하지 않는다.

39 턱 업, 위더스, 패스턴은 몸통과 다리로 구분된다.

40 하이온 타입이고, 몸 높이가 몸 길이보다 긴 체형으로 몸에 비해 다리가 길다.

41 드워프 타입이고, 언더라인의 털을 짧게 커트하여 다리를 길어 보이게 한다.

42 그루밍(grooming)은 피모에 대한 일상적인 손질을 포괄적으로 모두 포함하고, 몸의 청결과 건강을 위하여 브러싱, 베이싱, 코밍, 트리밍 등의 피모에 대한 모든 작업을 포함한다.

43 ①은 블렌딩(blending), ②은 밴드(band), ④은 새킹(sacking), ⑤은 샴핑(shampooing)이다.

44 스웰은 두부를 부풀려 볼륨 있게 모양을 낸 것이다.

45 트리밍은 털을 자르거나 뽑거나 미는 등의 모든 미용 작업을 일컫는 말이고, 불필요한 부분의 털을 제거하여 스타일을 만든다.

46 동물의 피모 관리를 전문적으로 하는 사람은 애완동물 미용사이고, 그루머(groomer) 또는 트리머(trimmer)라고 부른다.

47 피킹은 듀플렉스 쇼튼(duplex-shorten)과 같은 작업이고 주로 손가락을 사용하여 오래된 털을 정리한다.

48 이미지너리 라인(imaginary line)은 외부에 설정하는 가상의 선이다.

49 타월링은 목욕 후 타월로 수분을 닦아 내는 것이고, 나머지는 가위로 털을 자르는 행위이다.

50 코밍(combing)은 털을 가지런하게 빗질하는 것이다.

3급 실전 모의고사 3회

50문항 60분

01
작업자의 전기 및 화재 안전 수칙에 대한 설명으로 적절하지 않은 것을 고르시오.

① 미용 숍과 작업장에서 전기 고장을 발견하면 즉시 직접 수리한다.
② 미용 숍과 작업장에 있는 모든 전선을 함부로 만지지 않는다.
③ 전선의 피복이 벗겨진 것을 발견하면 즉시 전원을 차단한다.
④ 미용 숍과 작업장에서 금연한다.
⑤ 미용 숍과 작업장에 있는 인화성 화학 제품은 보관과 취급에 유의한다.

02
작업자에게 발생할 수 있는 안전 사고로 적절하지 않은 것을 고르시오.

① 동물에 의한 교상
② 동물에 의한 전염성 질환
③ 미용 도구에 의한 상처
④ 화상
⑤ 이물질의 섭취

03
애완동물에게 발생할 수 있는 안전 사고 중 아래의 설명이 나타내는 안전 사고를 고르시오.

신체에 전류가 흘러 상처를 입거나 충격을 받는 것이고, 노출 시간, 전압의 크기, 전류의 세기에 따라 부상 정도가 결정된다.

① 낙상
② 미용 도구에 의한 상처
③ 화상
④ 도주
⑤ 감전

04
애완동물의 안전 사고 중 미용 도구의 상처에 대한 예방 및 대처 방법으로 적절하지 않은 것을 고르시오.

① 미용 도구를 항상 소독하고 청결하게 유지한다.
② 사용하지 않는 도구는 동물이 있는 작업대에 올려 놓지 않는다.
③ 발톱을 너무 짧게 자른 경우 가벼운 출혈은 지혈제를 이용하여 지혈한다.
④ 2차 감염 방지를 위하여 상처 부위를 맨손으로 만지지 않는다.
⑤ 미용 도구가 피부에 깊게 박힌 경우 재빨리 박힌 미용 도구를 빼내고 소독한다.

05
애완동물의 안전 사고 중 화상에 대한 예방 및 대처 방법으로 적절하지 않은 것을 고르시오.

① 헤어 드라이어를 동물에게 사용하기 전에 작업자가 손바닥으로 바람의 온도를 확인한다.
② 처음 온수를 틀 때 동물에게 바로 사용하지 않는다.
③ 클리퍼 금속날이 뜨거워진 경우 클리퍼 날이나 클리퍼를 교체하여 사용한다.
④ 화학 제품 사용 시 정해진 용량과 방법을 준수한다.
⑤ 화상 부위에 생긴 수포는 터뜨리고 연고를 바른다.

06
애완동물의 안전 사고 중 이물질 섭취에 대한 예방 및 대처 방법으로 적절하지 않은 것을 고르시오.

① 주변에 동물이 삼킬 수 있는 크기의 물건을 모두 제거한다.
② 바닥을 자주 청소한다.
③ 작업대에 잘라 낸 털이 쌓이지 않게 청소한다.
④ 하임리히 방법을 이용한다.
⑤ 이물질 섭취 후 호흡이 불안하다면 엉덩이를 두들긴다.

07

화학적 소독제 중 알코올에 대한 설명으로 적절하지 않은 것을 고르시오.

① 세균, 결핵균, 바이러스, 진균을 불활성화시키지만, 아포에는 효과가 없다.
② 알코올과 물을 5:5 비율로 희석하면 넓은 범위의 소독력을 가진다.
③ 손, 피부 및 미용 기구 소독에 가장 적합하다.
④ 가격이 비싸고, 고무와 플라스틱을 손상시킬 수 있고, 상처가 난 피부에 사용하면 매우 자극적이다.
⑤ 인화성으로 화재 위험 때문에 보관에 주의한다.

08

화학적 소독제 중 크레졸에 대한 설명으로 적절하지 않은 것을 고르시오.

① 크레졸의 독성은 페놀류와 같지만, 소독 효과는 3~4배 더 좋다.
② 녹농균, 결핵균 등 대부분의 세균을 불활성화시키지만, 아포나 바이러스에 효과가 없다.
③ 물에 잘 녹지 않고, 비눗물과 50%로 혼합한 크레졸 비누액으로 많이 사용한다.
④ 기구와 배설물 소독에 보통 3~5% 농도로 사용한다.
⑤ 냄새는 약하고, 금속을 부식시키지 않는다.

09

접촉에 의한 주요 인수 공통 전염병에 대한 설명으로 적절하지 않은 것을 고르시오.

① 광견병 – 광견병 바이러스로 인해 급성 바이러스성 뇌염을 일으키는 질병이다.
② 광견병 – 주로 광견병 바이러스에 감염된 동물에 의한 교상으로 감염된다.
③ 백선증 – 곰팡이성 피부 질환이다.
④ 개선충 – 옴진드기 개선충으로 생기는 피부 질환으로, 대부분 동물과 직접 접촉하여 감염된다.
⑤ 회충, 지알디아, 캠필로박터, 살모넬라균, 대장균 – 동물의 타액으로 옮겨지고, 소화기 질병을 일으킨다.

10

다음 그림이 나타내는 미용 도구를 고르시오.

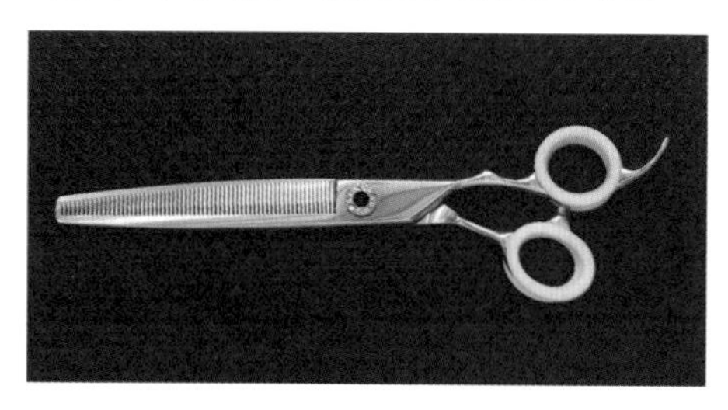

① 블런트 가위(blunt scissors)
② 시닝 가위(thinning scissors)
③ 커브 가위(curved scissors)
④ 텐텐 가위(tenten scissors)
⑤ 클리퍼 날(clipper blade)

11

다음 그림이 나타내는 미용 도구에 대한 설명으로 가장 적절한 것을 고르시오.

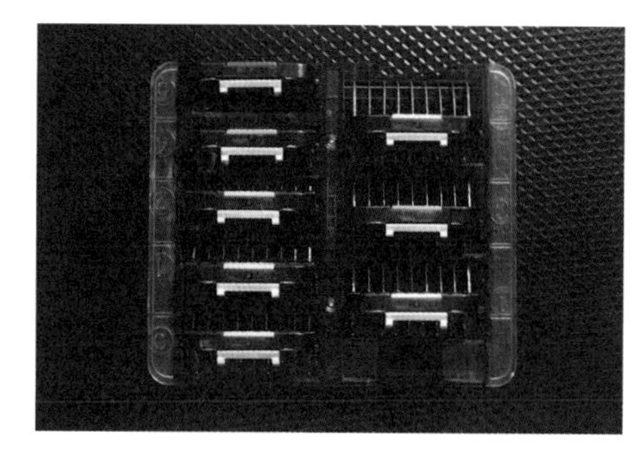

① 엉킨 털을 제거할 때 사용한다.
② 보통 10mm 클리퍼 날에 덧끼워 사용한다.
③ 클리퍼 콤이다.
④ 래핑할 때 사용한다.
⑤ 오일을 바를 때 사용한다.

12
다음 그림이 나타내는 미용 도구를 고르시오.

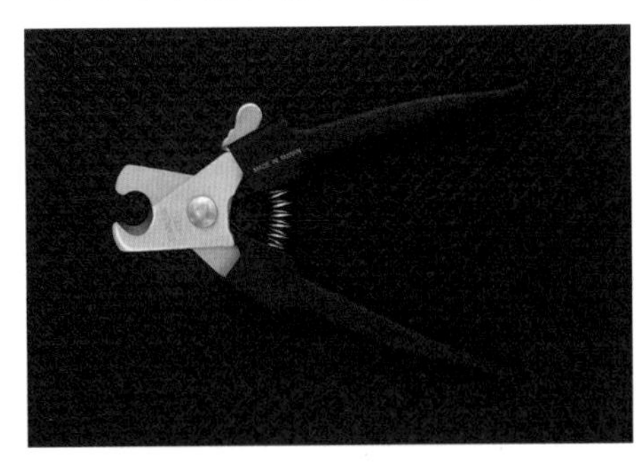

① 기요틴형 발톱깎이 ② 발톱갈이
③ 겸자 ④ 코트킹
⑤ 니퍼형 발톱깎이

13
다음 그림이 나타내는 미용 도구에 대한 설명으로 가장 적절한 것을 고르시오.

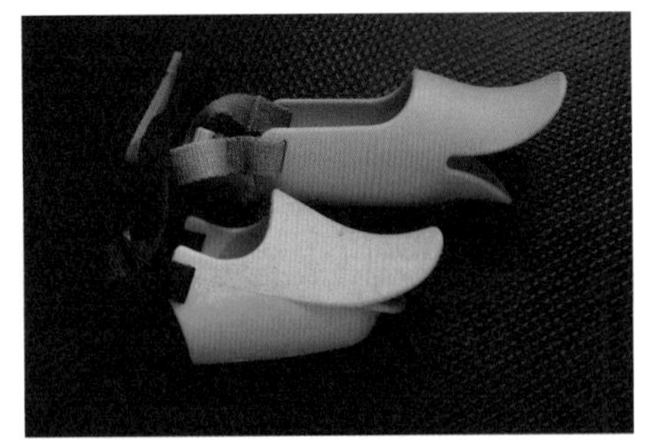

① 언더코트를 자연스럽게 제거해 주는 도구이다.
② 클리퍼에 부착하여 사용한다.
③ 피부를 자극하는 마사지에 사용한다.
④ 동물이 물지 못하도록 입에 씌우는 도구이다.
⑤ 죽은 털 제거에 사용한다.

14
미용 도구의 성능을 점검할 때 적절하지 않은 것을 고르시오.

① 가위는 종이를 자르며 가윗날의 예리함을 점검한다.
② 클리퍼는 진동과 소리를 통하여 이상 여부를 점검한다.
③ 슬리커 브러시는 철사의 파손 여부를 점검한다.
④ 콤은 빗살 간격이 일정한지를 점검한다.
⑤ 발톱깎이는 절삭 부위의 마모 상태를 점검한다.

15
미용 소모품 중에서 아래의 설명이 나타내는 것을 고르시오.

염색할 때 염색을 원하지 않는 부위에 바른다.

① 염모제 ② 컬러믹스
③ 이염 방지제 ④ 블로펜
⑤ 컬러초크

16
다음 그림이 나타내는 미용 소모품에 대한 설명으로 적절하지 않은 것을 고르시오.

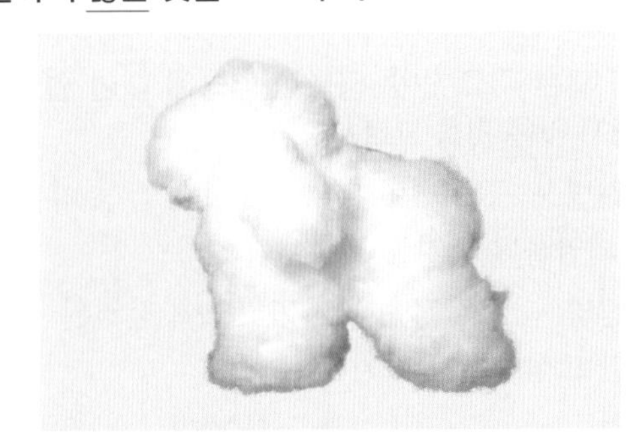

① 가짜 털
② 견체 모형에 씌워서 사용
③ 시저링 연습 가능
④ 클리핑 연습 불가
⑤ 위그

17

고객 응대 기법 중에서 아래의 설명이 나타내는 것을 고르시오.

> • 고객과 애완동물의 행동 및 외모 변화에 관심을 보이며 대화한다.
> • 배려하는 말투로 칭찬하고, 날씨 등을 이야기한다.

① 쿠션 화법

② 플러스 화법

③ "내일 10시에는 미용이 가능합니다. 번거로우시겠지만 다시 방문해 주시겠어요?"

④ "고객님, 죄송합니다. 다시 한 번 말씀해 주시겠습니까?"

⑤ "죄송합니다. 당일 예약이 어려운데 내일 시간은 안 되시나요?"

18

고객의 불만 사항이 발생했을 때 경청하는 태도로써 적절하지 않은 것을 고르시오.

① 상대방의 이야기에 집중하기

② 말을 중간에 가로막지 않기

③ 같이 화내기

④ 고개 끄덕이기

⑤ 몸의 방향을 고객에게 향하기

19

고양이의 개체 특성과 의사 표현에 대한 설명으로 적절하지 않은 것을 고르시오.

① 개처럼 복종하고 길들일 수 있다.

② 경계 – 눈은 동그랗게 뜨고 동공이 확장된다.

③ 공격 준비 – 귀는 뒷면이 보이도록 돌아간다.

④ 두려움 – 귀는 납작해지고 입은 벌린 후 '하악' 소리를 낸다.

⑤ 평화 – 얼굴은 긴장감이 없고 힘이 빠져 있다.

20

전화 응대 요령을 단계별로 바르게 나열한 것을 고르시오.

> (가) 전화벨이 3번 이상 울리기 전에 받기
> (나) 메모지, 미용 예약 장부 준비
> (다) 밝은 목소리로 인사, 소속과 성명을 밝힘
> (라) 고객의 말을 경청, 정보 제공
> (마) 고객보다 먼저 끊지 않기

① (가) → (나) → (다) → (라) → (마)

② (가) → (나) → (라) → (다) → (마)

③ (나) → (가) → (다) → (라) → (마)

④ (나) → (가) → (라) → (다) → (마)

⑤ (나) → (다) → (가) → (라) → (마)

21

목욕 전에 브러싱하는 이유로 적절하지 않은 것을 고르시오.

① 엉킨 속털 제거

② 오염물 제거

③ 목욕 시간 증가

④ 털의 관리 상태 점검

⑤ 드라잉 시간 감소

22

브러싱 방법으로 적절하지 않은 것을 고르시오.

① 털의 결에 따라 일정한 순서와 방향으로 꼼꼼하게 브러싱한다.

② 고객 상담 후 개체 특징을 파악하고 브러싱한다.

③ 피부와 털 상태를 점검한다.

④ 엉킨 털은 컨디셔너를 도포하여 털의 손상을 최소화한다.

⑤ 뼈가 돌출된 부위는 반복적으로 강하게 브러싱한다.

23

피부와 털의 구조와 특징으로 적절하지 않은 것을 고르시오.

① 주모 – 길고 굵으며 뻣뻣하다.
② 표피 – 피부의 외층으로, 개와 고양이의 표피는 털이 있는 부위가 두껍다.
③ 진피 – 입모근, 혈관, 임파관, 신경 등이 분포되어 있다.
④ 피하 지방 – 피부 밑과 근육 사이의 지방이다.
⑤ 피지선 – 피지는 항균 작용과 페로몬 성분을 함유하고 있다.

24

털 주기에 대한 설명으로 적절하지 않은 것을 고르시오.

① 털 주기 – 털이 각각 다른 성장 주기를 갖는 것을 의미한다.
② 모자이크 타입 – 각기 다른 털 주기를 갖는 타입이다.
③ 싱크로니스틱 타입 – 전체의 털 주기가 일치하는 타입이다.
④ 털 주기 – 광주기, 주위 온도, 영양, 호르몬, 전신 건강 상태, 유전자 등에 의해 제어된다.
⑤ 진돗개 – 모자이크 타입이다.

25

모량, 모장, 모질에 따라서 아래의 견종이 가진 털의 종류를 모두 고르시오.

푸들(Poodle), 베들링턴테리어(Bedlington terrier)

① 단모, 스무스 코트 ② 장모, 컬리 코트
③ 장모, 와이어 코트 ④ 실키 코트
⑤ 와이어 코트

26

다음 그림이 나타내는 미용 도구의 사용 방법으로 적절하지 않은 것을 고르시오.

① 털의 흐름과 방향에 맞추어 순서대로 빗질한다.
② 엄지와 집게손가락으로 손잡이를 움켜쥐고 나머지 손가락으로 받쳐 준다.
③ 패드면을 피부면과 수직 방향으로 빗질한다.
④ 피부에 닿지 않게 부드럽게 움직이며 빗질한다.
⑤ 빗질하지 않는 손으로 털과 피부를 고정한다.

27

아래의 설명이 나타내는 드라잉 방법으로 가장 적절한 것을 고르시오.

타월로 몸을 감싸고, 드라이어 바람이 건조할 부위에만 가도록 유도하는 방법

① 타월링 ② 룸 드라이어
③ 플러프 드라이 ④ 켄넬 드라이
⑤ 새킹

28

가위의 각 부분별 명칭으로 적절하지 않은 것을 고르시오.

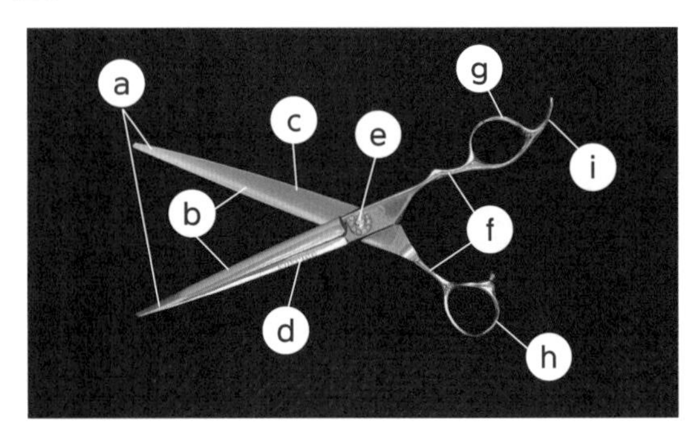

① a – 가위 끝 ② f – 다리
③ c – 동날 ④ d – 고정 날
⑤ h – 약지 환

29

발톱의 구조와 역할에 대한 설명으로 적절하지 않은 것을 고르시오.

① 발톱에 혈관과 신경이 연결되어 있다.
② 발톱이 자라면서 혈관과 신경도 같이 자란다.
③ 지면 상태를 감지하고 충격을 완화시킨다.
④ 발톱의 구조는 발톱 안에 신경이 혈관을 감싸고 있다.
⑤ 발톱은 발가락뼈를 보호하고 발가락뼈의 역할을 보조한다.

30

귀의 구조에 대한 설명으로 적절하지 않은 것을 고르시오.

① 외이, 중이, 내이로 구분된다.
② L자형 구조이다.
③ 고막을 보호하기 좋은 구조이다.
④ 공기가 쉽게 통하는 구조이다.
⑤ 외이는 소리를 고막으로 전달하는 기능이다.

31

애완동물의 몸 구조에 문제가 있을 때 미용 스타일 선정 방법으로 적절하지 않은 것을 고르시오.

① 이상적인 체형에 대한 지식이 필요하다.
② 이상적인 체형에서 벗어난 단점을 보완하는 미용 방법으로 작업한다.
③ 뒷다리 무릎이 안쪽으로 휘어져 있다면, 뒷다리 내측을 짧게, 외측을 길게 커트한다.
④ 뒷다리 무릎이 바깥쪽으로 휘어져 있다면, 뒷다리 내측을 길게, 외측을 짧게 커트한다.
⑤ 골격에 따라서 모든 부위의 털 길이를 일정하게 커트한다.

32

미용 스타일을 선정하는 방법으로 적절하지 않은 것을 고르시오.

① 털 길이가 짧지만 고객이 털이 긴 미용 스타일을 원한다면 틀을 잡아 주는 미용을 선택한다.
② 털에 오염된 부분이 있다면 일시적인 것인지 미용 후에도 발생할 수 있는지를 파악한다.
③ 애완동물이 예민하거나 사나워서 미용이 불가능하다면 고객에게 이유를 이해하기 쉽게 설명한다.
④ 애완동물이 뜨거운 햇볕에 장시간 노출된다면 시원하게 피부가 드러나는 미용 스타일을 선택한다.
⑤ 애완동물이 미끄러운 곳에 생활한다면 발바닥 아래의 털을 짧게 유지하는 미용 스타일을 선택한다.

33

신체 구조의 단점을 보완한 미용으로 가장 적절한 것을 모두 고르시오.

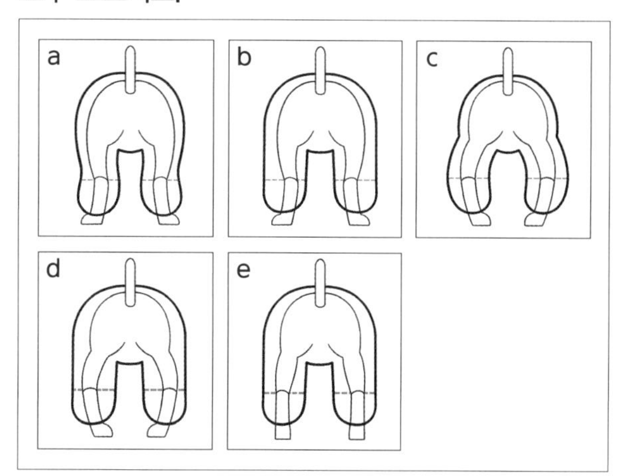

① a, c
② b, c
③ c, e
④ b, d
⑤ a, e

34

고객에게 미용 스타일을 제안할 때 적절하지 않은 것을 고르시오.

① 먼저 고객의 요구 사항을 구체적으로 파악한다.
② 미용사의 의견보다 고객의 의견을 우선하여 반영한다.
③ 프로페셔널하게 보이기 위하여 전문적인 용어를 많이 사용한다.
④ 보호자들 사이에서 사용되는 미용 명칭을 이해한다.
⑤ 스타일북을 활용하여 생각의 오차를 줄인다.

35

포스트 클리핑 신드롬에 대한 설명으로 적절하지 않은 것을 고르시오.

① 앨러피시아(alopecia)라고도 불린다.
② 보통 이중모 개에게서 발견된다.
③ 단모종 개에게서도 발견된다.
④ 고양이에게서 발생되지 않는다.
⑤ 예방하기 위해서 털을 짧게 클리핑하지 않는다.

36

미용 스타일 제안을 위하여 몸의 구조적 특징을 파악할 때 적절하지 않은 것을 고르시오.

① 몸을 만져보지 말고 파악한다.
② 종 표준에 따른 이상적인 체형을 파악한다.
③ 이상적인 체형과 미용 대상의 몸 구조를 비교한다.
④ 몸 구조의 장점인 부분은 부각시킨다.
⑤ 몸 구조의 단점인 부분은 보완하거나 개성으로 표현한다.

37

애완동물의 생활 환경에 따른 미용 스타일 제안으로 적절하지 않은 것을 고르시오.

① 실외 생활 하는 경우 추위나 더위를 피할 곳이 있는지 확인하고 계절과 날씨에 맞추어 제안한다.
② 바닥이 미끄러운 곳에서 생활한다면 보행을 위하여 발바닥 아래 털은 길게 제안한다.
③ 풀밭에서 산다면 외부 기생충의 감염 여부를 수시로 파악한다.
④ 젖은 화장실에서 배변한다면 습진에 유의한다.
⑤ 실외 생활 하는 개의 털을 짧게 미용하면 추운 계절에 동사할 수 있다.

38

나이가 많은 애완동물의 개체 특징을 파악할 때 적절하지 않은 것을 고르시오.

① 입을 벌려 치아의 상태를 확인한다.
② 미용 시 위험이 예상된다면 시작 전에 보호자에게 알린다.
③ 관절 이상 여부를 확인한다.
④ 미용으로 관절 이상이 악화될 수 있다면 천천히 미용한다.
⑤ 노화로 탈모 부위를 확인한다.

39

애완동물의 질병 여부를 확인할 때 적절하지 않은 것을 고르시오.

① 보호자에게 물어보면 미용에 부정적일 수 있으므로 미용사가 동물의 건강 상태를 직접 확인한다.
② 미용 시 동물이 받는 스트레스는 피할 수 없기 때문에 질병을 악화시킬 수 있다.
③ 애완동물의 질병 종류에 따라 미용 스트레스로 사망할 수 있다.
④ 질병이 있는 경우 미용이 가능한지 판단한다.
⑤ 미용이 가능하다면 질병이 악화되지 않는 미용 스타일을 선택한다.

40
개의 신체를 머리와 몸통·다리로 구분할 때 머리 부분을 모두 고르시오.

㉠ 옥시풋(occiput)	㉡ 턱 업(tuck up)
㉢ 로인(loin)	㉣ 위더스(withers)
㉤ 호크(hock)	㉥ 패스턴(pastern)
㉦ 스톱(stop)	

① ㉠, ㉦ ② ㉡, ㉢
③ ㉣, ㉤ ④ ㉥, ㉦
⑤ ㉠, ㉣

41
모질에 따라 가위를 선택하는 방법으로 적절하지 않은 것을 고르시오.

① 블런트 가위 – 모질이 굵고 콤으로 빗질하였을 때 털이 잘 서는 모질에 사용한다.
② 블런트 가위 – 전반적인 커트와 마무리 작업에 사용한다.
③ 시닝 가위 – 모질이 부드럽고 힘이 없어 빗질하였을 때 처지는 모질에 사용한다.
④ 블런트 가위 – 모량이 많은 털을 가볍게 하고, 털을 자연스럽게 연결할 때 사용한다.
⑤ 커브 가위 – 부위별 커트 후 각을 없앨 때 사용한다.

42
램 클립에 대한 설명으로 적절하지 않은 것을 고르시오.

① 어린 양의 모습에서 나온 미용 스타일이다.
② 클리핑 부위는 머즐, 발바닥, 발등, 복부, 항문, 꼬리이다.
③ 눈 끝과 귀의 끝을 일직선으로 시저링한다.
④ 꼬리에서 좌골단까지 지면과 60° 각도로 시저링한다.
⑤ 뒷다리는 엉덩이에서 비절까지 아치형으로 시저링한다.

43
트리밍 용어에 대한 설명으로 적절하지 않은 것을 고르시오.

① 그루머(groomer) – 애완동물 미용사이다.
② 그루밍(grooming) – 트리밍을 제외하고, 브러싱, 베이싱, 코밍 등 피모에 대한 작업이다.
③ 네일 트리밍(nail trimming) – 발톱 손질이다.
④ 듀플렉스 쇼튼(duplex-shorten) – 스트리핑 후 새 털이 자라날 때까지 오래된 털을 다시 뽑는 것이다.
⑤ 래핑(wrapping) – 긴 털을 보호하기 위해 적당한 양의 털을 나누어 래핑지로 감싸 주는 작업이다.

44
아래의 설명이 나타내는 가장 적절한 트리밍 용어를 고르시오.

눈 사이에 움푹한 패임, 푸들 스톱에 역V형 표현

① 이미지너리 라인(imaginary line)
② 인덴테이션(indentation)
③ 초킹(chalking)
④ 치핑(chipping)
⑤ 커팅(cutting)

45
아래의 설명이 나타내는 가장 적절한 트리밍 용어를 고르시오.

털을 자르거나 뽑거나 미는 등의 모든 미용 작업

① 트리밍(trimming) ② 파팅(parting)
③ 트리머(trimmer) ④ 플러킹(plucking)
⑤ 피킹(picking)

46

개의 신체 부위별 명칭에서 같은 의미를 가진 명칭끼리 연결되지 않은 것을 고르시오.

① 옥시풋 – 후두부　② 머즐 – 주둥이
③ 스톱 – 이마 단　④ 위더스 – 기갑
⑤ 호크 – 팔꿈치

47

아래의 설명이 나타내는 가장 적절한 트리밍 용어를 고르시오.

털을 좌우로 분리시키는 것

① 파팅　② 커팅
③ 카딩　④ 치핑
⑤ 클리핑

48

아래의 설명이 나타내는 가장 적절한 트리밍 용어를 고르시오.

띠 모양으로 형태를 잡아 깎아 들어간 부분

① 그루밍　② 밴드
③ 래핑　④ 블렌딩
⑤ 스웰

49

트리밍 용어 중에서 시저링과 관련 없는 용어를 고르시오.

① 블렌딩　② 치핑
③ 시닝　④ 커팅
⑤ 래핑

50

트리밍 용어 중에서 베이싱과 관련 없는 용어를 고르시오.

① 샴핑　② 린싱
③ 새킹　④ 스펀징
⑤ 스테이징

실전 모의고사 3회 3급 정답 및 해설

1	①	2	⑤	3	⑤	4	⑤	5	⑤	6	⑤	7	②	8	⑤	9	⑤	10	②
11	③	12	⑤	13	④	14	①	15	③	16	④	17	②	18	③	19	①	20	③
21	③	22	⑤	23	②	24	⑤	25	②	26	③	27	⑤	28	⑤	29	③	30	④
31	⑤	32	④	33	④	34	③	35	④	36	①	37	②	38	④	39	①	40	①
41	④	42	④	43	②	44	②	45	①	46	⑤	47	①	48	②	49	⑤	50	⑤

01 작업자는 미용 숍과 작업장에서 전기 고장을 발견하면 즉시 상위자 또는 전기 기사에게 수리를 요청한다.

02 이물질의 섭취는 작업자가 아닌 애완동물에게 발생할 수 있는 안전 사고이다.

03 개는 물건을 물어뜯는 습성이 있고, 고양이는 줄과 같은 선형 이물질을 물고 삼키는 습성이 있으므로 전열 기기의 전기선에 감전되지 않도록 주의해야 한다.

04 미용 도구가 피부에 깊게 박힌 경우 박힌 미용 도구를 무리하게 빼면 더 큰 출혈을 일으킬 수 있으므로 매우 위험하다. 박힌 부위를 멸균 거즈로 감싸고, 도구가 빠지지 않도록 꼭 잡은 상태로 동물병원으로 이동한다.

05 화상 부위에 생긴 수포는 터뜨리지 않아야 하고, 화상 부위에 직접 얼음을 대거나 연고를 바르지 않는다.

06 이물질을 섭취한 동물이 숨을 제대로 쉬지 못하고 심하게 기침을 하면 이물질로 기도가 막혔을 가능성이 높으므로 동물병원으로 즉시 이동한다.

07 알코올은 주로 에탄올을 사용하고, 알코올과 물을 7:3 비율로 희석 시 넓은 범위의 소독력을 가진다.

08 크레졸은 냄새가 강한 편이고, 금속을 부식시키며, 원액은 피부에 손상을 일으키므로 주의한다.

09 회충, 지알디아, 캠필로박터, 살모넬라균, 대장균은 동물의 배설물에 의해 옮겨지며, 주로 입으로 감염되어 사람과 동물에게 장염과 같은 소화기 질병을 일으킨다.

10 시닝 가위는 숱가위라고도 부르고, 숱을 치는 데 사용한다. 발 수와 홈에 따라 절삭률이 다르므로 용도에 맞는 가위를 선택하여 사용한다.

11 클리퍼 콤은 클리퍼 날에 끼우는 덧빗이고, 보통 1mm 길이의 클리퍼 날에 덧끼워 사용한다.

12 니퍼형 발톱깎이이고, 기요틴형(단두대)과 구분된다.

13 입마개는 동물이 물지 못하게 하기 위하여 입에 씌우는 도구이다. 천, 플라스틱 등으로 만들어졌으며, 단두종, 장두종, 동물의 종류에 따라 다양한 종류가 있다.

14 가위는 성능 점검 시 허공에서 헛가위질을 하면 가위 수명을 단축시킨다. 가위는 털을 자르는 용도로만 사용하고, 펄프 종류는 가윗날을 무디게 만들므로 가위로 휴지, 종이 등을 자르지 않는다.

15 이염 방지제는 애완동물을 염색할 때 염색을 원하지 않는 부위에 바르면 원치 않는 염색을 방지할 수 있다.

16 위그는 실제 개를 대신하여 애완동물 미용 연습 시 사용하는 가짜 털이다. 위그를 견체 모형에 씌워 사용하고, 한 마리의 개처럼 연습 가능한 전체 위그가 있고, 얼굴, 다리 등 부분적인 연습이 가능한 부분 위그가 있다. 시저링과 클리핑 연습이 가능하다.

17 플러스 화법을 사용하여 친근감 있게 응대하고, 재방문 고객은 애완동물의 이름, 미용 기록 등을 기억하고 대화한다. 쿠션 화법은 '죄송합니다만', '고맙습니다만', '번거로우시겠지만', '바쁘시겠지만' 등의 단어를 사용해서 고객과 관계를 부드럽고 만족스럽게 증진시키는 응대 방법이다.

18 고객의 불만을 가중시키는 태도에는 같이 화내기, 무관심하기, 무시하기, 발뺌하기, 규정만 앞세우기, 업무 미숙 등이 있다.

19 고양이는 개처럼 복종을 강요하거나 길들일 수 없다. 고양이의 습성은 자신보다 큰 동물을 사냥하지 않기 때문에 무리의 서열을 만들거나 사람에게 복종적으로 행동하지 않는다.

20 전화 응대의 4원칙은 친절, 정확, 신속, 예의이다. 메모지와 미용 예약 장부는 전화기 옆에 항상 준비해두고, 전화를 받을 때의 요령을 숙지한다.

21 목욕 전에 브러싱을 해야 코트에 샴푸액이 쉽게 침투 가

능하여 목욕이 수월하고 샴핑 효과가 좋다.

22 브러싱은 찰과상에 주의해야 하고, 얼굴, 눈 주변, 귀와 관절 등 뼈가 돌출된 부위와 피부가 약한 부위를 주의한다.

23 표피(epidermis)는 피부의 외층 부분으로 개와 고양이의 표피는 털이 있는 부위가 얇다. 피지선(sebaceous gland)은 털이 난 피부 부위에 분포하며 물리적, 화학적 장벽을 형성하고, 피지는 항균 작용과 페로몬 성분을 함유한다. 입모근(arrector pili muscle)은 불수의근으로 추위, 공포를 느꼈을 때 털을 세울 수 있는 근육이다.

24 요크셔테리어와 몰티즈는 모자이크 타입의 털 주기를 갖고 있어 일정한 길이를 유지하며 털갈이가 진행되고, 진돗개는 싱크로니스틱 타입으로 봄가을에 털갈이가 진행된다.

25 장모는 코커스패니얼(Cocker spaniel), 포메라니안(Pomeranian), 푸들(Poodle), 베들링턴테리어(Bedlington terrier), 케리블루테리어(Kerry blue terrier) 등이 있고, 컬리 코트는 푸들(Poodle), 에어데일테리어(Airedale terrier), 베들링턴테리어(Bedlington terrier), 케리블루테리어(Kerry blue terrier) 등이 있다.

26 슬리커 브러시는 패드면을 피부면과 나란히 하고, 손목 스냅을 이용하여 빗질한다.

27 새킹은 커트를 위해 털이 들뜨고 곱슬거리는 상태로 건조되는 것을 방지하고, 털을 최고의 상태로 유지하여 드라잉하기 위해 타월로 몸을 감싸고, 드라이어 바람이 건조할 부위에만 가도록 유도하고, 바람이 브러싱하는 곳의 주변 털을 건조시키지 않도록 주의한다.

28 h는 엄지 환이고, g는 약지 환이고, I는 소지걸이이다.

29 발바닥의 패드에는 많은 신경과 혈관이 있어 지면 상태를 감지하는 역할을 하고, 지면에서 받는 충격을 완화시켜 준다.

30 사람과 다르게 L자형의 구조이고, 고막을 보호하기 좋은 구조이지만, 공기가 쉽게 통하는 구조가 아니다. 따라서, 세균이 번식하고 염증이 일어나고 악취가 발생하기 쉽다.

31 몸의 구조에 문제가 있으면 해당 부위의 털을 이용하여 단점을 보완한다. 그리고 신체에 장애 부위가 있는 경우에 그 부위를 안 보이도록 보완할 것인지, 그 부위를 개성으로 부각시킬 것인지를 결정하여 미용 스타일을 선택한다.

32 애완동물이 추운 곳에서 생활할 경우 털의 길이가 너무 짧은 미용 스타일은 피하고, 뜨거운 햇볕에 오랜 시간 노출될 경우 피부가 드러나지 않는 미용 스타일을 선택해야 한다.

33 b는 무릎이 안쪽으로 휜 단점을 교정한 미용의 예시이고, d는 무릎이 바깥쪽으로 휜 단점을 교정한 미용의 예시이다.

34 전문적인 용어를 사용하면 프로페셔널하게 보일 수는 있으나 너무 어려운 용어를 사용하면 고객이 이해하기 어렵다. 따라서 보편적으로 사용하는 전문 용어를 어느 정도 섞어서 설명하되 대부분의 사람들이 알아들을 수 있을 정도의 용어를 사용한다.

35 앨러피시아(alopecia)는 탈모 의미이고, 포스트 클리핑 신드롬은 주로 털을 짧게 클리핑하는 고양이에게서도 자주 발생된다.

36 몸을 만져 보고 움직여 보면서 몸의 구조적 특징을 파악한다.

37 애완동물이 생활하는 곳의 바닥이 미끄러울 경우 발바닥 아래 털이 길면 보행에 어려움을 겪게 되어 건강에 이상이 생길 수 있다.

38 미용으로 인하여 관절 이상이 악화될 수 있다고 판단되면 미용하지 않고, 미용이 불가능한 이유를 고객에게 설명한다.

39 애완동물의 질병은 보호자에게 정보를 요청하여 질병 여부를 확인한다. 질병은 눈으로 확인하기 어려운 경우가 대다수이므로 보호자에게 동물의 건강 상태를 질문해야 한다. 그리고 미용할 때 동물이 받는 스트레스는 피할 수 없기 때문에 질병을 악화시킬 수 있고, 질병의 종류에 따라 스트레스로 동물이 사망할 수도 있기 때문에 미용 스타일을 상담할 때 보호자에게 반드시 애완동물의 질병 여부를 확인해야 한다.

40 옥시풋은 후두부이고, 스톱은 이마 단으로 머리로 구분된다. 그 외는 모두 몸통·다리로 구분된다.

41 시닝 가위는 모질이 부드럽고 힘이 없어 빗질하였을 때 처지는 모질에 사용하고, 모량이 많은 털을 가볍게 할 때와 털의 단사를 자연스럽게 연결할 때 사용한다. 또한, 얼굴 라인을 자를 때 좋다. 실수를 해도 라인이 뚜렷하지 않기 때문에 수정이 가능하다.

42 꼬리에서 좌골단까지 지면과 30° 각도로 시저링한다.

43 그루밍(grooming)은 피모에 대한 일상적인 손질을 포괄적으로 모두 포함하고, 몸의 청결과 건강을 위하여 브러싱, 베이싱, 코밍, 트리밍 등의 피모에 대한 모든 작업을 포함한다.

44 인덴테이션은 우묵한(움푹한) 패임을 만드는 것이고, 푸들의 스톱에 역V형 표현이다.

45 트리밍은 털을 자르거나 뽑거나 미는 등의 모든 미용 작업을 일컫는 말이고, 불필요한 부분의 털을 제거하여 스타일을 만든다. 트리머는 동물의 피모 관리를 전문적으로 하는 사람이다.

46 호크(hock)는 비절을 의미하고, 엘보우(elbow)는 팔꿈치를 의미한다.

47 파팅(parting)은 털을 좌우로 분리시키는 것이고, 분리한 선은 파팅 라인이라고 한다.

48 밴드(band)는 띠 모양으로 형태를 잡아 깎아 들어간 부분이다.

49 래핑(wrapping)은 장모종의 긴 털을 보호하기 위해 적당한 양의 털을 나누어 래핑지로 감싸주는 작업이고, 동물의 보행에 불편함이 없어야 한다.

50 스테이징(staging)은 미니어처슈나우저 등에게 하는 스트리핑 방법의 순서이다.

성공은 열심히 노력하며 기다리는
사람에게 찾아온다.

토마스 A. 에디슨

2급

1과목 반려견 일반미용2

Chapter 01 일반미용

Chapter 01 일반미용

01 견체 용어

1 머리

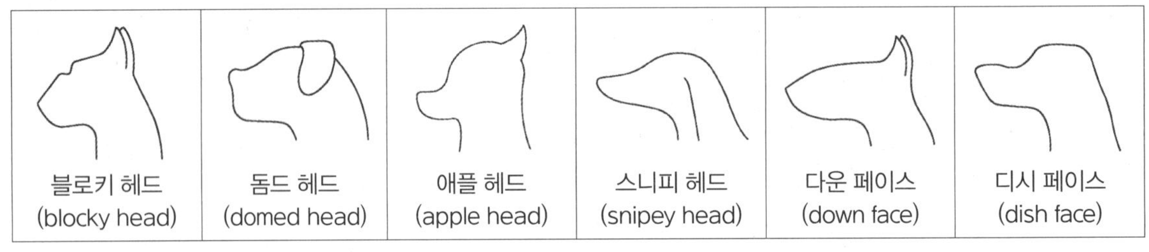

구분	명칭	내용
1	노즈 브리지 (nose bridge)	비량이라고도 하며, 사람의 콧등과 같은 부분
2	다운 페이스 (down face)	디시 페이스의 반대이며, 두개(頭蓋, skull)에서 코 끝 아래쪽으로 경사진 얼굴 예 불 테리어(Bull Terrier)
3	단두형 (短頭型)	길이가 짧고 폭이 넓은 두개(brachycephalic) 예 퍼그(Pug), 복서(Boxer), 불독(Bulldog)
4	돔드 헤드 (domed head)	코가 볼록하고, 두개 상부가 둥근 반구형으로, 애플 헤드와 유사함 예 코카 스패니얼(Cocker Spaniels), 로트와일러(Rottweiler)
5	드라이 스컬 (dry skull)	얼굴 피부가 밀착해 주름이 없는 얼굴로, 클린 헤드와 같은 의미
6	디시 페이스 (dish face)	접시 모양의 얼굴로, 옆 얼굴이 스톱보다 콧대가 높아 코가 휘어져 접시 모양 예 잉글리쉬 포인터(English Pointer)
7	링클 (wrinkle)	주름이라고도 하며, 앞머리 부분, 얼굴의 이완된 피부 예 바센지(Basenji)의 전두부 주름, 샤 페이(Shar Pei), 블러드하운드(Bloodhound)
8	몰레라 (molera)	두개의 패임으로 부드러운 부분 예 치와와(Chihuahua)
9	밸런스드 헤드 (balanced head)	균형 잡힌 머리, 스톱을 중심으로 머리 부분과 얼굴 부분의 길이가 동일하게 균형 잡힌 것 예 고든 세터(Gordon Setter)
10	블로키 헤드 (blocky head)	두부에 사각형으로 펑퍼짐하게 퍼져 길이에 비해 폭이 매우 넓음 예 보스턴 테리어(Boston Terrier), 복서(Boxer)
11	스니피 페이스 (snipey face)	주둥이가 뾰족해 약한 느낌의 얼굴 예 살루키(Saluki)
12	스컬 (skull)	두개라고도 하며, 앞머리의 후두골, 두정골, 전두골, 측두골 등을 포함한 머리부 뼈 조직
13	스톱 (stop)	액단이라고도 하며, 눈 사이의 패인 부분으로, 두개와 코뼈가 만나는 곳

14	애플 헤드 (apple head)	사과 모양의 머리로, 돔드 헤드와 유사하고, 뒷머리 부분이 부풀어 올라 있는 모양 예 치와와(Chihuahua)
15	옥시풋 (occiput)	후두부라고도 하며, 양 귀 사이의 주먹 모양의 뼈
16	와안 (frog face)	개구리 모양 얼굴이며, 아래턱이 들어가고 코가 돌출된 얼굴로, 오버숏(overshot)이라고 도 함
17	장두형 (長頭型)	길이가 길고 폭이 좁은 두개(dolichocephalic) 예 그레이하운드(Greyhound), 닥스훈트(Dachshund), 그레이트 데인(Great Dane)
18	전안부 (fore face)	두부(머리)의 앞면으로 눈에서 앞쪽, 주둥이 부위
19	중두형 (中頭型)	길이와 폭이 중간인 두개(mesaticephalic) 예 골든 리트리버(Golden Retriever), 래브라도 리트리버(Labrador Retriever)
20	치즐드 (chiselled)	눈 아래가 건조하고 살집이 없어 윤곽이 도드라지는 형태의 얼굴
21	치키 (cheeky)	볼이 발달해서 팽창되고 불거진 얼굴로, 볼 발달이 현저해서 둥근 느낌을 주거나 근육이 두껍게 발달된 것 얼굴뼈 돌출 예 스탠포드셔 불테리어(Staffordshire Bull Terrier)
22	크라운 (crown)	두부의 가장 높은 정수리 부분으로, 두정부(calvaria), 톱 스컬(top skull)이라고도 함
23	클린 헤드 (clean head)	주름이 없고 앙상한 머리형 예 살루키(Saluki)
24	타입 오브 스컬 (type of skull)	두개의 타입, 형태
25	투 앵글드 헤드 (two-angled head)	측면에서 볼 때 두개 면과 주둥이 면이 평행하지 않고 각도가 있는 머리
26	퍼로 (furrow)	세로 주름으로, 스컬 중앙에서 스톱 방향으로 세로로 가로지르는 이마 부분의 주름
27	페어 셰이프트 헤드 (pear-shaped head)	서양 배 모양의 머리 예 베들링턴 테리어(Bedlington Terrier)
28	폭시 (foxy)	전안부가 짧고 코끝이 뾰족한 것으로, 여우의 표정을 띠는 것 예 포메라니안(Pomeranian)
29	플랫 스컬 (flat skull)	앞이나 옆에서 보아서 평평한 두개 예 에어데일 테리어(Airedale Terrier), 스탠더드 슈나우저(Standard Schnauzer)

2 눈

 오발 아이 (oval eye)	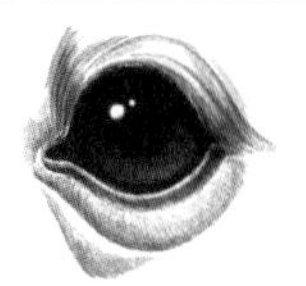 라운드 아이 (round eye)	 트라이앵귤러 아이 (triangular eye)	 아몬드 아이 (almond eye)

구분	명칭	내용
1	라운드 아이 (round eye)	동그란 눈 ㉥ 몰티즈(Maltese)
2	마블 아이 (marble eye)	대리석 색상의 눈 ㉥ 블루 멀 콜리(blue merle Collie), 카디건 웰시 코기(Cardigan Welsh Corgi)
3	벌징 아이 (bulging eye)	튀어나와 볼록하게 보이는 눈으로, 안구 돌출이라고도 하며, 주로 단두종 개에게서 나타나는 경향이 있음
4	아몬드 아이 (almond eye)	눈 양끝이 뾰족한 아몬드 모양의 눈 ㉥ 저먼 셰퍼드(German Shepherd), 도베르만 핀셔(Doberman Pinscher)
5	아이 스테인 (eye stain)	눈물 자국, 얼룩
6	아이라인 (eye line)	눈꺼풀 가장자리
7	아이리드 (eyelid)	눈꺼풀
8	오벌 아이 (oval eye)	타원형, 계란형의 눈 ㉥ 푸들(poodle), 살루키(Saluki)
9	차이나 아이 (china eye)	밝은 청색의 눈 ㉥ 시베리안 허스키(Siberian Husky), 블루 멀 콜리(blue merle Collie), 카디건 웰시 코기(Cardigan Welsh Corgi)
10	트라이앵귤러 아이 (triangular eye)	눈꺼풀의 바깥쪽이 올라간 삼각형의 눈 ㉥ 아프간 하운드(Afghan Hound)
11	풀 아이 (full eye)	둥글게 튀어나온 눈

3 입

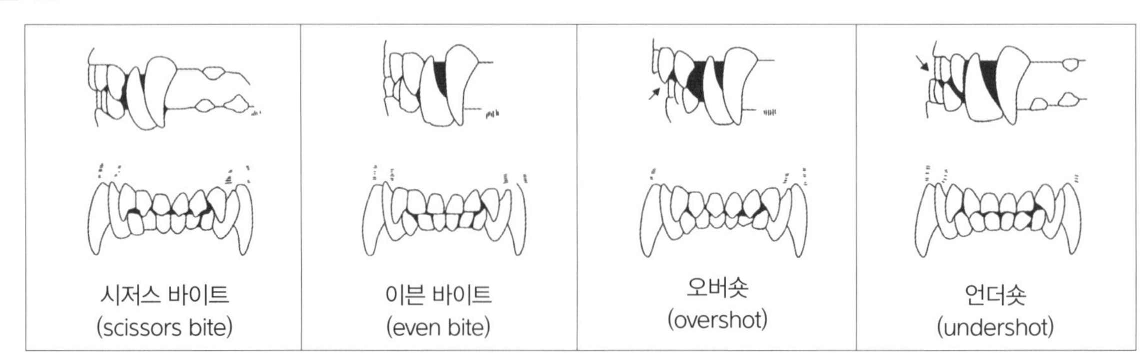

시저스 바이트 (scissors bite)	이븐 바이트 (even bite)	오버숏 (overshot)	언더숏 (undershot)

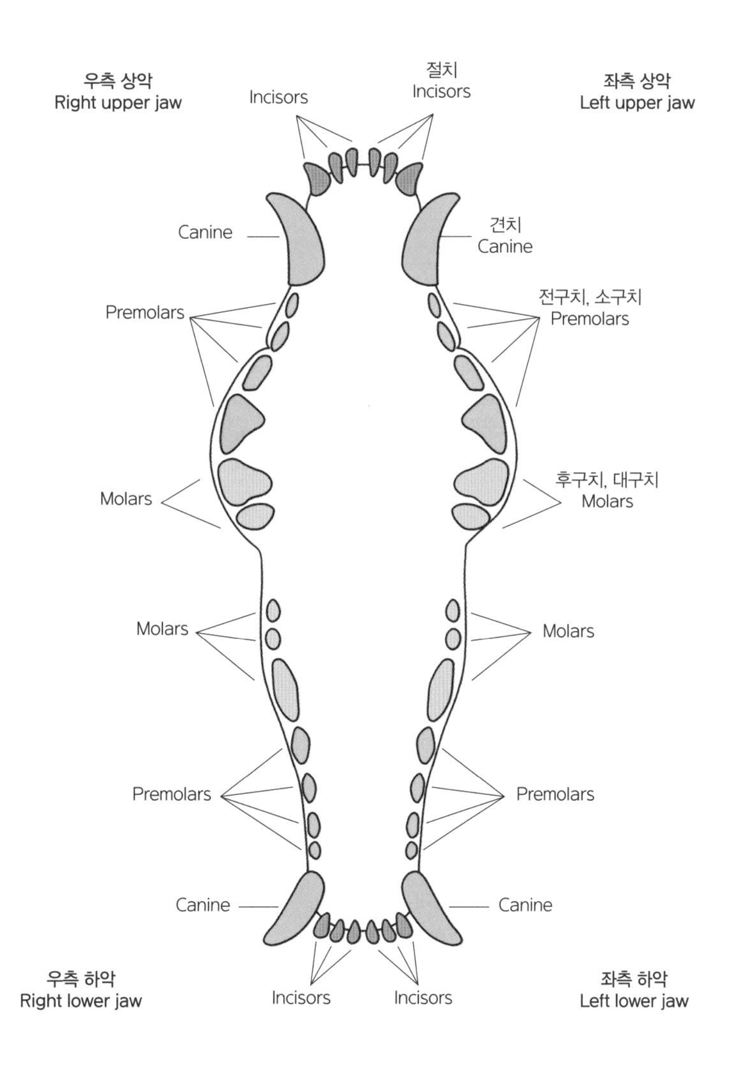

구분	명칭	내용
1	결치	선천적으로 정상적인 치아 수보다 치아 수가 없는 것으로, 단두종에게 많고, 제1전구치에 많이 발생
2	과리치	결치의 반대로, 표준 치아 수보다 많은 것
3	라이 마우스 (wry mouth)	뒤틀려 삐뚤어진 입
4	리피 (lippy)	아래로 늘어진 입술, 턱이 밀착되지 않은 입술
5	머즐 (muzzle)	코와 주둥이 부분
6	부정 교합 (malocclusion)	견종 표준이 요구하는 교합 외의 교합으로, 크로스바이트(crossbite)라고도 함
7	손상치	후천적으로 파손된 치아
8	스니피 머즐 (snipey muzzle)	날카롭고 좁으며 뾰족한 주둥이

9	시저스 바이트 (scissors bite)	협상 교합이라고도 하며, 위턱 앞니가 아래턱 앞니보다 조금 앞에 위치하고 가위처럼 조금 접촉되어 맞물린 상태
10	실치	후천적으로 상실한 치아
11	언더숏 (undershot)	반대 교합, 아래턱 전출이라고도 하며, 아래턱 앞니가 위턱 앞니보다 앞쪽으로 돌출되어 맞물린 상태
12	오버숏 (overshot)	과리 교합이라고도 하며, 위턱의 앞니가 아래턱 앞니보다 전방으로 돌출되어 맞물린 상태
13	이븐 바이트 (even bite)	위턱과 아래턱이 맞물린 것으로, 절단 교합, 레벨 바이트(level bite)라고도 함
14	정상 교합	견종 표준에서 요구하는 교합으로, 견종마다 정상 교합이 다르고, 일반적으로 시저스 바이트를 정상 교합으로 하는 견종이 많음
15	조 (jaw)	턱
16	조울 (jowl)	두터운 입술과 턱으로, 촙과 같은 말
17	촙 (chop)	두터운 입술과 턱 ㉧ 불독(Bulldog)
18	치아의 수	– 유치(deciduous teeth, milk teeth) • 총 28개 • 생후 3~4주에 절치, 견치, 구치의 순서로 나오고 생후 6주에 모두 완성 • 윗니 14개: 절치(앞니, 문치, incisor teeth) 6개, 견치(송곳니, canine teeth) 2개, 전구치(작은 어금니, 소구치, premolar teeth) 6개 • 아랫니 14개: 절치 6개, 견치 2개, 전구치 6개 – 영구치(permanent teeth) • 총 42개 • 생후 4~8개월에 유치의 치근이 용해되면서 영구치가 유치를 밀어내어 빠지고 이갈이를 하고, 7~8개월에 거의 모두 영구치로 바뀌나 영양 상태가 좋지 않거나 단두종은 다소 늦을 수 있음 • 후구치는 유치 없이 나옴 • 윗니 20개: 절치(앞니, 문치, incisor teeth) 6개, 견치(송곳니, canine teeth) 2개, 전구치(작은 어금니, 소구치, premolar teeth) 8개, 후구치(큰 어금니, 대구치, molar teeth) 4개 • 아랫니 22개: 절치 6개, 견치 2개, 전구치 8개, 후구치 6개
19	쿠션 (cushion)	윗입술이 두껍고 풍만한 것 ㉧ 페키니즈
20	템퍼치	디스템퍼나 고열에 의해 변화되어 변색된 치아
21	플루즈 (flews)	아래로 축 처진 윗입술
22	피그 조 (pig jaw)	과도한 오버숏

4 코

구분	명칭	내용
1	노즈 밴드 (nose band)	주둥이를 둘러싼 흰색의 띠를 이룬 반점
2	노즈 브리지 (nose bridge)	스톱에서 코까지 주둥이 면으로, 코 근육
3	더들리 노즈 (dudley nose)	색소가 부족한 살빛의 코, 빨간 코
4	로만 노즈 (roman nose)	독수리 코, 매부리코 예 보르조이(Borzoi), 불 테리어(Bull Terrier)
5	리버 노즈 (liver nose)	간장색 코
6	버터플라이 노즈 (butterfly nose)	반점 모양의 코로, 살색 코에 검은 반점이 있거나 검은 코에 살색 반점이 있는 것
7	스노 노즈 (snow nose)	평소에는 코가 검은색이나 겨울철에 핑크색 줄무늬가 생기는 코
8	프레시 노즈 (fresh nose)	살색 코

5 귀

구분	명칭	내용
1	드롭 이어 (drop ear)	아래로 늘어진 귀로, 플로피 이어(floppy ear)라고도 함 예 바셋 하운드(Basset Hound)
2	로즈 이어 (rose ear)	귀의 안쪽이 보이며 뒤틀려 작게 늘어진 귀 예 불독(Bulldog), 휘핏(Whippet)

3	배트 이어 (bat ear)	귀 아랫부분이 넓고 박쥐 날개처럼 둥글게 선 귀 ㉠ 프렌치 불독(French Bulldog), 웰시 코기(Welsh Corgi)
4	버터플라이 이어 (butterfly ear)	나비 모양 귀, 긴 장식 털에 서 있는 큰 귀가 두개 바깥쪽으로 약 45° 기운 나비 모양 귀 ㉠ 파피용(Papillon)
5	버튼 이어 (button ear)	아래 부위는 직립해 있고 귓불이 두개 앞쪽으로 v 모양으로 늘어진 귀 ㉠ 보더 테리어(Border Terrier), 폭스 테리어(Fox Terrier), 잭 러셀 테리어(Jack Russell Terrier), 퍼그(Pug)
6	벨 이어 (bell ear)	종 모양의 귀로, 끝이 둥근 벨과 같은 형태의 둥근 귀
7	V형 귀 (V-shaped ear)	삼각형 모양의 늘어진 귀 ㉠ 불마스티프(Bullmastiff), 래브라도 리트리버(Labrador Retriever), 비즐라(Vizsla)
8	세미프릭 이어 (semi-prick ear)	반직립 귀로, 직립한 귀의 끝부분이 앞으로 기울어진 것 ㉠ 폭스 테리어(Fox Terrier), 러프 콜리(Rough Collie), 그레이하운드(Greyhound)
9	이렉트 (erect)	귀나 꼬리를 위쪽으로 세운 것
10	이어 프린지 (ear fringe)	길게 늘어진 귀 주변의 장식 털 ㉠ 세터(Setter)
11	캔들 프레임 이어 (candle flame ear)	촛불 모양의 귀 ㉠ 잉글리시 토이 테리어(English Toy Terrier)
12	크롭트 이어 (cropped ear)	귀를 세우기 위해 자른(크로핑, cropping) 귀 ㉠ 복서(Boxer), 도베르만 핀셔(Doberman Pinscher)
13	파렌 이어 (phalene ear)	파피용의 늘어진 귀 타입으로, 나방(moth) 모양 귀이며, 파피용의 늘어진 귀 타입은 그 수가 매우 적고, 틀어진 타입의 파피용의 경우 완전하게 늘어져야만 함
14	펜던트 이어 (pendant ear)	늘어진 귀 ㉠ 닥스훈트(Dachshund), 바셋 하운드(Basset Hound)
15	프릭 이어 (prick ear)	직립 귀라고도 하며, 앞쪽 끝부분이 뾰족하게 선 귀이고, 이트 데인처럼 인위적으로 잘라 만들거나 저먼 셰퍼드처럼 자연적인 직립 귀 ㉠ 저먼 셰퍼드(German Shepherd), 그레이트 데인(Great Dane), 도베르만 핀셔(Doberman Pinscher), 복서(Boxer)
16	플레어링 이어 (flaring ear)	나팔꽃 모양 귀 ㉠ 치와와(Chihuahua)
17	필버트형 이어 (filbert-shaped ear)	개암나무(헤이즐넛, hazelnut) 열매 형태의 귀 ㉠ 베들링턴 테리어(Bedlington Terrier)
18	하이셋 이어 (high-set ear)	높은 위치에 귀가 있는 것으로, 반대로 낮은 위치에 귀가 있는 것은 로우셋 이어(low-set ear)라고 함

6 몸통

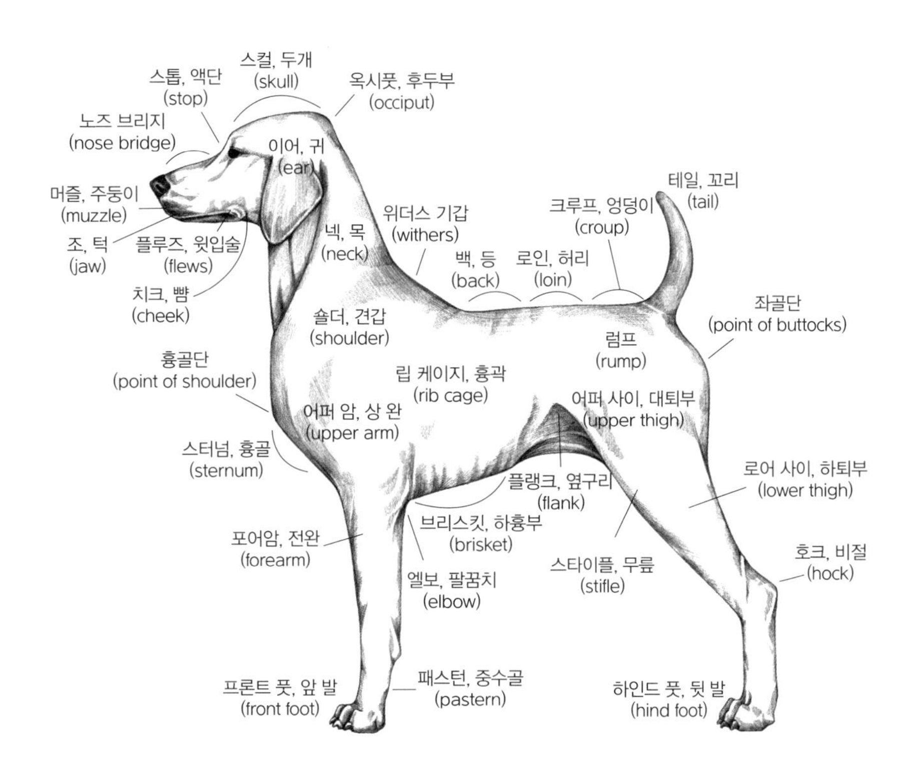

구분	명칭	내용
1	구스 럼프 (goose rump)	근육 발달이 불충분해 엉덩이 골반의 경사가 급한 것으로, 보통 꼬리가 낮게 자리 잡음
2	다운힐 (downhill)	등선이 허리로 갈수록 낮아지는 모양
3	듀클로 (dewclaw)	며느리발톱이라고도 하며, 다리 안쪽 엄지발톱, 낭조
4	럼프 (rump)	엉덩이라고도 하며, 골반 상부의 근육이 연결된 부위
5	레벨 백 (level back)	수평한 등으로, 기갑에서 허리에 걸쳐 평편한 모양이며, 바람직한 등의 모양
6	레이시 (racy)	껑충하게 긴 다리로, 등이 높고 비교적 가는 체구의 몸통 타입이며, 균형 잡히고 세련된 모양
7	레인지 (rangy)	흉심이 얕은 긴 몸통의 타입
8	로인 (loin)	허리, 요부
9	로치 백 (roach back)	잉어 등이라고도 하며, 등선이 허리를 향하여 부드럽게 커브된 모양
10	롱 바디 (long body)	긴 몸통 예 닥스훈트(Dachshund)

11	립 (rib)	늑골, 갈비뼈라고도 하며, 13대로 흉추에 연결됨
12	립케이지 (ribcage)	흉곽이라고도 하며, 심장이나 폐 등을 수용하는 바구니 형태의 골격
13	바디 (body)	몸통
14	배럴 체스트 (barrel chest)	술통 모양의 가슴
15	백라인 (backline)	등선이라고도 하며, 기갑에서 시작해 꼬리 뿌리 부분까지의 등선
16	백 (back)	등
17	버톡 (buttock)	엉덩이
18	보시 (bossy)	어깨 근육이 과도하게 발달해 두꺼운 몸통 타입
19	브리스킷 (brisket)	하흉부로, 몸통 앞쪽의 가슴 아랫부분
20	비피 (beefy)	근육이나 살이 과도하게 발달해 비만인 몸통 타입
21	쇼트 백 (short back)	기갑의 높이보다 짧은 등
22	쇼트 커플드 (short-coupled)	라스트 립(last rib)에서 둔부까지 거리가 짧은 것
23	숄더 (shoulder)	어깨
24	스웨이 백 (sway back)	캐멀 백의 반대로, 등선이 움푹 파인 모양
25	스트레이트 숄더 (straight shoulder)	어깨 전출, 어깨가 전방으로 기울어짐
26	슬로핑 숄더 (sloping shoulder)	견갑골이 뒤쪽으로 길게 경사를 이루어 후방으로 경사진 어깨
27	아웃 오브 숄더 (out of shoulder)	전구가 매우 넓어진 상태로, 두드러지게 벌어진 어깨 ㉾ 불독(Bulldog)
28	앵귤레이션 (angulation)	뼈와 뼈가 연결되는 각도 ㉾ 대퇴와 하퇴 각도 120°
29	언더라인 (underline)	가슴 아랫부분에서 배를 따라 만들어진 아랫면의 윤곽선
30	에이너스 (anus)	항문
31	오벌 체스트 (oval chest)	계란 모양의 가슴

32	위더스 (withers)	기갑이라고도 하며, 목 아래에 있는 어깨의 가장 높은 점으로, 키를 이 위치에서 측정
33	위디 (weedy)	골량 부족으로 가느다란 모양, 골격이 가늘고 왜소한 모양으로, 미발육의 신체 상태
34	인 숄더 (in shoulder)	등뼈와 평행하지 않은 어깨 끝으로, 어깨가 앞으로 나온 모양
35	체스트 (chest)	가슴, 흉부
36	캐멀 백 (camel back)	낙타 등이라고도 하며, 어깨 쪽이 낮고 허리 부분이 둥글게 올라가고 엉덩이가 내려간 모양
37	캣 풋 (cat foot)	고양이 발
38	커플링 (coupling)	요부라고도 하며, 늑골과 관골 사이를 연결하는 몸통 부위로, 흉부와 엉덩이의 중간 부위
39	코비 (cobby)	몸통이 짧고 간결한 모양의 몸통 타입 ㉠ 몰티즈
40	크루프 (croup)	엉덩이
41	클로디 (cloddy)	등이 낮고 몸통이 굵어 무겁게 느껴지는 몸통의 타입
42	턱 업 (tuck up)	허리 부분에서 복부가 감싸 올려진 상태
43	톱 라인 (top line)	기갑 직후부터 꼬리 뿌리까지의 등선
44	파텔라 (patella)	슬개골
45	페이퍼 풋 (paper foot)	종이발이라고도 하며, 발바닥이 너무 얇아 움직임이 빈약함
46	플랭크 (flank)	옆구리라고도 하며, 라스트 립와 엉덩이 사이의 몸통 측면
47	헤어 풋 (hare foot)	토끼 발이라고도 하며, 긴 발가락
48	흉심	가슴의 깊이로, 기갑부 최고점에서 가슴 아래에 이르는 수직 거리
49	힙 본 (hip bone)	관골이라고도 하며, 장골, 좌골, 치골로 이루어지며 고관절을 형성하고 있고, 장골이 가장 큼
50	힙 조인트 (hip joint)	고관절

7 다리

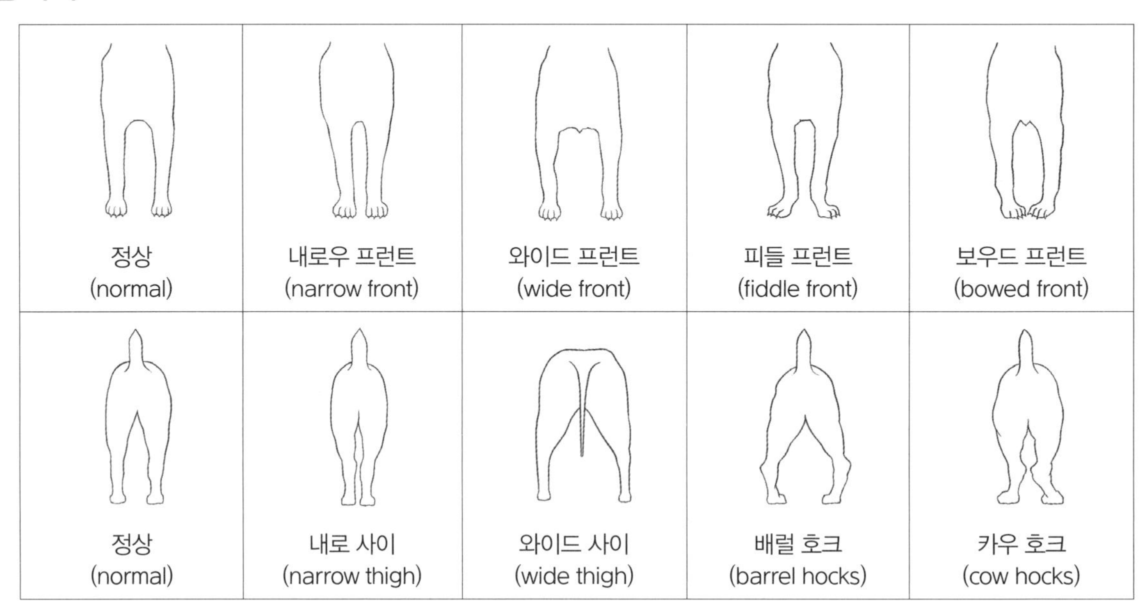

구분	명칭	내용
1	내로우 사이 (narrow thigh)	뒷다리 대퇴부의 간격이 좁은 형태
2	내로우 프런트 (narrow front)	앞가슴 폭과 앞다리 간격이 좁은 프론트 예) 보르조이
3	다운 인 패스턴 (down in pastern)	패스턴이 앞쪽으로 경사진 것으로, 지구력이 결여되어 결점
4	배럴 호크 (barrel hocks)	호크가 바깥쪽으로 굽고 발가락이 안쪽으로 향한 형태로, 스프레드 호크(spread hocks)라고도 함
5	보우드 프런트 (bowed front)	앞다리 팔꿈치가 활처럼 바깥쪽으로 굽은 안짱다리
6	어퍼 사이 (upper thigh)	후지 엉덩이에서 무릎 관절까지 부위로, 대퇴부라고도 함
7	세컨드 사이 (second thigh)	후지 무릎 관절부터 비절까지 부위로, 로어 사이(lower thigh), 하퇴부라고도 함
8	스타이플 (stiffle)	무릎 관절로, 대퇴골과 하퇴골을 연결하는 부위
9	스트레이트 프런트 (straight front)	앞다리가 수직으로 일직선의 프런트, 테리어의 프런트
10	스트레이트 호크 (straight hocks)	측면에서 볼 때 호크가 각도 없이 수직으로 일직선의 형태
11	스팁 프런트 (steep front)	어깨가 높아서 깎아지는 듯한 프런트
12	시클 호크 (sickle hocks)	측면에서 볼 때 호크가 낫 모양으로 굽은 형태

13	아웃 앳 엘보 (out at elbow)	팔꿈치가 밖으로 돈 것
14	어퍼 암 (upper arm)	상완부
15	엘보 (elbow)	팔꿈치
16	와이드 프런트 (wide front)	앞다리 간격이 넓은 프런트 ㉥ 불독(Bulldog)
17	웰벤트 호크 (well-bent hocks)	이상적인 각도의 비절
18	카우 호크 (cow hocks)	뒷다리 호크가 소처럼 안쪽으로 굽고 발가락이 바깥쪽으로 향한 형태
19	트위스팅 호크 (twisting hocks)	체중이 과도하여 지탱이 어려워 좌우 비절이 뒤틀린 것
20	패스턴 (pastern)	중수골이라고도 하며, 손의 관절과 손가락 뼈 사이의 부위로, 앞다리의 가운데 뼈와 뒷다리의 가운데 뼈
21	포어암 (forearm)	전완부
22	프런트 (front)	앞다리, 앞가슴, 가슴, 어깨 목 등을 포함한 개 전반부
23	피들 프런트 (fiddle front)	앞다리 팔꿈치가 바깥쪽으로 굽고 패스턴 간격이 좁고 발가락이 바깥쪽으로 향한 프런트
24	호크 (hocks)	비절이라고도 하며, 아랫다리와 패스턴 사이의 뒷다리 관절

8 꼬리

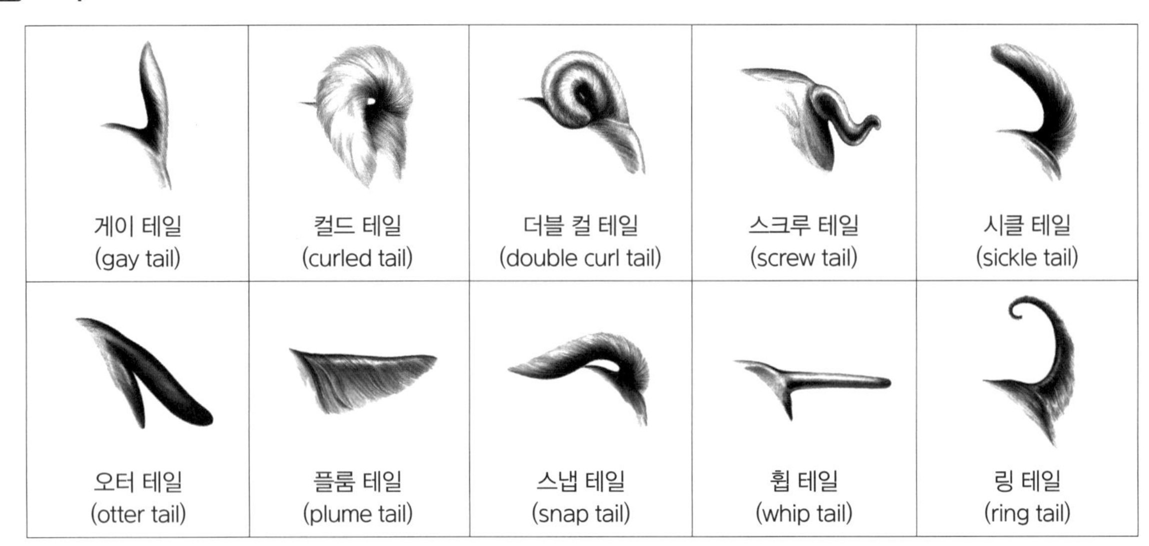

구분	명칭	내용
1	게이 테일 (gay tail)	치켜든 꼬리 ㉠ 스코티시 테리어(Scottish Terrier), 비글(Beagle)
2	테일 도킹 (tail docking)	꼬리 자르기로, 단미라고도 하며, 성형 또는 부상 방지를 위하여 보통 생후 4~7일에 실시하고 잘린 꼬리는 독트 테일(docked tail)이라고 함 ㉠ 에어데일 테리어(Airedale Terrier), 복서(Boxer) 등
3	랫 테일 (rat tail)	쥐꼬리 모양 꼬리로, 뿌리 부분이 두텁고 부드러운 털이 있는 반면 끝 쪽에는 털이 없고 가는 꼬리 ㉠ 아이리시 워터 스패니얼(Irish Water Spaniel)
4	로셋 테일 (low-set tail)	낮게 달린 꼬리
5	링 테일 (ring tail)	거의 원형으로 휘어진 꼬리, 꼬리 뿌리가 높게 올려져 원형을 이루는 꼬리로, 링 앳 엔드(ring at end)라고도 함 ㉠ 아프간 하운드(Afghan Hound)
6	밥테일 (bobtail)	선천적으로 꼬리가 없거나 잘린 꼬리 ㉠ 올드 잉글리쉬 쉽독(Old English Sheepdog), 오스트레일리안 셰퍼드(Australian Shepherd)
7	브러시 테일 (brush tail)	여우처럼 길고 늘어진 둥근 브러시 모양의 꼬리로, 폭스 브렛슈라고도 함 ㉠ 시베리안 허스키(Siberian Husky), 오스트레일리안 캐틀 독(Australian Cattle Dog)
8	세이버 테일 (saber tail)	휘어진 무거운 칼(샤브르) 형태의 꼬리로, 바셋 하운드(Basset Hound)처럼 부드럽게 커브를 그리며 올라간 형태와 저먼 셰퍼드(German Shepherd)처럼 반원형을 이루며 낮게 유지한 모양이 있음 ㉠ 콜리(Collie), 벨지언 말리노이즈(Belgian Malinois), 벨지언 터뷸렌(Belgian Tervuren) 등
9	셋온 (set-on)	꼬리와 몸통의 연결점으로, 꼬리의 뿌리 부분
10	스냅 테일 (snap tail)	꼬리가 휘어져 꼬리 끝이 등에 접촉된 꼬리 ㉠ 알래스칸 맬러뮤트(Alaskan Malamute), 시베리안 허스키(Siberian Husky) 등
11	스쿼럴 테일 (squirrel tail)	다람쥐 모양의 꼬리 ㉠ 파피용(Papillon)
12	스크루 테일 (screw tail)	와인 오프너 같은 나선형 꼬리 ㉠ 불독(Bulldog), 보스턴 테리어(Boston Terrier)

13	스턴 (stern)	하운드나 테리어 종에서 짧은 꼬리
14	시클 테일 (sickle tail)	낫 모양 꼬리로, 뿌리부터 등 위로 높게 자리 잡고 중간에 반원형을 그리며 낫 모양으로 구부러진 꼬리이며, 컬드 테일보다 덜 휘어짐 예 시베리안 허스키(Siberian Husky), 치와와(Chihuahua) 등
15	오터 테일 (otter tail)	수달 꼬리라고도 하며, 뿌리 부분이 두껍고 둥글며 끝은 가는 꼬리 예 래브라도 리트리버(Labrador Retriever)
16	이렉트 테일 (erect tail)	직립 꼬리라고도 하며, 위를 향해 선 꼬리 예 스코티시 테리어(Scottish Terrier), 폭스 테리어(Fox Terrier) 등
17	컬드 테일 (curled tail)	심하게 말려 올라가 등 가운데 짊어진 꼬리 예 페키니즈(Pekingese)
18	콕트업 테일 (cocked-up tail)	등선에 직각으로 구부러져 올려진 꼬리로, 위로 쫑긋 선 꼬리
19	크랭크 테일 (crank tail)	굴곡진 꼬리로, 짧고 아래를 향한 꼬리로 말단이 위쪽으로 꼬부라졌고, 크랭크 모양의 꼬리 예 불독(Bulldog), 스코티시 디어하운드(Scottish Deerhound) 등
20	크룩 테일 (crook tail)	구부러진 꼬리로, 킹크 테일과 유사
21	킹크 테일 (kink tail)	비틀린 꼬리로, 꼬리뼈 문제로 발생 예 불독(Bulldog), 보스턴 테리어(Boston Terrier), 프렌치 불독(French Bulldog) 등
22	테일 (tail)	꼬리
23	테일리스 (tailless)	꼬리가 없는 것으로, 선천적으로 꼬리가 없는 경우
24	판테일 (fantail)	부채 모양 꼬리로, 풍부한 모량의 장모 꼬리를 등위로 말아 올리고 있거나 부채를 편 것 같은 형태의 꼬리 예 포메라니안(Pomeranian)
25	플래그 테일 (flag tail)	깃발 형태의 꼬리 예 잉글리시 세터(English Setter), 아일리시 세터(Iris Setter) 등
26	플래그폴 테일 (flagpole tail)	깃대 모양 꼬리로, 등선에 대해 직각으로 올라간 꼬리 예 비글(Beagle)
27	플룸 테일 (plume tail)	깃털 모양의 장식 털이 아래로 늘어진 꼬리 예 잉글리시 세터(English Setter), 아일리시 세터(Irish Setter), 고든 세터(Gordon Setter)
28	하이셋 테일 (high-set tail)	높게 달린 꼬리
29	훅 테일 (hook tail)	갈고리 모양 꼬리로, 아래로 늘어지다가 바닥에서 위로 휘어진 꼬리 예 브리아드(Briard), 피레니언 마운틴 도그(Pyrenean Mountain Dog), 그레이하운드(Greyhound)
30	휩 테일 (whip tail)	채찍 모양 꼬리로, 곧고 길며 끝이 가늘고 뾰족한 꼬리 예 잉글리시포인터(English Pointer), 불 테리어(Bull Terrier)

Chapter 01 일반미용 출제 예상 문제

01

아래의 설명이 나타내는 견체 용어로 가장 적절한 것을 고르시오.

주둥이가 뾰족해 약한 느낌의 얼굴

① 블로키 헤드(blocky head)
② 밸런스트 헤드(balanced head)
③ 스니피 페이스(snipey face)
④ 페어 셰이프트 헤드(pear-shaped head)
⑤ 플랫 스컬(flat skull)

정답 ③

해설 블로키 헤드(blocky head)는 두부가 각지거나 펑퍼짐하게 퍼져 길이에 비해 폭이 매우 넓은 네모난 모양의 각진 머리형이고, 예로써 보스턴 테리어(Boston Terrier)가 있다. 밸런스트 헤드(balanced head)는 균형 잡힌 머리이고, 스톱을 중심으로 머리 부분과 얼굴 부분의 길이가 동일하게 균형이 잡혀 있다. 페어 셰이프트 헤드(pear-shaped head)는 서양 배 모양의 머리이고, 예로써 베들링턴 테리어(Bedlington Terrier)가 있다. 플랫 스컬(flat skull)은 앞이나 옆에서 보아서 평평한 두개이고, 예로써 에어데일 테리어(Airedale Terrier), 스탠더드 슈나우저(Standard Schnauzer)가 있다.

02

아래의 설명이 나타내는 견체 용어로 가장 적절한 것을 고르시오.

스컬 중앙에서 스톱 방향으로 세로로 가로지르는 이마 부분의 주름

① 퍼로(furrow)
② 옥시풋(occiput)
③ 몰레라(molera)
④ 노즈 브리지(nose bridge)
⑤ 크라운(crown)

정답 ①

해설 옥시풋(occiput)은 후두부 뒷부분, 양 귀 사이의 주먹 모양의 뼈이다. 몰레라(molera)는 치와와 두개의 패임으로 부드러운 부분이다. 노즈 브리지(nose bridge)는 사람의 콧등과 같은 부분이다. 크라운(crown)은 두부의 가장 높은 정수리 부분이다.

03

눈 관련 견체 용어에 대한 설명으로 적절하지 않은 것을 고르시오.

① 라운드 아이(round eye) – 동그란 눈으로, 몰티즈(Maltese)가 대표적인 예시이다.
② 아몬드 아이(almond eye) – 눈 양끝이 뾰족한 아몬드 모양의 눈으로, 저먼 셰퍼드(German Shepherd), 도베르만 핀셔(Doberman Pinscher)가 대표적인 예시이다.
③ 아이 스테인(eye stain) – 눈꺼풀이다.
④ 오벌 아이(oval eye) – 타원형, 계란형 눈으로, 푸들(Poodle), 살루키(Saluki)가 대표적인 예시이다.
⑤ 트라이앵귤러 아이(triangular eye) – 눈꺼풀의 바깥쪽이 올라가 삼각형 모양의 눈으로, 아프간 하운드(Afghan Hound)가 대표적인 예시이다.

정답 ③

해설 아이 스테인(eye stain)은 눈물 자국이다. 아이리드(eyelid)는 눈꺼풀이다.

04

입 관련 견체 용어에 대한 설명으로 적절하지 않은 것을 고르시오.

① 결치는 선천적으로 정상 치아 수에 비해 치아 수가 없는 것이다.
② 과리치는 표준 치아 수보다 많은 것이다.
③ 손상치는 후천적으로 파손된 치아이다.
④ 실치는 후천적으로 상실한 치아이다.
⑤ 리피(lippy)는 위턱의 앞니가 아래턱 앞니보다 전방으로 돌출되어 맞물린 것이다.

정답 ⑤

해설 리피(lippy)는 아래로 늘어진 입술이고, 턱이 밀착되지 않은 입술이다. 오버숏(overshot)은 과리 교합이고, 위턱의 앞니가 아래턱 앞니보다 전방으로 돌출되어 맞물린 것이다.

05

아래의 설명이 나타내는 견체 용어로 가장 적절한 것을 고르시오.

아래턱 앞니가 위턱 앞니보다 앞쪽으로 돌출되어 맞물린 것

① 언더숏(undershot)
② 오버숏(overshot)
③ 이븐 바이트(even bite)
④ 스니피 머즐(snipey muzzle)
⑤ 시저스 바이트(scissors bite)

정답 ①

해설 오버숏(overshot)은 위턱의 앞니가 아래턱 앞니보다 전방으로 돌출되어 맞물린 것이다. 이븐 바이트(even bite)는 위턱과 아래턱이 맞물린 것이다. 스니피 머즐(snipey muzzle)은 날카롭고 좁으며 뾰족한 주둥이이다. 시저스 바이트(scissors bite)는 위턱 앞니와 아래턱 앞니가 조금 접촉되어 맞물린 것이다.

06

개의 치아에 대한 설명으로 적절하지 않은 것을 고르시오.

① 개의 유치는 24개이다.
② 유치는 생후 6주 정도에 모두 완성된다.
③ 어른 견의 영구치는 42개이다.
④ 영구치는 윗니 20개와 아랫니 22개이다.
⑤ 영구치는 절치, 견치, 전구치, 후구치로 이루어져 있다.

정답 ①

해설 개의 유치는 28개이다.

07

개의 코에 대한 설명으로 적절하지 않은 것을 고르시오.

① 더들리 노즈(dudley nose) – 색소가 부족한 살색 코이다.
② 로만 노즈(roman nose) – 매부리코로, 보르조이(Borzoi)가 대표적인 예시이다.
③ 버터플라이 노즈(butterfly nose) – 파란색 코이다.
④ 스노 노즈(snow nose) – 평소에 코가 검은색이나 겨울철에 핑크색 줄무늬가 생기는 코이다.
⑤ 프레시 노즈(fresh nose) – 살색 코이다.

정답 ③

해설 버터플라이 노즈는 살색 코에 검은 반점이 있거나 검은 코에 살색 반점이 있는 것이다.

08

개의 귀에 대한 설명으로 적절하지 않은 것을 고르시오.

① 드롭 이어(drop ear) – 아래로 늘어진 귀이다.
② 로즈 이어(rose ear) – 귀의 안쪽이 보이며 뒤틀려 작게 늘어진 귀이다.
③ 배트 이어(bat ear) – 귀 아랫부분이 넓고 박쥐 날개처럼 둥글게 선 귀이다.
④ 버터플라이 이어(butterfly ear) – 나비 모양 귀이다.
⑤ 버튼 이어(button ear) – 직립 귀로, 앞쪽 끝부분이 뾰족하게 선 귀이다.

정답 ⑤

해설 버튼 이어는 귀 아래 부위는 직립해 있고, 귓불이 두개 앞쪽으로 V모양으로 늘어진 귀이다.

09

아래의 설명이 나타내는 견체 용어로 가장 적절한 것을 고르시오.

기갑에서 시작해 꼬리 뿌리 부분까지의 등선

① 백라인(backline)
② 버톡(buttock)
③ 브리스킷(brisket)
④ 쇼트 백(short back)
⑤ 언더 라인(underline)

정답 ①

해설 백라인은 등선이고, 기갑부터 꼬리 뿌리까지이다.

10

아래의 설명이 나타내는 견체 용어로 가장 적절한 것을 고르시오.

근육이나 살이 과도하게 발달해 비만인 몸통

① 보시(bossy)
② 비피(beefy)
③ 위디(weedy)
④ 코비(cobby)
⑤ 클로디(cloddy)

정답 ②

해설 보시는 어깨 근육이 과도하게 발달해 두꺼운 몸통 타입이다. 위디는 골량 부족으로 골격이 가늘고 왜소한 몸통이다. 코비는 몸통이 짧고 간결한 모양의 몸통이다. 클로디는 등이 낮고 몸통이 굵어 무겁게 느껴지는 몸통이다.

11

아래의 설명이 나타내는 견체 용어로 가장 적절한 것을 고르시오.

토끼 발, 긴 발가락

① 페이퍼 풋(paper foot)
② 헤어 풋(hare foot)
③ 프론트 풋
④ 하인드 풋
⑤ 풋 라인

정답 ②

해설 페이퍼 풋은 종이처럼 발바닥이 너무 얇아 움직임이 빈약한 발이다.

12

아래의 설명이 나타내는 견체 용어로 가장 적절한 것을 고르시오.

하퇴부, 후지 무릎 관절부터 비절까지의 부위

① 배럴 호크(barrel hock)
② 어퍼 사이(upper thigh)
③ 세컨드 사이(second thigh)
④ 스트레이트 호크(straight hock)
⑤ 카우 호크(cow hock)

정답 ③

해설 세컨드 사이는 로어 사이(lower thigh), 하퇴부이고, 뒷다리 무릎 관절부터 비절까지의 부위이다.

13

아래의 설명이 나타내는 견체 용어로 가장 적절한 것을 고르시오.

앞 발 간격이 넓은 프런트

① 내로 프런트(narrow front)
② 내로 사이(narrow thigh)
③ 와이드 프런트(wide front)
④ 웰벤트 호크(well-bent hock)
⑤ 스팁 프런트(steep front)

정답 ③

해설 와이드 프런트는 앞 발 간격이 넓은 프런트이다. (예 불독)

14

아래의 설명이 나타내는 견체 용어로 가장 적절한 것을 고르시오.

체중 지탱이 어려워 좌우 비절이 뒤틀린 것

① 시클 호크(sickle hock)
② 웰벤트 호크(well-bent hock)
③ 피들 프런트(fiddle front)
④ 트위스팅 호크(twisting hock)
⑤ 호크(hock)

정답 ④

해설 트위스팅 호크는 체중이 과도해 지탱이 어려워 좌우 비절이 뒤틀린 것이다.

15

꼬리 관련 견체 용어에 대한 설명으로 적절하지 않은 것을 고르시오.

① 게이 테일(gay tail) – 치켜든 꼬리로, 스코티시 테리어(Scottish Terrier)가 대표적인 예시이다.

② 랫 테일(rat tail) – 쥐꼬리 모양으로, 아이리시 워터 스패니얼(Irish Water Spaniel)이 대표적인 예시이다.

③ 링 테일(ring tail) – 꼬리 뿌리가 높게 올려져 원형을 이루는 꼬리로, 아프간 하운드(Afghan Hound)가 대표적인 예시이다.

④ 세이버 테일(saber tail) – 바셋 하운드(Basset Hound), 저먼 셰퍼드(German Shepherd)가 대표적인 예시이다.

⑤ 스냅 테일(snap tail) – 다람쥐 꼬리이다.

정답 ⑤

해설 스냅 테일은 꼬리가 휘어져 꼬리 끝이 등에 접촉된 꼬리이고, 예로써 알래스칸 맬러뮤트(Alaskan Malamute)가 있다.

16

개의 치아에 대한 설명으로 가장 적절한 것을 고르시오.

① 유치는 총 26개이다.

② 영구치는 총 40개이다.

③ 후구치는 유치 없이 나온다.

④ 영구치는 윗니가 22개이다.

⑤ 생후 4개월이면 거의 모든 영구치가 나온다.

정답 ③

해설 후구치는 대구치, 큰 어금니이고, 유치 없이 나온다.

17

머리 형태가 '다운 페이스'인 대표적인 견종을 고르시오.

① 잉글리쉬 포인터(English Pointer)

② 보스턴 테리어(Boston Terrier)

③ 살루키(Saluki)

④ 치와와(Chihuahua)

⑤ 불 테리어(Bull Terrier)

정답 ⑤

해설 다운 페이스는 두개에서 코 끝 아래쪽으로 경사진 얼굴이고, 예로써 불 테리어(Bull Terrier)가 있다.

18

머리 형태가 '애플 헤드'인 대표적인 견종을 고르시오.

① 코카 스패니얼(Cocker Spaniels)

② 보스턴 테리어(Boston Terrier)

③ 치와와(Chihuahua)

④ 살루키(Saluki)

⑤ 베들링턴 테리어(Bedlington Terrier)

정답 ③

해설 애플 헤드는 사과 모양의 머리이고, 돔드 헤드와 유사하며, 뒷머리 부분이 부풀어 올라 있는 모양이다. 대표적인 예로써 치와와가 있다.

19

아래의 설명이 나타내는 견체 용어로 가장 적절한 것을 고르시오.

치와와 두개의 패임

① 단두형 ② 중두형

③ 장두형 ④ 몰레라

⑤ 와안

정답 ④

해설 몰레라(molera)는 치와와 두개의 패임으로 부드러운 부분(soft spot)이다.

20

머리 형태가 '서양배 형태'인 대표적인 견종을 고르시오.

① 불 테리어(Bull Terrier)
② 잉글리쉬 포인터(English Pointer)
③ 치와와(Chihuahua)
④ 에어데일 테리어(Airedale Terrier)
⑤ 베들링턴 테리어(Bedlington Terrier)

정답 ⑤

해설 페어 셰이프트 헤드(pear-shaped head)는 서양배 형태의 머리이고, 예로써 베들링턴 테리어(Bedlington Terrier)가 있다.

21

눈 형태가 '라운드 아이'인 대표적인 견종을 고르시오.

① 몰티즈(Maltese)
② 저먼 셰퍼드(German Shepherd)
③ 도베르만 핀셔(Doberman Pinscher)
④ 아프간 하운드(Afghan Hound)
⑤ 푸들(poodle)

정답 ①

해설 아몬드 아이(almond eye)에 저먼 셰퍼드, 도베르만 핀셔가 있고, 오벌 아이(oval eye)에 푸들(poodle), 살루키(Saluki)가 있고, 트라이앵귤러 아이(triangular eye)에 아프간 하운드(Afghan Hound)가 있다.

22

아래의 설명이 나타내는 견체 용어로 가장 적절한 것을 고르시오.

> 밝은 청색의 눈, 시베리안 허스키(Siberian Husky)

① 마블 아이(marble eye)
② 벌징 아이(bulging eye)
③ 차이나 아이(china eye)
④ 아이 스테인(eye stain)
⑤ 풀 아이(full eye)

정답 ③

해설 차이나 아이는 밝은 청색의 눈이고, 예로써 시베리안 허스키(Siberian Husky), 블루 멀 콜리(blue merle Collie), 카디건 웰시 코기(Cardigan Welsh Corgi)가 있다.

23

일반적으로 많은 견종에서 정상 교합을 의미하는 것을 고르시오.

① 시저스 바이트(scissors bite)
② 언더숏(undershot)
③ 오버숏(overshot)
④ 크로스바이트(crossbite)
⑤ 이븐 바이트(even bite)

정답 ①

해설 견종마다 정상 교합이 다르지만, 일반적으로 시저스 바이트를 정상 교합으로 하는 견종이 많다.

24

아래의 설명이 나타내는 견체 용어로 가장 적절한 것을 고르시오.

> 아래턱 전출, 아래턱 앞니가 위턱 앞니보다 앞쪽으로 돌출되어 맞물린 상태

① 정상 교합
② 시저스 바이트(scissors bite)
③ 이븐 바이트(even bite)
④ 오버숏(overshot)
⑤ 언더숏(undershot)

정답 ⑤

해설 언더숏은 반대 교합으로, 아래턱이 전출되어 아래턱 앞니가 위턱 앞니보다 앞쪽으로 돌출되어 맞물린 상태이다.

25

입 관련 견체 용어에 대한 설명으로 적절하지 않은 것을 고르시오.

① 결치 – 선천적으로 정상 치아 수에 비해 치아 수가 없는 것이다.
② 과리치 – 표준 치아 수보다 많은 것이다.
③ 손상치 – 후천적으로 파손된 치아이다.
④ 라이 마우스(wry mouth) – 후천적으로 상실한 치아이다.
⑤ 플루즈(flews) – 늘어진 윗입술이다.

정답 ④

해설 라이 마우스는 뒤틀려 삐뚤어진 입이다.

26
개의 영구치에 대한 설명으로 적절하지 않은 것을 고르시오.

① 총 42개이다.
② 생후 8개월이면 거의 모두 나온다.
③ 윗니 20개와 아랫니 22개이다.
④ 전구치가 후구치보다 적다.
⑤ 절치는 앞니이고, 견치는 송곳니이고, 구치는 어금니이다.

정답 ④
해설 전구치(소구치, 작은 어금니) 16개가 후구치(대구치, 큰 어금니) 10개보다 많다.

27
코 관련 견체 용어에 대한 설명으로 적절하지 않은 것을 고르시오.

① 노즈 밴드(nose band) – 주둥이를 둘러싼 흰색의 띠를 이룬 반점이다.
② 노즈 브리지(nose bridge) – 스톱에서 코까지 주둥이 면이다.
③ 더들리 노즈(dudley nose) – 색소가 부족한 살빛의 코이다.
④ 로만 노즈(roman nose) – 평소에는 코가 검은색이나 겨울철에 핑크색 줄무늬가 생기는 코이다.
⑤ 버터플라이 노즈(butterfly nose) – 반점 모양의 코이다.

정답 ④
해설 로만 노즈는 독수리 코, 매부리코이다. 스노 노즈는 평소에는 코가 검은색이나 겨울철에 핑크색 줄무늬가 생기는 코이다.

28
귀 관련 견체 용어에 대한 설명으로 적절하지 않은 것을 고르시오.

① 세미프릭 이어(semi-prick ear) – 반직립형 귀로, 직립한 귀의 끝부분이 앞으로 기울어진 것이다.
② V형 귀(V-shaped ear) – 삼각형 모양의 귀로, 늘어진 귀, 선 귀 두 가지 타입이 있다.
③ 벨 이어(bell ear) – 종 모양의 귀로, 귀 끝이 둥근 벨처럼 둥근 귀이다.
④ 파렌 이어(phalene ear) – 파피용의 늘어진 귀이다.
⑤ 크롭트 이어(cropped ear) – 촛불 모양의 귀이다.

정답 ⑤
해설 크롭트 이어는 귀를 세우기 위해 귀를 일부 잘라 낸 귀이고, 예로써 복서, 도베르만 핀셔가 있다.

29
다음 견종의 귀 타입으로 가장 적절한 것을 고르시오.

잉글리시 토이 테리어(English Toy Terrier)

① 버터플라이 이어(butterfly ear)
② V형 귀(V-shaped ear)
③ 캔들 프레임 이어(candle flame ear)
④ 파렌 이어(phalene ear)
⑤ 펜던트 이어(pendant ear)

정답 ③
해설 잉글리시 토이 테리어는 촛불 모양의 캔들 프레임 이어를 가진다.

30
몸통 관련 견체 용어에 대한 설명으로 적절하지 않은 것을 고르시오.

① 다운힐(downhill) – 등선이 허리로 갈수록 높아지는 모양이다.
② 듀클로(dewclaw) – 며느리발톱이다.
③ 레벨 백(level back) – 수평한 등이다.
④ 로인(loin) – 허리이다.
⑤ 립케이지(ribcage) – 흉곽이다.

정답 ①
해설 다운힐은 등선이 허리로 갈수록 낮아지는 모양이다.

31

다리 관련 견체 용어에 대한 설명으로 적절하지 않은 것을 고르시오.

① 스트레이트 프런트(straight front) – 일직선상의 프런트로, 테리어가 대표적인 예시이다.

② 보우드 프런트(bowed front) – 활 모양의 전반부로, 팔꿈치가 바깥쪽으로 굽은 안짱다리이다.

③ 내로 프런트(narrow front) – 앞다리 간격이 넓은 프론트이다.

④ 스팁 프런트(steep front) – 어깨가 높아서 깎아지는 듯한 프론트이다.

⑤ 와이드 프런트(wide front) – 앞 발 간격이 넓은 프런트로, 불독(Bulldog)이 대표적인 예시이다.

정답 ③

해설 내로 프런트는 앞가슴 폭이 좁고 앞다리 간격이 좁은 프런트이다.

32

꼬리 관련 견체 용어에 대한 설명으로 적절하지 않은 것을 고르시오.

① 브러시 테일(brush tail) – 여우처럼 길고 늘어진 둥근 브러시 모양의 꼬리이다.

② 세이버 테일(saber tail) – 휘어진 무거운 칼 형태의 꼬리이다.

③ 스냅 테일(snap tail) – 꼬리가 휘어져 꼬리 끝이 등에 접촉된 꼬리이다.

④ 시클 테일(sickle tail) – 낫 모양 꼬리이다.

⑤ 오터 테일(otter tail) – 깃발 모양 꼬리이다.

정답 ⑤

해설 오터 테일은 수달 꼬리와 같은 형태이고, 뿌리 부분이 두껍고 둥글며 끝은 가는 꼬리이다. 예로써 래브라도 리트리버(Labrador Retriever)가 있다.

2과목
반려견 특수미용

Chapter 01 응용미용

Chapter 02 염색

Chapter 01 응용미용

01 응용 스타일 구상

1 미용 스타일

푸들의 맨하튼 클립	특징
	• 목과 허리 부분의 클리핑 라인을 강조한다. • 털이 짧아 속살이 보이는 것을 싫어한다면 목은 클리핑하지 않고 허리만 클리핑할 수 있다. • 완성도를 높이려면 클리핑 라인이 완벽해야 하고, 전체 커트로 연결되는 선을 매끄럽게 표현한다.

푸들의 퍼스트 콘티넨털 클립	특징
	• 탑노트를 제외하고 쇼 클립에 가장 가까운 미용 스타일이다. • 허리에 로제트, 꼬리에 폼폰, 다리에 브레이슬릿 등 균형과 조화를 위하여 클리핑 라인의 위치 선정이 중요하다. • 클리핑 면적이 넓고, 콘티넨털 클립보다 털이 짧으므로 관리가 쉽다.

포메라니안 곰돌이 커트	특징
	• 얼굴은 둥근 형태로 연출하고 몸 털은 짧게 커트한다. • 관리가 쉽고, 포메라니안 특유의 귀여운 이미지를 유지할 수 있다. • 더블 코트의 특성상 포스트 클리핑 신드롬이 발생 가능하므로 고객에게 충분히 설명한 후에 동의를 얻어 미용을 진행한다.

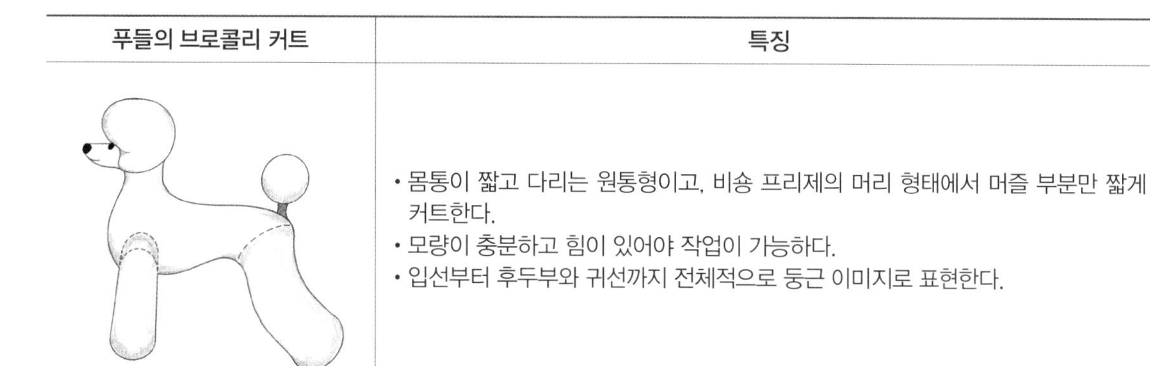

푸들의 브로콜리 커트	특징
	• 몸통이 짧고 다리는 원통형이고, 비숑 프리제의 머리 형태에서 머즐 부분만 짧게 커트한다. • 모량이 충분하고 힘이 있어야 작업이 가능하다. • 입선부터 후두부와 귀선까지 전체적으로 둥근 이미지로 표현한다.

2 개체별 특징

1) 모질 종류와 털 관리 방법

모질 종류	내용
환모기가 없는 권모종	• 대표 견종은 푸들, 비숑프리제, 베들링턴테리어 등이 있다. • 오버코트와 언더코트가 자연스럽게 서로 얽힌 새끼줄 모양의 털로, 털이 자라는 속도가 빠르기 때문에 주기적인 손질이 필요하다. • 슬리커 브러시를 이용하여 귀를 제외한 나머지 부분을 털의 결 방향과 반대 방향으로 빗질한다. • 귓속의 털이 너무 많이 자라지 않도록 정기적으로 제거하고, 너무 오래 방치하면 심하게 엉켜 뭉칠 수 있으니 주의한다.
장모종	• 대표 견종은 몰티즈, 요크셔테리어, 시추 등이 있다. • 긴 오버코트와 촘촘한 언더코트가 같이 자라 보온성이 매우 뛰어나다. • 털이 잘 엉킬 수 있고 탈모가 될 수 있으므로 꾸준하고 정기적인 관리가 필요하다. • 하루 한 번은 핀 브러시로 털의 결 방향으로 엉키지 않게 빗질하고, 생식기, 입 주변 등 오염되기 쉬운 부분은 래핑 처리하여 털을 보호한다.
단모종	• 대표 견종은 닥스훈트, 치와와, 미니어처핀셔, 비글 등이 있다. • 털 길이가 매우 짧고 스무드 코트라고도 하며 발수성이 좋고, 다른 모질에 비해 털 관리가 매우 쉽다. • 겨울부터 봄까지 털갈이 시기에 주기적으로 빗질하여 빠진 속 털을 제거한다. • 너무 자주 목욕을 시키면 피모가 매우 건조해질 수 있으므로 주의한다.

2) 애완동물의 신체적 특징

① 푸들: 전체적인 몸의 형태가 짧고 다리와 얼굴이 긴 품종으로, 전신이 신축성이 좋은 털로 덮여 있어 여러 창작 미용이 가능하다. 신체의 모든 부위에 라인을 넣어 시저링하므로 애견 미용의 정점이라고 할 수 있다.

② 몰티즈: 머즐이 길지 않은 얼굴과 흰색 털의 장방향 몸을 가진 품종으로, 털의 방향과 가위의 각도를 잘 활용하여 매끄러운 표면을 구현하는 미용 방법을 우선한다.

③ 포메라니안: 더블 코트를 가진 품종으로, 체형이 작고 목과 머즐이 짧고, 시저링으로 다양한 스타일을 창작할 수 있다. 우리나라에서 몸통, 다리, 얼굴, 꼬리를 짧게 하는 곰돌이 커트가 인기이다.

3 개체 특징에 따른 미용 스타일

몰티즈의 판탈롱 스타일	특징
	• 몸은 클리핑하고 다리 털은 살려서 커트한다. • 가정에서 선호하는 스타일로, 머리는 밴드로 묶어 발랄한 느낌을 연출 가능하다. • 털이 자란 방향으로 누워 있으므로 전신 커트를 할 때 털의 결 방향과 가위 방향을 일치시켜 작업한다.

비숑프리제의 펫 스타일	특징
	• 몸은 짧게 클리핑하고, 다리 부분은 원통형으로 시저링하고, 얼굴은 둥글게 커트한다. • 다른 품종의 서머 커트처럼 가정에서 선호하는 스타일이다. • 큰 얼굴의 둥근 이미지를 강조하고, 다리는 원통형으로 커트하면서 아래 부분을 좀 더 넓게 커트하여 균형미를 맞춘다.

푸들의 스포팅 클립	특징
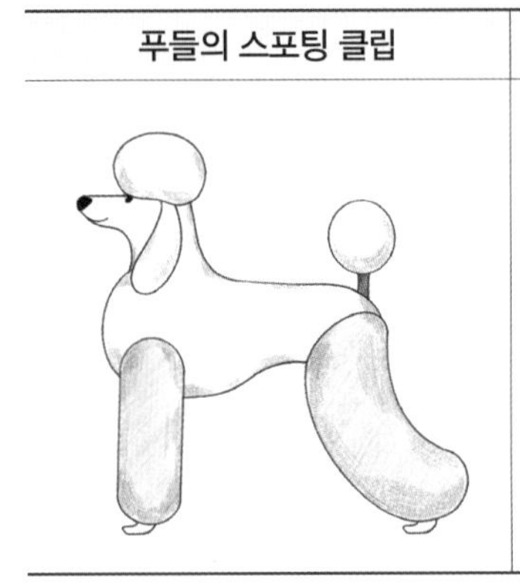	• 몸을 짧게 클리핑하고, 다리 털은 남겨 두는 스타일이다. • 다리 부분의 클리핑 라인 높이를 조절하여 다리를 길어 보이게 연출이 가능하고, 클리핑 라인 높이가 너무 내려가서 다리가 짧아 보이지 않게 유의한다. • 몸의 굴곡을 살리며 강약을 조절하며 클리핑한다.

02 도구 응용 사용

1 미용 도구

구상한 미용 스타일에 적합한 미용 도구를 선택하기 위해 다양한 도구의 종류 및 활용 기술 등 도구에 대해 알고 있어야 한다.

2 애완동물의 신체 구조

개체마다 신체적인 조건과 골격의 구성 형태가 다르고, 신체 각 부분의 명칭과 위치 등 기본적인 구성을 충분히 이해해야 다양한 개체의 장단점을 보완하는 미용 스타일을 구현할 수 있다.

3 맨해튼 클립의 변형 미용

1) 밍크칼라 클립

맨하튼 클립에서 허리와 목 부분의 파팅라인을 넣어 체형의 단점을 보완한다. 머리와 목의 재킷을 분리하는 칼라를 넣어 목이 길어 보이게 연출한다.

2) 볼레로 클립

볼레로란 짧은 상의를 의미하고, 다리에 브레이슬릿을 만드는 클립으로 앞다리의 엘보를 가리는 브레이슬릿을 만드는 것이 특징이다.

4 아트 미용

개성 있는 미용 스타일을 연출하기 위해서 아트 미용에 대한 이해가 필요하다. 아트 미용이란 기존의 미용 상식과 기술을 기초로 하여 미용사의 창작력과 숙련된 기술로 개성 연출을 표현하는 기술이다. 유해하지 않은 재료로 자연의 동식물 및 사물의 형태와 색체를 애완동물에게 표현하는 방법과 기술이다. 다양한 미용 재료의 종류와 사용 방법을 알아야 하고, 애완동물의 신체에 직접 적용되므로 사용 전에 재료의 유해성 여부를 확인해야 한다.

1) 헤어스프레이 사용 방법

머리 위 털, 등 털을 세워 주는 세팅 작업용으로, 애완동물의 눈, 호흡기, 피부에 닿지 않도록 주의한다. 코트를 고정시키는 정도로만 너무 과하지 않게 분사한다.

2) 글리터 젤 사용 방법

털과 장식 털에 포인트를 주어 화사한 이미지를 표현한다. 글리터 젤을 뿌린 부분에 헤어 스프레이를 사용하여 고정할 수 있다.

03 응용 스타일 완성

1 다양한 액세서리, 의상

1) 헤어핀

애완동물 털의 양이나 스타일에 따라 다양한 스타일을 연출할 때 사용한다.

2) 목걸이

애완동물의 미용 스타일과 의상 콘셉트에 맞는 액세서리를 활용한다. 목걸이를 불편하지 않게 제작하여 장소나 상황에 상관없이 착용하고, 이름을 새겨 넣어 이름표로 활용한다.

3) 봄가을 의상

보온 목적과 애완동물의 미용 스타일에 따라 입힌다. 태어나서 처음 털을 짧게 잘랐거나 갑자기 전체 클리핑을 하였을 때 착용하고, 수컷은 생식기를 고려하여 배 부분이 깊고 넓게 파인 것을 선택한다. 개체의 특성상 활동량이 많은 애완동물은 신축성이 좋은 원단을 선택한다.

4) 겨울 의상

대부분 보온 목적이고, 미용 스타일에 따라 의상을 선택하여 입히기도 한다. 산책 또는 추위를 많이 타는 애완동물에게 활용도가 높다.

2 유사시 필요한 용품

1) 하니스(harness)

산책할 때 개에게 착용하는 안전벨트 형태의 용구로, 목줄을 불편해하는 개에게 사용한다. 컬러와 디자인이 다양하고 선택의 폭이 넓다.

2) 스누드(snood)

얼굴 주변의 털이 길거나 귀가 늘어져 있는 개에게 털 오염을 방지하기 위해 얼굴에 씌워 사용한다. 음식을 먹을 때, 입 안에 털이 들어갈 때, 산책 시 얼굴 주변 털이 땅에 끌릴 때, 눈곱을 떼거나 세수 시 주변 털이 물에 젖을 때 등에 사용한다.

3) 매너 벨트(manner belt)

영역 표시를 하는 수컷의 생식기에 소변을 흡수하는 패드를 쉽게 붙이도록 도와준다. 영역 표시를 많이 하는 개에게 사용하며, 애견 카페, 낯선 곳, 공공장소 등에 방문할 때 사용한다. 민감한 부위에 닿으므로 원단을 면으로 하고, 생식기가 짓무르지 않게 매너 벨트 안쪽의 패드를 자주 갈아 주어야 한다.

4) 드라이빙 키트(driving kit)

차 안에서 편안하고 안전하게 개의 이동을 도와준다. 차를 타면 산만하고 불안하고 차 바닥으로 잘 굴러 떨어지는 개에게 사용하며, 사방이 막힌 켄넬(kennel)을 두려워하거나 싫어하는 개에게 사용한다.

3 용품별 사이즈 측정 방법

의상, 하니스	착용 전 목 둘레, 가슴 둘레, 몸 길이 등 사이즈를 측정한다.
스누드	착용 전 머리 둘레 사이즈를 측정한다.
매너 벨트	착용 전 배 둘레 사이즈를 측정한다. (매너 벨트 사이즈: 총 길이, 높이)

4 완성한 미용 스타일의 체크 방법

1) 콤으로 균형미 체크

전체적인 털의 커트 흐름을 고려하여 털 깊숙이 콤을 넣어 빗질하는 방법이다. 털의 표면이 고르게 커트되어 있는지 확인한다.

2) 신체 부위별 균형미 체크

① 풋 라인 및 다리 부분: 풋 라인이 원형으로 잘 커트되었는지 체크한다. 앞다리의 엘보우 안쪽과 뒷다리 턱 업 안쪽을 빗질하여 커트하기 힘든 부분을 최종적으로 빗질하여 체크한다.

② 몸 전체: 엉덩이 부분에서 등선까지의 연결부, 가슴 아랫부분에서 배 부분까지 연결부를 주의 깊게 빗질하여 체크한다.
③ 얼굴 및 목 부분: 얼굴의 양쪽 측면 길이가 서로 다르게 커트되었는지, 귀 뒷면을 빗질하여 전체적인 균형미를 체크한다.
④ 꼬리 부분: 꼬리 시작 부분부터 꼬리 끝 부분까지 원하는 모양으로 커트되었는지 빗질하고, 전체적으로 털이 튀어나와 미관상 좋지 않은 부분을 체크한다.

2급

5 개체별 미용 스타일의 체크 방법

1) 장모종 체크

털의 힘이 약해 처지는 부분이 많아서 힘 조절을 약하게 천천히 빗질하여 체크한다. 털의 결 방향을 고려하여 피모부터 털 끝부분까지 완전히 빗질하여 체크한다.

2) 중장모종 체크

아웃코트와 언더코트의 양이 많은 더블 코트이므로 피모 깊숙이 콤을 넣어 빗질하여 체크한다. 털의 볼륨감을 고려하여 피모와 90°를 이루면서 빗질하여 체크한다.

3) 권모종 체크

털의 힘이 좋고 웨이브가 있으므로 빗질과 커트에 좋지만 잘못된 드라잉 때문에 튀어나온 털이 없는지 살피면서 빗질하여 체크한다. 적은 양의 빗질보다 넓게 전체적으로 빗질하여 균형미를 체크한다.

6 잔여물 체크 방법

미용 완성 후에 털에 붙어 있는 잔여물을 제거하지 않으면 잔여물이 고객의 옷이나 가방에 붙는 등 주변이 더러워지기 때문에 미용 완성 후에 항상 드라이어 바람으로 털어 주는 마무리 작업이 필요하다. 보이지 않는 곳까지 꼼꼼하게 잔여물을 깨끗이 제거해야 고객 만족도를 높일 수 있다.

사용 도구	방법
드라이어	드라이어의 온도를 낮추고 커트된 몸 전체를 드라잉하여 빗질한다.
브러시	커트된 털이 몸에 남지 않도록 피모 바깥쪽으로 브러싱한다. 전체적으로 약하게 브러싱하여 체크한다.
콤	커트된 털이 몸에 남아 있지 않도록 피모 바깥쪽으로 빗질한다. 전체적인 균형미를 살리면서 빗질하며 다리 안쪽을 주의 깊게 체크한다.

7 스타일 완성 후 고객 피드백에 응대 방법

스타일을 완성한 후에 고객으로부터 피드백을 받고, 수정이 필요하거나 미용으로 상해가 발생한 경우 고객의 입장에서 이해한 후에 충분히 상의하여 이후 절차를 진행한다.

Chapter 01 응용미용 출제 예상 문제

01

맨하튼 클립에 대한 설명으로 적절하지 않은 것을 고르시오.

① 허리와 목 부분의 클리핑 라인이 강조되는 스타일이다.
② 목 부분을 클리핑하지 않고 허리 부분만 클리핑하는 경우도 한국에 많다.
③ 허리선을 만들 때 최종 늑골 0.5~1cm 앞에 파팅라인을 위치한다.
④ 높은 완성도를 위하여 클리핑 라인이 완벽하고 전체 커트로 이어지는 선을 매끄럽게 표현한다.
⑤ 목 부분을 클리핑할 때 경계선을 목 시작점보다 높게 위치한다.

정답 ③
해설 최종 늑골 0.5~1cm 뒤에 파팅라인이 위치한다.

02

푸들의 퍼스트 콘티넨털 클립에 대한 설명으로 적절하지 않은 것을 고르시오.

① 리어 브레이슬릿 높이는 호크보다 높게 약 45° 각도의 경계선에 위치한다.
② 프론트 브레이슬릿 높이는 리어 브레이슬릿보다 0.5cm 더 높게 위치한다.
③ 허리의 로제트, 꼬리의 폼폰, 다리의 브레이슬릿 등 균형미와 조화가 좋은 미용이다.
④ 클리핑 면적이 넓고 콘티넨털 클립보다 짧게 커트되어 가정에서도 관리가 용이하다.
⑤ 로제트, 폼폰, 브레이슬릿의 클리핑 라인의 위치 선정이 중요하다.

정답 ②
해설 프론트 브레이슬릿과 리어 브레이슬릿의 높이는 같다.

03

포메라니안의 곰돌이 커트에 대한 설명으로 적절하지 않은 것을 고르시오.

① 허리에서 힙의 끝 선은 15° 기울어지게 표현한다.
② 얼굴은 둥근 형태로 연출하고 몸 털은 짧게 커트한다.
③ 포스트 클리핑 신드롬이 발생할 수 있다.
④ 귀는 둥근 원형으로 표현한다.
⑤ 발은 둥근 고양이 발 모양으로 표현한다.

정답 ①
해설 허리에서 힙의 끝 선으로 30° 기울어진 라인을 표현한다. (좌골은 30°)

04

푸들의 브로콜리 커트에 대한 설명으로 적절하지 않은 것을 고르시오.

① 크라운과 이어 프린지의 자연스러운 둥근 라인으로 표현한다.
② 몸통이 짧고 다리는 원통형이다.
③ 비숑 프리제의 머리 형태에서 머즐 부분만 짧게 커트한 스타일이다.
④ 적은 모량으로 브로콜리 커트가 가능하다.
⑤ 입선부터 후두부와 귀선까지 전체적으로 둥근 이미지로 표현한다.

정답 ④
해설 브로콜리 커트를 하려면 모량이 충분하고 힘이 있어야 한다.

05

고객 요구에 따라 미용 스타일을 구상할 때 주의 사항으로 적절하지 <u>않은</u> 것을 고르시오.

① 작업 전에 반드시 애완동물의 건강 상태와 특이사항 등을 파악한다.

② 작업 장소는 애완동물의 탈출 경로를 차단한다.

③ 미용 방법 선택 시 고객의 요구에 따라 미적 표현을 애완동물의 안전보다 먼저 고려한다.

④ 이전 미용 스타일에 따른 제약을 이해하고 현재 적용 가능한 미용 스타일을 표현한다.

⑤ 최신 유행을 이해하고 고객이 만족하는 미용 스타일을 구상한다.

정답 ③

해설 애완동물의 안전을 가장 먼저 고려하고, 미적 표현을 위해 애완동물에게 위해를 주는 방법을 선택해서는 안 된다.

06

다음 그림이 나타내는 클립에 대한 설명으로 적절하지 <u>않은</u> 것을 고르시오.

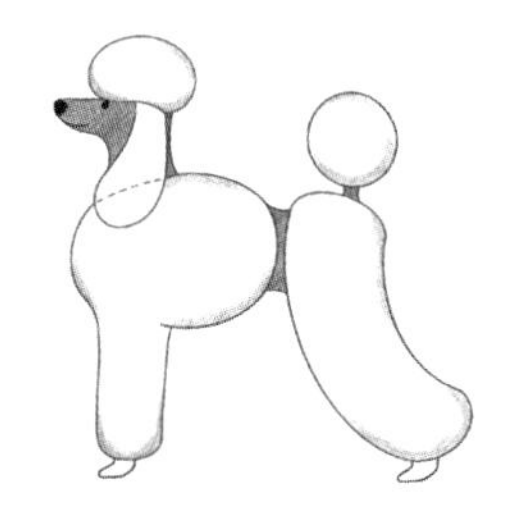

① 허리선은 최종 늑골 0.5cm 뒤를 기준하여 1.5~2cm 부분에 위치한다.

② 힙의 각도는 30°이고 등선은 수평이다.

③ 몸통은 자연스럽고 균형미 있는 둥근 원형이다.

④ 앞다리는 원통형으로 알파벳 A자 모양이다.

⑤ 꼬리는 원형부터 타원형까지 다양한 모양이고 균형미가 필요하다.

정답 ④

해설 앞다리는 원통형으로 일직선이 되어야 한다. (지면과 수직)

07

다음 그림이 나타내는 클립에 대한 설명으로 적절하지 <u>않은</u> 것을 고르시오.

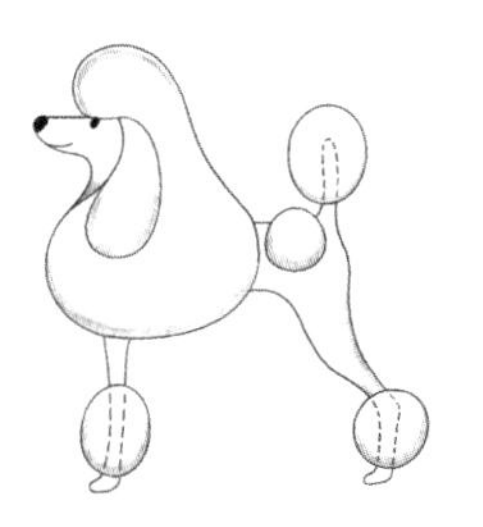

① 고객이 푸들의 모량이 많아 관리가 어렵고 형태의 변화를 원한다면 본 클립을 제시할 수 있다.

② 로제트의 클리핑 라인 중 뒤 라인은 꼬리 시작점에 위치한다.

③ 프런트 브레이슬릿의 클리핑 라인은 리어 브레이슬릿과 같은 높이에 위치한다.

④ 로제트, 브레이슬릿, 재킷, 폼폰을 제외한 나머지 부분은 클리핑한다.

⑤ 위에서 볼 때 양쪽 로제트의 경계는 꼬리 두께의 절반이다.

정답 ⑤

해설 푸들의 퍼스트 콘티넨털 클립이며, 양쪽 로제트의 경계(간격)는 꼬리 두께의 넓이 정도로 한다.

08

다음 그림이 나타내는 클립에 대한 설명으로 적절하지 <u>않은</u> 것을 고르시오.

① 다리는 둥근 고양이 발과 같은 모양이다.

② 몸통은 짧게 커트한다.

③ 얼굴의 전체적인 이미지는 세모 형태이다.

④ 앞다리는 위에서 밑으로 내려갈수록 가늘어진다.

⑤ 꼬리는 둥근 부채 모양이다.

정답 ③

해설 포메라니안의 곰돌이 커트이며, 얼굴의 전체적인 이미지는 둥근 형태로 이루어져야 한다.

09

다음 그림이 나타내는 클립에 대한 설명으로 적절하지 않은 것을 고르시오.

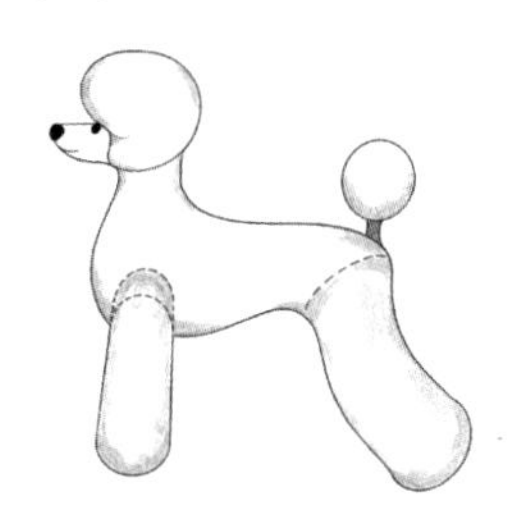

① 고객이 푸들의 길쭉한 머즐 클리핑에 변화를 주고 싶을 때 제시할 수 있다.

② 뒷다리는 일자바지 형태이다.

③ 앞다리는 윗부분이 짧고 아래로 내려가면서 둥글게 표현한다.

④ 머리는 비숑 프리제와 유사하지만 머즐은 짧게 커트한다.

⑤ 귀는 적당한 길이의 후두부 뒷면과 자연스럽게 연결한다.

정답 ②

해설 푸들의 브로콜리 커트이며, 뒷다리는 나팔바지 형태로 볼륨감을 주어야 한다.

10

환모기가 없는 권모종의 털 관리 방법에 대한 설명으로 적절하지 않은 것을 고르시오.

① 권모종은 오버코트와 언더코트가 자연스럽게 서로 얽힌 새끼줄 모양이다.

② 대표 견종은 푸들, 비숑 프리제, 베들링턴테리어가 있다.

③ 털이 자라는 속도가 느리다.

④ 슬리커 브러시를 이용하여 귀를 제외한 나머지 부분은 털의 결 방향과 반대로 빗질한다.

⑤ 귓속의 털이 너무 많이 자라지 않도록 정기적으로 제거한다.

정답 ③

해설 대표 견종으로 푸들, 비숑 프리제, 베들링턴테리어가 있으며, 털이 자라는 속도가 빠르기 때문에 주기적인 손질이 필요하다.

11

장모종 특징과 털 관리 방법에 대한 설명으로 적절하지 않은 것을 고르시오.

① 긴 오버코트와 촘촘한 언더코트가 같이 자라 보온성이 매우 뛰어나다.

② 털이 잘 엉키고 정기적인 관리가 필요하다.

③ 몰티즈, 요크셔테리어, 시추 등이 포함된다.

④ 하루에 한 번 슬리커 브러시로 털의 결 반대 방향으로 빗질한다.

⑤ 생식기, 입 주변 등을 래핑하여 털을 보호한다.

정답 ④

해설 하루에 한 번은 핀 브러시를 사용하여 털의 결 방향으로 엉키지 않게 빗질한다.

12

단모종 특징과 털 관리 방법에 대한 설명으로 적절하지 않은 것을 고르시오.

① 스무드 코트라고도 하며 발수성이 좋다.

② 다른 모질보다 털 관리가 쉽다.

③ 닥스훈트, 치와와, 미니어처핀셔, 비글 등이 포함된다.

④ 털갈이 시기에 주기적으로 빗질을 하여 빠진 속 털을 제거한다.

⑤ 피모가 건조해질 부담이 없으므로 매일 목욕시켜서 털을 관리한다.

정답 ⑤

해설 너무 자주 목욕을 시키면 피모가 매우 건조해질 수 있으므로 주의한다.

13

푸들과 몰티즈의 신체적 특징에 대한 설명으로 적절하지 않은 것을 고르시오.

① 푸들 – 전체적인 몸의 형태가 짧고 다리와 얼굴이 긴 품종이다.
② 푸들 – 전신이 신축성이 좋은 털로 여러 스타일의 창작 미용이 가능하다.
③ 푸들 – 신체의 모든 부위에 라인을 넣어 시저링하므로 애견 미용의 정점이다.
④ 몰티즈 – 머즐이 긴 얼굴과 흰색 털의 몸 길이가 짧은 품종이다.
⑤ 몰티즈 – 털의 결 방향과 가위의 각도를 활용하여 표면을 매끄럽게 구현하는 미용 방법이 우선이다.

정답 ④
해설 몰티즈는 머즐이 길지 않은 얼굴과 흰색 털의 장방향 몸을 가진 품종이다.

14

몰티즈와 포메라니안의 신체적 특징에 대한 설명으로 적절하지 않은 것을 고르시오.

① 몰티즈 – 머즐이 길지 않은 얼굴과 흰색 털의 장방향 몸을 가진 품종이다.
② 몰티즈 – 털의 결 방향과 가위의 각도를 잘 활용하여 표면을 매끄럽게 표현한다.
③ 포메라니안 – 싱글 코트를 가진 품종으로, 체형이 작고 목과 머즐이 짧다.
④ 포메라니안 – 시저링으로 다양한 스타일을 창작할 수 있다.
⑤ 포메라니안 – 우리나라에서는 곰돌이 커트가 인기이다.

정답 ③
해설 포메라니안은 더블 코트를 가진 품종으로 체형이 작고 목과 머즐이 짧다.

15

다음 그림이 나타내는 미용 스타일에 대한 설명으로 적절하지 않은 것을 고르시오.

① 몰티즈의 판탈롱 스타일이다.
② 몸을 클리핑하고 다리의 털을 살려서 커트하므로 가정에서 선호하는 스타일이다.
③ 어깨와 목의 연결은 정면에서 A자 형태이다.
④ 턱 업과 무릎의 라인은 둥근 형태를 그리며 발등으로 잘 이어진다.
⑤ 전신 커트는 털의 방향과 가위 방향을 교차하여 작업한다.

정답 ⑤
해설 전신 커트를 할 때 털의 방향과 가위 방향이 일치하여 작업해야 한다.

16

다음 그림이 나타내는 미용 스타일에 대한 설명으로 적절하지 않은 것을 고르시오.

① 비숑 프리제의 펫 스타일 커트이다.
② 몸통을 짧게 클리핑한다.
③ 다른 품종의 서머 커트처럼 가정에서 선호하는 스타일이다.
④ 큰 얼굴의 둥근 이미지를 강조한다.
⑤ 다리를 사각기둥형으로 시저링한다.

정답 ⑤
해설 비숑 프리제의 펫 스타일 커트는 몸을 짧게 클리핑하고, 다리 부분을 원통형으로 시저링하고, 얼굴을 둥글게 커트하는 스타일이다.

17

다음 그림이 나타내는 미용 스타일에 대한 설명으로 적절하지 않은 것을 고르시오.

① 푸들의 스포팅 클립이다.

② 몸 전체를 짧게 클리핑하고 다리털은 남겨 두는 스타일이다.

③ 다리의 클리핑 라인을 조절하여 다리를 길어 보이게 연출할 수 있다.

④ 다리의 클리핑 라인이 너무 내려가서 다리가 짧아 보이지 않게 유의한다.

⑤ 뒷다리는 턱 업에서 좌골 선(단)까지 일직선으로 연결하여 표현한다.

정답 ⑤

해설 뒷다리는 턱 업에서 좌골 선까지 위로 둥근 형태가 되어 다리를 길어 보이게 한다.

18

맨해튼 클립의 변형인 밍크칼라 클립과 볼레로 클립에 대한 설명으로 적절하지 않은 것을 고르시오.

① 밍크칼라 클립 - 허리와 목 부분의 파팅라인을 넣어 체형의 단점을 보완한다.

② 밍크칼라 클립 - 목 부분에 칼라를 넣어서 목이 길어 보이게 한다.

③ 볼레로 클립 - 볼레로란 짧은 상의를 의미한다.

④ 볼레로 클립 - 다리에 브레이슬릿을 만드는 클립이다.

⑤ 볼레로 클립 - 브레이슬릿으로 뒷다리의 스타이플을 가리는 것이 특징이다.

정답 ⑤

해설 볼레로 클립은 뒷다리의 호크를 브레이슬릿으로 가리는 것이 특징이다.

19

아트 미용에 대한 설명으로 적절하지 않은 것을 고르시오.

① 기존의 미용 상식에 한하여 미용 작업을 진행한다.

② 유해하지 않은 재료로 자연의 동식물, 사물의 형태와 색채를 애완동물에게 표현하는 방법과 기술이다.

③ 다양한 미용 재료의 종류와 사용 방법을 알고 있어야 한다.

④ 헤어스프레이는 머리 위 털, 등 털을 세워 주는 세팅 작업에 사용한다.

⑤ 글리터 젤은 애완동물의 털에 포인트를 주어 화사한 이미지를 표현할 수 있다.

정답 ①

해설 기존의 미용 상식과 기술을 기초로 하여 미용사의 창작력과 숙련된 기술로 개성 연출을 표현하는 기술이다.

20

다양한 액세서리와 의상에 대한 설명으로 적절하지 않은 것을 고르시오.

① 헤어핀 - 애완동물 털의 양, 스타일에 따라 다양한 스타일을 연출할 때 사용한다.

② 목걸이 - 미용 스타일과 관계없이 불편하지 않게 제작한다.

③ 봄가을 의상 - 보온의 목적과 애완동물의 미용 스타일에 따라서 선택하고 착용한다.

④ 봄가을 의상 - 활동량이 많은 애완동물의 경우 신축성이 좋은 원단을 선택한다.

⑤ 겨울 의상 - 대부분 보온이 목적이다.

정답 ②

해설 목걸이는 애완동물의 미용 스타일과 의상 콘셉트에 맞는 액세서리로 활용하며, 불편하지 않게 제작하여, 장소나 상황에 상관없이 착용하며, 이름을 새겨 넣어 이름표로 활용한다.

21

아래 설명이 나타내는 액세서리로 가장 적절한 것을 고르시오.

> 산책할 때 개에게 입혀 주는 안전벨트 형식의 용구로, 목줄을 불편해하는 개에게 사용한다.

① 하니스(harness)
② 스누드(snood)
③ 매너 벨트(manner belt)
④ 드라이빙 키트(driving kit)
⑤ 목걸이

정답 ①

해설 하니스는 목과 가슴을 함께 감쌀 수 있고 목줄의 불편함을 줄일 수 있다.

22

아래 설명이 나타내는 액세서리로 가장 적절한 것을 고르시오.

> 얼굴 주변의 긴 털로, 늘어진 귀를 가진 개에게 털이 오염되는 것을 방지하고, 얼굴에 씌워 사용한다.

① 하니스(harness)
② 스누드(snood)
③ 매너 벨트(manner belt)
④ 드라이빙 키트(driving kit)
⑤ 목걸이

정답 ②

해설 스누드는 귀가 늘어진 경우 귀 털의 오염을 방지하고, 귀 털이 길어서 음식을 먹을 때 입 안으로 털이 들어가는 것을 방지하고, 산책 시 얼굴 주변의 털이 땅에 끌리거나 세수를 할 때 주변의 털이 물에 젖는 것을 방지하기 위해 사용한다.

23

아래 설명이 나타내는 액세서리로 가장 적절한 것을 고르시오.

> 영역 표시를 많이 하는 개에게 사용하고, 공공장소에서 사용한다. 수컷의 생식기에 소변을 흡수하는 패드를 붙일 때 도와준다.

① 하니스(harness)
② 스누드(snood)
③ 매너 벨트(manner belt)
④ 드라이빙 키트(driving kit)
⑤ 목걸이

정답 ③

해설 매너 벨트는 영역 표시를 많이 하는 개에게 사용한다. 애견 카페나 낯선 곳, 공공장소를 방문할 때 사용하며 민감한 부위에 닿으므로 원단은 면으로 하고 생식기가 짓무르지 않게 매너 벨트 안쪽에 있는 패드는 자주 갈아 준다.

24

아래 설명이 나타내는 액세서리로 가장 적절한 것을 고르시오.

> 차 안에서 편안하고 안전하게 개의 이동에 도움을 준다.

① 하니스(harness)
② 스누드(snood)
③ 매너 벨트(manner belt)
④ 드라이빙 키트(driving kit)
⑤ 목걸이

정답 ④

해설 드라이빙 키트는 차를 타면 산만하고 불안해하고 차 바닥으로 잘 굴러 떨어지는 개에게 사용하며 사방이 막힌 켄넬을 두려워하거나 싫어하는 개에게 사용한다.

25

의상과 하니스를 착용하기 전에 사이즈 측정이 필요한 곳을 고르시오.

㉠ 머리 둘레	㉡ 목 둘레	㉢ 가슴 둘레
㉣ 등 길이	㉤ 배 둘레	

① ㉠, ㉡, ㉢　② ㉡, ㉢, ㉣
③ ㉢, ㉣, ㉤　④ ㉠, ㉢, ㉤
⑤ ㉡, ㉢, ㉤

정답 ②

해설 의상과 하니스 사이즈 측정표는 목 둘레, 가슴 둘레, 등 길이를 기준으로 한다.

26

스누드를 착용하기 전에 사이즈 측정이 필요한 곳을 고르시오.

㉠ 머리 둘레	㉡ 목 둘레	㉢ 가슴 둘레
㉣ 등 길이	㉤ 배 둘레	

① ㉠　② ㉡
③ ㉢　④ ㉣
⑤ ㉤

정답 ①

해설 스누드 사이즈 측정표는 머리 둘레를 기준으로 한다.

27

매너 벨트를 착용하기 전에 사이즈 측정이 필요한 곳을 고르시오.

㉠ 머리 둘레	㉡ 목 둘레	㉢ 가슴 둘레
㉣ 등 길이	㉤ 배 둘레	

① ㉠　② ㉡
③ ㉢　④ ㉣
⑤ ㉤

정답 ⑤

해설 매너 벨트 사이즈 측정표는 배 둘레를 기준으로 한다.

28

애완동물의 액세서리를 부착할 때 주의 사항으로 적절하지 않은 것을 고르시오.

① 헤어핀은 무거운 것을 사용하여 머리 위 털을 고정한다.
② 구슬 목걸이용 우레탄 줄은 신축성이 좋은 것을 사용하여 피부 자극을 감소한다.
③ 구슬 목걸이용 우레탄 줄은 쉽게 끊어지지 않는지 확인이 필요하다.
④ 의상이 신축성이 없으면 활동 시 불편하기 때문에 원단 선택에 주의한다.
⑤ 너무 장시간 액세서리를 착용하면 피부 자극과 스트레스를 유발하므로 주의한다.

정답 ①

해설 헤어핀이 무거우면 털이 당겨져서 피모에 자극을 주기 때문에 주의한다.

29

액세서리를 착용할 때 주의 사항으로 적절하지 않은 것을 고르시오.

① 액세서리가 몸에서 떨어졌을 때 애완동물이 잔여물을 삼키지 못하게 주의한다.
② 하니스 사이즈가 작으면 겨드랑이가 끼고 잘 걷지 못하거나 피모가 상할 수 있으니 주의한다.
③ 하니스 사이즈가 크면 안전벨트 역할을 하지 못하고 벗겨질 수 있으니 주의한다.
④ 드라이빙 키트는 애완동물의 편안함을 위하여 차의 안전벨트에 연결하지 않고 사용한다.
⑤ 헤어핀이 무거우면 털이 당겨져서 피모에 자극을 주기 때문에 주의한다.

정답 ④

해설 드라이빙 키트 장착 시 차의 안전벨트에서 떨어져 나가면 애완동물이 위험하므로 주의한다.

30

매너 벨트를 착용할 때 생식기가 닿는 부분에 넣어 주어야 할 것으로 가장 적절한 것을 고르시오.

① 물티슈
② 솜 패드
③ 알코올 솜
④ 양말
⑤ 종이

정답 ②

해설 생식기가 닿는 부분에 휴지나 솜 패드를 넣어 주고 고정시킨다.

31

완성한 미용 스타일을 체크하는 방법으로 적절하지 않은 것을 고르시오.

① 풋 라인은 원형으로 커트되었는지 체크한다.
② 몸 전체는 엉덩이와 등선, 가슴 아래와 배 부분이 연결되었는지 깊게 빗질하여 체크한다.
③ 얼굴은 얼굴의 양쪽 측면의 길이가 서로 같은지 체크한다.
④ 꼬리는 꼬리 시작부터 꼬리 끝 부분까지 원하는 모양으로 커트되었는지 빗질하여 체크한다.
⑤ 전체적인 털의 커트 흐름에 따라서 콤을 얕게 넣어 빗질하여 표면이 고르게 커트되었는지 체크한다.

정답 ⑤

해설 콤으로 균형미를 체크하는 방법으로 전체적인 털의 커트 흐름을 고려하여 털 깊숙이 콤을 넣어 빗질하고 털의 표면이 고르게 커트되었는지 확인한다.

32

개체별 미용 스타일을 체크하는 방법으로 적절하지 않은 것을 고르시오.

① 장모종 – 털의 힘이 약하여 처지는 부분이 많으므로 힘 조절을 약하게 하여 천천히 빗질한다.
② 장모종 – 털의 결 방향을 고려하여 피모에서 털 끝부분까지 완전히 빗질하는 방법으로 체크한다.
③ 중장모종 – 더블 코트를 가진 품종이므로 피모 깊숙이 콤을 넣어 빗질하여 체크한다.
④ 중장모종 – 털의 볼륨감을 고려하여 피모와 90°를 이루도록 빗질하여 체크한다.
⑤ 권모종 – 털의 힘이 좋아서 적은 양의 털을 부분적으로 빗질하여 체크한다.

정답 ⑤

해설 권모종은 털의 힘이 좋고 웨이브가 있는 견종이므로 빗질과 커트에 좋지만, 잘못된 드라잉으로 웨이브가 생겨서 튀어나온 털이 있는지 빗질하여 체크하고, 적은 양의 빗질보다 넓게 전체적으로 빗질하여 균형미를 체크한다.

Chapter 02 염색

01 염색 준비

1 염색 전 피부 트러블 가능성 여부

피부가 예민하여 사소한 자극에 이상 반응이 있었는지, 이전에 미용이나 염색 작업 시 피부 트러블이 발생했었는지 미리 확인한다. 클리핑 후 이상 반응, 샴푸 교체 후 이상 반응, 드라이 온도에 따라 이상 반응 등 발생 여부를 확인한다.

2 염색 후 피부 트러블 확인 방법

피부가 예민하여 염색 후 이상 반응의 여부를 확인한다. 염색 후 피부가 발갛게 되거나 부었는지, 염색한 부위를 가려워하거나 계속 핥는지, 탈락한 코트가 적당량을 넘어 피부 트러블로 보이는지 등을 확인한다.

3 염색 전 털 엉킴과 오염 제거 방법

털 엉킴과 오염이 있는 상태로 염색하면 색이 얼룩지거나 염색이 안 되는 부분이 발생하므로 엉킨 털을 제거하거나 풀어내고 오염을 제거한 후 염색한다.

1) 염색 전 엉킨 털 풀기

털이 조금 엉킨 경우 간단한 브러싱이나 손가락으로 조금씩 털을 나누어서 풀어 주고, 브러싱으로 엉킨 털이 풀리지 않을 경우 엉킨 털 제거에 도움을 주는 제품을 사용하거나 가위집을 넣어서 풀어낸다.

2) 염색 전 오염 제거

간단한 브러싱으로 털어 내거나 물티슈로 닦아 낸다. 오염도가 조금 더 있을 경우 물 세척으로 씻어 내고, 오염도가 심할 경우 샴푸 목욕으로 씻어 낸다.

4 염색제

1) 일회성 염색제

1~2회 샴핑으로 제거할 수 있고, 염색 시 실수하거나 이염이 되어도 목욕으로 손쉽게 제거할 수 있다. 일반적으로 액체, 겔, 초크, 펜 타입 등이 있다.

2) 지속성 염색제

한번 염색되면 샴핑으로 제거가 어려워 반영구적이고, 털이 자라서 커트할 때까지 염색이 지속된다. 일반적으로 튜브형 겔 타입이 있다.

5 색상환

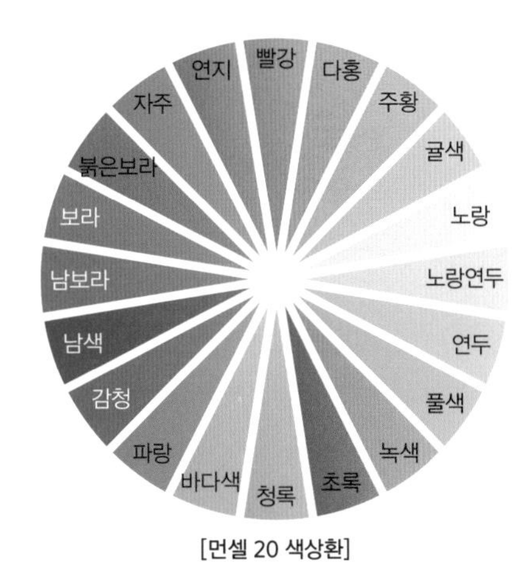

[먼셀 20 색상환]

1) 보색 대비

색상환에서 반대되는 색상끼리 배색되면 얻어지는 조화로, 색상환에서 마주 보고 있는 색상이다.

2) 유사 대비

색상환에서 근접해 있는 색상끼리 배색되면 얻어지는 조화로, 색상환에서 근접해 있는 색상이고, 투 톤 이상의 그러데이션 염색 시 유용하다.

6 이염

염색 시 염료가 염색해야 할 부위가 아닌 다른 곳에 물드는 것이다.

02 염색 작업

1 일회성 염색제

1) 튜브형 용기에 담긴 겔 타입 염색제

튜브에 들어 있고 조금씩 손가락에 짜서 사용한다. 수분감이 있어 작업 시 적은 양으로도 뭉침 없이 얇게 도포할 수 있고, 발림성과 발색력이 좋으며 작업 후 목욕으로 제거할 수 있다.

2) 분말로 된 초크형 염색제

수분을 흡수해 주고, 겔 타입과 펜 타입 염색제와 함께 사용한다. 지속성 염색제 사용 전에 초벌용으로 사용하고, 발림성과 발색력이 좋으며 작업 후 목욕으로 제거할 수 있다. 떨어뜨렸을 때 쉽게 파손되며 보관할 때 습기가 생기지 않게 뚜껑을 잘 닫아서 보관한다.

2 지속성 염색제

목욕으로 제거되지 않고 영구적이다. 튜브형 용기에 담긴 겔 타입이고, 도포 후에 제거가 어려우므로 적은 양을 도포하더라도 일회용 장갑을 꼭 착용해야 한다. 염색 부위를 제거하려면 가위로 커트해야 하고, 염색이 끝난 후에 염색제가 굳지 않도록 뚜껑을 잘 닫아서 보관한다.

3 이염 방지제

1) 이염 방지 크림

수분감이 거의 없는 크림 타입으로, 이염 방지 크림이 수분이 많으면 적용 후에 염색제를 도포할 부분까지 흘러내려서 염색 작업에 지장을 주게 된다. 염색제를 도포할 부분에 조금이라도 크림이 묻어 있으면 염색이 되지 않고, 목욕으로 제거할 수 있다.

2) 이염 방지 테이프

발, 다리, 꼬리 부위에 사용하기 편리하며, 테이프를 한 바퀴 돌려서 테이프끼리 접착시켜 사용한다. 애완동물의 털에 접착이 잘 안 되고, 물에 닿으면 쉽게 제거할 수 있다.

3) 부직포

일회성 염색이나 간단한 염색에 사용하기 좋고, 목욕이 필요 없는 염색 작업에 권장한다. 지속성 염색제 사용 시 부직포를 느슨하게 고정하면 부직포가 벗겨져 염색 작업에 지장을 준다.

4 알코올 소독 패드

탈지면에 알코올이 적셔져 있어 소독과 이물질 제거에 사용한다. 일회성 염색제 사용 시 컬러를 교체할 때 붓을 닦아 주면 위생적이다. 붓을 물로 세척할 경우 붓의 건조 시간이 필요한데 알코올 패드를 사용하면 건조 시간 없이 바로 사용할 수 있다.

5 투 톤 이상의 염색

1) 투 톤 염색

두 가지 컬러의 염색제로 한 부위에 동시에 발색한다. 피부와 가까운 부위의 컬러가 더 진하게 나오므로 피부와 가까운 곳을 더 연한 컬러로 염색한다. 염색이 오래되어도 컬러가 자연스럽고, 보색 대비보다 유사 대비 컬러의 발색이 더 좋다. 보색 대비 염색 시 경계선을 만들어 철저한 이염 방지 작업이 필요하다.

2) 그러데이션 염색

두 가지 컬러의 염색제로 한 부위에 동시에 발색한다. 두 가지 컬러 이상의 색 번짐과 겹침을 이용하고, 컬러를 자연스럽게 연결하여 발색하므로 유사 대비 컬러 사용을 권장한다. 1번 염색제와 2번 염색제의 배치 비율은 작업 전에 미리 구상한다.

3) 부분(블리치) 염색

귀, 꼬리, 발 등 염색할 부위 전체에 컬러를 입히는 것이 아니라 원하는 컬러로 조금씩 포인트를 주는 방법이다. 염색제 도포는 피부와 1cm 정도 떨어진 곳부터 시작한다. 염색 후에 컬러의 발색이 마음에 들지 않으면 염색한 털만 커트할 수 있다. 염색 전에 컬러의 발색을 미리 보기 위해 테스트용으로도 활용하고, 염색하고 싶은데 피부가 예민한 애완동물에게 적용할 수 있다.

6 염색제 도포 후 작용 시간

1) 작용 시간은 자연 건조 상태로 기다리거나 드라잉으로 가온한다. 자연 건조 상태로 기다리는 시간은 20~25분 정도이며, 드라이어로 가온하면 작용 시간을 단축할 수 있다. 염색제를 도포한 털의 양과 길이에 따라서 염색제의 작용 시간의 차이가 발생한다.
2) 드라이 작업을 거부하는 애완동물은 보정하면서 자연 건조 상태로 기다린다. 작용 시간 동안 염색 부위를 고정한 고무 밴드가 너무 조이지는 않는지 확인하고, 작용 시간이 길어지면 애완동물이 산만해지거나 염색 작업이 제대로 이루어지지 않으므로 옆에서 계속 지켜보면서 보정한다.

7 염색 도구 준비

1) 블로펜

일회성 염색제로, 펜을 입으로 불어서 사용한다. 분사량과 분사 거리에 따라 발색력이 다르므로 염색 전에 분사량과 분사 거리를 미리 연습한다. 염색 후 목욕으로 제거할 수 있고, 털 길이가 긴 애완동물에게 적용 가능하다.

2) 초크

3) 페인트펜

일회성 염색제로, 펜 타입으로 원하는 부위에 정교한 작업이 가능하다. 발림성과 발색력이 좋고, 사용이 편리하여 초보자가 빠른 시간에 익숙해지고, 염색 후 목욕으로 제거할 수 있다.

4) 글리터 젤

장식용 반짝이로, 반짝이를 사용하여 장식할 경우 쉽게 활용할 수 있는 젤 타입이다. 사용할 때 반짝이 가루의 날림을 줄이고 접착력이 있는 것이 특징이다.

8 스탬프 효과

1) 스탬프

고무 도장에 잉크를 도포해서 찍는 작업이다. 예 우체국 엽서에 찍는 도장, 커피 숍 쿠폰에 찍는 도장 등

2) 스텐실

도안을 만들어 오려 낸 후 오려 낸 자리에 물감을 칠하고 그림을 완성 후에 도안지를 떼어 내는 작업이다.

3) 도안지

물감에 흡수되지 않는 코팅된 종이로, 초기 작업 시 너무 정교하지 않은 간단한 그림을 활용한다. 도안지 고정이 잘 되어야 깔끔한 그림을 그릴 수 있다.

9 장식

염색 작업 후 구슬 진주, 반쪽 진주, 리본 등으로 목걸이와 핀을 만들어 장식하고, 다양한 컬러의 인디언 깃털로 고급스럽게 연출할 수 있다. 애완동물의 이름을 넣어 만든 액세서리 핀을 이름표로 활용할 수 있다.

03 염색 마무리

1 염색 작업 후 안정적인 목욕 방법

1) 귀 세척

한 손으로 물이 귓속에 들어가지 않게 계속 보정한다. 물이 흐르는 상태에서 귀 안쪽이 보이게 뒤집지 않는다. 물소리가 너무 크면 애완동물이 놀랄 수 있다.

2) 꼬리 세척

꼬리를 흔들거나 올리면 다른 부위에 이염되므로 꼬리 끝을 욕조 바닥으로 향하게 한다. 항문 부위는 애완동물이 놀라지 않게 조심스럽게 천천히 샤워기를 대고, 항문 속으로 이물질이 들어가지 않게 한다.

3) 발과 다리 세척

발바닥이 모두 지면에 닿은 상태에서 시작한다. 발바닥을 지면에서 뗄 때 천천히 올리고, 발을 하나씩 천천히 세척하고, 발바닥과 발가락 사이를 아프지 않게 부드럽게 마사지한다.

4) 볼 세척

물티슈를 사용할 때는 털이 한 올씩 당기지 않게 한꺼번에 부드럽게 닦아 낸다. 물을 이용할 때는 부드러운 천으로 조금만 적셔서 닦아 낸다.

2 염색 작업 후 샴핑

세척 후 염색제 찌꺼기가 남아 있을 때, 이염 방지제를 지나치게 많이 사용했을 때, 염색 과정에서 이물질이 묻었을 때 등 샴핑이 필요하다.

3 염색 작업 후 린싱

샴핑 후 털이 거칠 때, 염색제가 제거되지 않아 여러 번 샴핑했을 때, 물로 세척한 후에 털이 거칠 때 등 린싱이 필요하다.

4 영양 보습제

건조하고 푸석한 피모에 영양과 수분 공급, 손상된 코트에 영양 공급, 피모의 정전기 방지 등에 사용한다. 애완동물의 미용 또는 염색 작업 전후에 피모 상태에 따라 제품 타입을 선택하고 사용한다. 제품별 향의 정도가 조금씩 다르므로 취향에 따라 제품을 선택한다.

1) 크림 타입

피모가 많이 건조한 애완동물에게 효과적이다. 목욕과 타월링 후에 수분이 남아 있는 상태에서 고르게 펴서 발라 주거나 드라잉 후에 건조된 상태에서 발라 준다. 평소에 피모가 심하게 건조하면 매일 발라 주고 브러싱한다.

2) 로션 타입

크림보다 수분 함량이 많아 발림성이 좋고, 목욕과 드라잉 후에 발라 준다. 피모에 수분이 없어도 흡수가 빠르다. 1일 2~3회 발라 주어도 부담이 없고, 바른 후에 브러싱한다.

3) 액상 타입

시중에 액상 타입으로 스프레이가 많고, 수시로 분사해서 털의 엉킴과 정전기를 방지한다. 미용 전후에 가볍게 많이 사용하는 타입으로, 애완동물의 건조한 피모에 수시로 분사한다.

5 염색제 컬러의 발색

1) 발색은 염색제 고유 컬러를 두드러지게 잘 나타내는 정도로, 유색 털보다 하얀색 털의 발색이 효과적이고, 억센 털보다 부드러운 털에 효과적이다.
2) 컬러의 발색력 최대치는 이염되거나 오염되지 않은 선명한 컬러이다. 브러싱, 샴핑, 꼼꼼한 드라이 작업 등을 해 주면 발색에 도움이 된다. 컬러의 발색력을 높이려면 염색 작업 시 염색제 용량과 염색제 도포 후 소요 시간, 염색제 세척 방법 등을 기준치에 맞춰야 한다.
3) 염색제는 피부에서 멀리 있는 털의 경우 용량을 늘려 도포한다. 염색제 세척 작업 시 물의 온도가 높으면 염색제의 컬러가 쉽게 빠지므로 물의 온도를 목욕할 때보다 조금 낮게 한다.

Chapter 02 염색 출제 예상 문제

01

염색 작업 전에 피부 트러블 가능성을 확인하는 방법으로 적절하지 않은 것을 고르시오.

① 피부가 예민하여 사소한 자극에 이상 반응이 있었는지 미리 확인한다.
② 미용이나 염색 작업 시 피부 트러블이 발생한 적이 있었는지 확인한다.
③ 클리핑 후 이상 반응이 있었는지 확인한다.
④ 샴푸 교체 후 이상 반응이 있었는지 확인한다.
⑤ 드라이어 바람의 방향에 따라 이상 반응이 있었는지 확인한다.

정답 ⑤
해설 피부 트러블 가능성 여부를 확인할 때 드라이어 바람의 방향이 아니라 드라이어 온도에 따라 이상 반응이 있었는지 확인한다.

02

염색 작업 후에 피부 트러블 확인 방법으로 적절하지 않은 것을 고르시오.

① 피부가 예민하여 이상 반응이 있는지 확인한다.
② 피부가 발갛게 되거나 부었는지 확인한다.
③ 염색한 부위를 가려워하거나 계속 핥는지 확인한다.
④ 탈락한 코트가 적당량을 넘어 피부 트러블로 보이는 상태인지 확인한다.
⑤ 타월링할 때 타월에 염색제가 묻어 나오는지 확인한다.

정답 ⑤
해설 타월에 염색제가 묻어 나오는지 확인하는 방법은 피부 트러블이 아니라 염색 마무리 단계에서 염색 상태의 점검 및 확인하는 방법이다.

03

염색 준비 단계에서 주의 사항으로 적절하지 않은 것을 고르시오.

① 애완동물이 작업 테이블에서 뛰어내리지 않도록 보정한다.
② 애완동물이 염색제와 새로운 도구를 접할 때 새로운 작업에 두려워할 수 있으므로 주의한다.
③ 애완동물의 피모 상태를 체크할 때 공격성이 있는 동물에게 물리지 않도록 주의한다.
④ 염색 전처리 작업을 할 때 애완동물의 피모에 손상이 가지 않도록 주의한다.
⑤ 염색제를 세척할 때 물의 온도는 너무 높지 않게 주의한다.

정답 ⑤
해설 염색제 세척은 염색 준비 단계가 아니라 염색 마무리 단계에서의 주의 사항이다.

04

염색 준비 단계에서 부위별 피모 상태를 확인하는 방법으로 적절하지 않은 것을 고르시오.

① 귀 – 귀 안쪽에 이물질, 부어오름, 상처 등이 있는지 확인한다.
② 꼬리 – 심하게 물어뜯은 흔적, 딱지나 상처가 있는지 확인한다.
③ 꼬리 – 집중적으로 털이 많은 부위가 있는지 확인한다.
④ 발과 다리 – 발가락과 패드가 부어 있거나 상치기 있는지 확인한다.
⑤ 볼과 주둥이 – 혀가 염색 부위에 닿는지 확인한다.

정답 ③
해설 염색 준비 단계에서 부위별 피모 상태를 확인할 때 집중적으로 털이 없는 부위가 있는지 확인한다.

05

염색제에 대한 설명으로 적절하지 않은 것을 고르시오.

① 일회성 염색제 – 1~2회 샴핑으로 제거할 수 있다.

② 일회성 염색제 – 이염되면 목욕으로 제거가 어렵다.

③ 일회성 염색제 – 일반적으로 액체, 겔, 초크, 펜 타입 등이 있다.

④ 지속성 염색제 – 한번 염색되면 샴핑으로 제거가 어려워 반영구적이다.

⑤ 지속성 염색제 – 일반적으로 튜브형 겔 타입이다.

정답 ②

해설 일회성 염색제는 염색 작업 시 실수를 하거나 이염이 되어도 목욕으로 손쉽게 제거할 수 있다.

06

염색제를 사용할 때 보색 대비와 유사 대비에 대한 설명으로 적절하지 않은 것을 고르시오.

① 보색 대비 – 노랑과 남색이다.

② 보색 대비 – 색상환에서 반대되는 색상끼리 배색한다.

③ 유사 대비 – 빨강과 청록이다.

④ 유사 대비 – 색상환에서 근접해 있는 색상끼리 배색한다.

⑤ 유사 대비 – 투 톤 이상의 그러데이션 염색 작업 시 사용한다.

정답 ③

해설 빨강과 청록은 보색 대비이다.

07

염색 재료를 준비할 때 주의 사항으로 적절하지 않은 것을 고르시오.

① 염색제는 유통 기한이 지나지 않았는지 확인한다.

② 초크 염색제는 떨어지면 쉽게 파손되기 때문에 주의한다.

③ 튜브형 염색제는 용기가 쉽게 손상되지 않으므로 사용이 간편하다.

④ 지속성 염색제를 사용 시 작업자의 피부에 묻지 않게 작업복과 일회용 장갑을 착용한다.

⑤ 종 특성을 파악하여 염색제 적용이 가능한 동물에게만 실시한다.

정답 ③

해설 튜브형 염색제는 용기가 쉽게 손상될 수 있으므로 주의한다.

08

염색 재료를 준비할 때 설명으로 적절하지 않은 것을 고르시오.

① 작업복은 염색제가 이염되지 않는 원단을 사용한다.

② 작업복은 작업자의 피부나 다른 곳에 묻지 않게 알맞은 사이즈를 착용한다.

③ 일회용 장갑은 한 개만 준비한다.

④ 애완동물에게 유해하지 않은 염색제를 준비한다.

⑤ 작업할 염색제의 매뉴얼을 숙지한다.

정답 ③

해설 일회용 장갑은 여유 있게 준비한다.

09

이염 방지 작업에 대한 설명으로 적절하지 않은 것을 고르시오.

① 이염 방지제를 사용한다.

② 염색 부위에 정확한 경계선을 나누고 테이핑 작업을 한다.

③ 염색을 방지할 부분에 적당한 크기의 부직포를 씌운다.

④ 염색제가 염색하지 않을 털에 도포되면 염색되기 전에 빠르게 산성 성분의 샴푸로 여러 번 닦아 낸다.

⑤ 테이프는 애완동물의 피부에 자극이 덜하고 접착력이 약한 종이 테이프를 사용한다.

정답 ④

해설 염색제가 염색하지 않을 털에 도포되었을 때 염색되기 전에 빠르게 알칼리 성분의 샴푸를 적당량 바르고 여러 번 닦아 낸다.

10

튜브형 겔 타입 염색제에 대한 설명으로 적절하지 않은 것을 고르시오.

① 튜브에 들어 있으며 조금씩 손가락에 짜서 사용할 수 있다.

② 수분감이 있어서 적은 양으로도 뭉침 없이 얇게 도포할 수 있다.

③ 발림성과 발색력이 좋다.

④ 작업 후 목욕으로 제거할 수 있다.

⑤ 떨어뜨렸을 때 쉽게 파손된다.

정답 ⑤

해설 튜브형 겔 타입 염색제는 떨어뜨렸을 때 쉽게 파손되지 않고, 분말로 된 초크형 염색제는 떨어뜨렸을 때 쉽게 파손된다.

11

분말로 된 초크형 염색제에 대한 설명으로 적절하지 않은 것을 고르시오.

① 수분을 흡수하며 겔 타입과 펜 타입 염색제와 함께 사용한다.

② 지속성 염색제 사용 전에 초벌용으로 사용한다.

③ 발림성과 발색력이 안 좋고 작업 후 목욕으로 제거할 수 있다.

④ 떨어뜨렸을 때 쉽게 파손된다.

⑤ 습기가 생기지 않게 뚜껑을 잘 닫아서 보관한다.

정답 ③

해설 분말로 된 초크형 염색제는 발림성과 발색력이 좋다.

12

지속성 염색제에 대한 설명으로 적절하지 않은 것을 고르시오.

① 목욕으로 제거되지 않고 영구적이다.

② 튜브형 용기에 담긴 겔 타입이다.

③ 적은 양을 도포하더라도 일회용 장갑을 꼭 착용해야 한다.

④ 염색 부위를 제거하려면 물티슈로 닦아 낸다.

⑤ 염색 후 염색제가 굳지 않게 뚜껑을 잘 닫아서 보관한다.

정답 ④

해설 지속성 염색제는 염색 부위를 제거하려면 가위로 커트한다.

13

이염 방지제에 대한 설명으로 적절하지 않은 것을 고르시오.

① 이염 방지제 - 염색할 부위가 아닌 다른 부위에 염색되는 것을 방지한다.
② 이염 방지 크림 - 수분감이 거의 없는 크림 타입이다.
③ 이염 방지 크림 - 목욕으로 제거가 불가능하다.
④ 이염 방지 테이프 - 발, 다리, 꼬리 부위에 사용이 편리하다.
⑤ 부직포 - 일회성 염색, 간단한 염색에 사용한다.

정답 ③
해설 이염 방지 크림은 목욕으로 제거할 수 있다.

14

이염 방지제와 알코올 소독 패드에 대한 설명으로 적절하지 않은 것을 고르시오.

① 알코올 소독 패드 - 탈지면에 알코올이 적셔져 있어서 소독과 이물질 제거에 사용한다.
② 알코올 소독 패드 - 일회성 염색제 사용 시 컬러를 교체할 때 붓을 닦아 주면 위생적이다.
③ 알코올 소독 패드 - 물로 붓을 세척하는 것에 비해 건조 시간 없이 바로 붓을 사용할 수 있다.
④ 이염 방지 크림 - 수분감이 많은 크림 타입이다.
⑤ 이염 방지 테이프 - 애완동물의 털에 접착이 잘 안 된다.

정답 ④
해설 이염 방지 크림은 수분감이 거의 없는 크림 타입이다.

15

염색 작업을 할 때 주의 사항으로 적절하지 않은 것을 고르시오.

① 고정 과정에서 애완동물이 불편해하면 작용 시간 동안 이염 가능성이 있으므로 주의한다.
② 테이프를 너무 당기면 애완동물이 불편해할 수 있으므로 주의한다.
③ 고무 밴드를 너무 당기면 염색제를 도포한 부위에 피가 안 통할 수 있으므로 주의한다.
④ 애완동물이 염색 작업으로 인한 스트레스로 사나워지거나 우울해질 수 있으므로 주의한다.
⑤ 염색제 도포 전에 드라잉과 브러싱이 적어야 염색제 발색이 잘 된다.

정답 ⑤
해설 염색제 도포 전에 드라이 작업과 브러싱이 잘 되어 있어야 염색제 도포와 발색이 잘 된다.

16

귀를 염색하는 방법으로 적절하지 않은 것을 고르시오.

① 염색할 귀를 전처리 작업하고 브러싱하여 준비한다.
② 염색 전에 귀 털을 뽑고, 귀를 세정한다.
③ 일회성 염색제는 이염 방지를 위하여 부직포를 사용한다.
④ 염색제 도포 후에 드라잉과 초크를 함께 사용하면 수분 증발이 빠르다.
⑤ 염색용 초크는 염색제와 같은 색상을 사용하고, 같은 색상이 없을 때 흰색 초크를 사용한다.

정답 ②
해설 애완동물의 귀는 예민하기 때문에 염색 작업을 하기 전에 귀 털 뽑기와 귀 세정을 하면 머리를 흔들거나 귀를 털 수 있으므로 염색 작업이 끝난 후에 할 것을 권장한다.

17

귀를 염색하는 작업 순서로 가장 적절한 것으로 고르시오.

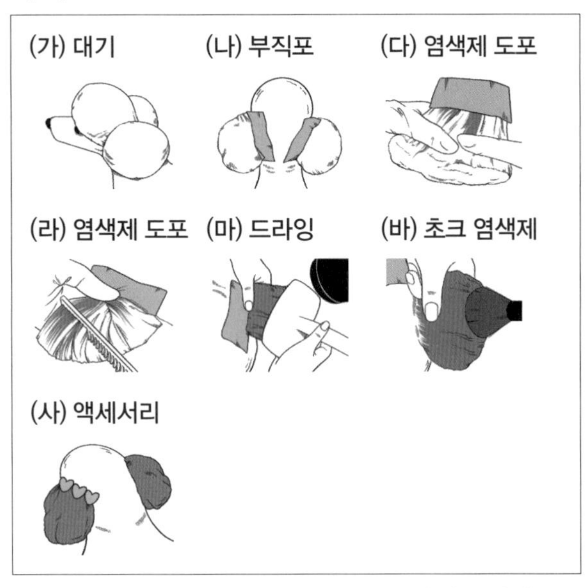

① (가) – (나) – (다) – (라) – (마) – (바) – (사)
② (가) – (나) – (라) – (다) – (마) – (바) – (사)
③ (가) – (나) – (다) – (라) – (바) – (마) – (사)
④ (가) – (나) – (라) – (다) – (바) – (마) – (사)
⑤ (가) – (나) – (다) – (마) – (라) – (바) – (사)

정답 ①

해설 (가) 애완동물의 긴장을 풀어 주고 바른 자세로 대기한다. (나) 귀 주변의 다른 부위의 이염 방지를 위해 부직포를 적당한 크기로 자르고 가운데 부분에 가위집을 내어 귀뿌리 부분에 씌운다. (다) 귀뿌리에 씌운 부직포가 움직이지 않게 보정하는 손으로 고정하고 염색제를 손가락으로 뭉치지 않게 조금씩 문질러 가며 도포한다. (라) 콤으로 빗질하면서 잘 보이지 않는 안쪽에 있는 털까지 꼼꼼하게 도포한다. (마) 도포 후에 염색제가 뭉쳐져 있거나 수분을 제거하기 위해 브러싱하면서 드라이 작업을 한다. (바) 남아 있는 수분은 초크 염색제를 함께 사용하여 제거하고 마무리한다. (사) 수분을 제거한 후 브러싱과 빗질로 마무리한 후 좌우 밸런스를 확인하고 액세서리로 장식한다.

18

다음 그림이 나타내는 꼬리 염색 과정에 대한 설명으로 가장 적절한 것을 고르시오.

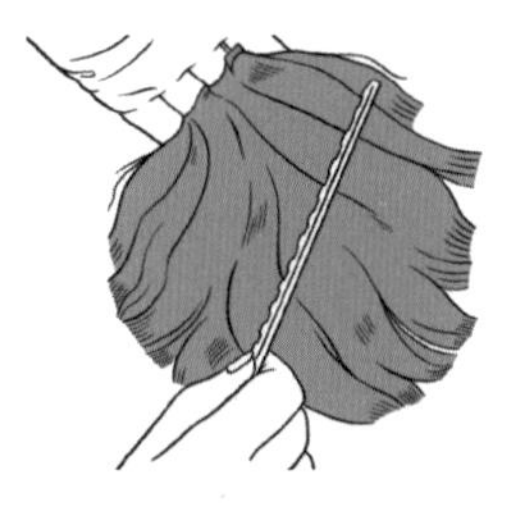

① 염색할 부위의 경계선을 나눈다.
② 초크 염색제를 사용하여 수분을 제거한다.
③ 염색제가 골고루 잘 도포되었는지 확인한다.
④ 이염 방지를 위하여 종이 테이프로 감아 준다.
⑤ 손가락으로 조금씩 넓게 펴서 문지른다.

정답 ③

해설 염색제가 골고루 잘 도포되었는지 콤으로 확인한다.

19

지속성 염색제로 귀를 염색할 때 설명으로 적절하지 않은 것을 고르시오.

① 이염 방지제는 면봉 또는 손가락으로 도포할 수 있다.
② 드라이어로 가온하면 염색 작업 시간을 단축할 수 있다.
③ 드라이 작업을 할 때 시원한 바람으로 염색 부위를 만지면서 작업한다.
④ 알루미늄 포일로 감싸고 고무 밴드로 고정한 후 20분 동안 자연 건조 한다.
⑤ 고무 밴드는 피부에 사극을 주지 않고 조이지 않게 고정한다.

정답 ③

해설 드라이 작업을 할 때 따뜻한 바람으로 계속 염색 부위를 만지면서 온도를 확인한다.

20

지속성 염색제로 꼬리를 염색할 때 설명으로 적절하지 않은 것을 고르시오.

① 피부와 가까운 부위는 체온 때문에 염색 속도가 빠르다.
② 피부와 먼 부위는 염색제를 적게 도포한다.
③ 전체적으로 같은 양의 염색제를 도포하고 작용 시간이 같으면 피부에서 먼 부위는 연하게 발색된다.
④ 알루미늄 포일로 감싸고 고무 밴드로 고정 후 20분 동안 자연 건조 한다.
⑤ 염색제 도포 후 이염 방지를 위해 알루미늄 포일로 감싼다.

정답 ②
해설 피부와 먼 부위는 염색제를 더 많이 도포한다.

21

투 톤 염색에 대한 설명으로 적절하지 않은 것을 고르시오.

① 두 가지 컬러의 염색제로 한 부위에 동시에 발색한다.
② 피부와 가까운 부위는 피부와 먼 부위보다 더 연한 컬러로 염색한다.
③ 염색이 오래되면 컬러가 자연스럽다.
④ 보색 대비 컬러의 발색이 유사 대비보다 더 좋다.
⑤ 보색 대비 염색은 경계선을 만들어 철저한 이염 방지 작업이 필요하다.

정답 ④
해설 보색 대비보다는 유사 대비 컬러의 발색에 더 좋다.

22

그러데이션 염색에 대한 설명으로 옳은 것을 고르시오.

① 두 가지 컬러의 염색제로 한 부위에 동시에 발색하고 두 가지 컬러 이상의 색 번짐과 겹침을 이용한다.
② 보색 대비 컬러의 활용을 권장한다.
③ 귀, 꼬리, 발 전체가 아닌 부분적으로 원하는 컬러로 조금씩 포인트를 주는 방법이다.
④ 1번 염색제와 2번 염색제의 배치 비율은 작업 중에 결정한다.
⑤ 염색 작업 후 컬러의 발색이 마음에 안 들면 염색한 털만 커트 가능하다.

정답 ①
해설 그러데이션 염색은 유사 대비 컬러를 사용하고, 1번 염색제와 2번 염색제의 배치 비율은 작업 전에 미리 구상한다. 그 외는 부분(블리치) 염색에 대한 설명이다.

23

블리치 염색에 대한 설명으로 적절하지 않은 것을 고르시오.

① 염색제 도포 시 피부와 1cm 정도 떨어진 곳부터 시작한다.
② 염색 후 컬러의 발색이 마음에 안 들면 염색한 털만 커트할 수 있다.
③ 염색 전에 컬러의 발색을 미리 보기 위한 테스트가 가능하다.
④ 피부가 예민한 애완동물에게 권장하지 않는다.
⑤ 염색을 할 부위 전체가 아닌 부분적으로 원하는 컬러로 조금씩 포인트를 주는 방법이다.

정답 ④
해설 부분(블리치) 염색은 피부가 예민한 애완동물에게 이용하면 좋다.

24

염색제 작용 시간에 대한 설명으로 적절하지 않은 것을 고르시오.

① 염색제 도포 후 작용 시간에 자연 건조하거나 드라이잉으로 가온할 수 있다.
② 자연 건조 상태로 기다리는 시간은 10~15분 정도이다.
③ 염색제가 도포된 털의 양과 길이에 따라서 작용 시간이 다르다.
④ 드라이 작업을 거부하는 애완동물은 보정하고 자연 건조 한다.
⑤ 작용 시간 동안 염색 부위를 고정한 고무 밴드가 너무 조이지 않는지 확인한다.

정답 ②
해설 자연 건조 상태로 기다리는 시간은 20~25분 정도이다.

25

다음 그림이 설명하는 염색 방법을 고르시오.

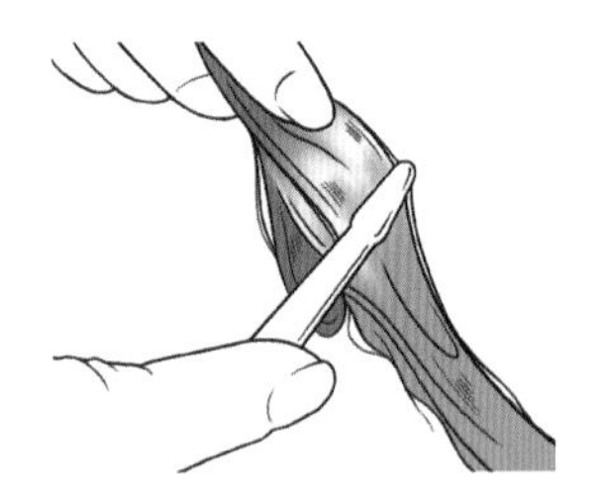

① 부분 염색
② 그러데이션 염색
③ 투톤 염색
④ 블로펜
⑤ 초크

정답 ②
해설 그러데이션 염색 과정의 일부로써 한 손으로 보정하고 1번과 2번 염색제를 모두 도포한 후 1cm 띄워 두었던 중간 부분을 1번과 2번 염색제를 섞어 가며 도포한다.

26

블로펜에 대한 설명으로 적절하지 않은 것을 고르시오.

① 일회성 염색제이며 펜을 입으로 불어서 사용한다.
② 분사량과 분사 거리에 따라 발색력이 다르다.
③ 작업 전에 분사량과 분사 거리를 미리 연습한다.
④ 펜 타입으로 원하는 부위에 정교한 작업이 가능하다.
⑤ 염색 후 목욕으로 제거할 수 있다.

정답 ④
해설 페인트펜은 펜 타입으로 원하는 부위에 정교한 작업이 가능하다.

27

염색 도구에 대한 설명으로 적절하지 않은 것을 고르시오.

① 블로펜 – 분사량과 분사 거리에 따라 발색력이 다르다.
② 페인트펜 – 원하는 부위에 정교한 작업이 가능하다.
③ 페인트펜 – 발림성과 발색력이 좋지 않다.
④ 글리터 젤 – 반짝이를 장식할 때 쉽게 활용 가능한 젤 타입이다.
⑤ 글리터 젤 – 반짝이 가루의 날림을 줄이고 접착력이 있는 것이 특징이다.

정답 ③
해설 페인트펜은 발림성과 발색력이 좋다.

28

염색 도구에 대한 설명으로 적절하지 않은 것을 고르시오.

① 블로펜 – 지속성 염색제이다.
② 페인트펜 – 초보자가 빠른 시간에 익숙해지며 염색 후 목욕으로 제거할 수 있다.
③ 스템프 – 고무 도장에 잉크를 도포해서 찍는 작업이다.
④ 스텐실 – 도안을 오려 낸 후 오려 낸 자리에 물감을 칠하고 도안지를 떼어 내는 작업이다.
⑤ 블로펜 – 염색 후 목욕으로 제거할 수 있다.

정답 ①
해설 블로펜은 일회성 염색제이다.

29
다음 그림의 염색 도구에 대한 설명으로 적절하지 않은 것을 고르시오.

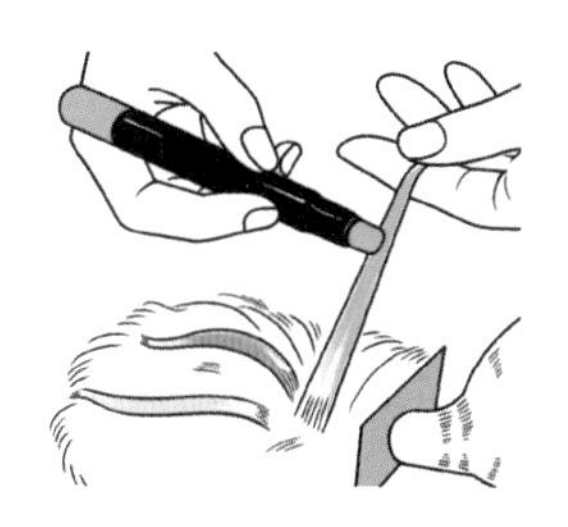

① 일회성 염색제이다.
② 원하는 부위에 정교한 작업이 가능하다.
③ 발림성과 발색력이 좋다.
④ 초보자가 익숙해지는 데 많은 시간이 걸린다.
⑤ 염색 후 목욕으로 제거할 수 있다.

정답 ④
해설 페인트펜으로 일회성 염색제이며 펜 타입이어서 원하는 부위에 정교한 작업이 가능하다. 발림성과 발색력이 좋고 사용이 편리해서 초보자도 빠른 시간에 익숙해지며 작업 후 목욕으로 제거할 수 있다.

30
염색제 세척에 대한 설명으로 적절하지 않은 것을 고르시오.
① 귀는 물이 흐르는 상태에서 귀 안쪽이 보이도록 뒤집어서 세척한다.
② 꼬리는 꼬리 끝을 욕조 바닥으로 향하게 하여 세척한다.
③ 발과 다리는 발바닥이 모두 지면에 닿은 상태에서 시작한다.
④ 볼은 물티슈를 사용하여 한꺼번에 부드럽게 닦아낸다.
⑤ 이염 방지제를 지나치게 많이 사용했다면 샴핑이 필요하다.

정답 ①
해설 귀를 세척할 때 귓속에 물이 들어가지 않게 한 손은 계속 보정한다. 물이 흐르는 상태에서 귀 안쪽이 보이게 뒤집지 않는다. 물소리가 너무 크게 들리면 애완동물이 놀랄 수 있다.

31
영양 보습제에 대한 설명으로 적절하지 않은 것을 고르시오.
① 크림 타입은 피모가 많이 건조한 애완동물에게 효과적이다.
② 크림 타입은 평소 피모가 심하게 건조하면 매일 발라 주고 브러싱한다.
③ 로션 타입은 크림 타입보다 발림성이 좋지 않다.
④ 로션 타입은 피모에 수분기가 없어도 흡수력이 빠르다.
⑤ 액상 타입은 스프레이가 많으며 수시로 분사하여 털의 엉킴과 정전기를 방지한다.

정답 ③
해설 로션 타입은 크림보다 수분 함량이 많아서 발림성이 좋다.

32
염색제 컬러의 발색에 대한 설명으로 적절하지 않은 것을 고르시오.
① 발색은 염색제 고유의 컬러가 두드러지게 잘 나타내는 정도이다.
② 유색 털보다 하얀색 털에 효과적이다.
③ 억센 털보다 부드러운 털에 효과적이다.
④ 브러싱, 샴핑, 드라잉은 컬러 발색에 도움이 된다.
⑤ 발색력이 최대가 되려면 염색제 세척 시 물 온도를 목욕 때와 같게 한다.

정답 ⑤
해설 염색제 세척 시 물의 온도가 높으면 염색제의 컬러가 쉽게 빠지므로 물의 온도는 목욕할 때보다 조금 낮게 한다.

성공은 부단하게 반복된
작은 노력의 합산이다.

괴테

2급

[2급] 시험 대비

실전 모의고사

2급 실전 모의고사 1회

50문항 60분

01
아래의 설명이 나타내는 머리 부분의 견체 용어로 가장 적절한 것을 고르시오.

주둥이가 뾰족하고 약한 느낌의 얼굴

① 블로키 헤드(blocky head)
② 밸런스트 헤드(balanced head)
③ 스니피 페이스(snipey face)
④ 페어 셰이프트 헤드(pear-shaped head)
⑤ 플랫 스컬(flat skull)

02
아래의 설명이 나타내는 머리 부분의 견체 용어로 가장 적절한 것을 고르시오.

스컬 중앙에서 스톱 방향으로 세로로 가로지르는 이마 부분의 주름

① 퍼로(furrow)
② 옥시풋(occiput)
③ 몰레라(molera)
④ 노즈 브리지(nose bridge)
⑤ 크라운(crown)

03
애플 헤드를 가진 견종으로 가장 적절한 것을 고르시오.
① 보스턴 테리어(Boston Terrier)
② 고든 세터(Gordon Setter)
③ 치와와(Chihuahua)
④ 살루키(Saluki)
⑤ 베들링턴 테리어(Bedlington Terrier)

04
에어데일 테리어 견종이 가진 머리 형태로 가장 적절한 것을 고르시오.
① 스니피 페이스(snipey face)
② 애플 헤드(apple head)
③ 블로키 헤드(blocky head)
④ 밸런스트 헤드(balanced head)
⑤ 플랫 스컬(flat skull)

05
라운드 아이를 가진 견종으로 가장 적절한 것을 고르시오.
① 몰티즈(Maltese)
② 저먼 셰퍼드(German Shepherd)
③ 도베르만 핀셔(Doberman Pinscher)
④ 푸들(Poodle)
⑤ 아프간 하운드(Afghan Hound)

06
아프간 하운드 견종이 가진 눈 형태로 가장 적절한 것을 고르시오.
① 라운드 아이(round eye)
② 아몬드 아이(almond eye)
③ 오벌 아이(oval eye)
④ 트라이앵귤러 아이(triangular eye)
⑤ 차이나 아이(china eye)

07
견체 용어 중에서 입에 대한 설명으로 적절하지 않은 것을 고르시오.
① 결치 – 선천적으로 정상 치아 수에 비해 치아 수가 없는 것이다.
② 과리치 – 표준 치아 수보다 많은 것이다.
③ 손상치 – 후천적으로 파손된 치아이다.
④ 실치 – 후천적으로 상실한 치아이다.
⑤ 리피(lippy) – 위턱의 앞니가 아래턱 앞니보다 전방으로 돌출되어 맞물린 것이다.

08
아래의 설명이 나타내는 견체 용어로 가장 적절한 것을 고르시오.

아래턱 앞니가 위턱 앞니보다 앞쪽으로 돌출되어 맞물린 것

① 언더숏(undershot)
② 오버숏(overshot)
③ 이븐 바이트(even bite)
④ 스니피 머즐(snipey muzzle)
⑤ 시저스 바이트(scissors bite)

09
개의 치아에 대한 설명으로 적절하지 않은 것을 고르시오.
① 유치 – 총 24개이다.
② 유치 – 생후 6주 정도에 모두 완성된다.
③ 영구치 – 총 42개이다.
④ 영구치 – 총 42개 중에 윗니 20개, 아랫니 22개이다.
⑤ 영구치 – 절치, 견치, 전구치, 후구치로 구성된다.

10
견체 용어 중에서 입에 대한 설명으로 적절하지 않은 것을 고르시오.
① 라이 마우스 – 뒤틀려 삐뚤어진 입이다.
② 시저스 바이트 – 아래턱 앞니가 위턱 앞니보다 앞쪽으로 돌출되어 맞물린 상태이다.
③ 플루즈 – 늘어진 윗입술이다.
④ 템퍼치 – 고열에 의해 변색된 치아이다.
⑤ 쿠션 – 윗입술이 두껍고 풍만한 것이다.

11
아래의 설명이 나타내는 코에 대한 견체 용어로 가장 적절한 것을 고르시오.

주둥이를 둘러싼 흰색의 띠를 이룬 반점

① 노즈 밴드(nose band)
② 더들리 노즈(dudley nose)
③ 로만 노즈(roman nose)
④ 버터플라이 노즈(butterfly nose)
⑤ 프레시 노즈(fresh nose)

12
코에 대한 견체 용어로 적절하지 않은 것을 고르시오.
① 노즈 브리지(nose bridge) – 스톱에서 코까지 주둥이 면이다.
② 더들리 노즈(dudley nose) – 색소가 부족한 살빛의 코이다.
③ 로만 노즈(roman nose) – 매부리코이다.
④ 리버 노즈(liver nose) – 간장색 코이다.
⑤ 프레시 노즈(fresh nose) – 검은색 코이다.

13
아래의 설명이 나타내는 귀에 대한 견체 용어로 가장 적절한 것을 고르시오.

아래로 늘어진 귀

① 드롭 이어(drop ear)
② 로즈 이어(rose ear)
③ 배트 이어(bat ear)
④ 버터플라이 이어(butterfly ear)
⑤ 버튼 이어(button ear)

14

견체 용어 중에서 귀에 대한 설명으로 적절하지 않은 것을 고르시오.

① 로즈 이어(rose ear) – 귀를 세우기 위해 자른 귀이다.
② 배트 이어(bat ear) – 귀 아랫부분이 넓고 박쥐 날개처럼 둥글게 선 귀이다.
③ 버터플라이 이어(butterfly ear) – 긴 장식 털에 서 있는 나비 모양의 귀이다.
④ 버튼 이어(button ear) – 아래 부위는 직립해 있고 귓불이 앞쪽으로 접혀 늘어진 귀이다.
⑤ 벨 이어(bell ear) – 끝이 둥근 벨과 같은 형태의 둥근 귀이다.

15

파피용 견종이 가진 귀 형태로 가장 적절한 것을 고르시오.

① 필버트형 이어(filbert-shaped ear)
② 버터플라이 이어(butterfly ear)
③ 캔들 프레임 이어(candle flame ear)
④ 크롭트 이어(cropped ear)
⑤ 펜던트 이어(pendant ear)

16

견종별 귀 형태로 적절하지 않은 것을 고르시오.

① 바셋 하운드(Basset Hound) – 드롭 이어(drop ear)
② 잉글리시 토이 테리어(English Toy Terrier) – 로즈 이어(rose ear)
③ 프렌치 불독(French Bulldog) – 배트 이어(bat ear)
④ 파피용(Papillon) – 버터플라이 이어(butterfly ear)
⑤ 베들링턴 테리어(Bedlington Terrier) – 필버트형 이어(filbert-shaped ear)

17

견체 용어 중에서 몸통에 대한 설명으로 적절하지 않은 것을 고르시오.

① 듀클로(dewclaw) – 며느리발톱
② 로인(loin) – 엉덩이
③ 립케이지(ribcage) – 흉곽
④ 백라인(backline) – 등선
⑤ 위더스(withers) – 기갑

18

아래의 설명이 나타내는 몸통에 대한 견체 용어로 가장 적절한 것을 고르시오.

등이 낮고 몸통이 굵어 무거운 느낌

① 보시(bossy)
② 비피(beefy)
③ 위디(weedy)
④ 코비(cobby)
⑤ 클로디(cloddy)

19

견체의 등선을 좌측면에서 목 뒤부터 네 등분하여 나눌 때 그 순서로 가장 적절한 것을 고르시오.

(가) 위더스(withers)	(나) 로인(loin)
(다) 크루프(croup)	(라) 백(back)

① (가) – (나) – (다) – (라)
② (가) – (다) – (나) – (라)
③ (가) – (나) – (라) – (다)
④ (가) – (다) – (라) – (나)
⑤ (가) – (라) – (나) – (다)

20

견체의 체고(몸 높이)를 측정할 때 기준이 되는 신체 부위로 가장 적절한 것을 고르시오.

① 옥시풋(occiput)
② 머즐(muzzle)
③ 크루프(croup)
④ 위더스(withers)
⑤ 엘보우(elbow)

21

견체의 체장(몸 길이)을 측정할 때 흉골단과 함께 기준이 되는 신체 부위로 가장 적절한 것을 고르시오.

① 꼬리(tail)

② 비절(hock)

③ 좌골단(point of buttocks)

④ 무릎(stifle)

⑤ 대퇴(upper thigh)

22

견체 용어 중에서 다리에 대한 설명으로 적절하지 않은 것을 고르시오.

① 보우드 프런트(bowed front) – 활처럼 팔꿈치가 바깥쪽으로 굽은 안짱다리이다.

② 내로 프런트(narrow front) – 앞가슴 폭이 좁고 앞다리 간격이 좁은 프런트이다.

③ 스트레이트 프런트(straight front) – 앞다리가 수직으로 일직선상의 프런트이다.

④ 와이드 프런트(wide front) – 앞다리와 앞 발 간격이 넓은 프런트이다.

⑤ 피들 프런트(fiddle front) – 패스턴 간격이 넓은 프런트이다.

23

다음 그림이 나타내는 머리 형태로 가장 적절한 것을 고르시오.

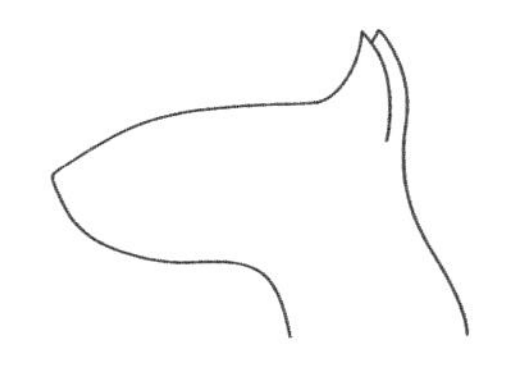

① 블로키 헤드 ② 돔드 헤드

③ 다운 페이스 ④ 애플 헤드

⑤ 디시 페이스

24

다음 그림이 나타내는 귀 형태로 가장 적절한 것을 고르시오.

① 필버트형 이어 ② 크롭트 이어

③ 배트 이어 ④ 로즈 이어

⑤ 드롭 이어

25

다음 그림이 나타내는 꼬리 형태로 가장 적절한 것을 고르시오.

① 게이 테일 ② 컬드 테일

③ 스크루 테일 ④ 오터 테일

⑤ 플룸 테일

26

맨하튼 클립에 대한 설명으로 적절하지 않은 것을 고르시오.

① 허리와 목 부분의 클리핑 라인이 강조된다.

② 허리 밴드를 만들 때 파팅라인을 최종 늑골의 1cm 앞쪽에 위치한다.

③ 목 부분을 클리핑하지 않고 허리 부분만 클리핑할 수 있다.

④ 클리핑 라인이 완벽하고 전체 커트로 이어지는 선을 매끄럽게 표현한다.

⑤ 목 부분을 클리핑할 때 경계선을 목 시작점보다 높게 위치한다.

27
푸들의 브로콜리 커트에 대한 설명으로 적절하지 않은 것을 고르시오.

① 크라운과 이어 프린지는 둥글게 표현한다.
② 다리는 원통형이다.
③ 비숑 프리제의 머리 형태에서 머즐 부분만 짧게 커트한다.
④ 입선, 후두부, 귀선 등 전체적으로 둥근 이미지이다.
⑤ 적은 모량으로 브로콜리 커트가 가능하다.

28
다음 그림이 나타내는 클립에 대한 설명으로 적절하지 않은 것을 고르시오.

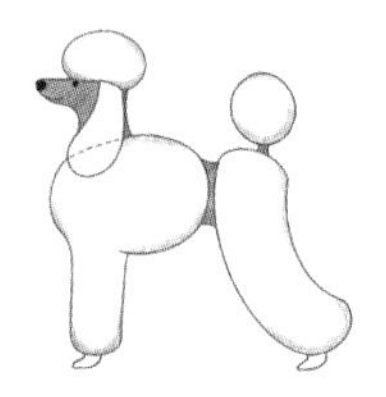

① 허리 밴드는 최종 늑골의 0.5cm 뒤를 기준으로 한다.
② 좌골 각도는 30°이다.
③ 앞다리는 원통형으로 알파벳 A자 모양이다.
④ 몸통은 균형미 있는 둥근 원형이다.
⑤ 꼬리는 원형부터 타원형까지 다양하다.

29
다음 그림이 나타내는 클립에 대한 설명으로 적절하지 않은 것을 고르시오.

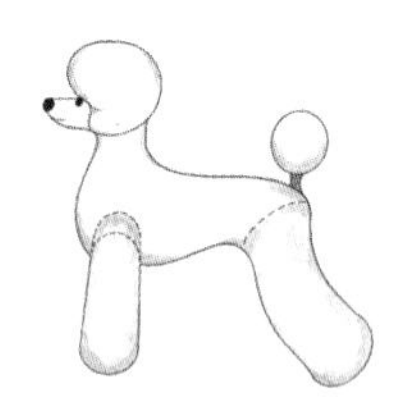

① 고객이 푸들의 길쭉한 머즐 클리핑에 변화를 원한다면 제안할 수 있다.
② 귀는 후두부 뒷면과 자연스럽게 연결한다.
③ 앞다리는 윗부분이 짧고 아래로 내려가면서 둥글게 표현한다.
④ 머리는 비숑 프리제와 유사하지만 머즐은 짧게 커트한다.
⑤ 뒷다리는 볼륨감을 뺀 일자바지 형태이다.

30
권모종의 털 관리 방법에 대한 설명으로 적절하지 않은 것을 고르시오.

① 권모종은 오버코트와 언더코트가 서로 얽힌 새끼줄 모양이다.
② 견종은 푸들, 비숑 프리제, 베들링턴테리어 등이 포함된다.
③ 귓속의 털은 주기적으로 제거한다.
④ 슬리커 브러시를 이용하여 털의 결 방향과 반대로 빗질한다.
⑤ 털이 자라는 속도가 느리다.

31
몰티즈와 포메라니안의 신체적 특징에 대한 설명으로 적절하지 않은 것을 고르시오.

① 몰티즈 – 머즐은 길지 않다.
② 몰티즈 – 몸은 장방향이다.
③ 포메라니안 – 싱글 코트이다.
④ 포메라니안 – 체형은 작고 목과 머즐이 짧다.
⑤ 포메라니안 – 곰돌이 커트가 유행한다.

32
다음 그림이 나타내는 미용 스타일에 대한 설명으로 적절하지 않은 것을 고르시오.

① 몰티즈의 판탈롱 스타일이다.
② 몸은 클리핑하고 다리의 털은 시저링한다.
③ 어깨와 목의 라인은 정면에서 A자 형태이다.
④ 전신은 털의 결 방향과 가위 방향을 교차하여 시저링한다.
⑤ 턱 업과 무릎의 라인은 둥근 형태이다.

33

밍크칼라 클립과 볼레로 클립에 대한 설명으로 적절하지 않은 것을 고르시오.

① 밍크칼라 클립 - 허리와 목 부분의 파팅라인을 넣어 체형의 단점을 보완한다.
② 밍크칼라 클립 - 목 부분에 칼라를 넣어서 목이 길게 연출할 수 있다.
③ 볼레로 클립 - 뒷다리의 스타이플은 브레이슬릿으로 덮인다.
④ 볼레로 클립 - 앞다리와 뒷다리에 브레이슬릿을 작업한다.
⑤ 볼레로 클립 - 볼레로는 짧은 상의를 의미한다.

34

아트 미용에 대한 설명으로 적절하지 않은 것을 고르시오.

① 헤어스프레이는 털을 세워 주는 세팅 작업에 사용한다.
② 동식물과 사물의 형태와 색채를 유해하지 않은 재료로 애완동물에게 표현하는 기술이다.
③ 다양한 미용 재료를 사용한다.
④ 기존의 미용 상식에 한하여 작업한다.
⑤ 글리터 젤은 털에 포인트를 주어 화사한 이미지를 표현할 수 있다.

35

아래 설명이 나타내는 액세서리로 가장 적절한 것을 고르시오.

> 공공장소에서 사용하고 영역 표시를 많이 하는 개에게 사용한다.

① 하니스(harness)
② 스누드(snood)
③ 목걸이
④ 드라이빙 키트(driving kit)
⑤ 매너 벨트(manner belt)

36

아래 설명이 나타내는 액세서리로 가장 적절한 것을 고르시오.

> 차 안에서 편안하고 안전하게 개의 이동에 도움을 준다.

① 하니스(harness)
② 스누드(snood)
③ 매너 벨트(manner belt)
④ 드라이빙 키트(driving kit)
⑤ 목걸이

37

하니스를 착용하기 전에 사이즈 측정이 필요한 곳을 고르시오.

> ㉠ 머리 둘레 ㉡ 목 둘레 ㉢ 가슴 둘레
> ㉣ 등 길이 ㉤ 배 둘레

① ㉠, ㉡, ㉢
② ㉡, ㉢, ㉣
③ ㉢, ㉣, ㉤
④ ㉠, ㉢, ㉤
⑤ ㉡, ㉢, ㉤

38

애완동물의 액세서리를 부착할 때 주의 사항으로 적절하지 않은 것을 고르시오.

① 의상은 신축성이 있는 원단을 사용한다.
② 구슬 목걸이용 우레탄 줄은 쉽게 끊어지지 않는 것을 사용한다.
③ 헤어핀은 무거운 것으로 머리 위 털을 고정한다.
④ 구슬 목걸이용 우레탄 줄은 신축성이 좋은 것을 사용한다.
⑤ 장시간 액세서리를 착용하면 스트레스를 유발하므로 주의한다.

39

매너 벨트를 착용 시 생식기가 닿는 부분에 넣어 주어야 할 것으로 가장 적절한 것을 고르시오.

① 물티슈 ② 종이
③ 알코올 솜 ④ 양말
⑤ 솜 패드

40

염색 작업 전에 피부 트러블 가능성을 확인하는 방법으로 적절하지 않은 것을 고르시오.

① 피부가 예민하여 사소한 자극에 이상 반응 여부를 확인한다.
② 과거 미용이나 염색 작업 시 피부 트러블의 발생 여부를 확인한다.
③ 클리핑 후에 이상 반응 여부를 확인한다.
④ 샴푸 교체 후에 이상 반응 여부를 확인한다.
⑤ 드라이어 바람의 방향에 따라 이상 반응 여부를 확인한다.

41

염색 준비 단계에서 주의 사항으로 적절하지 않은 것을 고르시오.

① 애완동물이 작업 테이블에서 뛰어내리지 않도록 보정한다.
② 애완동물이 염색제와 새로운 작업에 두려워할 수 있으므로 주의한다.
③ 애완동물의 피모 상태를 체크할 때 물리지 않도록 주의한다.
④ 염색 전처리 작업을 할 때 애완동물의 피모에 손상이 가지 않도록 주의한다.
⑤ 염색제를 세척할 때 물의 온도는 너무 높지 않게 주의한다.

42

염색제에 대한 설명으로 적절하지 않은 것을 고르시오.

① 일회성 염색제 - 1~2회 샴핑으로 제거할 수 있다.
② 일회성 염색제 - 이염되면 목욕으로 제거가 어렵다.
③ 일회성 염색제 - 일반적으로 액체, 겔, 초크, 펜 타입 등이 있다.
④ 지속성 염색제 - 한번 염색되면 샴핑으로 제거가 어려워 반영구적이다.
⑤ 지속성 염색제 - 일반적으로 튜브형 겔 타입이다.

43

염색 재료를 준비할 때 주의 사항으로 적절하지 않은 것을 고르시오.

① 염색제는 유통 기한이 지나지 않았는지 확인한다.
② 초크 염색제는 떨어지면 쉽게 파손되기 때문에 주의한다.
③ 튜브형 염색제는 용기가 쉽게 손상되지 않으므로 사용이 간편하다.
④ 지속성 염색제를 사용 시 작업자의 피부에 묻지 않게 작업복과 일회용 장갑을 착용한다.
⑤ 종 특성을 파악하여 염색제 적용이 가능한 동물에게만 실시한다.

44

이염 방지 작업에 대한 설명으로 적절하지 않은 것을 고르시오.

① 이염 방지제를 사용한다.
② 염색 부위에 정확한 경계선을 나누고 테이핑한다.
③ 염색을 방지할 부분에 적당한 크기의 부직포를 씌운다.
④ 염색제가 염색하지 않을 털에 도포되면 산성 성분의 샴푸로 닦아 낸다.
⑤ 접착력이 약한 종이 테이프를 사용한다.

45
분말로 된 초크형 염색제에 대한 설명으로 적절하지 않은 것을 고르시오.
① 수분을 흡수한다.
② 지속성 염색제를 사용하기 전에 초벌용으로 사용한다.
③ 발림성은 좋지 않다.
④ 떨어뜨렸을 때 쉽게 파손된다.
⑤ 습기가 생기지 않게 잘 닫아서 보관한다.

46
이염 방지제에 대한 설명으로 적절하지 않은 것을 고르시오.
① 이염 방지제 – 염색할 부위가 아닌 다른 부위에 염색되는 것을 방지한다.
② 이염 방지 크림 – 수분감이 거의 없는 크림 타입이다.
③ 부직포 – 일회성 염색, 간단한 염색에 사용한다.
④ 이염 방지 테이프 – 발, 다리, 꼬리 부위에 사용이 편리하다.
⑤ 이염 방지 크림 – 목욕으로 제거할 수 없다.

47
이염 방지제와 알코올 소독 패드에 대한 설명으로 적절하지 않은 것을 고르시오.
① 알코올 소독 패드 – 소독과 이물질 제거에 사용한다.
② 알코올 소독 패드 – 일회성 염색제의 컬러를 교체할 때 붓을 닦아 주면 위생적이다.
③ 알코올 소독 패드 – 물로 붓을 세척하는 것보다 건조 시간 없이 바로 붓을 사용할 수 있다.
④ 이염 방지 크림 – 수분감이 많은 크림 타입이다.
⑤ 이염 방지 테이프 – 애완동물의 털에 접착이 잘 안 된다.

48
귀를 염색하는 방법으로 적절하지 않은 것을 고르시오.
① 염색할 귀를 전처리 작업하고 브러싱한다.
② 염색 전에 귀 털을 제거한다.
③ 일회성 염색제는 이염 방지를 위하여 부직포를 사용한다.
④ 염색제 도포 후에 드라잉과 초크를 함께 사용하면 수분 증발이 빠르다.
⑤ 염색용 초크는 염색제와 같은 색상을 사용한다.

49
지속성 염색제로 꼬리를 염색할 때 설명으로 적절하지 않은 것을 고르시오.
① 피부와 가까운 부위는 체온 때문에 염색 속도가 빠르다.
② 피부와 먼 부위는 염색제를 적게 도포한다.
③ 전체적으로 같은 양의 염색제를 도포하면 피부에서 먼 부위는 연하게 발색된다.
④ 알루미늄 포일로 감싸고 20분 동안 자연 건조 한다.
⑤ 염색제 도포 후 이염 방지를 위해 알루미늄 포일을 사용한다.

50
그러데이션 염색에 대한 설명으로 옳은 것을 고르시오.
① 두 가지 컬러의 염색제로 한 부위에 동시에 발색한다.
② 보색 대비 컬러를 사용한다.
③ 부분적으로 원하는 컬러로 조금씩 포인트를 주는 방법이다.
④ 1번 염색제와 2번 염색제의 배치 비율은 작업 중에 결정한다.
⑤ 염색 작업 후 발색이 마음에 안 들면 염색된 털만 커트할 수 있다.

실전 모의고사 1회 2급 정답 및 해설

1	③	2	①	3	③	4	⑤	5	①	6	④	7	⑤	8	①	9	①	10	②
11	①	12	⑤	13	①	14	①	15	②	16	②	17	②	18	⑤	19	⑤	20	④
21	③	22	⑤	23	③	24	③	25	⑤	26	②	27	⑤	28	③	29	⑤	30	⑤
31	③	32	④	33	③	34	④	35	⑤	36	④	37	②	38	③	39	⑤	40	⑤
41	⑤	42	②	43	③	44	④	45	③	46	⑤	47	④	48	②	49	②	50	①

01 블로키 헤드는 네모 모양의 각진 머리형이고, 예로써 보스턴 테리어(Boston Terrier)가 있다. 밸런스트 헤드는 균형 잡힌 머리이고, 페어 셰이프트 헤드는 서양 배 모양의 머리이고, 예로써 베들링턴 테리어(Bedlington Terrier)가 있다. 플랫 스컬은 앞이나 옆에서 보아서 평평한 두개이고, 예로써 에어데일 테리어(Airedale Terrier), 스탠더드 슈나우저(Standard Schnauzer)가 있다.

02 옥시풋은 후두부 뒷부분이고, 몰레라는 치와와 두개의 패임으로 부드러운 부분이다. 노즈 브리지는 사람의 콧등과 같은 부분이다. 크라운은 두부의 가장 높은 정수리 부분이다.

03 치와와는 애플 헤드이다. 보스턴 테리어는 블로키 헤드이고, 고든 세터는 밸런스트 헤드이고, 살루키는 클린 헤드이고, 베들링턴 테리어는 페어 셰이프트 헤드이다.

04 에어데일 테리어(Airedale Terrier)는 앞이나 옆에서 보아서 평평한 두개인 플랫 스컬이다.

05 몰티즈는 라운드 아이를 가졌다. 저먼 셰퍼드와 도베르만 핀셔는 아몬드 아이, 푸들은 오벌 아이, 아프간 하운드는 트라이앵귤러 아이를 가졌다.

06 아프간 하운드(Afghan Hound)는 트라이앵귤러 아이를 가졌다.

07 리피(lippy)는 아래로 늘어진 입술이고, 턱이 밀착되지 않은 입술이다. 오버숏(overshot)은 과리 교합이고, 위턱의 앞니가 아래턱 앞니보다 전방으로 돌출되어 맞물린 것이다.

08 오버숏(overshot)은 위턱의 앞니가 아래턱 앞니보다 전방으로 돌출되어 맞물린 것이다. 이븐 바이트(even bite)는 위턱과 아래턱이 맞물린 것이다. 스니피 머즐(snipey muzzle)은 날카롭고 좁으며 뾰족한 주둥이이다. 시저스 바이트(scissors bite)는 위턱 앞니와 아래턱 앞니가 조금 접촉되어 맞물린 것이다.

09 개의 유치는 총 28개이고, 윗니 14개와 아랫니 14개이다.

10 시저스 바이트(scissors bite)는 협상 교합으로 위턱 앞니가 아래턱 앞니와 가위처럼 조금 접촉되어 맞물린 상태이다.

11 노즈 밴드는 주둥이를 둘러싼 흰색의 띠를 이룬 반점이다.

12 프레시 노즈는 살색 코이다.

13 드롭 이어는 아래로 늘어진 귀이다.

14 로즈 이어는 귀의 안쪽이 보이며 뒤틀려 작게 늘어진 귀이다.

15 파피용은 나비 모양의 귀인 버터플라이 이어를 가졌다.

16 잉글리시 토이 테리어는 캔들 프레임 이어(candle flame ear)이다.

17 로인은 허리이다.

18 클로디는 등이 낮고 몸통이 굵어 무겁게 느껴지는 몸통 타입이다.

19 견체의 등선은 위더스(기갑) – 백(등) – 로인(허리) – 크루프(골반대)로 나눌 수 있다.

20 견체의 체고는 지면부터 위더스까지 수직 방향으로 측정한 길이이다.

21 견체의 체장(몸 길이)을 측정할 때 흉골단부터 좌골단까지 수평 방향으로 측정한 길이이다.

22 피들 프런트는 팔꿈치가 바깥쪽으로 굽고 패스턴 간격이 좁고 발이 바깥쪽으로 빠진 프런트이다.

23 다운 페이스는 두개에서 코 끝 아래쪽으로 경사진 얼굴이며 디시 페이스의 반대이고, 예로써 불 테리어(Bull Terrier)가 있다.

24 배트 이어(bat ear)는 귀 아랫부분이 넓고 박쥐 날개처럼 둥글게 선 귀이고, 예로써 프렌치 불독(French Bulldog)이 있다.

25 플룸 테일(plume tail)은 깃털 모양의 장식 털이 아래로 늘어진 꼬리이고, 예로써 잉글리시 세터(English Setter)가 있다.

26 파팅라인은 최종 늑골의 0.5~1cm 뒤에 위치한다.

27 브로콜리 커트를 하려면 모량이 충분하고 힘이 있어야 한다.

28 앞다리는 원통형으로 지면과 수직으로 일직선이 되어야 한다.

29 푸들의 브로콜리 커트이며, 뒷다리는 나팔바지 형태로 볼륨감을 주어야 한다.

30 권모종은 털이 자라는 속도가 빠르기 때문에 주기적인 손질이 필요하다.

31 포메라니안은 더블 코트를 가진 품종으로 체형이 작고 목과 머즐이 짧다.

32 전신 커트를 할 때 털의 방향과 가위 방향이 일치하여 작업해야 한다.

33 볼레로 클립은 뒷다리의 호크를 브레이슬릿으로 가리는 것이 특징이다.

34 기존의 미용 상식과 기술을 기초하여 부가적으로 미용사의 창작력과 숙련된 기술로 개성을 연출하고 표현하는 기술이다.

35 매너 벨트는 영역 표시를 많이 하는 개에게 사용한다. 애견 카페나 낯선 곳, 공공장소를 방문할 때 사용하며 민감한 부위에 닿으므로 원단은 면으로 하고 생식기가 짓무르지 않게 매너 벨트 안쪽에 있는 패드는 자주 갈아 준다.

36 드라이빙 키트는 차를 타면 산만하고 불안해하고 차 바닥으로 잘 굴러 떨어지는 개에게 사용하며 사방이 막힌 켄널을 두려워하거나 싫어하는 개에게 사용한다.

37 하니스 사이즈 측정표는 목 둘레, 가슴 둘레, 등 길이를 기준으로 한다.

38 헤어핀이 무거우면 털이 당겨져서 피모에 자극을 주기 때문에 주의한다.

39 매너 벨트는 생식기가 닿는 부분에 휴지나 솜 패드를 넣어 주고 고정시킨다.

40 피부 트러블 가능성 여부를 확인할 때 드라이어 바람의 방향이 아니라 드라이어 온도에 따라 이상 반응이 있었는지 확인한다.

41 염색제 세척은 염색 준비 단계가 아니라 염색 마무리 단계에서의 주의 사항이다.

42 일회성 염색제는 염색 작업 시 실수를 하거나 이염이 되어도 목욕으로 손쉽게 제거할 수 있다.

43 튜브형 염색제는 용기가 쉽게 손상될 수 있으므로 주의한다.

44 염색제가 염색하지 않을 털에 도포되었을 때 염색되기 전에 빠르게 알칼리 성분의 샴푸를 적당량 바르고 여러 번 닦아 낸다.

45 분말로 된 초크형 염색제는 발림성과 발색력이 좋다.

46 이염 방지 크림은 목욕으로 제거할 수 있다.

47 이염 방지 크림은 수분감이 거의 없는 크림 타입이다.

48 애완동물의 귀는 예민하기 때문에 염색 작업을 하기 전에 귀 털 뽑기와 귀 세정을 하면 머리를 흔들거나 귀를 털 수 있으므로 염색 작업이 끝난 후에 할 것을 권장한다.

49 피부와 먼 부위는 염색제를 더 많이 도포한다.

50 그러데이션 염색은 두 가지 컬러의 염색제로 한 부위에 동시에 발색하는 것으로 두 가지 컬러 이상의 색 번짐과 겹침을 이용한다.

2급 실전 모의고사 2회

50문항 60분

01
아래의 설명이 나타내는 머리 부분의 견체 용어로 가장 적절한 것을 고르시오.

두개를 길이와 폭의 비율에 따라 세 종류로 나눌 때 두개 길이가 가장 짧고 폭이 넓다.

① 단두형(brachycephalic)
② 중두형(mesaticephalic)
③ 장두형(dolichocephalic)
④ 클린 헤드(clean head)
⑤ 페어 셰이프트 헤드(pear-shaped head)

02
아래의 설명이 나타내는 머리 부분의 견체 용어로 가장 적절한 것을 고르시오.

디시 페이스의 반대이고, 두개에서 코 끝 아래쪽으로 경사진 얼굴

① 돔드 헤드
② 드라이 스컬
③ 다운 페이스
④ 몰레라
⑤ 블로키 헤드

03
견종별 머리 부분의 견체 용어로 적절하지 않은 것을 고르시오.
① 래브라도 리트리버(Labrador Retriever) – 중두형(mesaticephalic)
② 퍼그(Pug) – 단두형(brachycephalic)
③ 베들링턴 테리어(Bedlington Terrier) – 페어 셰이프트 헤드(pear-shaped head)
④ 불독(Bulldog) – 장두형(dolichocephalic)
⑤ 살루키(Saluki) – 스니피 페이스(snipey face)

04
블로키 헤드를 가진 견종으로 가장 적절한 것을 고르시오.
① 치와와(Chihuahua)
② 보스턴 테리어(Boston Terrier)
③ 코카 스패니얼(Cocker Spaniel)
④ 푸들(Poodle)
⑤ 포메라니안(Pomeranian)

05
폭시 얼굴을 가진 견종으로 가장 적절한 것을 고르시오.
① 로트와일러(Rottweiler)
② 불 테리어(Bull Terrier)
③ 포메라니안(Pomeranian)
④ 베들링턴 테리어(Bedlington Terrier)
⑤ 스탠포드셔 불테리어(Staffordshire Bull Terrier)

06
트라이앵귤러 아이를 가진 견종으로 가장 적절한 것을 고르시오.
① 아프간 하운드(Afghan Hound)
② 푸들(poodle)
③ 몰티즈(Maltese)
④ 살루키(Saluki)
⑤ 저먼 셰퍼드(German Shepherd)

07
아몬드 아이를 가진 견종으로 가장 적절한 것을 고르시오.
① 푸들(poodle)
② 살루키(Saluki)
③ 몰티즈(Maltese)
④ 저먼 셰퍼드(German Shepherd)
⑤ 아프간 하운드(Afghan Hound)

08
아래의 설명이 나타내는 눈 부분의 견체 용어로 가장 적절한 것을 고르시오.

눈이 튀어나와 볼록하게 보인다.

① 라운드 아이(round eye)
② 벌징 아이(bulging eye)
③ 마블 아이(marble eye)
④ 아이 스테인(eye stain)
⑤ 차이나 아이(china eye)

09
아래의 설명이 나타내는 입 부분의 견체 용어로 가장 적절한 것을 고르시오.

치아 수가 표준 치아 수보다 많다.

① 결치 ② 과리치
③ 손상치 ④ 실치
⑤ 템퍼치

10
아래의 설명이 나타내는 입 부분의 견체 용어로 가장 적절한 것을 고르시오.

협상 교합으로, 위턱 앞니가 아래턱 앞니보다 조금 앞에 위치하고 가위처럼 맞물린 상태이다.

① 언더숏(undershot)
② 오버숏(overshot)
③ 이븐 바이트(even bite)
④ 시저스 바이트(scissors bite)
⑤ 부정 교합(malocclusion)

11
개의 유치와 영구치의 총 개수로 가장 적절한 것을 고르시오.

① 28개 – 42개 ② 28개 – 40개
③ 26개 – 42개 ④ 26개 – 44개
⑤ 30개 – 42개

12
개의 영구치 중에서 윗니와 아랫니의 총 개수로 가장 적절한 것을 고르시오.

① 20개 – 22개 ② 20개 – 20개
③ 22개 – 22개 ④ 18개 – 22개
⑤ 22개 – 20개

13
아래의 설명이 나타내는 코 부분의 견체 용어로 가장 적절한 것을 고르시오.

살색 코

① 노즈 밴드(nose band)
② 더들리 노즈(dudley nose)
③ 프레시 노즈(fresh nose)
④ 로만 노즈(roman nose)
⑤ 리버 노즈(liver nose)

14
아래의 설명이 나타내는 코 부분의 견체 용어로 가장 적절한 것을 고르시오.

겨울철에 핑크색 줄무늬가 생기는 코

① 더들리 노즈(dudley nose)
② 로만 노즈(roman nose)
③ 리버 노즈(liver nose)
④ 스노 노즈(snow nose)
⑤ 프레시 노즈(fresh nose)

15
크롭트 이어를 가진 견종으로 가장 적절한 것을 고르시오.

① 바셋 하운드(Basset Hound)
② 불독(Bulldog)
③ 프렌치 불독(French Bulldog)
④ 폭스 테리어(Fox Terrier)
⑤ 도베르만 핀셔(Doberman Pinscher)

16
배트 이어를 가진 견종으로 가장 적절한 것을 고르시오.
① 파피용(Papillon)
② 폭스 테리어(Fox Terrier)
③ 복서(Boxer)
④ 프렌치 불독(French Bulldog)
⑤ 베들링턴 테리어(Bedlington Terrier)

17
견종별 귀 형태로 적절하지 않은 것을 모두 고르시오.
① 복서(Boxer) – 캔들 프레임 이어
② 폭스 테리어(Fox Terrier) – 버튼 이어
③ 파피용(Papillon) – 버터플라이 이어
④ 베들링턴 테리어(Bedlington Terrier) – 필버트형 이어
⑤ 웰시 코기(Welsh Corgi) – 배트 이어

18
프릭 이어를 가진 견종으로 가장 적절한 것을 고르시오.
① 불마스티프(Bullmastiff)
② 저먼 셰퍼드(German Shepherd)
③ 닥스훈트(Dachshund)
④ 바셋 하운드(Basset Hound)
⑤ 폭스 테리어(Fox Terrier)

19
며느리발톱을 의미하는 견체 용어로 가장 적절한 것을 고르시오.
① 구스 럼프(goose rump)
② 로인(loin)
③ 버톡(buttock)
④ 듀클로(dewclaw)
⑤ 숄더(shoulder)

20
기갑을 의미하는 견체 용어로 가장 적절한 것을 고르시오.
① 스트레이트 숄더(straight shoulder)
② 백라인(backline)
③ 위더스(withers)
④ 에이너스(anus)
⑤ 커플링(coupling)

21
슬개골을 의미하는 견체 용어로 가장 적절한 것을 고르시오.
① 파텔라(patella) ② 턱 업(tuck up)
③ 언더라인(underline) ④ 체스트(chest)
⑤ 플랭크(flank)

22
안짱다리를 의미하는 프론트로 가장 적절한 것을 고르시오.
① 스트레이트 프런트(straight front)
② 내로 프런트(narrow front)
③ 와이드 프런트(wide front)
④ 피들 프런트(fiddle front)
⑤ 보우드 프런트(bowed front)

23
아래의 그림이 나타내는 다리 부분의 견체 용어로 가장 적절한 것을 고르시오.

① 웰벤트 호크(well–bent hocks)
② 카우 호크(cow hocks)
③ 피들 프런트(fiddle front)
④ 스트레이트 호크(straight hocks)
⑤ 시클 호크(sickle hocks)

24

링 테일을 가진 견종으로 가장 적절한 것을 고르시오.

① 아프간 하운드(Afghan Hound)

② 스코티시 테리어(Scottish Terrier)

③ 복서(Boxer)

④ 올드 잉글리쉬 쉽독(Old English Sheepdog)

⑤ 불독(Bulldog)

25

오터 테일을 가진 견종으로 가장 적절한 것을 고르시오.

① 래브라도 리트리버(Labrador Retriever)

② 폭스 테리어(Fox Terrier)

③ 불도그(Bulldog)

④ 포메라니안(Pomeranian)

⑤ 잉글리시 세터(English Setter)

26

푸들의 퍼스트 콘티넨털 클립에 대한 설명으로 적절하지 않은 것을 고르시오.

① 리어 브레이슬릿 높이는 호크보다 높게 약 45° 각도의 경계선에 위치한다.

② 로제트, 폼폰, 브레이슬릿은 클리핑 라인의 위치 선정이 중요하다.

③ 허리의 로제트, 꼬리의 폼폰, 다리의 브레이슬릿 등 균형미가 좋다.

④ 콘티넨털 클립보다 짧게 커트하고 가정에서 관리가 쉽다.

⑤ 프론트 브레이슬릿 높이는 리어 브레이슬릿보다 1cm 더 높게 위치한다.

27

고객 요구에 따라 미용 스타일을 구상할 때 주의 사항으로 적절하지 않은 것을 고르시오.

① 작업 전에 애완동물의 건강 상태와 특이 사항을 파악한다.

② 작업 장소에서 애완동물의 탈출 경로를 차단한다.

③ 이전 미용에 따른 제약을 이해하고 현재 적용 가능한 미용 스타일로 표현한다.

④ 미용 방법은 고객의 요구에 따라 애완동물의 안전보다 미적 표현을 우선 고려한다.

⑤ 최신 유행을 이해하고 고객이 만족하는 미용 스타일을 구상한다.

28

다음 그림이 나타내는 클립에 대한 설명으로 적절하지 않은 것을 고르시오.

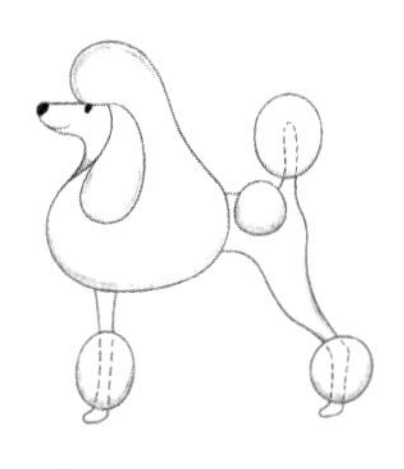

① 고객이 푸들의 털 관리가 어렵고 형태의 변화를 원한다면 제안할 수 있다.

② 로제트의 뒤쪽 클리핑 라인은 꼬리 시작점에 위치한다.

③ 프런트 브레이슬릿 높이는 리어 브레이슬릿과 동일하다.

④ 양쪽 로제트의 간격은 위에서 볼 때 꼬리 두께의 절반이다.

⑤ 로제트, 브레이슬릿, 재킷, 폼폰을 제외하고 클리핑한다.

29

다음 그림이 나타내는 클립에 대한 설명으로 적절하지 않은 것을 고르시오.

① 다리는 둥근 고양이 발이다.
② 얼굴은 사각형이다.
③ 몸통은 짧게 커트한다.
④ 앞다리는 가슴부터 내려갈수록 가늘어진다.
⑤ 꼬리는 둥근 부채 모양이다.

30

장모종의 털 관리 방법에 대한 설명으로 적절하지 않은 것을 고르시오.

① 장모종은 보온성이 매우 뛰어나다.
② 털이 잘 엉키고 정기적인 관리가 필요하다.
③ 매일 슬리커 브러시로 털의 결 방향에 반대 방향으로 빗질한다.
④ 견종은 몰티즈, 요크셔테리어, 시추 등이 포함된다.
⑤ 생식기, 입 주변 등을 래핑하여 털을 보호한다.

31

푸들과 몰티즈의 신체적 특징에 대한 설명으로 적절하지 않은 것을 고르시오.

① 푸들 – 몸의 형태가 짧고 다리와 얼굴이 긴 품종이다.
② 푸들 – 신축성이 좋은 털로 여러 스타일의 창작 미용이 가능하다.
③ 푸들 – 신체의 모든 부위를 시저링할 수 있어 애견 미용의 정점이다.
④ 몰티즈 – 머즐이 긴 얼굴과 몸 길이가 짧은 품종이다.
⑤ 몰티즈 – 털의 결 방향과 가위 각도를 활용하여 표면을 매끄럽게 표현한다.

32

다음 그림이 나타내는 미용 스타일에 대한 설명으로 적절하지 않은 것을 고르시오.

① 비숑 프리제의 펫 스타일이다.
② 몸통은 짧게 클리핑한다.
③ 가정에서 선호하는 스타일이다.
④ 앞다리는 사각 기둥 형태로 시저링한다.
⑤ 큰 얼굴의 둥근 이미지를 강조한다.

33

다음 그림이 나타내는 미용 스타일에 대한 설명으로 적절하지 않은 것을 고르시오.

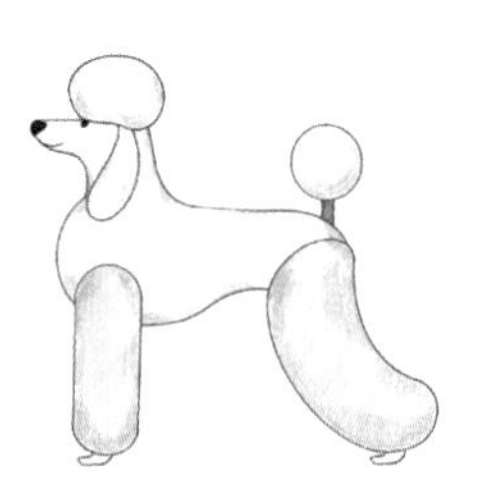

① 푸들의 스포팅 클립이다.
② 몸 전체를 짧게 클리핑하고 다리털은 남겨 두는 스타일이다.
③ 다리의 클리핑 라인 높이를 조절하여 다리를 길어 보이게 연출할 수 있다.
④ 뒷다리는 측면에서 턱 업부터 좌골단까지 일직선으로 시저링한다.
⑤ 다리의 클리핑 라인 높이가 너무 내려가서 다리가 짧아 보이지 않게 유의한다.

34
아래 설명이 나타내는 액세서리로 가장 적절한 것을 고르시오.

산책할 때 개에게 입혀 주는 안전벨트 형식의 용구

① 매너 벨트(manner belt)
② 스누드(snood)
③ 하니스(harness)
④ 드라이빙 키트(driving kit)
⑤ 목걸이

35
아래 설명이 나타내는 액세서리로 가장 적절한 것을 고르시오.

얼굴 주변의 긴 털, 늘어진 귀 등 털의 오염을 방지하고자 얼굴에 씌워 사용한다.

① 하니스(harness)
② 목걸이
③ 매너 벨트(manner belt)
④ 드라이빙 키트(driving kit)
⑤ 스누드(snood)

36
개체별 미용 스타일을 체크하는 방법으로 적절하지 않은 것을 고르시오.

① 장모종 – 털이 처지는 부분이 많으므로 힘을 약하게 하여 천천히 빗질한다.
② 장모종 – 털의 결 방향에 따라서 피모부터 털 끝까지 완전히 빗질한다.
③ 중장모종 – 피모 깊숙이 콤을 넣어 빗질한다.
④ 중장모종 – 피모와 90° 각도로 빗질한다.
⑤ 권모종 – 털에 힘이 없어 부분적으로 좁게 적은 양을 빗질한다.

37
미용 완성 후에 잔여물을 체크하는 방법으로 적절하지 않은 것을 고르시오.

① 항상 드라이어 바람으로 털어 주는 마무리 작업을 한다.
② 몸 전체는 드라이어 온도를 높여서 드라잉하며 빗질한다.
③ 브러시로 털을 피모 바깥쪽으로 약하게 브러싱한다.
④ 콤으로 털을 피모 바깥쪽으로 콤밍한다.
⑤ 콤으로 다리 안쪽 털을 주의 깊게 콤밍한다.

38
염색 준비 단계에서 부위별 피모 상태를 확인하는 방법으로 적절하지 않은 것을 고르시오.

① 귀 – 귀 안쪽에 이물질, 부어오름, 상처 등을 확인한다.
② 꼬리 – 심하게 물어뜯은 흔적, 딱지, 상처 등을 확인한다.
③ 꼬리 – 집중적으로 털이 많은 부위를 확인한다.
④ 발과 다리 – 발가락과 패드가 부어 있는지 확인한다.
⑤ 볼과 주둥이 – 혀가 염색 부위에 닿는지 확인한다.

39
보색 대비와 유사 대비에 대한 설명으로 적절하지 않은 것을 고르시오.

① 보색 대비 – 노랑과 남색이다.
② 보색 대비 – 색상환에서 반대되는 색상끼리 배색한다.
③ 유사 대비 – 빨강과 청록이다.
④ 유사 대비 – 색상환에서 근접해 있는 색상끼리 배색한다.
⑤ 유사 대비 – 그러데이션 염색이다.

40
튜브형 겔 타입 염색제에 대한 설명으로 적절하지 않은 것을 고르시오.

① 튜브에 들어 있으며 조금씩 손가락에 짜서 사용할 수 있다.
② 수분감이 있어서 적은 양으로도 뭉침 없이 얇게 도포할 수 있다.
③ 발림성과 발색력이 좋다.
④ 작업 후 목욕으로 제거할 수 있다.
⑤ 떨어뜨렸을 때 쉽게 파손된다.

41
지속성 염색제에 대한 설명으로 적절하지 않은 것을 고르시오.

① 영구적이다.
② 염색 부위를 제거하려면 물티슈로 닦아 낸다.
③ 일회용 장갑을 착용한다.
④ 튜브형 용기에 담긴 겔 타입이다.
⑤ 뚜껑을 잘 닫아서 보관한다.

42
지속성 염색제로 귀를 염색할 때 설명으로 적절하지 않은 것을 고르시오.

① 이염 방지제는 면봉 또는 손가락으로 도포할 수 있다.
② 드라이어로 가온하면 염색 작업 시간을 단축할 수 있다.
③ 드라이 작업은 차가운 바람으로 염색 부위를 만지면서 작업한다.
④ 알루미늄 포일로 감싸고 고무 밴드로 고정한다.
⑤ 고무 밴드는 피부에 자극을 주지 않고 조이지 않게 고정한다.

43
투 톤 염색에 대한 설명으로 적절하지 않은 것을 고르시오.

① 두 가지 컬러의 염색제로 한 부위에 동시에 발색된다.
② 1번과 2번 염색제 중에서 피부에 가까운 부위는 피부에 먼 부위보다 더 연한 컬러로 염색한다.
③ 염색이 오래되면 컬러가 자연스럽다.
④ 유사 대비 컬러보다 보색 대비 컬러의 발색이 더 좋다.
⑤ 보색 대비 염색은 경계선을 만들어 철저한 이염 방지 작업이 필요하다.

44
블리치 염색에 대한 설명으로 적절하지 않은 것을 고르시오.

① 피부가 예민한 애완동물에게 권장하지 않는다.
② 염색 후 컬러의 발색이 마음에 안 들면 염색한 털만 커트할 수 있다.
③ 염색 전에 컬러의 발색을 미리 보기 위한 테스트가 가능하다.
④ 염색제 도포 시 피부와 1cm 정도 떨어진 곳부터 시작한다.
⑤ 염색을 할 부위 전체가 아닌 부분적으로 원하는 컬러로 조금씩 포인트를 주는 방법이다.

45
블로펜에 대한 설명으로 적절하지 않은 것을 고르시오.

① 일회성 염색제이다.
② 분사량과 분사 거리에 따라 발색력이 다르다.
③ 작업 전에 분사량과 분사 거리를 미리 연습한다.
④ 펜 타입으로 원하는 부위에 정교한 작업이 가능하다.
⑤ 염색 후 목욕으로 제거할 수 있다.

46

염색 도구에 대한 설명으로 적절하지 않은 것을 고르시오.

① 블로펜 – 분사량과 분사 거리에 따라 발색력이 다르다.

② 페인트펜 – 원하는 부위에 정교한 작업이 가능하다.

③ 글리터 젤 – 반짝이를 장식할 때 쉽게 활용할 수 있다.

④ 페인트펜 – 발림성과 발색력이 좋지 않다.

⑤ 글리터 젤 – 반짝이 가루의 날림을 줄이고 접착력이 있다.

47

다음 그림의 염색 도구에 대한 설명으로 적절하지 않은 것을 고르시오.

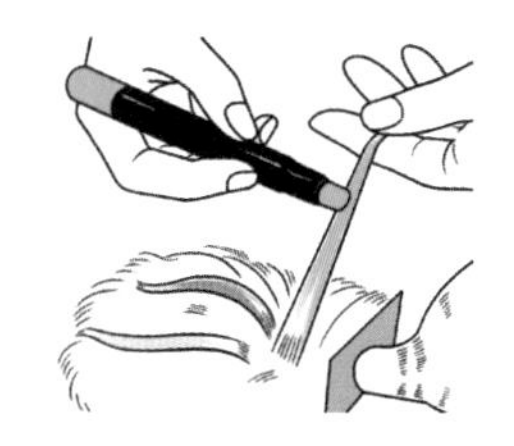

① 일회성 염색제이다.

② 정교한 작업이 가능하다.

③ 발림성과 발색력이 좋다.

④ 염색 후 목욕으로 제거할 수 있다.

⑤ 초보자는 익숙해지는 데 많은 시간이 소요된다.

48

염색제 세척에 대한 설명으로 적절하지 않은 것을 고르시오.

① 귀 – 물이 흐르는 상태에서 귀 안쪽이 보이도록 뒤집어서 세척한다.

② 꼬리 – 꼬리 끝을 욕조 바닥으로 향하게 하여 세척한다.

③ 발과 다리 – 발바닥이 모두 지면에 닿은 상태에서 시작한다.

④ 볼 – 물티슈를 사용하여 한꺼번에 부드럽게 닦아낸다.

⑤ 이염 방지제 – 지나치게 많이 사용했다면 샴핑이 필요하다.

49

영양 보습제에 대한 설명으로 적절하지 않은 것을 고르시오.

① 크림 타입 – 피모가 많이 건조한 애완동물에게 효과적이다.

② 크림 타입 – 평소 피모가 심하게 건조하면 매일 발라 주고 브러싱한다.

③ 로션 타입 – 크림 타입보다 발림성이 좋지 않다.

④ 로션 타입 – 피모에 수분기가 없어도 흡수력이 빠르다.

⑤ 액상 타입 – 스프레이가 많으며 수시로 분사하여 털의 엉킴과 정전기를 방지한다.

50

염색제 컬러의 발색에 대한 설명으로 적절하지 않은 것을 고르시오.

① 염색제 고유의 컬러가 두드러지게 잘 나타내는 정도이다.

② 유색 털보다 하얀색 털에 효과적이다.

③ 최대 발색력을 위하여 염색제를 세척할 때 물 온도는 목욕 때와 동일하게 한다.

④ 브러싱, 샴핑, 드라잉은 발색에 도움이 된다.

⑤ 억센 털보다 부드러운 털에 효과적이다.

실전 모의고사 2회 2급 정답 및 해설

1	①	2	③	3	④	4	②	5	③	6	①	7	④	8	②	9	②	10	④
11	①	12	①	13	③	14	④	15	⑤	16	④	17	①	18	②	19	④	20	③
21	①	22	⑤	23	②	24	①	25	①	26	⑤	27	④	28	④	29	②	30	③
31	④	32	④	33	④	34	③	35	⑤	36	⑤	37	②	38	③	39	③	40	⑤
41	②	42	③	43	④	44	①	45	④	46	④	47	⑤	48	①	49	③	50	③

01 두개(skull)는 길이와 폭의 비율에 따라 단두형, 중두형, 장두형으로 분류하고, 그 비율이 가장 작은 것은 단두형이다.

02 다운 페이스(down face)는 디시 페이스의 반대이고, 두개에서 코 끝 아래쪽으로 경사진 얼굴이다.

03 불독은 단두형이다. 장두형 견종으로 그레이하운드(Greyhound), 닥스훈트(Dachshund), 그레이트 데인(Great Dane) 등이 있다.

04 블로키 헤드(blocky head)는 두부가 사각형으로 펑퍼짐하게 퍼져 있고 길이에 비해 폭이 매우 넓고, 예로써 보스턴 테리어(Boston Terrier), 복서(Boxer) 등이 있다.

05 폭시(foxy)는 전안부가 짧고 코끝이 뾰족하고 여우의 표정을 띠는 것이고, 예로써 포메라니안(Pomeranian)이 있다.

06 트라이앵귤러 아이(triangular eye)는 눈꺼풀 바깥쪽이 올라가 삼각형의 눈이고, 예로써 아프간 하운드(Afghan Hound)가 있다.

07 아몬드 아이(almond eye)는 눈 양끝이 뾰족한 아몬드 모양의 눈이고, 예로써 저먼 셰퍼드(German Shepherd), 도베르만 핀셔(Doberman Pinscher) 등이 있다.

08 벌징 아이(bulging eye)는 눈이 튀어나와 볼록하게 보이고, 주로 단두종 개에게서 나타나는 경향이 있다.

09 과리치는 표준 치아 수보다 많은 것이고, 결치의 반대이다.

10 시저스 바이트는 협상 교합이라고도 하고, 위턱 앞니가 아래턱 앞니보다 조금 앞에 위치하고 가위처럼 조금 접촉되어 맞물린 상태이다.

11 개의 유치는 총 28개이고, 영구치는 총 42개이다.

12 개의 영구치 중에서 윗니는 총 20개이고, 아랫니는 총 22개이다.

13 프레시 노즈는 살색 코를 의미한다.

14 스노 노즈는 평소에 코가 검은색이지만 겨울철에 핑크색 줄무늬가 생기는 코이다.

15 크롭트 이어(cropped ear)는 귀를 세우기 위해 자른 귀이고, 예로써 복서(Boxer), 도베르만 핀셔(Doberman Pinscher) 등이 있다.

16 배트 이어를 가진 견종은 프렌치 불독, 웰시 코기 등이 있다.

17 복서는 귀를 잘라서 세운 크롭트 이어를 가진다.

18 저먼 셰퍼드는 자연적인 프릭 이어를 가진다.

19 듀클로는 며느리발톱을 의미한다.

20 위더스는 기갑을 의미하고, 견체의 체고를 측정할 때 기준이 되는 몸 높이의 최고점이다.

21 파텔라는 슬개골을 의미한다.

22 보우드 프런트는 활처럼 팔꿈치가 바깥쪽으로 굽고 발끝이 안쪽으로 향한 안짱다리를 의미한다.

23 카우 호크는 뒷다리 호크가 소처럼 안쪽으로 굽고 발가락이 바깥쪽으로 향한 형태이다.

24 아프간 하운드는 원형 꼬리 모양의 링 테일을 가진 대표적인 견종이다.

25 래브라도 리트리버는 수달 꼬리 모양의 오터 테일을 가진 대표적인 견종이다.

26 프론트 브레이슬릿과 리어 브레이슬릿의 높이는 같다.

27 미용 방법을 선택할 때 애완동물의 안전을 가장 먼저 고려하고, 미적 표현을 위해 애완동물에게 위해를 주는 방법을 선택해서는 안 된다.

28 푸들의 퍼스트 콘티넨털 클립이며, 양쪽 로제트의 간격은 꼬리 두께 정도로 한다.

29 포메라니안의 곰돌이 커트이며, 얼굴의 전체적인 이미지는 둥근 형태로 이루어져야 한다.

30 장모종은 하루에 한 번은 핀 브러시를 사용하여 털의 결 방향으로 엉키지 않게 빗질한다.

31 몰티즈는 머즐이 길지 않고 흰색 털의 장방향 몸을 가진 품종이다.

32 비숑 프리제의 펫 스타일은 몸을 짧게 클리핑하고, 다리 부분을 원통형으로 시저링하고, 얼굴을 둥글게 커트하는 스타일이다.

33 뒷다리는 측면에서 턱 업부터 좌골단까지 위쪽으로 둥근 형태로 커트하여 다리를 길어 보이게 한다.

34 하니스는 목과 가슴을 함께 감쌀 수 있고 목줄의 불편함을 줄일 수 있다.

35 스누드는 늘어진 귀 털의 오염을 방지하고, 귀 털이 길어서 음식을 먹을 때 입 안으로 털이 들어가는 것을 방지하고, 산책 시 얼굴 주변의 털이 땅에 끌리거나 세수를 할 때 주변의 털이 물에 젖는 것을 방지하기 위해 사용한다.

36 권모종은 털의 힘이 좋고 웨이브가 있어 빗질과 커트에 좋지만, 잘못된 드라잉으로 웨이브가 생겨서 튀어나온 털이 있는지 빗질하여 체크하고, 적은 양의 빗질보다 전체적으로 넓게 빗질하여 균형미를 체크한다.

37 미용 완성 후에 몸 전체는 드라이어 온도를 낮춰서 드라잉하며 빗질한다.

38 염색 준비 단계에서 부위별로 피모 상태를 확인할 때 집중적으로 털이 없는 부위가 있는지 확인한다.

39 빨강과 청록은 보색 대비이다.

40 튜브형 겔 타입 염색제는 떨어뜨렸을 때 쉽게 파손되지 않고, 분말로 된 초크형 염색제는 떨어뜨렸을 때 쉽게 파손된다.

41 지속성 염색제는 염색 부위를 제거하려면 가위로 커트한다.

42 드라이 작업을 할 때 따뜻한 바람으로 계속 염색 부위를 만지면서 온도를 확인한다.

43 투 톤 염색은 보색 대비 컬러보다 유사 대비 컬러의 발색이 더 좋다.

44 부분(블리치) 염색은 피부가 예민한 애완동물에게 이용하면 좋다.

45 페인트펜은 펜 타입으로 원하는 부위에 정교한 작업이 가능하다.

46 페인트펜은 발림성과 발색력이 좋다.

47 페인트펜은 사용이 편리해서 초보자도 빠른 시간에 익숙해진다.

48 귀를 세척할 때 귓속에 물이 들어가지 않게 한 손은 계속 보정한다.

49 영양 보습제의 로션 타입은 크림보다 수분 함량이 많아서 발림성이 좋다.

50 염색제 세척 시 물의 온도가 높으면 염색제의 컬러가 쉽게 빠지므로 물의 온도는 목욕 때보다 조금 낮게 한다.

2급 실전 모의고사 3회

50문항 60분

01

아래의 설명이 나타내는 머리 부분의 견체 용어로 가장 적절한 것을 고르시오.

두개부터 스톱까지 세로 방향의 이마 주름

① 퍼로(furrow)
② 옥시풋(occiput)
③ 몰레라(molera)
④ 노즈 브리지(nose bridge)
⑤ 크라운(crown)

02

애플 헤드를 가진 견종으로 가장 적절한 것을 고르시오.

① 보스턴 테리어(Boston Terrier)
② 고든 세터(Gordon Setter)
③ 치와와(Chihuahua)
④ 살루키(Saluki)
⑤ 베들링턴 테리어(Bedlington Terrier)

03

라운드 아이를 가진 견종으로 가장 적절한 것을 고르시오.

① 몰티즈(Maltese)
② 저먼 셰퍼드(German Shepherd)
③ 도베르만 핀셔(Doberman Pinscher)
④ 푸들(Poodle)
⑤ 아프간 하운드(Afghan Hound)

04

입 부분의 견체 용어에 대한 설명으로 적절하지 않은 것을 고르시오.

① 결치 – 선천적으로 정상 치아 수보다 적은 것이다.
② 과리치 – 표준 치아 수보다 많은 것이다.
③ 손상치 – 후천적으로 파손된 치아이다.
④ 실치 – 후천적으로 상실한 치아이다.
⑤ 리피 – 위턱 앞니가 아래턱 앞니보다 앞쪽으로 돌출되어 맞물린 것이다.

05

아래의 설명이 나타내는 입 부분의 견체 용어로 가장 적절한 것을 고르시오.

아래턱 앞니가 위턱 앞니보다 앞쪽으로 돌출되어 맞물린 것

① 언더숏(undershot)
② 오버숏(overshot)
③ 이븐 바이트(even bite)
④ 스니피 머즐(snipey muzzle)
⑤ 시저스 바이트(scissors bite)

06

개의 치아에 대한 설명으로 적절하지 않은 것을 고르시오.

① 유치 – 생후 6주 정도에 모두 완성된다.
② 유치 – 총 24개이다.
③ 영구치 – 총 42개이다.
④ 영구치 – 총 42개 중에 윗니 20개, 아랫니 22개이다.
⑤ 영구치 – 절치, 견치, 전구치, 후구치로 구성된다.

07

아래의 설명이 나타내는 코에 대한 견체 용어로 가장 적절한 것을 고르시오.

주둥이를 둘러싼 흰색 띠의 반점

① 더들리 노즈(dudley nose)
② 노즈 밴드(nose band)
③ 로만 노즈(roman nose)
④ 버터플라이 노즈(butterfly nose)
⑤ 프레시 노즈(fresh nose)

08

아래의 설명이 나타내는 귀에 대한 견체 용어로 가장 적절한 것을 고르시오.

아래로 늘어진 귀

① 버튼 이어(button ear)
② 로즈 이어(rose ear)
③ 배트 이어(bat ear)
④ 버터플라이 이어(butterfly ear)
⑤ 드롭 이어(drop ear)

09

파피용 견종이 가진 귀 타입으로 가장 적절한 것을 고르시오.

① 필버트형 이어(filbert-shaped ear)
② 버터플라이 이어(butterfly ear)
③ 캔들 프레임 이어(candle flame ear)
④ 크롭트 이어(cropped ear)
⑤ 펜던트 이어(pendant ear)

10

견종별 귀 타입으로 적절하지 않은 것을 고르시오.

① 바셋 하운드(Basset Hound)
 – 드롭 이어(drop ear)
② 파피용(Papillon)
 – 버터플라이 이어(butterfly ear)
③ 프렌치 불독(French Bulldog)
 – 배트 이어(bat ear)
④ 잉글리시 토이 테리어(English Toy Terrier)
 – 로즈 이어(rose ear)
⑤ 베들링턴 테리어(Bedlington Terrier)
 – 필버트형 이어(filbert-shaped ear)

11

견체의 등선을 좌측면에서 목 뒤부터 네 등분으로 나눌 때 그 순서로 가장 적절한 것을 고르시오.

(가) 위더스(withers)	(나) 로인(loin)
(다) 크루프(croup)	(라) 백(back)

① (가) – (나) – (다) – (라)
② (가) – (다) – (나) – (라)
③ (가) – (나) – (라) – (다)
④ (가) – (다) – (라) – (나)
⑤ (가) – (라) – (나) – (다)

12

견체의 몸 높이를 지면부터 측정할 때 높이의 기준이 되는 신체 부위로 가장 적절한 것을 고르시오.

① 옥시풋(occiput) ② 머즐(muzzle)
③ 크루프(croup) ④ 엘보우(elbow)
⑤ 위더스(withers)

13

다리 부분의 견체 용어에 대한 설명으로 적절하지 않은 것을 고르시오.

① 보우드 프런트(bowed front) – 앞다리 팔꿈치가 활처럼 바깥쪽으로 굽은 안짱다리이다.
② 내로 프런트(narrow front) – 앞다리 간격이 좁은 프런트이다.
③ 피들 프런트(fiddle front) – 뒷다리 패스턴 간격이 넓은 프런트이다.
④ 와이드 프런트(wide front) – 앞다리 간격이 넓은 프런트이다.
⑤ 스트레이트 프런트(straight front) – 앞다리가 수직으로 일직선의 프런트이다.

14

다음 그림이 나타내는 꼬리 타입으로 가장 적절한 것을 고르시오.

① 게이 테일
② 컬드 테일
③ 스크루 테일
④ 오터 테일
⑤ 시클 테일

15

아래의 설명이 나타내는 머리 부분의 견체 용어로 가장 적절한 것을 고르시오.

> 두개를 길이와 폭의 비율에 따라 세 종류로 나눌 때 두개 길이가 가장 긴 것

① 단두형(brachycephalic)
② 중두형(mesaticephalic)
③ 장두형(dolichocephalic)
④ 클린 헤드(clean head)
⑤ 페어 셰이프트 헤드(pear–shaped head)

16

아래의 설명이 나타내는 머리 부분의 견체 용어로 가장 적절한 것을 고르시오.

> 두개에서 코 끝 아래쪽으로 경사진 얼굴로, 디시 페이스의 반대이다.

① 돔드 헤드
② 드라이 스컬
③ 블로키 헤드
④ 몰레라
⑤ 다운 페이스

17

견종별 머리 부분의 견체 용어로 적절하지 않은 것을 고르시오.

① 래브라도 리트리버(Labrador Retriever) – 중두형(mesaticephalic)
② 퍼그(Pug) – 단두형(brachycephalic)
③ 베들링턴 테리어(Bedlington Terrier) – 페어 셰이프트 헤드(pear–shaped head)
④ 살루키(Saluki) – 스니피 페이스(snipey face)
⑤ 불독(Bulldog) – 장두형(dolichocephalic)

18

트라이앵귤러 아이를 가진 견종으로 가장 적절한 것을 고르시오.

① 저먼 셰퍼드(German Shepherd)
② 푸들(poodle)
③ 몰티즈(Maltese)
④ 살루키(Saluki)
⑤ 아프간 하운드(Afghan Hound)

19

아래의 설명이 나타내는 눈 부분의 견체 용어로 가장 적절한 것을 고르시오.

눈이 튀어나와 볼록하게 보임

① 라운드 아이(round eye)
② 차이나 아이(china eye)
③ 마블 아이(marble eye)
④ 아이 스테인(eye stain)
⑤ 벌징 아이(bulging eye)

20

개의 유치와 영구치의 총 개수로 가장 적절한 것을 고르시오.

① 28개 – 42개
② 28개 – 40개
③ 26개 – 42개
④ 26개 – 44개
⑤ 30개 – 42개

21

배트 이어를 가진 견종으로 가장 적절한 것을 고르시오.

① 파피용(Papillon)
② 폭스 테리어(Fox Terrier)
③ 복서(Boxer)
④ 베들링턴 테리어(Bedlington Terrier)
⑤ 프렌치 불독(French Bulldog)

22

기갑을 의미하는 견체 용어로 가장 적절한 것을 고르시오.

① 스트레이트 숄더(straight shoulder)
② 위더스(withers)
③ 백라인(backline)
④ 에이너스(anus)
⑤ 커플링(coupling)

23

아래의 그림이 나타내는 다리 부분의 견체 용어로 가장 적절한 것을 고르시오.

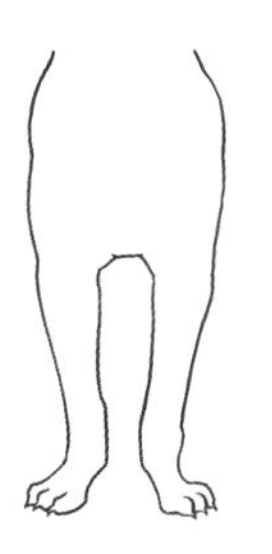

① 내로우 프런트(narrow front)
② 카우 호크(cow hocks)
③ 피들 프런트(fiddle front)
④ 보우드 프런트(bowed front)
⑤ 시클 호크(sickle hocks)

24

오터 테일을 가진 견종으로 가장 적절한 것을 고르시오.

① 불도그(Bulldog)
② 폭스 테리어(Fox Terrier)
③ 래브라도 리트리버(Labrador Retriever)
④ 포메라니안(Pomeranian)
⑤ 잉글리시 세터(English Setter)

25

다음 그림이 나타내는 꼬리 타입으로 가장 적절한 것을 고르시오.

① 게이 테일
② 컬드 테일
③ 스크루 테일
④ 오터 테일
⑤ 스냅 테일

2급

26

푸들의 퍼스트 콘티넨털 클립에 대한 설명으로 적절하지 않은 것을 고르시오.

① 로제트, 폼폰, 브레이슬릿의 클리핑 라인의 위치 선정이 매우 중요하다.

② 리어 브레이슬릿 높이는 호크보다 높게 약 45° 각도의 경계선에 위치한다.

③ 허리의 로제트, 꼬리의 폼폰, 다리의 브레이슬릿 등의 균형이 중요하다.

④ 콘티넨털 클립보다 짧게 커트되어 가정에서 관리가 용이하다.

⑤ 프론트 브레이슬릿 높이는 리어 브레이슬릿 높이보다 2cm 더 낮게 위치한다.

27

포메라니안의 곰돌이 커트에 대한 설명으로 적절하지 않은 것을 고르시오.

① 측면에서 허리부터 좌골단까지 약 45° 각도로 표현한다.

② 얼굴은 둥근 형태로 연출하고 몸 털은 짧게 커트한다.

③ 포스트 클리핑 신드롬이 발생할 수 있다.

④ 귀는 둥근 원형으로 표현한다.

⑤ 발은 둥근 고양이 발 모양으로 표현한다.

28

푸들의 브로콜리 커트에 대한 설명으로 적절하지 않은 것을 고르시오.

① 크라운과 이어 프린지는 둥근 라인으로 표현한다.

② 몸통은 짧고 다리는 원통형이다.

③ 비숑 프리제의 머리 형태에서 머즐 부분만 짧게 커트한다.

④ 적은 모량으로 작업할 수 있다.

⑤ 입선부터 후두부까지 전체적으로 둥근 이미지이다.

29

다음 그림이 나타내는 클립에 대한 설명으로 적절하지 않은 것을 고르시오.

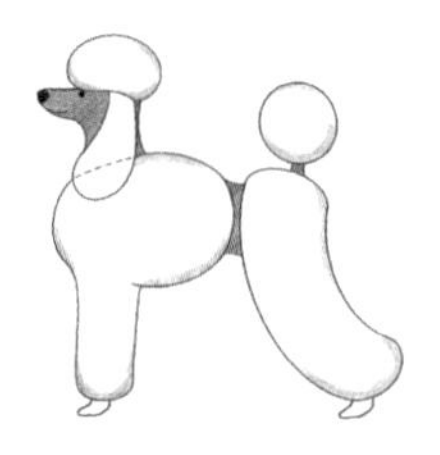

① 허리선은 최종 늑골 0.5cm 뒤를 기준하여 1.5~2cm 부분에 위치한다.

② 힙의 각도는 30°이고 등선은 수평이다.

③ 몸통은 자연스럽고 균형미 있는 둥근 원형 모양이다.

④ 앞다리는 원통형으로 알파벳 A자 모양이다.

⑤ 꼬리는 원형부터 타원형까지 다양한 모양이고 균형미가 필요하다.

30

다음 그림이 나타내는 클립에 대한 설명으로 적절하지 않은 것을 고르시오.

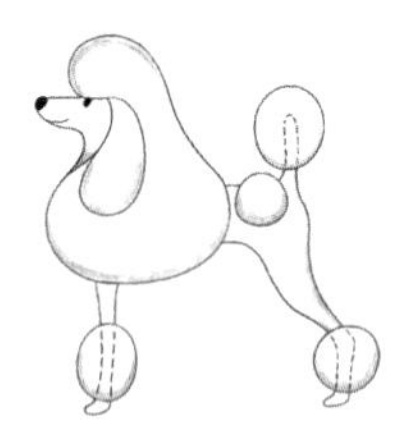

① 푸들의 털 관리가 어렵다면 제안할 수 있다.

② 측면에서 로제트의 뒤쪽 클리핑 라인은 꼬리 시작점에 위치한다.

③ 위에서 볼 때 양쪽 로제트의 간격은 꼬리 두께의 두 배이다.

④ 정면에서 볼 때 몸통은 A자 형태이고 엘보우에서 둥근 모양이다.

⑤ 프런트 브레이슬릿 높이는 리어 브레이슬릿 높이와 동일하다.

31

다음 그림이 나타내는 클립에 대한 설명으로 적절하지 않은 것을 고르시오.

① 발은 고양이 발 모양이다.
② 포메라니안의 곰돌이 커트이다.
③ 얼굴은 사다리꼴 형태이다.
④ 앞다리는 내려갈수록 가늘어진다.
⑤ 꼬리는 둥근 부채 모양이다.

32

다음 그림이 나타내는 클립에 대한 설명으로 적절하지 않은 것을 고르시오.

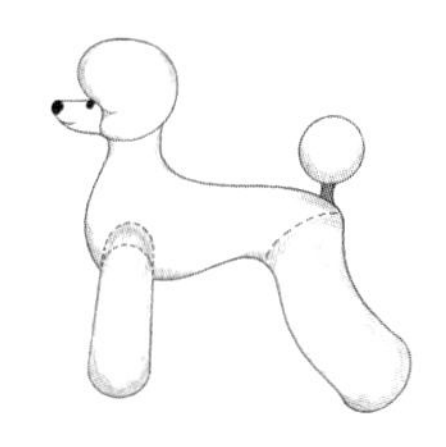

① 푸들의 브로콜리 커트이다.
② 뒷다리는 볼륨감을 줄인 일자바지 형태이다.
③ 앞다리는 윗부분이 짧고 아래로 내려가면서 둥글게 표현한다.
④ 꼬리는 둥근 형태이다.
⑤ 귀는 후두부 뒷면과 자연스럽게 연결한다.

33

다음 그림이 나타내는 미용 스타일에 대한 설명으로 적절하지 않은 것을 고르시오.

① 몰티즈의 판탈롱 스타일이다.
② 발은 둥근 형태이다.
③ 어깨와 목의 연결은 정면에서 A자 형태이다.
④ 뒷다리는 힙에서 풋라인까지 자연스럽게 연결한다.
⑤ 턱 업과 무릎 라인은 일직선으로 발등으로 연결한다.

34

다음 그림이 나타내는 미용 스타일에 대한 설명으로 적절하지 않은 것을 고르시오.

① 비숑 프리제의 펫 스타일 커트이다.
② 몸통을 짧게 클리핑한다.
③ 등선은 직선 형태이다.
④ 얼굴 아래턱은 둥근 형태이다.
⑤ 앞다리는 원통형으로 A자 형태이다.

35

다음 그림이 나타내는 미용 스타일에 대한 설명으로 적절하지 않은 것을 고르시오.

① 푸들의 스포팅 클립이다.
② 뒷다리는 측면에서 턱 업부터 좌골단까지 일직선으로 연결한다.
③ 다리의 클리핑 라인 높이를 조절하여 다리를 길어 보이게 가능하다.
④ 몸 전체를 짧게 클리핑하고 다리털은 남겨 두는 스타일이다.
⑤ 다리가 짧으면 뒷다리와 앞다리의 클리핑 라인을 올려서 작업한다.

36

아트 미용에 대한 설명으로 적절하지 않은 것을 고르시오.

① 기존의 미용 상식과 기술을 기초한다.
② 개성 있는 미용 스타일을 연출한다.
③ 다양한 미용 재료를 사용한다.
④ 재료의 유해성 여부는 무관하다.
⑤ 미용사의 창작력과 숙련된 기술이 필요하다.

37

스누드 착용을 위하여 사이즈 측정이 필요한 곳을 고르시오.

㉠ 머리 둘레	㉡ 목 둘레	㉢ 가슴 둘레
㉣ 등 길이	㉤ 배 둘레	

① ㉠ ② ㉡
③ ㉢ ④ ㉣
⑤ ㉤

38

매너 벨트 착용을 위하여 사이즈 측정이 필요한 곳을 고르시오.

㉠ 머리 둘레	㉡ 목 둘레	㉢ 가슴 둘레
㉣ 등 길이	㉤ 배 둘레	

① ㉠ ② ㉡
③ ㉢ ④ ㉣
⑤ ㉤

39

염색 작업 후에 피부 트러블을 확인하는 방법으로 적절하지 않은 것을 고르시오.

① 피부가 예민하여 이상 반응이 있는지 확인한다.
② 피부가 발갛게 되거나 부었는지 확인한다.
③ 염색한 부위를 가려워하거나 계속 핥는지 확인한다.
④ 탈락한 코트가 적당량을 넘었는지 확인한다.
⑤ 목욕 후 타월에 염색제가 묻어 나오는지 확인한다.

40

보색 대비와 유사 대비에 대한 설명으로 적절하지 않은 것을 고르시오.

① 보색 대비 – 노랑과 남색이다.
② 보색 대비 – 빨강과 청록이다.
③ 유사 대비 – 빨강과 주황이다.
④ 유사 대비 – 그러데이션 염색에 활용한다.
⑤ 유사 대비 – 녹색과 자주이다.

41

염색 재료를 준비할 때 설명으로 적절하지 않은 것을 고르시오.

① 작업복 – 염색제가 이염되지 않는 원단이다.
② 작업복 – 작업자의 피부나 다른 곳에 묻지 않도록 알맞은 사이즈를 착용한다.
③ 일회용 장갑 – 한 개만 준비한다.
④ 염색제 – 애완동물에게 유해하지 않은 것을 준비한다.
⑤ 염색제 – 작업 매뉴얼을 숙지한다.

42

지속성 염색제에 대한 설명으로 적절하지 않은 것을 고르시오.

① 목욕으로 제거되지 않고 영구적이다.
② 튜브형 용기에 담긴 겔 타입이다.
③ 일회용 장갑을 착용한다.
④ 물티슈로 염색 부위를 제거한다.
⑤ 뚜껑을 잘 닫아서 보관한다.

43

이염 방지제에 대한 설명으로 적절하지 않은 것을 고르시오.

① 이염 방지제 – 염색할 부위가 아닌 다른 부위에 염색되는 것을 방지한다.
② 이염 방지 크림 – 수분감이 거의 없는 크림 타입이다.
③ 부직포 – 일회성 염색과 간단한 염색에 사용한다.
④ 이염 방지 테이프 – 발, 다리, 꼬리 부위에 사용이 편리하다.
⑤ 이염 방지 크림 – 목욕으로 제거할 수 없다.

44

블리치 염색에 대한 설명으로 적절하지 않은 것을 고르시오.

① 염색제 도포 시 피부와 1cm 정도 떨어진 곳부터 시작한다.
② 염색 후 발색이 마음에 안 들면 염색된 털만 커트할 수 있다.
③ 염색 전에 발색을 미리 보기 위한 테스트가 가능하다.
④ 피부가 예민한 애완동물에게 권장한다.
⑤ 염색을 할 꼬리, 귀 등 부위 전체를 염색한다.

45

염색제 작용 시간에 대한 설명으로 적절하지 않은 것을 고르시오.

① 자연 건조 또는 드라잉이 가능하다.
② 드라이어로 가온하면 작용 시간을 단축할 수 있다.
③ 염색제가 도포된 털의 양과 길이에 따라 다르다.
④ 드라잉을 거부하는 애완동물은 자연 건조 한다.
⑤ 자연 건조는 10분 정도 소요된다.

46

블로펜에 대한 설명으로 적절하지 않은 것을 고르시오.

① 펜을 입으로 불어서 사용한다.
② 분사량과 분사 거리에 따라 발색력이 다르다.
③ 작업 전에 분사량과 분사 거리 연습이 필요하다.
④ 털 길이가 긴 애완동물에게 활용한다.
⑤ 지속성 염색제이다.

47

염색 도구에 대한 설명으로 적절하지 <u>않은</u> 것을 고르시오.

① 블로펜 – 분사량과 분사 거리에 따라 발색력이 다르다.
② 페인트펜 – 정교한 작업이 어렵다.
③ 스텐실 – 도안을 오려 낸 후 오려 낸 자리에 물감을 칠하고 도안지를 떼어 내는 작업이다.
④ 글리터 젤 – 반짝이를 장식할 때 쉽게 활용 가능한 젤 타입이다.
⑤ 스탬프 – 고무 도장에 잉크를 도포해서 찍는 작업이다.

48

다양한 염색 도구에 대한 설명으로 적절하지 <u>않은</u> 것을 고르시오.

① 블로펜 – 펜을 입으로 불어서 사용한다.
② 도안지 – 물감이 흡수되는 종이이다.
③ 스텐실 – 도안을 오려 낸 후 오려 낸 자리에 물감을 칠하고 도안지를 떼어 내는 작업이다.
④ 글리터 젤 – 반짝이를 장식할 때 쉽게 활용 가능한 젤 타입이다.
⑤ 스탬프 – 고무 도장에 잉크를 도포해서 찍는 작업이다.

49

영양 보습제에 대한 설명으로 적절하지 <u>않은</u> 것을 고르시오.

① 크림 타입 – 피모가 많이 건조한 애완동물에게 효과적이다.
② 크림 타입 – 평소 피모가 심하게 건조하면 매일 발라 주고 브러싱한다.
③ 로션 타입 – 크림 타입보다 발림성이 좋다.
④ 로션 타입 – 피모에 수분기가 없으면 흡수력이 느리다.
⑤ 액상 타입 – 스프레이로 수시로 분사하여 털의 엉킴과 정전기를 방지한다.

50

염색제 컬러의 발색에 대한 설명으로 적절하지 <u>않은</u> 것을 고르시오.

① 염색제 고유의 컬러가 두드러지게 잘 나타내는 정도이다.
② 유색 털보다 하얀색 털에 효과적으로 발색된다.
③ 부드러운 털보다 억센 털에 효과적으로 발색된다.
④ 브러싱, 샴핑, 드라잉은 컬러 발색에 도움이 된다.
⑤ 발색을 위하여 염색제 세척 시 물 온도는 목욕 때보다 낮게 조절한다.

실전 모의고사 3회 2급 정답 및 해설

1	①	2	③	3	①	4	⑤	5	①	6	②	7	②	8	⑤	9	②	10	④
11	⑤	12	⑤	13	③	14	⑤	15	③	16	⑤	17	⑤	18	⑤	19	⑤	20	①
21	⑤	22	②	23	③	24	③	25	⑤	26	⑤	27	①	28	④	29	④	30	③
31	③	32	②	33	⑤	34	⑤	35	②	36	④	37	①	38	⑤	39	⑤	40	⑤
41	③	42	④	43	⑤	44	⑤	45	②	46	⑤	47	③	48	②	49	④	50	⑤

01 옥시풋은 후두부 뒷부분 주먹 모양의 뼈이다. 몰레라는 치와와 두개의 패임으로 부드러운 부분이다. 노즈 브리지는 사람의 콧등과 같은 부분이다. 크라운은 두부의 가장 높은 정수리 부분이다.

02 치와와는 애플 헤드이다. 보스턴 테리어는 블로키 헤드이고, 고든 세터는 밸런스트 헤드이고, 살루키는 클린 헤드이고, 베들링턴 테리어는 페어 셰이프트 헤드이다.

03 몰티즈는 라운드 아이를 가졌다. 저먼 셰퍼드와 도베르만 핀셔는 아몬드 아이, 푸들은 오벌 아이, 아프간 하운드는 트라이앵글러 아이를 가졌다.

04 리피(lippy)는 아래로 늘어진 입술이고, 턱이 밀착되지 않은 입술이다. 오버숏(overshot)은 위턱의 앞니가 아래턱 앞니보다 전방으로 돌출되어 맞물린 것이다.

05 오버숏은 위턱 앞니가 아래턱 앞니보다 전방으로 돌출되어 맞물린 것이다. 이븐 바이트는 위턱과 아래턱이 맞물린 것이다. 스니피 머즐은 날카롭고 좁으며 뾰족한 주둥이이다. 시저스 바이트는 위턱 앞니가 아래턱 앞니보다 조금 앞에 위치하여 가위처럼 조금 접촉되어 맞물린 것이다.

06 개의 유치는 총 28개이고, 윗니 14개와 아랫니 14개이다.

07 노즈 밴드는 주둥이를 둘러싼 흰색의 띠를 이룬 반점이다.

08 드롭 이어는 아래로 늘어진 귀이다.

09 파피용은 나비 모양의 귀인 버터플라이 이어를 가졌다.

10 잉글리시 토이 테리어는 촛불 모양의 캔들 프레임 이어(candle flame ear)를 가진다.

11 견체의 등선은 위더스(기갑) – 백(등) – 로인(허리) – 크루프(골반대)로 나눌 수 있다.

12 견체의 체고는 지면부터 위더스까지 수직 방향으로 측정한 길이이다.

13 피들 프런트는 앞다리 팔꿈치가 바깥쪽으로 굽고 패스턴 간격이 좁고 발가락이 바깥쪽으로 향한 프런트이다.

14 시클 테일(sickle tail)은 뿌리부터 등 위로 높게 위치하고 중간에 반원형을 그리며 낫 모양으로 구부러진 꼬리이다.

15 두개(skull)는 길이와 폭의 비율에 따라 단두형, 중두형, 장두형으로 분류하고, 그 비율이 가장 큰 것은 장두형이다.

16 다운 페이스(down face)는 디시 페이스의 반대이고, 두개에서 코 끝 아래쪽으로 경사진 얼굴이다.

17 불독은 단두형이다. 장두형 견종으로 그레이하운드(Greyhound), 닥스훈트(Dachshund), 그레이트 데인(Great Dane) 등이 있다.

18 트라이앵귤러 아이는 눈꺼풀 바깥쪽이 올라가 삼각형의 눈이고, 예로써 아프간 하운드(Afghan Hound)가 있다.

19 벌징 아이(bulging eye)는 눈이 튀어나와 볼록하게 보이고, 주로 단두종 개에게서 나타나는 경향이 있다.

20 개의 유치는 총 28개이고, 영구치는 총 42개이다.

21 배트 이어를 가진 견종은 프렌치 불독, 웰시 코기 등이 있다.

22 위더스는 기갑을 의미하고, 견체의 체고를 측정할 때 기준이 되는 몸 높이의 최고점이다.

23 피들 프런트는 앞다리 팔꿈치가 바깥쪽으로 굽고 패스턴 간격이 좁고 발가락이 바깥쪽으로 향한 프런트이다.

24 래브라도 리트리버는 수달 꼬리 모양의 오터 테일을 가진 대표적인 견종이다.

25 스냅 테일(snap tail)은 꼬리가 휘어져 꼬리 끝이 등에 접촉된 꼬리이고, 예로써 알래스칸 맬러뮤트(Alaskan Malamute), 시베리안 허스키(Siberian Husky) 등이 있다.

26 프론트 브레이슬릿과 리어 브레이슬릿의 높이는 같다.

27 측면에서 허리에서 엉덩이 끝으로 약 30° 각도로 기울어진 라인으로 표현한다.

28 브로콜리 커트를 하려면 모량이 충분하고 힘이 있어야 한다.

29 앞다리는 원통형으로 일직선이 되어야 한다. (지면과 수직)

30 푸들의 퍼스트 콘티넨털 클립이며, 위에서 볼 때 양쪽 로제트의 간격은 꼬리 두께 정도로 한다.

31 포메라니안의 곰돌이 커트이며, 얼굴은 둥근 형태이다.

32 푸들의 브로콜리 커트이며, 뒷다리는 나팔바지 형태로 볼륨감을 주어야 한다.

33 턱 업과 무릎 라인은 둥근 형태를 그리며 발등으로 잘 이어져야 한다.

34 비숑 프리제의 펫 스타일이고, 앞다리는 원통형으로 평행하게 시저링한다.

35 뒷다리는 측면에서 턱 업부터 좌골단까지 위쪽으로 둥근 형태가 되도록 작업한다.

36 아트 미용은 기존의 미용 상식과 기술을 기초하여 미용사의 창작력과 숙련된 기술로 개성 연출을 표현하는 기술이다. 개성 있는 미용 스타일을 연출하기 위해서 다양한 미용 재료의 종류와 사용 방법을 알고 있어야 하고, 애완동물의 신체에 직접적으로 적용되므로 사용하기 전에 재료의 유해성 여부를 반드시 확인해야 한다.

37 스누드 사이즈 측정표는 머리 둘레를 기준한다.

38 매너 벨트 사이즈 측정표는 배 둘레를 기준한다.

39 목욕 후 타월에 염색제가 묻어 나오는지는 피부 트러블이 아닌 염색 마무리 단계에서 염색 상태를 점검하는 방법이다.

40 녹색과 자주는 색상환에서 반대 색상끼리 배색으로 보색 대비이다.

41 염색 재료를 준비할 때 일회용 장갑은 여유 있게 준비한다.

42 지속성 염색제는 염색 부위를 제거하려면 가위로 커트한다.

43 이염 방지 크림은 목욕으로 제거할 수 있다.

44 블리치 염색은 염색을 할 부위 전체가 아닌 부분적으로 원하는 컬러로 조금씩 포인트를 주는 방법이다.

45 염색제 작용 시간은 자연 건조 상태로 20~25분 정도이다.

46 블로펜은 일회성 염색제이다.

47 페인트펜은 발림성과 발색력이 좋고, 원하는 부위에 정교한 작업이 가능하다.

48 도안지는 물감이 흡수되지 않는 코팅된 종이를 사용한다.

49 로션 타입은 피모에 수분기가 없어도 흡수력이 빠르다.

50 염색제 컬러의 발색은 억센 털보다 부드러운 털에 효과적이다.

1급

1과목
반려견 일반미용3

Chapter 01 **일반미용**

Chapter 01 일반미용

01 피부와 털

구분	명칭	내용
1	더블 코트 (double coat)	이중모라고도 하며, 오버코트와 언더코트의 이중모 구조의 털 ㊎ 래브라도리트리버(Labrador Retriever), 시베리안 허스키(Siberian Husky), 로트와일러(Rottweiler), 포메라니안(Pomeranian), 저먼 셰퍼드(German Shepherd)
2	러프 (ruff)	목 주위의 풍부한 장식 털 ㊎ 콜리(Collie)
3	롱 코트 (long coat)	장모(長毛)라고도 하며, 긴 털
4	머스태시 (moustache)	콧수염이라고도 하며, 입술과 턱 측면에 난 수염 ㊎ 스코티시 테리어(Scottish Terrier)
5	머즐 밴드 (muzzle band)	머즐 둘레의 하얀 반점
6	메인 코트 (main coat)	몸의 중심이 되는 털 ※ 메인 코트(mane coat): 갈기 털, 목 주변에 많은 털, 발음만 같음
7	몰팅 (molting)	털갈이라고도 하며, 자연스러운 계절적인 환모
8	블론 (blown)	환모기의 털, 블론 코트(blown coat)라고도 함
9	비어드 (beard)	턱수염으로, 입 주위의 털
10	새들 (saddle)	말의 안장 형태로 등 부분에 넓은 반점(털) ㊎ 저먼 셰퍼드(German Shepherd)
11	섀기 (shaggy)	텁수룩한 털 ㊎ 올드 잉글리시 쉽독(Old English Sheepdog)
12	스무드 코트 (smooth coat)	단모(短毛), 짧은 털 ㊎ 닥스훈트(Dachshund), 불 테리어(Bull Terrier)
13	스커트 (skirt)	에이프런 아랫부분의 긴 장식 털
14	스탠드오프 코트 (standoff coat)	꼿꼿하게 선 모양의 털로, 개립모(開立毛) ※ 스탠드 어웨이 코트(stand away coat)의 동의어 ㊎ 스피츠(Spitz), 포메라니안(Pomeranian)
15	스테이링 코트 (staring coat)	건조하고 거칠고 상태가 나빠진 털로, 질병이 있거나 영양 상태가 안 좋을 경우 나타남
16	스트레이트 코트 (straight coat)	직립모(直立毛), 털이 구불거리지 않는 일직선의 털

17	실키 코트 (silky coat)	실크처럼 부드럽고 광택이 있는 긴 모질 ㉪ 코카 스패니얼(Cocker spaniel), 장모 닥스훈트(long-haired Daschund), 카발리에 킹 찰스 스패니얼(Cavalier King Charles Spaniel), 몰티즈(Maltese), 아프간 하운드(Afghan Hound), 골든 세터(Gordon Setter)
18	싱글 코트 (single coat)	한 겹의 털 ㉪ 푸들(Poodle), 잭 러셀 테리어(Jack Russell Terrier), 닥스훈트(Daschund), 요크셔 테리어(Yorkshire Terrier), 몰티즈(Maltese)
19	아웃 오브 코트 (out of coat)	모량이 부족하거나 탈모된 상태
20	아이래시 (eyelash)	속눈썹
21	아이브로 (eyebrow)	눈썹
22	언더코트 (undercoat)	아래 털로, 하모(下毛), 부모(副毛)라고도 하며, 체온 유지와 조절, 방수 기능을 하는 부드럽고 촘촘하게 난 털
23	에이프런 (apron)	목 아래 가슴 부위의 길고 풍부한 장식 털 ※ 프릴(frill)의 동의어
24	역모	털 결에서 반대로 자란 털로, 주로 목이나 항문에 있음
25	오버코트 (overcoat)	위 털로, 상모(上毛), 주모(主毛)라고도 하며, 외부 환경으로부터 신체를 보호하는 언더코트보다 굵고 긴 털
26	와이어 코트 (wire coat)	뻣뻣하고 강한 모질의 털로, 상모가 단단하고 바삭거리는 모질이며, 브로큰 코트(broken coat)라고도 함 ㉪ 에어데일 테리어(Airedale Terrier), 아일리시 울프하운드(Irish Wolfhound)
27	울리 코트 (woolly coat)	양모 형태의 털로, 북방 견종에게 많으며, 워터 도그(water dog)의 코트는 방수 효과가 있음 ㉪ 포르투기즈 워터 독(Portuguese Water Dog)
28	웨이비 코트 (wavy coat)	파상모(波狀毛)라고도 하며, 상모에 웨이브가 있는 털로, 울리 코트, 컬리 코트의 유의어 ㉪ 푸들(Poodle), 케리 블루 테리어(Kerry Blue Terrier)
29	위스커 (whisker)	머즐 양쪽에 길고 단단한 털로, 입가에 있는 강모(剛毛) ※ 촉모(觸毛), 바이브리시(Vibrissae) 역할
30	컬리 코트 (curly coat)	권모(捲毛), 곱슬 털로, 울리 코트와 웨이비 코트의 유의어 ㉪ 푸들(Poodle), 비숑 프리제(Bichon Frise)
31	코디드 코트 (corded coat)	승상모(繩狀毛), 로프 코트(rope coat)로, 언더코트와 오버코트가 자연스럽게 얽힌 새끼줄 모양의 털 ㉪ 코몬도르(Komondor), 풀리(Puli dog)
32	코트 (coat)	털이라고도 하며, 외부 온도 변화와 외상으로부터 피부를 보호하고, 품종에 따라 모색, 강도, 털의 성질이 다양함
33	퀼로트 (culotte)	뒷다리 허벅지 뒤쪽의 긴 장식 털
34	타셀 (tassel)	귀 끝에 남긴 장식 털 ㉪ 베들링턴 테리어(Bedlington Terrier)
35	톱노트 (topknot)	정수리 부분의 긴 장식 털
36	트라우저스 (trousers)	다량의 긴 털이 뒷다리에 자라난 헐렁헐렁한 판탈롱 ㉪ 아프간하운드(Afghan Hound)
37	팁 (tip)	꼬리 끝의 하얀색 털

38	파일 (pile)	두껍고 빽빽한 언더코트(dense undercoat)
39	페더링 (feathering)	귀, 다리, 꼬리, 몸통 등에 있는 깃털 모양의 장식 털 ※ 프린지(fringe)의 동의어
40	페더헤어 (feather-hair)	머리, 귀 주변에 남겨진 장식 털 ※ 페더링(feathering)의 유의어 예 스코티시 테리어(Scottish Terrier)
41	펠트 (felt)	털이 엉켜 굳은 상태 ※ 매트(mat): 털이 엉겨붙은 것
42	폴 (fall)	정수리에서 안면부로 늘어져 내린 털 예 아프간 하운드(Afghan Hound), 스카이 테리어(Skye Terrier)
43	프릴 (frill)	목 아래 가슴 부위의 길고 풍부한 장식 털 ※ 에이프런(apron)의 동의어 예 러프 콜리(Rough Collie)
44	플럼 (plume)	꼬리에 깃발 모양의 장식 털 예 잉글리시 세터(English Setter)
45	피부 (skin)	외부 병원체로부터 신체를 보호하는 촉각, 온각, 냉각, 통각, 압각 등의 감각 기관
46	하시 코트 (harsh coat)	거칠고 단단한 와이어 코트

02 모색

구분	명칭	내용
1	골든 버프 (golden buff)	금색에 빨강이 있는 담황색
2	골드 (gold)	황금색
3	그레이 (gray)	회색으로, 어두운 회색부터 밝은 색까지 다양함
4	그리즐 (grizzle)	흰색 털에 검은색이나 적색 털이 섞인 색 ※ 흔히 남회색(bluish-gray) 또는 철회색(iron-gray)
5	대플 (dapple)	특별히 도드라지는 색 없이 여러 가지 색으로 반점을 만드는 색으로, 불규칙한 반점 ※ 얼룩덜룩한 모색 패턴으로 멀(merle) 효과가 있음 예 셸티(Sheltie), 콜리(Collie)
6	데드 그래스 (dead grass)	옅은 다갈색으로 마른 풀색 ※ 탠(tan) 또는 옅은 짚(dull straw) 색이고, 데드 리프(dead leaf)의 동의어
7	러스트 탠 (rust tan)	녹슨 색의 탠 ※ 적갈색(reddish brown)의 탠
8	레드 (red)	적색
9	레몬 (lemon)	레몬색

10	론 (roan)	흰색 털과 유색 털이 섞여 있는 것, 검은 바탕에 흰색 털이 섞인 것, 유색모의 색상에 따라 블루 론(blue roan), 오렌지 론(orange roan), 레몬 론(lemon roan), 리버 론(liver roan), 레드 론(red roan) 등 ※ 흔히 청회색(blue-gray) 또는 철회색(iron-gray)을 말하고, 검은색 털과 흰색 털이 섞이면 블루 론이라고 하며, 모색 정의는 벨튼(belton)과 동일함 ㉮ 코카 스패니얼(Cocker Spaniel)
11	루비 (ruby)	진한 밤색 ※ 진한 마호가니 레드(rich, mahogany red) ㉮ 잉글리쉬 토이 스패니얼(English Toy Spaniel), 킹 찰스 스패니얼(King Charles Spaniel)
12	리버 (liver)	진한 적갈색, 붉은 간장 색 ※ 많은 견종이 해당됨
13	마스크 (mask)	이마, 주둥이 부위가 검은 것으로 블랙 마스크라고 함 ㉮ 마스티프(Mastiff), 복서(Boxer), 페키니즈(Pekingese)
14	마우스 그레이 (mouse gray)	쥐색
15	마킹 (marking)	반점이라고도 하며, 부위에 따라 분포와 크기가 다양함
16	마호가니 (mahogany)	체스트넛 레드, 적갈색(reddish brown)
17	맨틀 (mantle)	어깨, 등, 몸통 양쪽에 망토를 걸친 듯한 크고 진한 반점이 있는 것 ㉮ 세인트 버나드(Saint Bernard)
18	머스터드 (mustard)	겨자색, 황색 ※ ㉮ 댄디 딘몬트 테리어(Dandie Dinmont Terrier)
19	머즐 밴드 (muzzle band)	주둥이 주위에 흰색 반점 ㉮ 보스턴 테리어(Boston Terrier), 세인트 버나드(Saint Bernard)
20	멀 (merle)	검정, 블루, 그레이의 배색 ※ 명암 차이로 인한 마블링 효과(marbling effect)가 있는 반점 패턴 ㉮ 셔틀랜드 쉽독(Shetland Sheepdog), 콜리(Collie), 그레이트 데인(Great Dane), 오스트레일리안 셰퍼드(Australian Shepherd)
21	배저 마킹 (badger marking)	목, 귀에 탠이나 다른 색의 반점이 있는 것으로, 그레이, 진회색, 화이트가 섞인 오소리 색 반점
22	배저 (badger)	그레이, 진회색, 화이트가 섞인 모색 ※ 검은색 털이 조금 섞인 회갈색(grayish-brown) ㉮ 그레이트 피레니즈(Great Pyrenees), 실리함 테리어(Sealyham Terrier)
23	버프 (buff)	부드럽고 연한 느낌의 담황색 ※ 오프 화이트 투 골드(Off-white to gold)
24	벨튼 (belton)	흰색 바탕에 옅은 반점이 흩어진 패턴으로, 모색에 따라 블루 벨튼, 오렌지 벨튼, 레몬 벨튼, 리버 벨튼 등 ※ 모색 정의는 론(roan)과 동일함 ㉮ 잉글리쉬 세터(English Setter), blue belton(black & white), orange belton(orange & white), lemon belton(lemon & white), liver belton(liver & white)
25	브라운 (brown)	갈색, 다갈색
26	브로큰 컬러 (broken color)	단일색인 모색이 파괴된 것 ※ 본래 색이 흰색이나 다른 색에 의해 깨진 것
27	브론즈 (bronze)	갈색에 털끝이 약간 붉은 색 ※ 구릿빛 색, 중간 밝기의 황갈색(moderately bright, yellowish brown) ㉮ 뉴펀들랜드 독(Newfoundland dog)
28	브리칭 (breeching)	검은색 개의 대퇴부 안쪽과 후방의 탠 반점 ㉮ 맨체스터 테리어(Manchester Terrier), 로트와일러(Rottweiler)

29	브린들 (brindle)	• 바탕색에 다른 색의 무늬가 존재하는 털로, 어두운 바탕색에 밝은 모색이 섞이거나 밝은 바탕색에 어두운 모색이 섞인 것 ㉾ 스코티시 테리어(Scottish Terrier) • 적색이나 황색 바탕에 검정 또는 어두운 색의 줄무늬를 만든 것을 타이거 브린들이라고 함 ㉾ 그레이트 데인(Great Dane)
30	블랙 마스크 (black mask)	주둥이 부분이 검은 것 ※ ㉾ 마스티프(Mastiff), 복서(Boxer), 페키니즈(Pekingese)
31	블랙 앤 탠 (black and tan)	검은 바탕에 양 눈 위, 귀 안쪽, 주둥이 양측, 목, 아랫다리, 항문 주위에 탠이 있는 것 ※ ㉾ 닥스훈트(Dachshund), 로트와일러(Rottweiler), 도베르만 핀셔(Doberman Pinscher)
32	블랭킷 (blanket)	목, 꼬리 사이의 등, 몸통 쪽에 넓게 있는 모색 ㉾ 아메리칸 폭스하운드(American Foxhound)
33	블레이즈 (blaze)	양 눈과 눈 사이에 중앙을 가르는 가늘고 긴 백색의 선 ㉾ 파피용(Papillon)
34	블루 마블 (blue marble)	블루멀(blue merle)이라고도 하며, 검정, 블루, 그레이가 섞인 대리석 색
35	블루 블랙 (blue black)	블루에 털 끝이 검은 털
36	블루 (blue)	검은 것 같은 청색으로 농도의 폭이 넓고, 보통 태어날 때는 검은색이나 성장하며 블루로 변함
37	비버 (beaver)	브라운과 그레이가 섞인 색 ※ 흰색, 회색, 갈색, 검은색이 섞인 색
38	삭스 (socks)	유색 견이 흰색 양말을 신은 것 같은 무늬 ㉾ 이비전 하운드(Ibizan Hound)
39	새들 (saddle)	말 안장을 얹은 것 같은 검은색 반점 ㉾ 에어데일 테리어(Airedale Terrier)
40	샌디 (sandy)	모래색 ※ 황회색(yellowish gray)
41	설반(舌班)	혀에 있는 반점 ㉾ 차우 차우(Chow Chow)
42	섬 마크 (thumb mark)	패스턴에서 볼 수 있는 검은색 반점 ㉾ 맨체스터 테리어(Manchester Terrier), 토이 맨체스터 테리어(Toy Manchester Terrier)
43	세이블 (sable)	연한 기본 모색에 검은색 털이 섞여 있거나 겹쳐 있는 것으로, 황색 또는 황갈색 바탕에 털 끝이 검은색이고, 오렌지색 바탕에 세이블은 오렌지 세이블, 암갈색 바탕에 세이블이 겹쳐진 것은 다크 세이블 ※ 울프 세이블(wolf sable): 은색 또는 회색 바탕에 털 끝이 검은색인 것 ㉾ 포메라니안(Pomeranian)
44	셀프 마크트 (self marked)	가슴, 발가락, 꼬리 끝에 흰색이나 청색 반점을 가진 한 가지 색으로 보통은 검은색을 띰
45	셀프 컬러 (self color)	솔리드 컬러(solid color), 단일색, 몸 전체 모색이 같은 것
46	스모크 (smoke)	거무스름한 옅은 흑색의 연기 색
47	스틸 블루 (steel blue)	푸른 동색, 청동색
48	스폿 (spot)	작은 반점 ※ 리버 스폿(liver spots): 나이가 들어 생기는 작은 갈색 반점이나 검버섯

49	슬레이트 블루 (slate blue)	검은 회색의 청색, 회색이 있는 청색 예 오스트레일리안 실키 테리어(Australian Silky Terrier)
50	실버 그레이 (silver gray)	마우스 그레이보다 밝은 은색이 도는 회색 예 와이마라너(Weimaraner)
51	실버 버프 (silver buff)	은색의 하얀색 같은 담황색으로, 전체적으로 희게 보이며 은색을 띰
52	실버 블랙 (silver black)	검은 털 속에 은색 털이 섞인 것 예 스코티시 테리어(Scottish Terrier)
53	실버 (sliver)	밝은 회색, 은색
54	알비노 (albino)	※ 선천성 색소 결핍증에 걸린 개체, 드물게 유전적으로 멜라닌 색소가 결핍된 개체로, 알비노 독(albino dog)이라고 부르며, 결과적으로 흰색 털, 빨간 눈(pink eyes)을 가짐
55	알비니즘 (albinism)	백화 현상, 색소 결핍증으로, 피부, 털, 눈 등에 색소가 발생하지 않는 이상 현상이며, 유전적 원인에 의해 발생함 ※ 드물게 멜라닌 합성이 결핍되는 선천성 유전질환이고, 백색증이라고도 함
56	애프리코트 (apricot)	밝은 적황갈색, 살구색 ※ 예 아프간 하운드(Afghan Hound), 퍼그(Pug), 잉글리쉬 마스티프(English Mastiff), 푸들(Poodle)
57	옐로 (yellow)	노란색으로, 여우 색부터 크림색까지 범위가 매우 다양함
58	오렌지 (orange)	오렌지색
59	울프 그레이 (wolf gray)	회색 어두운 정도의 색깔 혼합 비율이 다양함
60	이사벨라 (isabela)	연한 밤색
61	제트 블랙 (jet black)	순수한 검은색 ※ 완전한 검은색 예 로디지안, 리지백(Rhodesian Ridgeback), 벨지안 쉽독(Belgian sheepdog)
62	체스트넛 (chestnut)	밤색, 적갈색 ※ 예 아이리쉬 세터(Irish Setter), 파라오 하운드(Pharaoh Hound)
63	초콜릿 (chocolate)	초콜릿색, 검은 적갈색
64	카페오레 (cafe au lait)	커피 우유색 ※ 프렌치 커피색, 밀크커피색, 담갈색 예 푸들(Poodle)
65	칼라 (collar)	목 주변을 감싸는 폭 넓은 흰색 반점 예 콜리(Collie)
66	캡 (cap)	캡을 쓴 것 같은 두 개 위의 어두운 반점 예 알래스칸 맬러뮤트(Alaskan Malamute)
67	크림 (cream)	크림색
68	키스 마크 (kiss mark)	※ 볼과 눈 위에 있는 탠 스폿(tan spots) 예 도베르만 핀셔(Doberman Pinscher), 로트와일러(Rottweiler)
69	타이거 브린들 (tiger brindle)	금색 바탕에 호랑이 줄무늬가 있는 것 ※ 보통 폰, 브라운, 그레이 바탕에 검은색 털이 겹침(tiger-striped pattern) 예 그레이트 데인(Great Dane), 핏 불(Pit Bull), 복서(Boxer), 그레이하운드(Greyhound), 프렌치 불독(French Bulldog)

70	탠 (tan)	황갈색, 진한 탠은 리치 탠, 옅은 탠은 라이트 탠이라고 함 ※ 옅은 짚(dull straw) 색으로, 데드 그래스(Dead grass)의 동의어
71	트라이컬러 (tricolor)	세 가지가 섞인 색(흰색, 검은색, 갈색) ※ 코트에 화이트, 블랙, 탠 등 세 가지 색이 있는 모색 ㉔ 잉글리쉬 토이 스패니얼(English Toy Spaniel) 중에서 프린스 찰스(Prince Charles)
72	트레이스 (trace)	색의 등줄기를 따른 검은 선 ㉔ 퍼그의 등줄기 색 ※ 옥시풋부터 꼬리까지 등줄기의 검은 선 ㉔ 옅은 황갈색의 퍼그(fawn Pug)
73	티킹 (ticking)	흰색 바탕에 한 가지나 두 가지의 명확한 독립적인 반점이 있는 것 ㉔ 브리타니(Brittany)
74	파울 컬러 (foul color)	폴트 컬러(fault color)라고도 하며, 부정 모색, 바람직하지 못한 반점이나 모색 ※ 견종 특성에 맞지 않는 반점이나 모색을 말함
75	파티컬러 (parti-color)	두 가지 색의 구분된 반점의 색깔이며, 보통 흰 바탕에 윤곽이 뚜렷한 갈색 또는 검은색 반점이 있음 ※ 두 가지 색 또는 그 이상의 색이 분명하게 나누어진 모색이며, 반드시 한 가지 색은 흰색이 포함되어 있음
76	팰로 (fallow)	담황색 ※ 옅은 노랑(pale yellow)
77	페퍼 앤 솔트 (pepper and salt)	검은색과 흰색의 혼합 ※ ㉔ 슈나우저(Schnauzer)
78	페퍼 (pepper)	후추 색, 어두운 푸른 계통의 검은색에서 밝은 은회색까지 다양함
79	펜실링 (penciling)	발가락에 있는 검은 선 ㉔ 맨체스터 테리어(Manchester Terrier) ※ 발가락에 탠을 구분하는 검은색 선
80	포인츠 (points)	얼굴, 귀, 다리, 꼬리의 모색으로, 보통은 흰색, 검은색, 탠 등이 있음
81	퓨스 (puce)	암갈색
82	피그멘테이션 (pigmentation)	피모의 멜라닌 색소 과립 침착 상태 ※ 과다색소침착(hyperpigmentation): 피부가 검고 두껍게 변하는 것
83	하운드 마킹 (hound marking)	흰색, 검은색, 황갈색의 반점 ※ 하운드마크트(Hound-marked)의 동의어, 화이트, 탠, 블랙으로 구성되어 있고, 머리, 등, 다리, 꼬리에 반점이 있고, 견종과 개체마다 반점의 위치가 다름
84	할리퀸 (harlequin)	흰색 바탕에 검은색이나 그레이의 불규칙한 반점이 있는 것으로, 순백색 바탕에 찢긴 것 같은 검은 반점 무늬가 있음 ※ 보통 흰색 바탕에 검은색이나 회색의 얼룩무늬 ㉔ 그레이트 데인(Great Dane), 보스롱(Beauceron)
85	허니 (honey)	벌꿀 색, 연한 적황갈색
86	폰 (fawn)	금색에 검은색이 조금 섞인 색 ※ 옅은 황갈색
87	화이트 (white)	흰색, 화이트 컬러 종은 눈, 입술, 코, 패드, 항문이 검은색이며 이것으로 알비노(albino)가 아님을 증명함
88	휘튼 (wheaten)	옅은 황색의 털, 황색이 스민 것 같이 보이는 색 ※ 밀 색, 옅은 노랑(pale yellow), 옅은 황갈색(fawn)

Chapter 01 일반미용 출제 예상 문제

01
다음 중 오버코트와 언더코트를 가지는 이중모 구조의 털로 가장 적절한 것을 고르시오.

① 롱 코트(long coat)
② 더블 코트(double coat)
③ 러프(ruff)
④ 싱글 코트(single coat)
⑤ 메인 코트(main coat)

정답 ②
해설 더블 코트는 이중모 구조의 털을 말한다. 롱 코트는 장모, 러프는 목 주위의 풍부한 장식 털, 싱글 코트는 한 겹의 털, 메인 코트는 몸의 중심이 되는 털을 말한다.

02
다음 중 머스태시(moustache)에 대한 설명으로 가장 적절한 것을 고르시오.

① 목 주위의 풍부한 장식 털이다.
② 콧수염, 입술과 턱 측면에 난 수염이다.
③ 머즐 둘레의 하얀 반점이다.
④ 털갈이라고도 한다.
⑤ 에이프런 아랫부분의 긴 장식 털이다.

정답 ②
해설 머스태시는 콧수염, 입술과 턱 측면에 난 수염을 말한다. 예로는 스코티시 테리어(Scottish Terrier)가 있다.

03
다음 중 새들(saddle)에 대한 설명으로 가장 적절한 것을 고르시오.

① 환모기의 털이다.
② 턱수염이라고도 한다.
③ 에이프런 아랫부분의 긴 장식 털이다.
④ 등 부분에 넓은 말 안장 같은 모양의 털이다.
⑤ 가슴 부위의 장식 털이다.

정답 ④
해설 새들(saddle)은 말 안장을 얹은 것 같은 검은색 반점(털)을 말한다. 환모기의 털은 블론(blown), 턱수염은 비어드(beard), 에이프런 아랫부분의 긴 장식 털은 스커트(skirt), 가슴 부위의 장식 털은 에이프런(apron)이다.

04
다음 중 단모와 같은 의미를 가진 털로 가장 적절한 것을 고르시오.

① 스무드 코트(smooth coat)
② 싱글 코트(single coat)
③ 스테이링 코트(staring coat)
④ 메인 코트(main coat)
⑤ 언더코트(undercoat)

정답 ①
해설 단모는 짧은 털을 말하고, 스무드 코트는 몸통을 따라 짧은 털이 매끈하게 있는 모양을 말한다. 예로는 닥스훈트(Dachshund), 불 테리어(Bull Terrier)가 있다.

05
다음 중 각각의 털에 대한 설명으로 적절하지 않은 것으로 고르시오.

① 러프(ruff) – 목 주위의 풍부한 장식 털이다.
② 머스태시(moustache) – 콧수염, 입술과 턱 측면에 난 수염이다.
③ 비어드(beard) – 턱수염, 입 주위의 털이다.
④ 아이브로(eyebrow) – 눈썹 부위의 털이다.
⑤ 실키 코트(silky coat) – 뻣뻣하고 강한 모질의 털이다.

정답 ⑤
해설 실키 코트(silky coat)는 부드럽고 광택이 있는 실크 같은 긴 모질을 말한다.

06
올드 잉글리쉬 쉽독(Old English Sheepdog)과 같이 텁수룩한 털로 가장 적절한 것을 고르시오.

① 러프(ruff) ② 블론(blown)
③ 실키 코트(silky coat) ④ 섀기(shaggy)
⑤ 플럼(plume)

정답 ④
해설 섀기는 단어 그대로 털이 텁수룩한 것을 표현하는 형용사이다. 러프는 목 주위의 풍부한 장식 털, 블론은 환모기의 털, 실키 코트는 부드럽고 광택이 있는 실크 같은 긴 모질, 플럼은 깃발 모양 꼬리의 장식 털을 말한다.

07
다음 중 건조하고 거칠며 상태가 나빠진 털로 가장 적절한 것으로 고르시오.

① 웨이비 코트(wavy coat)
② 역모
③ 와이어 코트(wire coat)
④ 아웃 오브 코트(out of coat)
⑤ 스테이링 코트(staring coat)

정답 ⑤
해설 스테이링 코트는 건조하고 거칠며 상태가 나빠진 털이다. 상태가 나빠져 곤두서 있는 털을 연상할 수 있다. 질병이 있거나 영양 상태가 안 좋을 경우 나타난다. 웨이비 코트는 상모에 웨이브가 있는 털, 역모는 주로 목이나 항문에서 볼 수 있는 털 결에 반대로 자란 털, 와이어 코트(wire coat)는 상모가 단단하고 바삭거리는 뻣뻣하고 강한 형태의 모질, 아웃 오브 코트(out of coat)는 모량이 부족하거나 탈모된 상태를 말한다.

08
스트레이트 코트(straight coat)에 대한 설명으로 가장 적절한 것을 고르시오.

① 장모(長毛), 긴 털이라고도 한다.
② 뻣뻣하고 강한 형태의 모질이다.
③ 털이 구불거리지 않는 일직선의 털이다.
④ 꼿꼿하게 선 모양의 털이다.
⑤ 한 겹의 털이다.

정답 ③
해설 스트레이트 코트는 단어 그대로 털이 구불거리지 않는 일직선의 털을 말하고, 직립모(直立毛)라고도 한다.

09
다음 중 각각의 털에 대한 설명으로 적절하지 않은 것을 고르시오.

① 아이래시(eyelash) – 속눈썹이라고도 한다.
② 아이브로(eyebrow) – 눈썹이라고도 한다.
③ 비어드(beard) – 턱수염, 입 주위의 털이다.
④ 위스커(whisker) – 정수리 부분의 긴 장식 털이다.
⑤ 머스태시(moustache) – 콧수염, 입술과 턱 측면에 난 수염이다.

정답 ④
해설 위스커는 머즐 양쪽에 길고 단단한 털이다. 정수리 부분의 긴 장식 털은 톱 노트(top knot)이다.

10
트라우저스(trousers)에 대한 설명으로 가장 적절한 것으로 고르시오.

① 목 아래 가슴 부위의 긴 털이다.
② 다량의 긴 털이 뒷다리에 자라난 헐렁헐렁한 판탈롱이다.
③ 깃발 모양 꼬리의 장식 털이다.
④ 뒷다리 허벅지 뒤쪽의 긴 장식 털이다.
⑤ 두껍고 많은 언더코트이다.

정답 ②
해설 트라우저스는 바지를 의미하고, 다량의 긴 털이 뒷다리에 자라난 헐렁헐렁한 판탈롱을 말한다. 예로는 아프간 하운드가 있다. 목 아래 가슴 부위의 길고 풍부한 털은 프릴(frill)이다. 깃발 모양 꼬리의 장식 털은 플럼(plume)이다. 뒷다리 허벅지 뒤쪽의 긴 장식 털은 퀄로트(culotte)이다. 두껍고 많은 언더코트는 파일(pile)이다.

11
다음 중 장식 털에 해당하지 않는 것을 고르시오.

① 퀄로트(culotte) ② 타셀(tassel)
③ 파일(pile) ④ 페더링(feathering)
⑤ 에이프런(apron)

정답 ③
해설 파일(pile)은 두껍고 많은 언더코트를 말한다. 퀄로트(culotte)는 뒷다리 허벅지 뒤쪽의 긴 장식 털이다. 타셀(tassel)은 귀 끝에 남긴 장식 털이다. 페더링(feathering)은 귀, 다리, 꼬리, 몸통 등에 있는 깃털 모양의 장식 털로 긴 프린지(fringe)이다. 에이프런(apron)은 가슴 부위의 장식 털이다.

12

언더코트와 오버코트가 자연스럽게 얽혀 새끼줄 모양으로 된 털로 가장 적절한 것으로 고르시오.

① 컬리 코트(curly coat)
② 코디드 코트(corded coat)
③ 울리 코트(wooly coat)
④ 와이어 코트(wire coat)
⑤ 스테이링 코트(staring coat)

정답 ②

해설 코디드 코트는 승상모(繩狀毛), 로프 코트(rope coat)라고도 하고, 새끼줄 모양으로 된 털이다. 예로는 코몬도르, 폴리가 있다. 컬리 코트는 곱슬 털이고, 울리 코트는 북방 견종에게 많이 볼 수 있는 양모 형태의 털이다. 와이어 코트는 상모가 단단하고 바삭거리는 뻣뻣하고 강한 형태의 모질이고, 스테이링 코트는 질병이 있거나 영양 상태가 안 좋을 경우 나타나는 건조하고 거칠며 상태가 나빠진 털이다.

13

다음 중 환모기의 털로 가장 적절한 것으로 고르시오.

① 몰팅(molting)
② 블론(blown)
③ 아웃 오브 코트(out of coat)
④ 하시 코트(harsh coat)
⑤ 러프(ruff)

정답 ②

해설 블론은 환모기에 있는 털이다. 몰팅은 자연스러운 계절적인 환모 현상 그 자체를 말하고, 아웃 오브 코트는 모량이 부족하거나 탈모된 상태이다. 하시 코트는 거치고 단단한 와이어 코트이고, 러프는 목 주위의 풍부한 장식 털이다.

14

다음 중 웨이비 코트(wavy coat)에 대한 설명으로 가장 적절한 것을 고르시오.

① 상모에 웨이브가 있는 털이다.
② 곱슬 모라고도 한다.
③ 새끼줄 모양으로 된 털이다.
④ 뻣뻣하고 강한 형태의 모질이다.
⑤ 부드럽고 광택이 있는 실크 같은 긴 모질이다.

정답 ①

해설 웨이비 코트는 파상모(波狀毛)라고도 하며, 상모에 웨이브가 있는 털을 말한다. 곱슬 모는 컬리 코트(curly coat), 새끼줄 모양으로 된 털은 코디드 코트(corded coat)이다. 뻣뻣하고 강한 형태의 모질의 털은 와이어 코트(wire coat)이다. 부드럽고 광택이 있는 실크 같은 긴 모질은 실키 코트(silky coat)이다.

15

다음 중 가슴 부위의 장식 털로 가장 적절한 것으로 고르시오.

① 프린지(fringe) ② 타셀(tassel)
③ 톱 노트(top knot) ④ 에이프런(apron)
⑤ 스커트(skirt)

정답 ④

해설 가슴 부위의 장식 털은 에이프런(apron) 또는 프릴(frill)이다. 스커트(skirt)는 에이프런 아랫부분의 긴 장식 털을 말한다. 프린지는 귀, 다리, 꼬리, 몸통 등에 있는 깃털 모양의 장식 털이다. 타셀은 귀 끝에 남긴 장식 털이다. 톱 노트는 정수리 부분의 긴 장식 털이다.

16

다음 중 꼬리 부위에 있는 털로 가장 적절한 것을 고르시오.

① 퀼로트(culotte)
② 타셀(tassel)
③ 팁(tip)
④ 톱 노트(top knot)
⑤ 머스태시(moustache)

정답 ③

해설 팁은 꼬리 끝의 하얀색 털이다.

17

다음 중 각각의 털에 대한 설명으로 적절하지 <u>않은</u> 것을 고르시오.

① 스커트(skirt) – 에이프런 아랫부분의 긴 장식 털이다.
② 에이프런(apron) – 가슴 부위의 길고 풍부한 장식 털이다.
③ 페더링(feathering) – 귀, 다리, 꼬리, 몸통 등에 있는 깃털 모양의 장식 털이다.
④ 펠트(felt) – 깃발 모양 꼬리의 장식 털이다.
⑤ 톱 노트(top knot) – 정수리 부분의 긴 장식 털이다.

정답 ④

해설 펠트는 털이 엉켜 굳은 상태이다. 깃발 모양 꼬리의 장식 털은 플럼(plume)이다.

18

다음 중 거칠고 단단한 와이어 코트로 가장 적절한 것을 고르시오.

① 울리 코트(wooly coat)
② 오버코트(overcoat)
③ 스테이링 코트(staring coat)
④ 스탠드 오프 코트(standoff coat)
⑤ 하시 코트(harsh coat)

정답 ⑤

해설 거칠고 단단한 와이어 코트는 하시 코트이다. 울리 코트는 양모상의 털이고, 오버코트는 상모이고, 스테이링 코트는 건조하고 거칠어 상태가 나빠진 털이고, 스탠드오프 코트는 꼿꼿하게 선 모양의 털이다.

19

다음 중 머리 부위에 털이 아닌 것을 고르시오.

① 비어드(beard)
② 아이래시(eyelash)
③ 타셀(tassel)
④ 머스태시(moustache)
⑤ 새들(saddle)

정답 ⑤

해설 새들은 등 부분에 넓은 말 안장 같은 반점이다. 새들을 제외한 나머지 모두는 머리 부위에 위치한다.

20

다음 중 꼬리에 깃발 모양의 장식 털로 가장 적절한 것을 고르시오.

① 프릴(frill)
② 프린지(fringe)
③ 플럼(plume)
④ 폴(fall)
⑤ 퀄로트(culotte)

정답 ③

해설 플럼은 꼬리에 깃발 모양의 장식 털이고, 예로는 잉글리시 세터가 있다. 폴은 정수리에서 안면부로 늘어져 내린 털이고, 예로는 아프칸 하운드, 스카이 테리어가 있다.

21

다음 중 울리 코트(woolly coat)에 대한 설명으로 적절하지 않은 것을 고르시오.

① 털이 뒤덮인 털복숭이 형태이다.
② 양모 형태의 털이다.
③ 북방 견종에 많다.
④ 털이 엉켜 굳은 상태이다.
⑤ 워터 도그(water dog) 코트에 방수 효과가 있다.

정답 ④

해설 털이 엉켜 굳은 상태는 펠트(felt)이다.

22

다음 중 각각의 모색에 대한 설명으로 적절하지 않은 것을 고르시오.

① 휘튼(wheaten) – 옅은 황색, 밀색
② 폰(faun) – 옅은 황갈색, 금색에 검은색이 조금 섞은 색
③ 할리퀸(harlequin) – 금색에 빨강이 있는 담황색
④ 허니(honey) – 벌꿀 색, 연한 적황갈색
⑤ 골드(gold) – 황금색

정답 ③

해설 할리퀸은 흰색 바탕에 검은색이나 회색의 불규칙한 얼룩 무늬이다. 금색에 빨강이 있는 담황색은 골든 버프(golden buff)이다.

23

다음 중 해당 견종이 적합하지 않는 모색을 가졌을 때 나타내는 모색 용어로 가장 적절한 것을 고르시오.

① 팰로(fallow)
② 배저(badger)
③ 피그멘테이션(pigmentation)
④ 파티컬러(parti-color)
⑤ 파울 컬러(foul color)

정답 ⑤

해설 파울 컬러는 견종 특성에 맞지 않는 반점이나 모색이고, 폴트 컬러(fault color)와 같은 말이다. 패로는 담황색이고, 배저는 그레이, 진회색, 화이트가 섞인 모색이고, 피그멘테이션은 피모의 멜라닌 색소 과립 침착 상태이고, 파티컬러는 흰색 바탕에 갈색 또는 검은색 반점이다.

24
특별히 도드라지는 색 없이 여러 가지 색으로 반점을 만들 때 모색 용어로 가장 적절한 것을 고르시오.

① 대플(dapple)
② 맨틀(mantle)
③ 그리즐(grizzle)
④ 데드 그래스(dead grass)
⑤ 러스트 탠(rust tan)

정답 ①
해설 대플은 특별히 도드라지는 색 없이 여러 가지 색으로 반점을 만드는 색이고 불규칙한 반점이며, 얼룩덜룩한 모색 패턴으로 멀(merle) 효과가 있다. 맨틀은 어깨, 등, 몸통 양쪽에 망토를 걸친 듯한 크고 진한 반점이고, 그리즐은 흰색 털에 검은색이나 적색 털이 섞인 색이고, 데드 그래스는 옅은 다갈색으로 마른 풀색이고, 러스트 탠은 녹슨 색의 탠이다.

25
다음 중 섞이지 않은 단일 색으로 가장 적절한 것을 고르시오.

① 멀(merle)
② 배저(badger)
③ 제트 블랙(jet black)
④ 브린들(brindle)
⑤ 세이블(sable)

정답 ③
해설 제트 블랙은 완전한 검은색이다. 멀은 검정, 블루, 그레이의 배색이고, 배저는 그레이, 진회색, 화이트가 섞인 모색이고, 브린들은 어두운 바탕색에 밝은 모색이 섞이거나 밝은 바탕색에 어두운 모색이 섞인 것이고, 세이블은 연한 기본 모색에 검은색 털이 섞여 있거나 겹쳐 있는 것이다.

26
퍼그(Pug)의 등줄기에서 발견할 수 있는 검은색 선을 나타내는 모색 용어로 가장 적절한 것을 고르시오.

① 트레이스(trace)
② 카페오레(café au lait)
③ 초콜릿(chocolate)
④ 제트 블랙(jet black)
⑤ 스모크(smoke)

정답 ①
해설 트레이스는 퍼그의 등줄기를 따른 검은색 선이다. 카페오레는 밀크커피색이고, 초콜릿은 검은 적갈색이고, 제트 블랙은 완전한 검은색이고, 스모크는 거무스름한 옅은 흑색의 연기 색이다.

27
다음 중 피그멘테이션(pigmentation)에 대한 설명으로 가장 적절한 것을 고르시오.

① 바람직하지 못한 반점이나 모색이다.
② 선천적 색소 결핍증이다.
③ 목 주변을 감싸는 폭 넓은 흰색 반점이다.
④ 피모의 멜라닌 색소 과립 침착 상태이다.
⑤ 흰색, 검은색, 황갈색의 반점이다.

정답 ④
해설 피그멘테이션은 피모의 멜라닌 색소 과립 침착 상태이다. 바람직하지 못한 반점이나 모색은 파울 컬러이고, 선천적 색소 결핍증은 알비니즘이고, 목 주변을 감싸는 폭 넓은 흰색 반점은 칼라이고, 흰색, 검은색, 황갈색의 반점은 하운드 마킹이다.

28
다음 중 단일 색끼리 짝지어진 것을 고르시오.

① 루비(ruby) – 론(roan)
② 골든 버프(golden buff) – 배저(badger)
③ 루비(ruby) – 레몬(lemon)
④ 레몬(lemon) – 골든 버프(golden buff)
⑤ 브린들(brindle) – 레몬(lemon)

정답 ③
해설 루비는 진한 밤색이고, 레몬은 레몬색으로 단일색이다. 론은 흰색 털과 유색 털이 섞여 있는 것이고, 골든 버프는 금색에 빨강이 있는 담황색이고, 배저는 그레이, 진회색, 화이트가 섞인 모색이고, 브린들은 바탕색에 다른 색의 무늬가 존재하는 털이다.

29
다음 중 비버(beaver) 색에 대한 설명으로 가장 적절한 것을 고르시오.

① 브라운과 그레이가 섞인 색이다.
② 푸른 동색이다.
③ 거무스름한 옅은 흑색의 연기 색이다.
④ 모래색이다.
⑤ 쥐색이다.

정답 ①
해설 비버는 브라운과 그레이가 섞인 색이다. 푸른 동색은 스틸 블루이고, 거무스름한 옅은 흑색의 연기 색은 스모크이고, 모래색은 샌드이고, 쥐색은 마우스 그레이이다.

30

다음의 유사색 중에 가장 어두운 모색을 고르시오.

① 체스트넛(chestnut)

② 머스터드(mustard)

③ 제트 블랙(jet black)

④ 그리즐(grizzle)

⑤ 블루 블랙(blue black)

정답 ③

해설 제트 블랙은 순수하고 완전한 검은색이다.

31

다음 중 검은 회색의 청색, 회색이 있는 청색을 나타내는 모색 용어로 가장 적절한 것을 고르시오.

① 슬레이트 블루(slate blue)

② 스틸 블루(steel blue)

③ 블루 마블(blue marble)

④ 블루 블랙(blue black)

⑤ 실버 버프(silver buff)

정답 ①

해설 슬레이트 블루는 검은 회색이 도는 청색이다. 스틸 블루는 청동색이고, 블루 마블은 검정, 블루, 그레이가 섞인 대리석 색이고, 블루 블랙은 블루에 털 끝이 검은 털이고, 실버 버프는 은색의 하얀색 같은 담황색이다.

32

다음 중 설반을 볼 수 있는 견종으로 가장 적절한 것을 고르시오.

① 스탠다드 푸들 ② 차우차우

③ 몰티즈 ④ 슈나우저

⑤ 비숑 프리제

정답 ②

해설 설반은 혀에 반점이 있는 것이고, 예로는 차우차우가 있다.

33

다음 중 각각의 모색에 대한 설명으로 적절하지 않은 것을 고르시오.

① 골드(gold) – 황금색

② 루비(ruby) – 진한 밤색

③ 리버(liver) – 브라운과 그레이가 섞인 색

④ 마호가니(mahogany) – 체스트넛 레드, 적갈색

⑤ 허니(honey) – 벌꿀 색, 연한 적황갈색

정답 ③

해설 리버는 진한 적갈색, 붉은 간장 색이다. 비버는 브라운과 그레이가 섞인 색이다.

34

알비니즘(albinism)에 대한 설명으로 적절하지 않은 것을 고르시오.

① 백화 현상이다.

② 피부, 털, 눈 등에 색소가 발생하지 않는 이상 현상이다.

③ 유전적 원인에 의해 발생된다.

④ 피모의 멜라닌 색소 과립 침착 상태이다.

⑤ 색소 결핍증이다.

정답 ④

해설 피모의 멜라닌 색소 과립 침착 상태는 피그멘테이션이다.

35

유색 견이 흰색 양말을 신은 것 같은 무늬를 나타내는 모색 용어로 가장 적절한 것을 고르시오.

① 삭스(socks)

② 새들(saddle)

③ 블랭킷(blanket)

④ 스폿(spot)

⑤ 마킹(marking)

정답 ①

해설 삭스는 유색 견이 흰색 양말을 신은 것 같은 무늬이다. 새들은 말 안장을 얹은 것 같은 검은색 반점이고, 블랭킷은 목, 꼬리 사이의 등, 몸통 쪽에 넓게 있는 모색이고, 스폿은 작은 반점이고, 마킹은 부위에 따라 분포와 크기가 다양한 반점이다.

36
연한 기본 모색에 검은색 털이 섞여 있거나 겹쳐 있는 것을 나타내는 모색 용어로 가장 적절한 것을 고르시오.

① 슬레이트 블루(slate blue)
② 실버 블랙(silver black)
③ 카페오레(café au lait)
④ 세이블(sable)
⑤ 페퍼 앤 솔트(pepper and salt)

정답 ④

해설 세이블은 연한 기본 모색에 검은색 털이 섞여 있거나 겹쳐 있는 것이다. 보통 황색 또는 황갈색 바탕에 털 끝이 검은색이고, 오렌지색 바탕에 세이블은 오렌지 세이블, 암갈색 바탕에 세이블이 겹쳐진 것은 다크 세이블이라고 한다.

37
칼라(collar)에 대한 설명으로 가장 적절한 것을 고르시오.

① 캡을 쓴 것 같은 두개 위의 어두운 반점이다.
② 몸 전체 모색이 같은 것이다.
③ 패스턴에서 볼 수 있는 검은색 반점이다.
④ 폰(fawn) 색의 등줄기를 따르는 검은색 선이다.
⑤ 목 주변을 감싸는 폭 넓은 흰색 반점이다.

정답 ⑤

해설 칼라는 목 주변을 감싸는 폭 넓은 흰색 반점이고, 예로는 콜리가 있다.

38
도베르만 핀셔, 로트와일러 등 견종의 볼에 있는 탠 색의 반점을 나타내는 모색 용어로 가장 적절한 것을 고르시오.

① 섬 마크(thumb mark)
② 설반(spotted tongue)
③ 배저 마킹(badger marking)
④ 머즐 밴드(muzzle band)
⑤ 키스 마크(kiss mark)

정답 ⑤

해설 키스 마크는 검은색 견종에 볼과 눈 위에 있는 탠 색의 반점이다. 섬 마크는 패스턴에서 볼 수 있는 검은색 반점이고, 설반은 혀에 있는 반점이고, 배저 마킹은 목, 귀에 탠이나 다른 색의 반점이 있는 것이고, 머즐 둘레의 하얀 반점이다.

39
다음 중 단일 색의 모색이 파괴된 것을 나타내는 모색 용어로 가장 적절한 것을 고르시오.

① 파티컬러(parti–color)
② 브로큰 컬러(broken color)
③ 브리칭(breeching)
④ 알비노(albino)
⑤ 파울 컬러(foul color)

정답 ②

해설 브로큰 컬러는 단일색인 모색이 파괴된 것이고, 본래 색이 흰색이나 다른 색에 의해 깨진 것이다. 파티컬러는 두 가지 색의 구분된 반점의 색깔이고, 브리칭은 검은색 개의 대퇴부 안쪽과 후방의 탠 반점이고, 알비노는 선천성 색소 결핍증에 걸린 개체이고, 파울 컬러는 견종 특성에 맞지 않는 반점이나 모색이다.

40
양쪽 눈 사이를 중앙으로 가르는 가늘고 긴 백색 선을 나타내는 모색 용어로 가장 적절한 것을 고르시오.

① 블랙 마스크(black mask)
② 브린들(brindle)
③ 블레이즈(blaze)
④ 브리칭(breeching)
⑤ 셀프 마크트(self marked)

정답 ③

해설 블레이즈는 양 눈과 눈 사이에 중앙을 가르는 가늘고 긴 백색의 선이고, 예로는 파피용이 있다.

41
트라이컬러(tricolor)에 대한 세 가지 색으로 가장 적절한 것을 고르시오.

① 흰색, 밤색, 검은색
② 흰색, 갈색, 검은색
③ 브라운, 그레이, 블랙
④ 흰색, 검은색, 황갈색
⑤ 블랙, 블루, 그레이

정답 ②

해설 트라이컬러는 흰색, 갈색, 검은색이다.

오랫동안 꿈을 그리는 사람은
마침내 그 꿈을 닮아간다.

앙드레 말로

1급

2과목

반려견 고급미용

Chapter 01 장모관리

01 장모종 브러싱

1 장모종 브러싱 관련 제품

1) 브러싱 컨디셔너

털의 정전기로 생기는 마찰로 인한 털의 손상을 줄이고, 브러싱을 쉽게 한다. 손상된 코트에 보습하여 피모를 빠르게 회복하고, 코트를 건강한 상태로 유지할 수 있다.

2) 워터리스 샴푸

더럽거나 얼룩진 코트 부위에 직접 뿌려서 사용한다. 물로 헹구지 않고 드라이어로 말리거나 수건으로 닦아서 사용한다. 목욕 시설이 준비되지 않은 야외에서 물 없이 목욕할 수 있다.

3) 정전기 방지 컨디셔너

정전기로 코트가 날리는 현상을 방지한다. 목욕 후 수분이 완전히 건조되지 않은 상태의 코트에 직접 분사하여 사용할 수 있다. 코트가 완전히 건조되어 브러싱이 필요한 상태에 코트를 보호하며 정전기를 방지한다. 코트에 컨디셔너 또는 오일이 뭉치는 빌드업(build-up) 현상이 발생하지 않는 제품을 선택한다.

4) 엉킴 제거 제품

엉킨 털을 브러싱할 때 털 손상이 적고, 엉킨 털을 더 쉽게 풀 수 있게 도와준다. 엉킨 부위에 도포하여 일정 시간 동안에 방치한 후 엉킴을 제거한다.

2 장모종 브러시의 종류와 사용 방법

1) 슬리커 브러시(slicker brush)

엄지손가락과 집게손가락으로 손잡이를 쥐고, 나머지 세 손가락으로 손잡이를 받친 후 슬리커 브러시가 흔들리지 않게 고정한다. 보정하는 손으로 개체를 보정하고 털과 피부를 고정시키고, 손목의 스냅을 이용하여 부드럽게 브러싱한다.

2) 콤(comb)

콤을 흔들리지 않게 고정하고, 가볍게 잡는다. 팔에 힘을 주지 않고 손목의 움직임으로 털의 결과 수직으로 콤밍한다.

3) 핀 브러시(pin brush)

핀 브러시가 흔들리지 않게 고정하고, 가볍게 잡는다. 핀 브러시의 면 전체를 사용하여 브러싱한다. 보정하는 손으로 개체를 보정하고 털과 피부를 고정시키고, 손목의 탄력을 이용하여 브러싱한다.

4) 브리슬 브러시(bristle brush, 천연모 브러시)

실키 코트에 사용한다. 빳빳한 짐승 털로 만들고, 멧돼지 털과 돼지 털을 주로 사용한다. 털과 피부의 노폐물 제거와 오일 브러싱에 사용한다. 나일론 브러시는 정전기를 발생하여 털이 손상될 수 있으므로 천연모로 된 브리슬 브러시를 사용한다.

① 사용 용도
- 일반적인 빗질용으로 사용: 털과 피부의 노폐물을 제거한다.
- 오일 브러시로 사용: 털 관리용 오일을 바를 때 사용한다.

② 사용 방법
- 일반적인 빗질용으로 사용: 피부 깊숙한 곳부터 털의 바깥쪽으로 브러싱하고, 보정하는 손으로 개체를 보정하고 털과 피부를 고정한다.
- 오일 브러시로 사용: 털 관리용 오일을 브러시에 뿌리고, 털의 한곳에 오일이 많이 도포되지 않도록 오일을 골고루 발라주고, 보정하는 손으로 개체를 보정하고 털과 피부를 고정한다.

TIP

- 개를 눕혀서 브러싱할 때 개가 기댈 수 있는 목 베개를 활용하면 효과적이다.
- 플라스틱 재질의 콤은 정전기 발생이 심하고 빗살 면이 부드럽지 않아서 털을 손상시킨다.
- 콤을 고를 때 모량을 확인하여 빗살 간격이 너무 촘촘하거나 넓은 것은 피하고, 빗살 길이는 털을 빗을 때 개의 피부에 닿을 수 있는 것을 선택한다.
- 분무기를 사용할 때 입자가 작고 넓게 퍼지는 제품을 사용한다.
- 목 베개는 견종에게 맞는 높낮이를 고려하여 사용한다.
- 모량이 많은 장모종의 엉킨 털은 드라이어를 이용하면 브러싱할 때 시야 확보가 용이하다.
- 털이 잘 엉키는 부위인 귀 뒤쪽, 관절 뒤 부위, 배와 엉덩이 등의 엉킴을 꼼꼼하게 확인한다.

3 엉킨 털이 손상되지 않게 주의하여 브러싱

① 털의 엉킴 정도를 파악한다.
② 엉킴 제거 제품을 분사한다.
③ 일정 시간이 지난 후 해당 부위를 조심스럽게 손끝으로 갈라낸다.
④ 갈라낸 털의 끝부분부터 모질 손상에 주의하며 브러싱한다.
- 브러시로 엉킨 털을 풀 때 털을 손바닥 위에 올려 놓고 빗을 쥔 손에 힘을 주지 않고 가볍게 브러싱한다.
- 엉킨 털의 가장 바깥쪽 부분의 적은 양부터 브러싱하여 털을 완벽하게 풀어 낸다.

⑤ 모질 끝부분의 엉킴이 제거되면 조금 더 안쪽까지 순차적으로 브러싱한다. (바깥쪽 → 안쪽)
⑥ 모근의 털부터 순차적으로 브러싱한다. (안쪽 → 바깥쪽)
⑦ 콤으로 전체적으로 빗질하여 브러싱 상태를 점검하고 코트를 정돈하는 마무리 작업을 실시한다.

4 부분적인 털의 오염 물질을 제거하는 브러싱

① 털의 오염 정도를 파악한다.
② 오염 제거에 도움을 주는 제품을 분사한다.
③ 해당 오염 부위를 타월로 닦아 낸다.
④ 해당 부위의 털을 드라이어로 건조한다.
⑤ 브러싱 스프레이를 분사하며 브러싱한다.
⑥ 전체적으로 모근의 털부터 순차적으로 브러싱한다.
⑦ 콤으로 전체적으로 빗질하여 브러싱 상태를 점검하고 코트를 정돈하는 마무리 작업을 실시한다.
⑧ 브러싱이 덜 된 부분이 확인되면 그 부위를 순서대로 브러싱을 반복한다.

5 정전기 발생 모질을 개선하는 제품을 사용하여 브러싱

① 털의 정전기 발생 부위를 파악한다.
② 정전기 발생 부위에 개선 제품을 도포한다.
③ 브러싱을 실시하여 정전기 발생 여부를 재차 확인한다.
④ 정전기가 계속 발생할 경우 위의 브러싱을 반복한다.
⑤ 콤으로 전체적으로 빗질하여 브러싱 상태를 점검하고 코트를 정돈하는 마무리 작업을 실시한다.
⑥ 브러싱이 덜 된 부분이 확인되면 그 부위를 순서대로 브러싱을 반복한다.

02 장모종 베이싱

1 장모종의 목욕 제품

일반적인 목욕 제품은 피모 세정을 위하여 사용하지만, 장모종의 목욕 제품은 더 많은 기능이 필요하다. 긴 털이 끊어지지 않고 건강하게 자라도록 보습, 엉킴 방지, 거칠어진 모질의 복원 등의 기능을 포함하고 있다. 견종 모질의 특성에 따라 샴푸와 린스를 선택한다. 필요에 따라 컨디셔너, 오일을 효과적으로 활용한다.

1) 볼륨 목욕 제품(volume)

푸들, 비숑 프리제, 볼륨이 필요한 테리어 종 등의 견종에 사용한다. 털에 볼륨을 주어 모량이 풍성하게 보이게 하고, 미용 시 스타일 완성이 용이하다. 피부와 모질을 건강하게 하여 털 빠짐을 줄이고, 모질 관리를 쉽게 도와주고, 볼륨 효과를 극대화하는 제품을 선택한다.

2) 딥 클렌징 목욕 제품(deep cleansing)

모발과 모공에 축적된 이물질을 제거한다. 충분한 딥 클렌징으로 빌드업 현상을 제거한다. 모발에 필요한 수분과 유용한 오일 성분까지 제거하지 않는 제품을 선택한다.

3) 실키코트 목욕 제품(silky coat)

몰티즈, 요크셔 테리어 등의 견종에 사용한다. 털을 차분하고 부드럽게 하여 모질에 광택이 나고, 털 관리가 용이하다. 모질에 윤기를 주고, 정전기와 엉킴을 방지하며, 차분하고 찰랑찰랑하게 보이게 하는 제품을 선택한다.

4) 화이트닝 목욕 제품(whitening)

하얀색 개의 모색을 더욱 하얗게 보이게 한다. 오래된 얼룩과 먼지를 깨끗하게 제거하면서 모질 손상을 줄이는 제품을 선택한다.

2 장모종 목욕 전 준비물

작업자	작업화(미끄럼 방지), 작업복(물에 젖지 않는 의복, 앞치마)
목욕실 내	샴푸, 린스, 트리트먼트, 타월, 콤
드라이실 내	타월, 핀 브러시, 슬리커 브러시, 고무 밴드, 브러싱 스프레이

3 장모종 샴핑

① 샤워기의 수압을 조절하여 털의 안쪽까지 물을 충분히 적셔 준다.
- 털을 양쪽으로 갈라내며 물을 뿌리고 적셔 주고, 긴 털의 안쪽까지 물을 적시기 위해 손바닥으로 물을 받아서 적시거나 손가락으로 털 안쪽에 물이 들어가게 적셔 준다.

② 털의 오염 물질을 가볍게 씻어 낸다.

③ 항문낭액을 제거한다.

④ 적절한 온도의 물을 욕조에 받고 털의 상태에 따라 샴푸 농도를 조절한다.

⑤ 개를 욕조에 넣고 샴핑한다.
- 털의 결 방향으로 마사지하여 엉킴을 방지한다.
- 마사지할 때 모근을 부드럽게 자극하여 혈액 순환을 촉진시킨다.
- 샴푸를 반복하여 끼얹어 가며 작업한다.
- 오염이 심한 부위는 농도가 진한 샴푸를 다시 한 번 뿌린다.

TIP

- 농도를 일정하게 유지하면서 피모에 적용하기 위해 욕조에 물을 받아 사용한다.
- 마사지할 때 두 손바닥으로 털을 비비거나 문지르면 털에 엉킴이 발생할 수 있다.
- 오염이 심한 부위는 샴푸 농도를 진하게 하여 사용한다.

⑥ 손가락을 벌려서 위에서 아래로 빗처럼 사용하여 마사지한다.

⑦ 눈 아래와 입 주변은 손끝을 사용해서 마사지한다.

⑧ 샤워기의 수압을 조절하여 머리부터 전체적으로 충분히 헹군다.
- 코를 하늘로 향하게 하고 후두부와 뺨에 샤워기를 대고 얼굴을 헹군다.
- 목과 등을 따라 점차적으로 아래쪽을 헹군다.
- 피부 안쪽까지 충분히 헹군다.
- 얼굴 부위를 한 번 더 깨끗하게 헹군다.

4 장모종 린싱

① 물을 욕조에 받고 린스의 농도를 조절한다.

② 개를 욕조에 넣고 린싱한다.
- 털의 결 방향으로 마사지하여 엉킴을 방지한다.
- 마사지할 때 모근을 부드럽게 자극하여 혈액 순환을 촉진시킨다.
- 린스를 반복하여 끼얹어 가며 작업한다.

TIP

- 린스 작업 시 코트의 전체 부위를 담그면 모질 개선에 큰 효과가 있다.

③ 손가락을 벌려서 위에서 아래로 빗처럼 사용하여 마사지한다.

④ 샤워기의 수압을 조절하여 머리부터 전체적으로 충분히 헹군다.
- 코를 하늘로 향하게 하고 후두부와 뺨에 샤워기를 대고 얼굴을 헹군다.
- 목과 등을 따라 점차 아래쪽을 헹군다.
- 피부 안쪽까지 충분히 헹군다.

– 얼굴 부위를 한 번 더 깨끗하게 헹군다.

> **TIP**
> • 린스의 헹굼 정도를 조절하여 코트의 무게감을 조절할 수 있다.

⑤ 털에 묻은 물기를 손으로 제거한다.
– 코트의 모근부터 털의 아래쪽 방향으로 부드럽게 훑어 내며 물기를 제거한다.

03 장모종 드라잉

1 모질의 특징

1) 장모종 싱글 코트(single coat)
상모(오버코트, 보호털)와 하모(언더코트) 중에서 상모만 가진 일중모 구조이다. 환모기가 없고 털 빠짐이 적다. 피모가 얇아서 추위에 약하고, 털 관리가 소홀하면 엉키기 쉽다. 예 푸들, 몰티즈, 요크셔 테리어

2) 장모종 더블 코트(double coat)
상모와 하모의 이중모 구조이다. 추위에 강하고, 환모기가 있어 하모가 많이 빠진다. 예 슈나우저, 포메라니안, 시베리안 허스키

2 펫 타월

목욕 후 장모종의 긴 털을 건조하기 위해 제일 먼저 수건으로 물기를 닦아 내면 건조 시간을 단축할 수 있다.

1) 습식 타월
딱딱하게 굳어진 타월을 물에 적셔서 부드럽게 하여 물기를 짜서 사용한다. 한 장의 타월로 여러 번 짜서 사용하여 물기를 제거할 수 있다. 재질이 매끈하여 타월에 털이 붙지 않고, 세탁 후 젖은 상태로 접어서 보관한다.

2) 건식 타월
흡수력이 뛰어나므로 물기 제거에 효과적이지만, 물기 먹은 타월을 다른 것으로 교체해서 사용하므로 여러 장의 타월이 필요하다.

3 드라이어의 풍량과 온도 조절

1) 풍량 조절
① 물기 제거 직후에 풍량은 강으로 하여 빠르게 최대한 털을 펴면서 드라잉한다.
② 말리는 부위에 드라이어 바람을 유지한다.
③ 물기가 제거된 털은 풍량의 강약을 조절하며 드라잉한다.
④ 모량이 많은 더블 코트는 풍량을 조절해가며 핀 브러시와 슬리커 브러시로 드라잉한다.
⑤ 물기가 제거된 싱글 코트는 풍량을 약으로 하여 핀 브러시로 드라잉한다.

2) 온도 조절

① 젖은 털은 온도를 강으로 해서 말리고, 물기 제거 후에 미지근한 바람으로 드라잉한다.
② 높은 온도로 털을 말릴 때 피모 손상과 피부 화상에 주의한다.
③ 드라이어 바람이 눈에 직접적으로 가지 않도록 주의한다.
④ 더블 코트는 언더코트에 물기가 남아 있을 수 있으므로 피모 속을 확실하게 드라잉한다.
⑤ 싱글 코트는 피모가 얇아서 한 곳만 계속 드라잉하면 화상 위험이 있으므로 빠른 시간 내 마무리한다.

4 타월링

① 타월로 물기를 제거한다.
- 문지르면 털이 엉키므로 코트를 위에서 아래 방향으로 비비지 않고 가볍게 누르면서 물기를 제거한다.

② 젖은 타월로 몸을 감싼 후 드라이 작업으로 들어간다.

5 개를 눕힌 상태에서 드라잉

① 드라이 테이블 위에 개를 올려 놓는다.
② 얼굴 부위에 긴 털이 있는 견종은 입에 털이 들어가지 않도록 밴딩한다.
- 입 주변의 털을 밴딩: 입을 벌리는 움직임에 방해가 되지 않도록 주의한다.
- 머리 위 털을 밴딩
- 귀의 털을 밴딩: 귀의 피부가 함께 묶이지 않도록 주의한다.

③ 드라이 작업이 용이하게 개를 눕힌다.
④ 털의 결 방향으로 브러싱하며 드라잉한다.
- 밴딩 부위를 드라이할 때 밴드를 잘라 내고 드라잉한다.
- 드라이어 바람이 닿는 곳의 털을 갈라 가며 모근 안쪽에서 바깥쪽으로 브러싱한다.
- 모발의 끝까지 브러싱하여 웨이브가 없도록 드라잉한다.
- 털의 길이가 짧은 부위부터 드라잉한다.
- 피모에 브러싱 스프레이를 분사하며 드라잉한다.
- 얼굴 부위는 콤이나 슬리커 브러시를 이용하여 드라잉한다.

⑤ 개를 세워서 위에서 아래 방향으로 들뜬 털의 마무리 드라잉을 실시한다.
⑥ 콤으로 드라이 작업의 완성도를 확인한다.
⑦ 드라이 작업이 덜 된 부분이 발견되면 순서대로 드라이를 반복한다.

6 개를 서 있는 상태에서 드라잉

대형견은 세워서 드라잉하면 전체적인 이미지를 구상하며 드라잉할 수 있다.

① 드라이 테이블 위에 개를 올려 놓는다.
② 얼굴 부위에 긴 털이 있는 견종은 입에 털이 들어가는 것을 방지하기 위하여 밴딩한다.
③ 발부터 시작하여 위쪽 방향으로 순차적인 브러싱하며 드라잉한다.
- 털의 파트를 나누어 집게로 고정한다.
- 드라이어 바람이 닿는 곳의 털을 갈라 가며 모근 안쪽에서 바깥쪽으로 브러싱한다.
- 모발의 끝까지 브러싱하여 웨이브가 없도록 드라잉한다.
- 순차적으로 집게 안의 털의 양을 조절해 가며 브러싱한다.

- 피모에 브러싱 스프레이를 분사하며 드라잉한다.
- 얼굴 부위는 콤이나 슬리커 브러시를 이용하여 드라잉한다.

④ 위에서 아래 방향으로 들뜬 털의 마무리 드라잉을 실시한다.
⑤ 콤으로 드라이 작업의 완성도를 확인한다.
⑥ 드라이 작업이 덜 된 부분이 발견되면 순서대로 드라이를 반복한다.

04 장모종 래핑과 밴딩

1 래핑

모질의 손상을 최소화하고 모색의 변질을 막기 위해 래핑지로 털을 싸고 밴드로 묶는 작업이다. 털의 마찰을 줄이기 위해 털을 무작위로 싸는 것이 아니라 개의 움직임과 피부 상태를 고려하여 작업한다. 일반적으로 모양이 가지런하고 흔들림이 적을수록 모질 손상이 적다. 평소에 장모종의 털 관리를 완벽하게 하더라도 개의 움직임으로 털이 바닥에 쓸리고 끊어지고 닳게 되어 일정 길이 이상이 되면 털 관리가 어렵다. 래핑지로 털을 감싸서 털이 쓸리고 엉키고 부서지는 것을 방지할 수 있지만, 래핑한 상태는 피모에 공기 접촉이 저해되므로 일정 시간마다 풀어서 다시 작업해야 한다.

TIP

- 개의 움직임과 관절의 움직임에 따라 경계선을 나눌 때 정해진 개수는 없다.
- 관절 부위에 래핑하면 움직임에 방해가 되고 털이 끊어지므로 털을 나누는 라인을 정할 때 주의한다.
- 래핑이 모근에 너무 가까우면 타이트하여 털이 끊어질 수 있다.
- 일반적으로 고무 밴드를 감는 방법은 한쪽 방향으로 감으며 감는 횟수는 모량과 래핑 재료의 특징에 따라 결정된다.
- 귀 래핑은 귀에 상해가 발생하지 않도록 항상 귀 끝에서 1cm 이상 간격을 두고 래핑한다.
- 래핑에 거부 반응이 있어 래핑을 물어뜯거나 긁어서 모양이 엉클어지면 즉시 다시 작업해야 한다.
- 래핑의 모양이 망가진 상태로 방치하면 털이 끊어지고 엉킬 수 있다.
- 개가 래핑을 물어뜯는다면 개가 싫어하는 냄새와 맛을 래핑지에 발라서 물어뜯지 않는 훈련이 가능하다.

2 밴딩

래핑과 동일한 목적이다. 래핑과 차이점은 래핑지를 사용하지 않고 밴드만 이용하여 털의 끊어짐과 오염을 방지한다. 래핑에 비해 작업이 간단하고 털의 구겨짐이 없으므로 전람회 출진 전 코트 관리 등 다양하게 활용한다.

TIP

- 정전기를 방지하는 브러싱 스프레이를 중간 중간에 사용하면 작업이 쉽다.
- 래핑과 밴딩에 필요한 가르마는 견체에 맞게 나누어야 엉킴 방지가 가능하다.
- 밴딩 후 관리할 때 반드시 커팅 가위로 고무줄을 자른다.

Chapter 01 장모관리 출제 예상 문제

01

털의 정전기로 생기는 마찰 손상을 줄여 주고, 브러싱을 쉽게 하고, 손상된 코트에 보습 효과를 주어 피모의 손상을 빨리 회복시켜 주는 제품으로 가장 적절한 것을 고르시오.

① 브러싱 컨디셔너
② 워터리스 샴푸
③ 정전기 방지 컨디셔너
④ 엉킴 제거 제품
⑤ 화이트닝 샴푸

정답 ①
해설 브러싱 컨디셔너는 털의 정전기로 생기는 마찰로 인한 털의 손상을 줄이고, 브러싱을 쉽게 하고, 손상된 코트에 보습하여 피모를 빠르게 회복하고, 코트를 건강한 상태로 유지 가능하다. 워터리스 샴푸는 물로 헹구지 않고 드라이어로 말리거나 수건으로 닦아서 사용한다. 정전기 방지 컨디셔너는 정전기로 코트가 날리는 현상을 방지한다. 엉킴 제거 제품은 엉킨 털을 더 쉽게 풀 수 있다. 화이트닝 샴푸는 하얀색 개의 모색을 더욱 하얗게 보이게 하는 제품이다.

02

워터리스 샴푸에 대한 설명으로 적절하지 않은 것을 고르시오.

① 더러운 코트 부위에 직접 뿌려서 사용한다.
② 물로 헹구지 않는다.
③ 샴핑 후 수건으로 닦는다.
④ 물 없는 야외에서 목욕할 수 있다.
⑤ 엉킨 부위에 도포하여 일정 시간 방치한다.

정답 ⑤
해설 엉킴 제거 제품은 엉킨 털을 브러싱할 때 털에 손상이 적고, 엉킨 털을 더 쉽게 풀 수 있고, 엉킨 부위에 도포하여 일정 시간 방치한 후 엉킴을 제거한다.

03

정전기 방지 컨디셔너에 대한 설명으로 적절하지 않은 것을 고르시오.

① 정전기로 코트가 날리는 현상을 방지한다.
② 목욕 후 수분이 완전히 건조되지 않은 상태의 코트에 직접 분사하여 사용할 수 있다.
③ 코트가 완전히 건조되어 브러싱할 때 코트를 보호하며 정전기를 방지한다.
④ 코트에 컨디셔너가 뭉치는 빌드업(build-up) 현상이 없는 제품을 선택해야 한다.
⑤ 손상된 코트에 보습하여 피모를 빠르게 회복한다.

정답 ⑤
해설 브러싱 컨디셔너는 털의 정전기로 생기는 마찰로 인한 털의 손상을 줄이고, 브러싱을 쉽게 하고, 손상된 코트에 보습하여 피모를 빠르게 회복하고, 코트를 건강한 상태로 유지 가능하다.

04

슬리커 브러시 사용 방법에 대한 설명으로 적절하지 않은 항목을 모두 고르시오.

> ㉠ 엄지손가락과 집게손가락으로 손잡이를 잡고, 나머지 세 손가락으로 손잡이를 받친다.
> ㉡ 보정하는 손으로 개체의 털과 피부를 고정한다.
> ㉢ 손목 스냅을 이용하여 브러싱한다.
> ㉣ 오일을 바를 때 사용한다.

① ㉠, ㉡ ② ㉡, ㉣
③ ㉢ ④ ㉣
⑤ ㉠, ㉣

정답 ④
해설 슬리커 브러시는 엄지손가락과 집게손가락으로 손잡이를 쥐고, 나머지 세 손가락으로 손잡이를 받친 후 슬리커 브러시가 흔들리지 않게 고정해서 사용하고, 보정하는 손으로 개체를 보정하고 털과 피부를 고정시키고, 손목의 스냅을 이용하여 부드럽게 브러싱한다. 브리슬 브러시는 털과 피부의 노폐물을 제거하고 털 관리용 오일을 바를 때 오일 브러시로 사용한다.

05
브리슬 브러시에 대한 설명으로 적절하지 않은 것을 고르시오.

① 실키 코트에 사용한다.
② 짐승 털로 된 브러시이다.
③ 털과 피부의 노폐물 제거에 사용한다.
④ 오일을 바를 때 사용한다.
⑤ 나일론 브러시가 천연모 브러시보다 털에 손상이 더 적다.

정답 ⑤
해설 나일론 브러시는 정전기 발생으로 털을 손상시키므로 천연모로 된 브리슬 브러시를 사용한다.

06
장모종 개를 브러싱할 때 설명으로 적절하지 않은 것을 고르시오.

① 개를 눕혀서 브러싱할 때 개가 기댈 수 있는 목베개를 활용한다.
② 플라스틱 재질의 콤은 정전기 발생이 적다.
③ 모량이 많을 때 드라이어를 이용하여 시야를 확보하면서 브러싱한다.
④ 털이 잘 엉키는 부위인 귀 뒤쪽, 관절 뒤 부위, 배와 엉덩이를 꼼꼼하게 확인한다.
⑤ 분무기를 사용할 때 입자가 작고 넓게 퍼지는 제품을 사용한다.

정답 ②
해설 플라스틱 재질의 콤은 정전기 발생이 심하고 빗살 면이 부드럽지 않아서 털을 손상시킨다.

07
장모종의 브러싱 마무리 단계에서 전체적으로 빗질하여 브러싱 상태를 점검하는 도구로 가장 적절한 것을 고르시오.

① 슬리커 브러시
② 브리슬 브러시
③ 콤
④ 핀 브러시
⑤ 루버 브러시

정답 ③
해설 장모종의 브러싱 마무리 단계에서 콤으로 전체적으로 빗질하여 브러싱 상태를 점검한다.

08
부분적인 털의 오염 물질을 제거하기 위한 브러싱 작업에 대한 설명으로 적절하지 않은 것을 고르시오.

① 작업 시작 전에 털의 오염도를 파악한다.
② 오염 제거에 도움을 주는 제품을 사용한다.
③ 오염 물질을 타월로 닦아 내고 드라이어로 건조한다.
④ 브러싱 스프레이를 분사해 가면서 브러싱한다.
⑤ 핀 브러시로 전체적으로 빗질하여 브러싱 상태를 점검한다.

정답 ⑤
해설 콤을 사용하여 전체적으로 빗질하여 브러싱 상태를 점검하고 코트를 정돈하는 마무리 작업을 한다.

09
일반적인 목욕 제품과 다르게 장모종 목욕 제품이 가진 기능으로 적절한 것을 모두 고르시오.

㉠ 피모 세정	㉡ 보습
㉢ 엉킴 방지	㉣ 모질 복원

① ㉠
② ㉠, ㉡, ㉢
③ ㉠, ㉢
④ ㉠, ㉡, ㉣
⑤ ㉠, ㉡, ㉢, ㉣

정답 ⑤
해설 일반적인 목욕 제품은 피모 세정 기능이지만 장모종 목욕 제품은 더 많은 기능이 필요하다. 긴 털이 끊어지지 않고 건강하게 자라도록 보습, 엉킴 방지, 거칠어진 모질의 복원 등의 기능을 포함한다.

10

견종에 따라 장모종의 목욕 제품을 사용할 때 적절하지 않은 것을 고르시오.

① 푸들 – 볼륨 목욕 제품

② 요크셔 테리어 – 볼륨 목욕 제품

③ 몰티즈 – 실키코트 목욕 제품

④ 비숑 프리제 – 볼륨 목욕 제품

⑤ 비숑 프리제 – 화이트닝 목욕 제품

정답 ②

해설 실키코트 목욕 제품은 몰티즈, 요크셔 테리어에 적합하고, 제품이 털을 차분하게 하고 모질에 윤기를 주고 정전기와 엉킴을 방지하므로 털 관리가 쉬워진다. 볼륨 목욕 제품은 푸들, 비숑 프리제, 볼륨이 필요한 테리어 종에게 적합하다. 화이트닝 목욕 제품은 하얀색 개의 모색을 더욱 하얗게 보이게 하기 위한 제품이다.

11

볼륨 목욕 제품을 사용하기에 적합하지 않은 견종을 고르시오.

① 푸들 ② 비숑 프리제

③ 몰티즈 ④ 베들링턴 테리어

⑤ 케리 블루 테리어

정답 ③

해설 몰티즈, 요크셔 테리어는 실키코트 목욕 제품을 사용한다. 볼륨 목욕 제품은 볼륨이 필요한 테리어 종에게 사용할 수 있다.

12

장모종 목욕에 대한 설명으로 적절하지 않은 것을 고르시오.

① 목욕하기 전에 목욕에 필요한 용품을 모두 준비한다.

② 모질 특성과 상태에 맞는 목욕 제품을 선택한다.

③ 욕조에 물을 받아 샴푸 농도를 일정하게 유지하면서 피모에 적용한다.

④ 두 손바닥으로 털을 비벼가며 마사지한다.

⑤ 린스 헹굼 정도를 조절하여 코트의 무게감을 조절한다.

정답 ④

해설 목욕 중에 마사지할 때 두 손바닥으로 털을 비비거나 문지르면 털에 엉킴이 발생한다.

13

장모종 싱글 코트에 대한 설명으로 적절하지 않은 것을 고르시오.

① 상모만 가진 일중모 구조이다.

② 환모기가 없다.

③ 털 빠짐이 적다.

④ 추위에 강하다.

⑤ 견종은 푸들, 몰티즈, 요크셔 테리어가 있다.

정답 ④

해설 장모종 싱글 코트는 상모(오버코트)와 하모(언더코트) 중에서 상모만 가진 일중모 구조이고, 환모기가 없고 털 빠짐이 적고, 피모가 얇아서 추위에 약하다.

14

장모종 더블 코트에 대한 설명으로 가장 적절한 것을 고르시오.

① 추위에 강하다.

② 환모기가 없다.

③ 하모가 없고 상모만 있다.

④ 털 빠짐이 적다.

⑤ 견종은 포메라니안, 푸들이 있다.

정답 ①

해설 장모종 더블 코트는 상모와 하모의 이중모 구조이고, 추위에 강하고, 환모기가 있어 하모가 많이 빠지고, 견종으로 슈나우저, 포메라니안, 시베리안 허스키가 있다.

15

습식 타월에 대한 설명으로 적절하지 않은 것을 고르시오.

① 물에 적셔서 부드럽게 하여 물기를 짜서 사용한다.

② 한 장의 타월로 여러 번 짜서 사용한다.

③ 재질이 매끈하여 타월에 털이 붙지 않는다.

④ 세탁 후 젖은 상태로 접어서 보관한다.

⑤ 목욕 후 여러 장의 타월이 필요하다.

정답 ⑤

해설 습식 타월은 딱딱하게 굳어진 타월을 물에 적셔서 부드럽게 하여 물기를 짜서 사용하고, 한 장의 타월로 여러 번 짜서 사용하고, 재질이 매끈하여 타월에 털이 붙지 않고, 세탁 후 젖은 상태로 접어서 보관한다.

16

장모종 드라잉에 대한 설명으로 적절하지 않은 것을 고르시오.

① 물기 제거 직후에 풍량은 강으로 하여 털을 펴면서 드라잉한다.
② 모량이 많은 더블 코트는 풍량을 조절해 가며 핀 브러시와 슬리커 브러시로 드라잉한다.
③ 물기가 제거된 싱글 코트는 풍량을 약으로 하여 핀 브러시로 드라잉한다.
④ 젖은 털은 온도를 강으로 해서 말리고, 물기 제거 후에 미지근한 바람으로 드라잉한다.
⑤ 항상 개를 반드시 세워서 드라잉한다.

정답 ⑤

해설 개를 테이블 위에 눕혀서 드라잉 가능하고, 대형견은 세워서 드라잉하면 전체적인 이미지를 구상할 수 있다.

17

장모종 래핑에 대한 설명으로 적절하지 않은 것을 고르시오.

① 모질의 손상을 최소화한다.
② 털의 마찰을 줄이기 위하여 개의 움직임을 고려한다.
③ 래핑 모양은 가지런하고 흔들림이 적게 작업한다.
④ 최대한 모근에 가깝고 타이트하게 래핑한다.
⑤ 래핑 모양이 망가지면 방치하지 말고 다시 작업한다.

정답 ④

해설 래핑이 모근에 너무 가까우면 타이트하여 털이 끊어질 수 있다.

18

장모종 밴딩에 대한 설명으로 적절하지 않은 것을 고르시오.

① 모질의 손상을 최소화한다.
② 래핑지를 사용하지 않고 밴드만 이용한다.
③ 래핑에 비해 작업이 간단하다.
④ 브러싱 스프레이를 중간에 사용한다.
⑤ 밴딩 후 고무줄 제거 시 손가락으로 뜯어 낸다.

정답 ⑤

해설 밴딩 후 관리할 때 반드시 밴드 커팅 가위로 고무줄을 자른다.

19

장모종 엉킨 털을 손상되지 않게 브러싱할 때 설명으로 적절하지 않은 것을 고르시오.

① 먼저 털의 엉킴 정도를 파악한다.
② 엉킴 제거 제품을 분사한다.
③ 엉킴 제거 제품을 분사하고 일정 시간이 지난 후 털을 조심스럽게 손끝으로 갈라낸다.
④ 손으로 갈라낸 털은 안쪽부터 모질 손상에 주의하며 브러싱한다.
⑤ 브러싱 후 콤으로 전체적으로 빗질하여 브러싱 상태를 점검한다.

정답 ④

해설 손으로 갈라낸 털은 끝부분부터 모질 손상에 주의하며 브러싱한다. 털을 손바닥 위에 올려놓고 빗을 쥔 손에 힘을 주지 않고 가볍게 브러싱하고, 엉킨 털의 가장 바깥쪽 부분의 적은 양부터 브러싱하여 털을 완벽하게 풀어 낸다.

20

장모종 샴핑에 대한 설명으로 적절하지 않은 것을 고르시오.

① 털의 안쪽까지 물을 충분히 적셔 준다.
② 항문낭액을 제거한다.
③ 물을 욕조에 받고 샴푸 농도를 조절한다.
④ 털의 결 반대 방향으로 마사지한다.
⑤ 오염이 심한 부위는 농도가 진한 샴푸를 사용한다.

정답 ④

해설 개를 욕조에 넣고 샴핑하고 털의 결 방향으로 마사지해야 엉킴을 방지할 수 있다. 마사지할 때 모근을 부드럽게 자극하여 혈액 순환을 촉진시킨다.

21

장모종 샴핑 후 헹굴 때 작업 순서로 가장 적절한 것을 고르시오.

> ㉠ 코를 위로 향하게 하고 후두부와 뺨을 헹굼
> ㉡ 목과 등을 헹굼
> ㉢ 다리를 헹굼
> ㉣ 얼굴 부위를 다시 한번 더 헹굼

① ㉠ → ㉢ → ㉡ → ㉣

② ㉢ → ㉠ → ㉡ → ㉣

③ ㉠ → ㉡ → ㉢ → ㉣

④ ㉡ → ㉠ → ㉢ → ㉣

⑤ ㉢ → ㉡ → ㉠ → ㉣

정답 ③

해설 샤워기의 수압을 조절하여 머리부터 전체적으로 충분히 헹구어 준다. 코를 하늘로 향하게 하고 후두부와 뺨에 샤워기를 대고 얼굴을 헹군다. 목과 등을 따라 점차 아래쪽을 헹군다. 얼굴 부위를 한 번 더 깨끗하게 헹구어 준다.

22

장모종 린싱에 대한 설명으로 적절하지 <u>않은</u> 것을 고르시오.

① 물을 욕조에 받고 린스의 농도를 조절한다.

② 개를 욕조에 넣고 린싱한다.

③ 털의 결 방향으로 마사지한다.

④ 코트의 전체 부위를 담그면 모질이 상한다.

⑤ 손가락을 벌려서 위에서 아래로 빗처럼 사용하여 마사지한다.

정답 ④

해설 린스 작업 시 코트의 전체 부위를 담그면 모질 개선에 큰 효과가 있다.

23

개를 눕혀서 드라잉할 때 설명으로 적절하지 <u>않은</u> 것을 고르시오.

① 얼굴 부위에 긴 털이 있는 견종은 입 주변의 털을 밴딩한다.

② 털의 결 방향으로 브러싱하며 드라잉한다.

③ 모발의 끝까지 브러싱하여 웨이브가 없도록 드라잉한다.

④ 털의 길이가 긴 부위부터 드라잉한다.

⑤ 얼굴 부위는 콤이나 슬리커 브러시를 이용하여 드라잉한다.

정답 ④

해설 털의 결 방향으로 브러싱하며 드라이한다. 밴딩 부위를 드라이할 때 밴드를 잘라 내고 드라이한다. 드라이어 바람이 닿는 곳의 털을 갈라 가며 모근 안쪽에서 바깥쪽으로 브러싱한다. 모발의 끝까지 브러싱하여 웨이브가 없도록 드라이한다. 털의 길이가 짧은 부위부터 드라이한다. 피모에 브러싱 스프레이를 분사하며 드라이한다. 얼굴 부위는 콤이나 슬리커 브러시를 이용하여 드라이한다.

24

개를 서 있는 상태로 드라잉할 때 설명으로 적절하지 <u>않은</u> 것을 고르시오.

① 대형견은 세워서 드라잉하면 전체적인 이미지 구상이 가능하다.

② 얼굴 부위에 긴 털이 있는 견종은 털이 입에 들어가지 않도록 밴딩한다.

③ 발부터 시작하여 위쪽 방향으로 순차적인 브러싱하며 드라잉한다.

④ 털의 파트를 나누어 집게로 고정하고 집게 안의 털의 양을 조절해 가며 브러싱한다.

⑤ 슬리커 브러시로 드라이 작업의 완성도를 확인한다.

정답 ⑤

해설 콤으로 드라이 작업의 완성도를 확인한다.

Chapter 02 쇼미용

01 대회 행사 규정

1 도그 쇼(dog show)

1) 도그 쇼의 정의

도그 쇼란 견종 표준에 가장 가까운 신체 구성, 성격, 기질을 보여 주는 개를 뽑는 대회이다. 모든 견종은 각각의 목적을 가지고 있고, 견종 표준이란 그 목적에 적합한 이상적인 구성을 묘사한 것이다.

2) 도그 쇼의 역사

세계 최초의 공식적인 도그 쇼는 1859년에 영국의 뉴캐슬에서 개최된 '스포팅 도그 쇼'이다. 귀족들이 사냥을 마친 후 자신들의 사냥견을 서로 평가하기 위해 만든 자리로, 기록 상으로 약 60마리의 포인터와 세터가 출진한 사냥개 품평회로 이루어졌다.

3) 도그 쇼의 목적

① 가장 기본적인 목적은 다음 세대를 위한 혈통 번식의 평가를 쉽게 하는 것이다.
② 견종 표준을 기준으로 개를 심사하며 개의 건강, 상태, 전체적인 몸의 균형, 성격 등 심사한다.
③ 개를 사랑하는 이들이 즐기는 최고의 스포츠이다.
④ 도그 쇼에 출진하는 것은 견주와 개에게 모두 즐거운 취미가 될 수 있다.

4) 도그 쇼의 구성

① 핸들러(handler)
- 도그 쇼에 출진하는 모든 개를 심사위원 앞에 보여 주고, 목적은 경마장에서 말을 타는 기수와 같이 도그 쇼에서 승리하는 것이다.
- 브리더 오너 핸들러(breeder-owner handler): 자신이 번식시키거나 소유한 개로 출진하는 핸들러
- 전문 핸들러(professional handler): 사례를 받고 핸들링을 위탁 받는 핸들러

② 심사위원(judge)
- 출진견들을 검토하고 평가하여 각 견종 표준의 완벽한 이미지에 가장 가까운 개를 뽑는 것이다.

③ 브리더(breeder)
- 번식(breeding)을 한 어미 개의 소유자이다.
- 책임감과 의식 있는 브리더는 무분별한 번식을 피하고 번식 결정 전에 객관적으로 그 개의 장점과 단점을 공정하게 평가하고, 브리딩 목표는 견종 표준(breed standard)에 부합하는 더 우수한 개를 생산하는 것이다.

2 도그 쇼의 행사 규정

1) 참가 절차

① 도그 쇼 출진할 단체의 출진견과 출진자 등록이 가장 중요하다.

② 출진자 등록은 해당 단체에 회원 가입하여 가능하고, 출진견 등록은 해당 개의 혈통을 단체에 등록하여 공식적으로 족보를 인정받는 것이다.

③ 단체에 등록된 개에게 혈통서가 발급되고, 혈통서는 개에 대한 기본 정보와 조상견이 기재된 등록 증명서이다.

④ 혈통서 발행은 순수 혈통의 보존과 유지를 위해 필요한 절차이며 도그 쇼의 목적에 부합한다.

⑤ 출진자, 출진견 모두 등록되면 출진하는 대회의 출진 신청 사항을 단체의 홈페이지에서 참고하고, 그 밖에 쇼링(show-ring) 안에서 지켜야 할 매너, 심사 받는 방법을 미리 숙지한다.

2) 도그 쇼의 진행

① 도그 쇼 장에 도착 후 접수처에서 당일 대회와 심사에 관한 전반적인 사항이 기록된 프로그램을 입수한다.

② 출진 등록 번호를 배정 받아 어떤 링에서 몇 시에 심사 받는지를 숙지하고, 심사는 링 안에서 일정한 동작을 통해 판정을 받는다.

③ 본인의 출진표를 항시 본인이 휴대하며, 출진 시 왼팔에 착용한다. 출진 전에 궁금한 사항을 링 안의 안내자인 스튜어드(steward)에게 문의한다.

④ 출진자는 링 안에서 심사위원의 지시에 따라 심사를 받는다.

⑤ 심사위원은 먼저 순서대로 개를 직접 손으로 만져 골격, 치열, 모질 등을 확인하고 개체를 심사한다.

⑥ 출진자는 심사위원이 개체 심사 시 개를 안정된 자세로 세워 심사위원에게 보인다.

⑦ 심사위원은 개체 심사 후 다운 앤 백(down & back), 트라이앵글(triangle), 라운딩(rounding) 등을 요청하여 개의 움직임을 확인한다.

⑧ 심사위원은 개의 움직임을 확인 후 비교 심사를 실시하여 견종 표준에 가장 가까워 보이는 개를 최우수 개로 선택한다.

⑨ 심사위원은 개별 개끼리 비교하는 것이 아니라 심사위원의 머릿속에 새겨진 각각의 견종 표준을 기준하여 심사를 하므로 다른 견종끼리도 심사가 가능하다.

TIP

도그 쇼의 심사 진행 절차

- 각 견종은 견종과 목적에 따라 그룹으로 분류한다.
- 견종 그룹의 분류, 클래스(나이, 성별 구분), 수상 방식은 나라와 단체별로 조금씩 다르다.
- 기본적인 대회 진행은 토너먼트 방식이다.
- 도그 쇼의 심사 진행 절차:
  베스트 오브 브리드 → 베스트 인 그룹 → 베스트 인 쇼
  ① 베스트 오브 브리드(best of breed): 견종별 개체 심사를 거쳐 견종 1위 견을 선발한다.
  ② 베스트 인 그룹(best in group): 베스트 오브 브리드 견들이 경합하여 그룹 1위 견을 선발한다.
  ③ 베스트 인 쇼(best in show): 베스트 인 그룹 견들이 경합하여 도그 쇼 최고의 견을 선발한다.

명칭	개의 움직임 확인	내용
다운 앤 백 (업 앤 다운)	심사위원 심사위원	• 말 그대로 위아래로 움직인다. • 출발 전에 자신의 진행 방향 앞에 목표 지점을 정해 직선으로 흩트리지 않고 나아간다. • 심사위원 방향으로 되돌아올 때 회전을 한 뒤, 반드시 심사위원이 있는 위치를 확인하여 직선으로 보행한다. • 개를 정지시킬 위치를 확인하여 심사위원과 적당한 거리를 두고 정지시키고, 개의 생생한 표정을 심사위원에게 보여준다.
트라이앵글	심사위원	• 링을 삼각형으로 보행한다. • 링의 한 변을 곧장 나아가서 제1코너에서 90°로 회전한다. • 제2코너에서 회전하여 심사위원을 향해 돌아온다.
라운딩	심사위원	• 원형으로 보행한다. 심사위원이 한 클래스의 전원에게 원을 돌게 지시하고, 시계 반대 방향으로 돌고, 개는 핸들러의 왼쪽에 위치한다. • 전원의 선두에 있을 때 뒷사람들이 준비된 것을 확인한 후 출발한다. • 앞에 출진자가 있을 때 충분한 간격을 유지하고 출발한다. • 속도가 필요하면 앞 출진자가 출발하고 몇 초의 간격을 두고 출발한다. • 심사위원이 개인별로 라운딩을 지시할 때 다른 보행 패턴과 동일한 방법으로 보행한다.

3) 도그 쇼의 미용

① 성공적인 도그 쇼의 첫 단계는 견종별로 가장 이상적인 쇼 견(show dog)을 만드는 것이다.
② 자신이 원하는 견종 표준을 정확히 이해하고 친숙해지는 것이 중요하다.
③ 쇼 견은 견종 표준에 맞는 미용과 관리가 필요하다.
④ 도그 쇼 준비 과정에서 필요한 미용은 견종별로 다르지만, 쇼 미용의 궁극적인 목표는 견종 특성을 잘 나타내고 개의 좋은 부분을 강조하는 것이다.
⑤ 출진하는 개는 최고의 컨디션이 되도록 손질되어 도그 쇼 때 가장 아름다운 모습을 보이게 한다.

02 품종 표준 미용 파악

1 우수 품종의 기준

1) 미국애견협회(AKC: American Kennel Club)의 견종 분류

① 그룹 1
- 스포팅 그룹(sporting group)(SPORTING DOGS)
- 사냥꾼을 돕는 사냥개로 에너지가 넘치며 안정된 기질을 가지고, 포인터와 세터는 사냥감을 지목하고, 스패니얼은 새를 푸드덕 날아오르게 하며, 레트리버는 땅 또는 물 위의 사냥감을 회수해 온다.
- 아메리칸 코커 스패니얼, 브리타니, 체서피크 베이 레트리버, 클럼버 스패니얼, 컬리 코티드 레트리버, 잉글리시 코커 스패니얼, 잉글리시 세터, 잉글리시 스프링어 스패니얼, 플랫 코티드 레트리버, 골든 레트리버, 아이리시 세터, 래브라도 레트리버, 서식스 스패니얼, 비즐라(헝가리안 포인터), 와이머라너, 와이어헤어드 포인팅 그리펀

② 그룹 2
- 하운드 그룹(hound group)(HOUNDS)
- 스스로 사냥하고 사냥감을 궁지에 몰아 사냥꾼이 올 때까지 기다리거나 후각을 이용해 사냥감의 위치를 알아내고, 시각형 하운드(sight hound)는 시각을 이용해 사냥하며, 후각형 하운드(scent hound)는 뛰어난 후각을 이용해 사냥감을 추적한다.
- 아프간 하운드, 바센지, 바셋 하운드, 비글, 블랙 앤 탠 쿤하운드, 블러드하운드, 보르조이, 닥스훈트, 그레이하운드, 아이리시 울프하운드, 노르웨이언 엘크하운드, 로디지안 리즈백, 살루키, 휘핏

③ 그룹 3
- 워킹 그룹(working group)(WORKING DOGS)
- 대체로 총명하고, 강력한 체력을 가지고, 집과 가축을 지키고, 수레를 끌고, 경찰견, 군견으로 다양한 힘든 일을 해낸다.
- 아키타, 알래스칸 맬러뮤트, 버니즈 마운틴 독, 복서, 불마스티프, 도베르만 핀셔, 자이언트 슈나우저, 그레이트 데인, 코몬도르, 쿠바스, 마스티프, 뉴펀들랜드, 로트와일러, 세인트 버나드, 사모예드, 시베리안 허스키

④ 그룹 4
- 테리어 그룹(terrier group)(TERRIERS)
- 확고하고 용감한 기질의 테리어는 쥐와 여우 등의 사냥감을 쫓아 땅속을 움직이기에 충분히 작고 적합해야 하고, 테리어는 지면 또는 땅이라는 라틴어 '테라'에서 유래하였다.
- 에어데일 테리어, 오스트레일리안 테리어, 베들링턴 테리어, 보더 테리어, 불 테리어, 케언 테리어, 댄디 딘몬트 테리어, 아이리쉬 테리어, 잭 러셀 테리어, 케리 블루 테리어, 레이크랜드 테리어, 맨체스터 테리어, 미니어처 슈나우저, 노르포크 테리어, 노르위치 테리어, 스코티쉬 테리어, 실리함 테리어, 스카이 테리어, 소프트 코티드 휘튼 테리어, 스테포드셔 불 테리어, 웨스트 하이랜드 화이트 테리어

⑤ 그룹 5
- 토이 그룹(toy group)(TOYS)
- 사람의 애완동물로서 만들어졌고, 생기가 넘치고 활기차며, 보통 그들의 큰 종자의 모습을 닮았다.
- 아펜핀셔, 브뤼셀 그리펀, 치와와, 차이니스 크레스티드, 이탈리안 그레이하운드, 제페니스 친, 몰티즈, 파피용, 페키니즈, 포메라니안, 시츄, 토이 푸들, 요크셔 테리어

⑥ 그룹 6
- 논스포팅 그룹(nonsporting group)(NON-SPORTING DOGS)
- 다른 그룹에 포함되지 않고 굉장히 다양한 특성을 가진 나머지 견종들이다.
- 비숑 프리제, 보스턴 테리어, 차이니즈 샤페이, 차우차우, 달마시안, 프렌치 불독, 재패니즈 스피츠, 라사 압소, 시바 이누

⑦ 그룹 7
- 목축 그룹(herding group)(HERDING DOGS)
- 목축은 개의 타고난 본능이고, 목동과 농부를 도와 가축을 다른 장소로 움직이도록 이끌고 감독한다.
- 비어디드 콜리, 벨지안 쉽독 그로넨달, 벨지안 쉽독 라케노이즈, 벨지안 쉽독 말리노이즈, 벨지안 쉽독 터뷰렌, 보더 콜리, 콜리, 저먼 셰퍼드 독, 올드 잉글리쉬 쉽독, 풀리, 셔틀랜드 쉽독, 웰쉬 코르기

2) 세계애견연맹(FCI: Federation Cynologique Internationale)의 견종 분류

① 그룹 1
- 목양견 그룹(herding group)
- 목양견(Sheepdogs), 목축견(Cattle Dogs)
- 제외: 스위스 캐틀 독(Swiss Cattle Dogs)

② 그룹 2
- 사역견 그룹(working group)
- 핀셔(Pinscher), 슈나우저(Schnauzer), 몰로시안(Molossian Type; Molossoid Breeds), 스위스 캐틀 도그(Swiss Cattle Dogs; Swiss Mountain Dogs)

③ 그룹 3
- 테리어 그룹(소형 조렵견)
- 테리어(Terriers)

④ 그룹 4
- 닥스훈트(Dachshunds)

⑤ 그룹 5
- 스피츠(Spits), 프라이미티브 견종(Primitive Types)

⑥ 그룹 6
- 후각형 수렵 견종
- 세인트 하운드 견종(Scenthounds and related breeds)

⑦ 그룹 7
- 조렵 견종
- 포인팅 견종(Pointing dogs)

⑧ 그룹 8
- 영국 총렵 견종
- 리트리버(Retrievers), 플러싱 도그(Flushing dogs), 워터 도그(Water dogs)

⑨ 그룹 9
- 반려견, 애완견, 토이(Companion and toy dogs)

⑩ 그룹 10
- 시각형 수렵 견종
- 사이트 하운드 견종(sighthounds)

2 도그 쇼의 견종별 표준 미용 규정

1) 견종별 표준 미용은 주최 단체의 견종 표준서를 따른다.
2) 가장 일반적인 미용견인 푸들의 경우 미국애견협회 미용 규정 상으로 12개월 미만의 강아지는 퍼피 클립으로 출진할 수 있고, 12개월 이상의 개들은 잉글리시 새들 클립 또는 콘티넨털 클립으로만 출진할 수 있다. 모견이나 종견 클래스에는 스포팅 클립으로 출진할 수 있고, 이외의 미용 형태는 출진 자격을 상실한다.

3 미국애견협회의 푸들 표준 미용

명칭	구분	내용
퍼피 클립 (Puppy Clip)		• 한 살 미만의 푸들이 출진할 수 있다. • 얼굴, 목, 발, 꼬리 밑둥치를 클리핑한다. • 발은 모두 클리핑하여 그 형태를 다 볼 수 있다. • 꼬리 끝에 폼폰을 유지한다. • 단정한 형태를 보기 위해서 약간의 손질은 가능하나, 심한 시저링은 허용되지 않는다.
잉글리시 새들 클립 (English Saddle Clip)		• 얼굴, 목, 발, 앞다리의 브레이슬릿(bracelet) 상부, 꼬리 밑둥치를 클리핑한다. • 앞다리와 꼬리 끝에 브레이슬릿과 폼폰을 유지한다. • 몸의 뒷부분은 짧은 털로 덮지만 관절이 있는 곳을 면도하여 뒷다리에 2개의 면도한 선이 있어야 한다. • 면도한 발의 전체적인 형태를 볼 수 있고, 면도한 뒷다리의 선을 확실히 볼 수 있어야 한다. • 몸의 다른 부위들은 깎지 않지만 단정한 형태를 위해 시저링은 허용된다.

콘티넨털 클립 (Continental Clip)		• 잉글리시 새들 클립과 동일하지만 몸의 뒷부분을 모두 클리핑하고, 뒷다리에 브레이슬릿을 유지한다. • 엉덩이 위에 둥근 로제트(rosette)는 옵션으로, 선택 가능하다.
스포팅 클립 (Sporting Clip)		• 얼굴, 목, 발, 꼬리 밑둥치를 클리핑한다. • 머리 위는 시저링하여 손질된 모자 형태의 머리이고, 꼬리 끝에 폼폰을 유지한다. • 다른 부위는 면도나 시저링하여 개의 외형상 아웃라인을 위주로 1인치 미만의 짧은 털로 덮는다. • 다리 털은 몸 털 길이보다 약간 더 길게 가능하다.

TIP

위의 모든 클립에서 머리는 고무 밴드로 위치를 잡을 수 있는데, 이마에서 뒤통수까지의 부위에서만 고무 밴드를 사용할 수 있다. 털 길이는 개의 단정한 아웃라인을 위해 적당한 길이로 유지한다.

4 견종 표준서 분석

1) 단체의 홈페이지에서 미용하고자 하는 개의 견종 표준서를 확인한다.
2) 견종 표준서를 읽고 머릿속에 미용 형태를 그려 보며 이해한다.
3) 해당 견종의 도그 쇼 사진 및 동영상을 참고하여 비교한다.
4) 머릿속에 그린 이미지와 도그 쇼 사진 등의 이미지를 비교하며 이상적인 미용 형태를 결정한다.

TIP

• 우수 품종의 기준을 파악하고, 목적별 견종 그룹의 분류를 확인한다.

03 테이블 매너 훈련

1 애견과의 친화 과정과 상태 관찰

테이블 매너 훈련 전에 애견이 미용사와 충분한 교감을 통해 심리적 안정을 취하게 한다. 테이블 훈련과 미용을 위하여 애견이 적당한 컨디션인지 확인하고 관찰하는 과정은 훈련의 일부이다.

2 스태크(stack)

개는 네 다리로 서 있지만 균형이 흐트러지면 똑바로 서 있지 못한다. 도그 쇼에서 완벽한 스태킹(stacking) 자세를 취하려면 많은 연습이 필요하다. 완벽한 스태킹 자세는 금방이라도 앞으로 튀어나갈 것 같지만 움직이지 않는 안정된 자세로, 개의 시선은 전방에 무언가를 주시하는 모습이다. 앞발과 뒷발에 체중이 각각 60%와 40% 정도를 이루고 머리도 알맞은 높이로 쳐든 모습이다.

3 개의 훈련

1) 절대 한 번에 오랜 시간을 무리해서 훈련시키지 않음

특히 어린 강아지, 훈련에 익숙하지 않은 개들은 집중력이 부족하므로 짧고 규칙적인 시간에 일정한 장소에서 교육한다.

2) 훈련은 즐거워야 함

아이와 마찬가지로 개도 흥미를 가지면 굉장히 빨리 배울 수 있다. 훈련시키는 사람이 적극적이고 열성적인 방법으로 개에게 충분한 보상과 관심을 준다면 개는 교육을 하나의 즐거운 놀이로 생각하고 열심히 참여한다. 평이한 음성과 제스처로 개에게 혼돈을 주지 않도록 주의한다.

3) 훈련할 때 규칙은 일관성이 있어야 함

간단하고 규칙적인 단어로 일관성 있게 명령한다. 개가 혼돈할 가능성이 있는 단어, 행동은 하지 않는다. 훈련할 때 한 번 정한 명령어와 규칙은 절대 바꾸지 않으며, 끝까지 지켜야 함을 개에게 교육한다.

04 쇼 미용 커트

1 골격의 이해

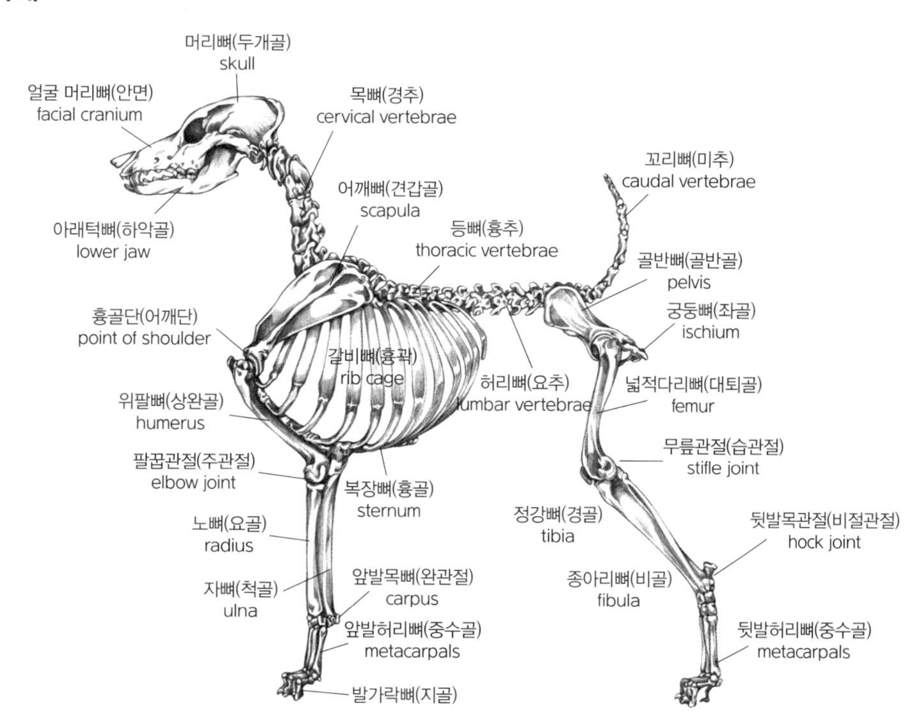

2 밸런스의 이해

견종 표준서를 근거하여 이상적인 개의 이미지를 상상하고, 견종 표준서와 비교하여 미용견의 부족한 부분을 보완하여 미용할 수 있다.

1) 머리

개마다 두상의 형태가 다르다. 미용견의 두상을 눈과 손으로 확인하여 장단점을 파악한 후 어느 부분을 보완해야 하는지 결정한다. 주둥이의 두께, 미간의 폭, 귀의 위치 등을 털의 형태와 커트로 보완할 수 있다.

2) 몸

견종 표준서를 이해하고, 견종 표준을 바탕으로 상상한 이상적인 몸 길이와 둘레를 비교하여 미용견의 밸런스를 미용으로 보완하고 조절한다. 와이드 리브(wide rib)를 가진 미용견은 털 길이를 좀 더 짧게 커트하여 보완할 수 있다.

3) 다리

오 다리 형태는 털 길이와 간격을 조절하여 단점을 보완하여 다리 형태가 스트레이트로 보이도록 커트한다.

4) 꼬리

꼬리 위치는 몸을 미용할 때 밸런스에 맞추어 조절한다. 꼬리 형태는 털 길이와 모양으로 더 나은 시각적인 효과가 가능하다.

3 견종별 도그 쇼의 미용

견종별 쇼 미용 사례를 살펴보면 견종 특징에 따른 미용을 이해할 수 있다. 커트로 표현하는 견종 외에도 다양한 미용 방법이 있다.

05 쇼 미용 스트리핑

1 스트리핑(stripping)의 개념

1) 털을 뽑아 내는 작업으로, 스트리핑 또는 핸드 스트리핑이라고 한다. 주로 거칠고 뻣뻣한 털을 가진 견종을 위하여 털이 빠지고 자라나는 과정을 도우며 견종의 특성을 나타내면서 최적의 털 상태를 유지하는 작업이다. 테리어를 비롯해 많은 다른 견종에 사용하는 적절한 손질 방법이다.
2) 스트리핑 나이프, 스트리핑 스톤, 손으로 털의 결 방향으로 살짝 잡아당겨 뽑고, 피부의 당겨짐 없이 쉽게 뽑히는 것이 정상이고, 정상적인 방법으로 스트리핑하면 개는 전혀 고통을 느끼지 않는다.
3) 견종 표준이 되는 형태를 파악하고, 부위별 털이 자라나는 주기를 항상 염두에 두면서 이상적인 모양을 표현한다.

4) 스트리핑 용어

용어	설명
플러킹 (plucking)	• 손끝, 트리밍 나이프를 사용해 털을 뽑아 내는 작업이다. • 주로 손으로 적은 양의 털을 뽑는 행위 자체를 말한다.
레이킹 (raking)	• 트리밍 나이프, 콤 등으로 피부에 자극을 주면서 죽은 털이나 두꺼운 언더코트를 제거해 새로운 털이 잘 자라나게 촉진시켜 주는 작업이다.
롤링 (rolling)	• 털을 양호한 상태로 유지하기 위해 주기적으로 부드러운 털, 떠 있는 털, 긴 털을 나이프나 손가락으로 뽑아서 라인을 정리하는 작업이다. • 코트 워크(coat work)라고도 한다.
스테이지 스트리핑 (stage stripping)	• 단계를 나누어 진행하는 스트리핑 방법이다. • 주로 도그 쇼에 맞추어 완성 기간을 설정하고 스트리핑할 부분을 구분하여 기간의 간격을 두고 순서대로 작업한다. • 털이 자라나는 주기를 계산하여 완성 모습을 미리 설정하여 계획하는 것이 매우 중요하다.
풀 스트리핑 (full stripping)	• 좋은 털(뻣뻣한 털)로 만들고 털의 발모를 촉진시키기 위하여 피부가 보일 정도까지 털을 뽑아 주는 작업이다.
블렌딩 (blending)	• 스트리핑한 털의 경계가 뚜렷하게 보이지 않도록 길이를 조금씩 바꾸어 자연스럽게 보이도록 하는 작업이다.

2 스트리핑(stripping) 계획

1) 도그 쇼를 대비하여 견종 표준서의 가장 이상적인 모습을 표현해 내기 위해 어떤 식으로 완성하면 좋을지 미리 계획하는 것이 중요하다.
2) 견종에 따라 단계(stage)를 나누어 작업할 수 있고, 주기적인 작업으로 모양을 만들어 나갈 수 있다.
3) 쇼 도그는 펫보다 더욱 자주 스트리핑 작업을 실시하여 도그 쇼의 시기에 맞추어 원하는 모양을 만들 수 있다.
4) 견종별로 스트리핑 계획은 다르지만, 각 견종의 특징과 필요에 따라 단계를 맞추어 진행할 수 있다.

3 대회 규정에 맞는 표준 트리밍

출진하는 대회의 주최 단체 홈페이지를 활용하여 견종 표준, 미용 규정을 숙지한다. 견종에 따라 스트리핑을 계획을 수립한다.

4 견종의 특징과 필요에 맞는 스트리핑 방법

1) 핸드 스트리핑(hand stripping)

① 손으로 죽은 털을 뽑아 내는 작업이다.
② 만약 개의 피부에 상처가 있거나 불안정해 보이면 스트리핑을 무리해서 진행하지 않는다.
③ 한 번에 많은 양의 털을 잡아당기지 않으며, 뽑힐 준비가 되지 않은 털은 무리하게 뽑지 않는다.
④ 스트리핑할 털은 대개 길이로 구별할 수 있으며 대략 2.5cm 정도 더 길고, 더 밝은 털 색깔로 구별이 되고, 구분이 안 되면 고무장갑을 끼고 털을 역방향으로 쓸어 올려 정전기가 나서 서 있는 털을 바로 뽑는다.

TIP

- 손이 미끄러진다면 파우더, 초크, 손가락 고무장갑 등을 사용하여 더욱 쉽게 작업할 수 있다.
- 스트리핑 작업 전에는 샴핑을 하지 않는 것이 털 뽑기에 더 좋다.

2) 스트리핑 나이프(stripping knife)

스트리핑 나이프를 사용하여 스트리핑할 수 있다. 핸드 스트리핑이 기본이지만 올바른 방법으로 나이프를 사용하면 더욱 쉽게 작업할 수 있다. 나이프의 역할은 털을 잘라 내지 않고 털을 쉽게 잡도록 도와주는 역할이다.

TIP

스트리핑 나이프 잡는 방법

① 나이프 손잡이를 집게손가락부터 네 개의 손가락으로 가볍게 움켜쥔다.
② 어깨, 무릎, 손가락의 관절에 힘을 주어서는 안 된다.
③ 스트리핑 나이프를 피부면과 평행하게 유지하고 흔들림이 없어야 한다.
④ 왼손으로 개의 피부를 충분히 지탱하고 엄지손가락으로 손을 조금 반대로 띄어 나이프와 엄지손가락 사이에 털 끝을 잡고 털의 결 방향으로 나이프를 움직여 털을 뽑아 준다.
⑤ 털이 잘리지 않고 반드시 뿌리째 뽑아야 한다.
※ 나이프 날이 피부면과 수직을 이루면 개에게 상처를 입히고 고통만 주고 털은 잘 뽑히지 않는다.

3) 스트리핑 스톤(stripping stone)

스트리핑 스톤을 사용하여 스트리핑할 수 있다. 언더코트 제거에 좋고, 한 손으로 피부를 팽팽하게 하고 스톤을 털의 결 방향으로 부드럽게 문질러 준다.

TIP

- 너무 과도하게 힘을 주면 개에게 상처를 입히므로 주의한다.

4) 레이킹(raking)

① 트리밍 나이프, 콤으로 긁어내듯이 빗으며 죽은 털과 두꺼운 언더코트를 정리할 수 있다.
② 언더코트를 제거할 때 반드시 거울로 모양을 확인하면서 작업한다.
③ 목을 아치 모양으로 돋보이게 하거나, 부드러운 연결 라인을 만들기 위하여 남겨야 하는 언더코트의 양을 조절할 수 있다.

06 쇼 미용 메이크업

1 컬러링 전문 제품

1) 컬러 전문 샴푸

색을 강조하기 위해 일반적으로 염색을 하지만 염색은 코트와 피부에 많은 손상을 줄 수 있다. 코트와 피부의 손상을 최소화하고 자연스럽게 색을 더 강조하는 방법으로 컬러 전문 샴푸를 사용한다.

① 사용 방법

- 모색을 확인한다.
- 모색별 전용 샴푸 제품을 선정한다.
- 모색별 전용 샴푸의 사용 설명서를 숙지한다.
- 품종별 샴푸 방법에 맞게 샴푸한다.

> **TIP**
> 대부분의 컬러 샴푸는 제품을 골고루 바른 후 일정 시간이 지나야 더 나은 효과를 볼 수 있다.

2) 컬러 초크

털이 상해서 털 색이 바랬으면 컬러 초크로 칠하여 털 색을 더욱 선명하게 보이도록 할 수 있다. 분필을 사용하는 것처럼 바른다.

① 사용 방법

- 색상을 선명하게 만들 부위에 초크를 바른다.
- 초크를 바른 부위에 드라이어 바람으로 살짝 털어 낸다.
- 원하는 정도의 색상이 나올 때까지 2~3회 반복한다.

3) 컬러 파우더

일반적으로 컬러 초크보다 입자가 곱고 점착력이 우수하여 더 오랜 시간 동안 미용을 유지할 수 있다.

① 사용 방법

- 동전 크기 정도의 콜레스테롤 크림이나 접착력이 있는 헤어 크림을 덜어 낸다.
- 덜어 낸 제품을 양 손바닥을 이용하여 잘 비벼 준다.
- 색상을 선명하게 만들 부위에 크림을 골고루 발라 준다. 콜레스테롤 크림은 초크나 파우더의 접착을 쉽게 하기 위해서 사용한다.
- 파우더 브러시로 크림을 바른 부위에 파우더를 칠한다.
- 파우더를 바른 부위에 드라이어 바람으로 살짝 털어 낸다.
- 원하는 정도의 색상이 나올 때까지 2~3회 반복한다.

> **TIP**
> • 컬러 초크, 컬러 파우더를 사용할 때 주변 털이 이염될 수 있으니 유의한다.
> • 초크나 파우더의 접착을 쉽게 하는 콜레스테롤 크림을 과하게 사용하면 털의 자연스러운 표현이 되지 않는다.

1급

2 밴드와 스프레이 제품

1) 밴드

재질은 주로 고무, 실리콘, 라텍스이고, 크기도 다양하다. 털의 질감에 따라 알맞은 제품을 선택하여 사용한다.

> **TIP**
>
> • 밴딩을 너무 타이트하게 하면 털이 빠질 수 있으므로 주의하고, 밴딩 라인에 주기적으로 변화를 주어 밴딩 경계 부분의 털 빠짐을 방지한다.

2) 스프레이

털의 모양을 고정시킬 때 사용한다. 입자가 섬세해서 자연스럽게 표현하기 쉽다. 스프레이 같은 세팅 제품을 사용한 후에 가급적 빠른 시간 안에 목욕으로 성분을 제거하여 피모의 손상을 막는다. 종류는 볼륨 스프레이, 고정용 스프레이, 컬러 스프레이, 광택 스프레이 등이 있다.

> **TIP**
>
> • 스프레이를 많이 분사하면 털이 인위적으로 굳을 수 있으므로 최대한 적은 양으로 자연스럽게 세팅한다.

Chapter 02 쇼미용 출제 예상 문제

01

도그 쇼에 대한 설명으로 적절하지 않은 것을 고르시오.

① 정의는 견종 표준에 가장 가까운 신체 구성, 성격, 기질을 보여 주는 개를 뽑는 대회이다.
② 역사적으로 세계 최초의 공식적인 도그 쇼는 스포팅 도그 쇼이다.
③ 견종 표준이란 견종별 그 목적에 적합한 이상적인 구성을 묘사한 것이다.
④ 가장 기본적인 목적은 다음 세대를 위한 혈통 번식의 평가를 쉽게 하는 것이다.
⑤ 도그 쇼는 출진하여 반드시 이겨야 즐길 수 있다.

정답 ⑤

해설 도그 쇼는 개를 사랑하는 이들이 즐길 수 있는 최고의 스포츠이다. 도그 쇼에 출진하는 것은 견주나 출진하는 개에게도 모두 즐거운 취미가 될 수 있고, 도그 쇼를 즐기기 위해 반드시 이겨야 할 필요는 없다. 승리에만 관심을 갖는다면 도그 쇼는 취미 문화가 될 수 없으며, 아무리 훌륭한 개라도 컨디션이 나쁜 날이 있으며 많은 우수한 출진견 중에서 좋은 결과를 얻는다는 확신도 없다.

02

도그 쇼의 주요 구성과 역할에 대한 설명으로 적절하지 않은 것을 고르시오.

① 브리더 오너 핸들러 – 자신이 번식시키거나 소유한 개로 출진하는 핸들러이다.
② 심사위원 – 각 견종 표준에 따라서 완벽한 이미지에 가장 가까운 개를 뽑는 역할이다.
③ 브리더 – 번식을 한 어미 개의 소유자이다.
④ 전문 핸들러 – 사례를 받고 핸들링을 위탁 받는 핸들러이다.
⑤ 브리더 – 각 견종 표준에 부합하지 않는 개를 생산하는 역할이다.

정답 ⑤

해설 브리더는 일반적으로 번식(브리딩)을 한 어미 개의 소유자를 말한다. 책임감과 의식 있는 브리더는 무분별한 번식을 피하고, 번식 결정 전에 객관적으로 그 개의 장점과 단점을 평가할 수 있어야 한다. 브리딩(breeding)의 목표는 각 견종 표준(breed standard)에 부합하는 더 우수한 개를 생산하는 것이다.

03

도그 쇼의 행사 규정 중에서 참가 절차에 대한 설명으로 적절하지 않은 것을 고르시오.

① 출진할 단체의 출진견과 출진자 등록이 가장 중요하다.
② 출진자 등록은 해당 단체에 회원 가입하여 가능하다.
③ 출진견 등록은 해당 개의 혈통을 단체에 등록하여 공식적으로 족보를 인정받는 것이다.
④ 혈통서는 개에 대한 기본 정보만 기재된 등록 증명서이다.
⑤ 혈통서 발행은 순수 혈통의 보존과 유지를 위해 필요한 절차이다.

정답 ④

해설 출진견 등록은 해당 개의 혈통을 단체에 등록하여 공식적으로 족보를 인정받는 것이다. 단체에 등록된 개에게 혈통서가 발행되고, 혈통서는 개에 대한 기본 정보와 조상견이 기재된 등록 증명서이다. 혈통서 발행은 순수 혈통의 보존과 유지를 위해 필요한 절차이며 도그 쇼의 목적과도 부합된다.

04

도그 쇼의 행사 규정 중에서 진행에 대한 설명으로 적절하지 않은 것을 고르시오.

① 접수처에서 당일 대회와 심사에 관한 전반적인 사항이 기록된 프로그램을 입수한다.
② 출진 등록 번호를 받고 어떤 링에서 몇 시에 심사를 받는지 숙지한다.
③ 본인의 출진표를 항시 본인이 휴대하고 출진 시 오른팔에 착용한다.
④ 출진 전에 궁금한 사항은 스튜어드에게 문의한다.
⑤ 출진자는 링 안에서 심사위원의 지시에 따라 심사를 받는다.

정답 ③

해설 출진자는 본인의 출진표를 항시 본인이 휴대하고 출진 시 왼팔에 착용한다.

05

심사위원이 개의 움직임을 확인할 때 아래의 그림에 대한 설명으로 적절하지 않은 것을 고르시오.

① 다운 앤 백이다.

② 위아래로 움직이는 것이다.

③ 목표 지점을 향하여 직선으로 나아가고 회전하여 되돌아온다.

④ 되돌아올 때 심사위원 옆을 지나가며 개의 생생한 표정을 보여 준다.

⑤ 업 앤 다운이다.

정답 ④

해설 다운 앤 백은 말 그대로 위아래로 움직이는 것이고, 업 앤 다운이라고도 한다. 목표 지점을 향하여 직선을 흩트리지 않고 나아가고, 심사위원 방향으로 되돌아올 때는 회전하여 직선으로 보행하고, 심사위원과 적당한 거리를 두고 개를 정지시키고, 개의 생생한 표정을 심사위원에게 보여 준다.

06

심사위원이 개의 움직임을 확인할 때 라운딩에 대한 설명으로 적절하지 않은 것을 고르시오.

① 원형으로 보행한다.

② 시계 방향으로 돈다.

③ 전원의 선두에 있을 때 뒷사람들이 준비된 것을 확인한 후 출발한다.

④ 앞에 출진자가 있을 때 충분한 간격을 유지하고 출발한다.

⑤ 개는 핸들러의 왼쪽에 위치한다.

정답 ②

해설 라운딩은 원형으로 보행하는 것이고, 심사위원이 전원 또는 개인에게 원을 돌게 지시하고, 시계 반대 방향으로 돌고, 개는 핸들러의 왼쪽에 위치한다.

07

도그 쇼의 수상 방식에 대한 설명으로 적절하지 않은 것을 고르시오.

① 토너먼트 방식이다.

② 베스트 오브 브리드는 각 견종마다 개체 심사를 거쳐 견종 1위견을 선발한다.

③ 베스트 인 그룹은 베스트 오브 브리드 견들이 경합하여 그룹 1위견을 선발한다.

④ 베스트 인 쇼는 베스트 인 그룹 견들이 경합하여 도그 쇼 최고의 견을 선발한다.

⑤ 견종 그룹의 분류는 나라와 단체마다 동일하다.

정답 ⑤

해설 견종 그룹의 분류와 클래스(나이와 성별의 구분) 및 수상 방식은 나라와 단체별로 조금씩 다르고, 기본적인 대회 진행은 토너먼트 방식이다.

08

도그 쇼의 최고 견으로 가장 적절한 것을 고르시오.

① 베스트 오브 브리드 ② 베스트 인 그룹

③ 베스트 인 쇼 ④ 베스트 오브 베스트

⑤ 베스트 오브 쇼 도그

정답 ③

해설 베스트 인 쇼(best in show)는 각 그룹의 베스트 인 그룹 견들이 경합하여 선발된 도그 쇼 최고의 견을 말한다.

09

도그 쇼의 미용에 대한 설명으로 적절하지 않은 것을 고르시오.

① 쇼 견(show dog)은 미용과 관리가 필요하다.

② 견종 표준을 정확히 이해하는 것이 중요하다.

③ 견종 특성을 잘 나타내고 개의 좋은 부분을 강조한다.

④ 출진견이 최고의 컨디션이 되도록 손질한다.

⑤ 도그 쇼 준비 과정에서 필요한 미용은 견종마다 동일하다.

정답 ⑤

해설 도그 쇼 준비 과정에서 필요한 미용은 견종에 따라 다르고, 쇼 미용의 궁극적인 목표는 견종 특성을 잘 나타내고 개의 좋은 부분을 강조하는 것이다.

10

단체별로 견종을 그룹으로 분류할 때 미국애견협회(AKC) 단체의 그룹 분류에 대한 설명으로 적절하지 않은 것을 고르시오.

① 그룹 1, 스포팅 그룹(SPORTING DOGS) – 사냥꾼을 돕는 사냥개로 에너지가 넘치며 안정된 기질을 가지고 있다.

② 그룹 2, 하운드 그룹(HOUNDS) – 스스로 사냥하고, 시각과 후각으로 사냥감을 추적한다.

③ 그룹 3, 워킹 그룹(WORING DOGS) – 총명하고 강력한 체력을 지녔고, 대표적인 예시로 경찰견, 군견이 있다.

④ 그룹 4, 테리어 그룹(TERRIERS) – 사냥감을 쫓아 땅속을 움직이기에 충분히 작고 적합하다.

⑤ 그룹 5, 사이트 하운드 그룹(SIGHT HOUNDS) – 시각형 수렵견종이다.

정답 ⑤

해설 사이트 하운드는 시각형 수렵견종이고, 세계애견연맹(FCI) 기준으로 10그룹에 속한다. 미국애견협회(AKC)는 세계애견연맹처럼 하운드를 시각형과 후각형으로 구분하지 않고, 모두 하운드 그룹에 속한다.

11

미국애견협회(AKC) 단체 기준으로 그룹별 견종을 나열할 때 적절하지 않은 것을 고르시오.

① 그룹 3, 워킹 그룹(WORKING DOGS) – 아메리칸 코커 스패니얼, 래브라도 리트리버 등

② 그룹 4, 테리어 그룹(TERRIERS) – 에어데일 테리어, 오스트레일리안 테리어, 베들링턴 테리어 등

③ 그룹 5, 토이 그룹(TOYS) – 아펜핀셔, 브뤼셀 그리펀, 치와와 등

④ 그룹 6, 논스포팅 그룹(NON-SPORTING DOGS) – 비숑 프리제, 보스턴 테리어, 차이니즈 샤페이 등

⑤ 그룹 7, 목축 그룹(HERDING DOGS) – 비어디드 콜리, 벨지안 쉽독 그로넨달 등

정답 ①

해설 미국애견협회(AKC)의 그룹 1은 스포팅 그룹(SPORTING DOGS)이고, 포인터, 세터, 스패니얼, 리트리버 등이 속한다. 그룹 3은 워킹 그룹(WORKING DOGS)이고, 아키타, 알래스칸 맬러뮤트, 버니즈 마운틴 독, 복서, 불마스티프, 도베르만 핀셔, 자이언트 슈나우저, 그레이트 데인, 코몬도르, 쿠바스, 마스티프, 뉴펀들랜드, 로트와일러, 세인트 버나드, 사모예드, 시베리안 허스키 등이 속한다.

12

워킹 그룹(WORKING DOGS)에 대한 설명으로 가장 적절한 것을 고르시오.

① 사냥꾼을 돕는 사냥개로 에너지가 넘치며 안정된 기질을 가지고 있다.

② 스스로 사냥하고, 후각과 청각으로 사냥감을 추적한다.

③ 수레를 끌고, 경찰견, 군견으로 다양한 힘든 일을 해낸다.

④ 쥐, 여우 등의 사냥감을 쫓아 땅속을 움직이기에 충분히 작고 적합하다.

⑤ 가축을 다른 장소로 움직이도록 이끌고 감독한다.

정답 ③

해설 워킹 그룹은 대체로 총명하고 강력한 체력을 가지고, 집과 가축을 지키고, 수레를 끌고, 경찰견, 군견으로 다양한 힘든 일을 해낸다.

13

세계애견연맹(FCI) 단체 기준으로 1그룹에 속하는 견종으로 가장 적절한 것을 고르시오.

① 목양견 ② 사역견

③ 테리어 ④ 닥스훈트

⑤ 스피츠

정답 ①

해설 세계애견연맹(FCI)의 1그룹은 목양견 그룹(herding group)이고, 목양견(sheepdogs), 목축견(cattle dogs)이 속한다.

14

미국애견협회(AKC)의 푸들 표준 미용에서 아래 그림의 클립에 대한 설명으로 적절하지 않은 것을 고르시오.

① 잉글리시 새들 클립이다.
② 한 살 미만의 푸들이 출진할 수 있다.
③ 얼굴, 목, 발, 꼬리 밑둥치를 클리핑한다.
④ 발은 모두 클리핑하여 그 형태를 볼 수 있다.
⑤ 꼬리 끝에 폼폰을 유지한다.

정답 ①

해설 퍼피 클립은 한 살 미만의 푸들이 출진 가능하고, 얼굴, 목, 꼬리 밑둥치를 클리핑하고, 발은 모두 클리핑하여 그 형태를 다 볼 수 있어야 한다. 꼬리 끝에 폼폰이 있고, 단정한 형태를 보기 위해서 약간의 손질은 가능하지만 심한 시저링은 허용 불가하다.

15

미국애견협회(AKC)의 푸들 표준 미용 중에서 아래의 설명이 나타내는 클립으로 가장 적절한 것을 고르시오.

> • 몸의 뒷부분을 모두 클리핑하고, 뒷다리에 브레이슬릿을 유지한다.
> • 엉덩이 위에 둥근 로제트가 가능하다.

① 퍼피 클립 ② 잉글리시 새들 클립
③ 콘티넨털 클립 ④ 스포팅 클립
⑤ 맨하튼 클립

정답 ③

해설 콘티넨털 클립(Continental Clip)은 잉글리시 새들 클립과 동일하지만 몸의 뒷부분을 모두 클리핑하고, 뒷다리에 브레이슬릿을 유지한다. 엉덩이 위에 둥근 로제트(rosette)는 옵션이다.

16

견종 표준서 분석에 대한 설명으로 적절하지 않은 것을 고르시오.

① 단체와 관계 없이 국내 도서관에서 미용하고자 하는 개의 견종 표준서를 확인한다.
② 견종 표준서를 읽고 머릿속에 미용 형태를 그려보며 이해한다.
③ 해당 견종의 도그 쇼 사진 및 동영상을 참고하여 비교한다.
④ 머릿속에 그린 이미지와 도그 쇼 사진 등의 이미지를 비교하며 이상적인 미용 형태를 결정한다.
⑤ 목적별 견종 그룹의 분류를 확인한다.

정답 ①

해설 인터넷으로 단체의 홈페이지에서 미용하고자 하는 개의 견종 표준서를 확인한다.

17

스태크(stack)에 대한 설명으로 적절하지 않은 것을 고르시오.

① 도그 쇼에서 완벽한 스태킹(stacking) 자세를 취하려면 많은 연습이 필요하다.
② 금방이라도 앞으로 튀어나갈 것 같지만 움직이지 않는 안정된 자세이다.
③ 개의 시선은 전방에 무언가를 주시하는 모습이다.
④ 체중은 앞발과 뒷발에 각각 50%와 50%로 이루어져 있다.
⑤ 머리는 알맞은 높이로 쳐든 모습이다.

정답 ④

해설 스태킹은 앞발과 뒷발에 체중이 각각 60%와 40% 정도를 이루고 머리도 알맞은 높이로 쳐든 모습이다.

18

개의 훈련에 대한 설명으로 적절하지 않은 것을 고르시오.

① 한 번에 오랜 시간을 무리해서 훈련시키지 않는다.
② 훈련은 즐거워야 한다.
③ 훈련할 때 규칙은 일관성이 있어야 한다.
④ 어린 강아지, 훈련에 익숙하지 않은 개들은 짧고 규칙적인 시간에 일정한 장소에서 교육한다.
⑤ 평이한 음성과 제스처로 교육한다.

정답 ⑤

해설 훈련은 즐거워야 한다. 아이와 마찬가지로 개도 흥미를 가지면 굉장히 빨리 배울 수 있고, 훈련시키는 사람이 적극적이고 열성적인 방법으로 개에게 충분한 보상과 관심을 준다면 개는 교육을 하나의 즐거운 놀이로 생각하고 열심히 참여한다. 평이한 음성과 제스처로 개에게 혼돈을 주지 않도록 주의한다.

19

밸런스를 보완하는 쇼 미용에 대한 설명으로 적절하지 않은 것을 고르시오.

① 머리 – 개마다 두상이 다르고, 미용견의 두상을 눈과 손으로 확인하여 장단점을 파악하고 보완한다.
② 몸 – 견종 표준을 바탕으로 상상한 이상적인 몸 길이와 둘레를 비교하여 보완한다.
③ 다리 – 오 다리 형태는 털 길이와 간격을 조절하여 다리 형태가 스트레이트로 보이도록 커트한다.
④ 꼬리 – 꼬리 형태는 털 길이와 모양으로 더 나은 시각적인 효과가 가능하다.
⑤ 몸 – 와이드 리브(wide rib)를 가진 미용견은 털 길이를 길게 커트하여 보완한다.

정답 ⑤

해설 몸은 견종 표준서를 이해하고, 견종 표준을 바탕으로 상상한 이상적인 몸 길이와 둘레를 비교하여 미용견의 밸런스를 미용으로 보완하고 조절한다. 와이드 리브(wide rib)를 가진 미용견은 털 길이를 좀 더 짧게 커트하여 몸의 밸런스를 보완한다.

20

쇼 미용에서 스트리핑(stripping)에 대한 설명으로 적절하지 않은 것을 고르시오.

① 털을 뽑아 내는 작업이다.
② 주로 거칠고 뻣뻣한 털을 가진 견종에 대하여 털이 빠지고 자라나는 과정을 도와준다.
③ 테리어를 비롯해 많은 다른 견종에 적용된다.
④ 스트리핑 나이프, 스트리핑 스톤, 손으로 털의 결 반대 방향으로 잡아당겨 뽑는다.
⑤ 정상적인 스트리핑은 개에게 고통을 주지 않는다.

정답 ④

해설 스트리핑 나이프, 스트리핑 스톤, 손으로 털의 결 방향으로 살짝 잡아당겨 뽑는다. 피부의 당겨짐 없이 쉽게 뽑히는 것이 정상이고, 정상적인 방법으로 스트리핑하면 개는 전혀 고통을 느끼지 않는다.

21

스트리핑 용어 중에서 아래의 설명이 나타내는 것으로 가장 적절한 것을 고르시오.

> 손 끝, 트리밍 나이프를 사용해 털을 뽑아 내는 작업으로, 주로 손으로 적은 양의 털을 뽑는 행위 자체이다.

① 플러킹(plucking)
② 레이킹(raking)
③ 롤링(rolling)
④ 스테이지 스트리핑(stage stripping)
⑤ 풀 스트리핑(full stripping)

정답 ①

해설 레이킹은 트리밍 나이프, 콤 등으로 피부에 자극을 주면서 죽은 털이나 두꺼운 언더코트를 제거해 새로운 털이 잘 자라나게 촉진시켜 주는 작업이다. 롤링은 털을 양호한 상태로 유지하기 위해 주기적으로 부드러운 털, 떠 있는 털, 긴 털을 나이프나 손가락으로 뽑아서 라인을 정리하는 작업이다. 스테이지 스트리핑은 단계를 나누어 진행하는 스트리핑 방법이고, 주로 도그 쇼에 맞추어 완성 기간을 설정하고 스트리핑할 부분을 구분하여 기간의 간격을 두고 순서대로 작업한다. 풀 스트리핑은 뻣뻣한 털과 털의 발모를 촉진시키기 위하여 피부가 보일 정도까지 털을 뽑아 주는 작업이다. 블렌딩은 스트리핑한 털의 경계가 뚜렷하게 보이지 않도록 길이를 조금씩 바꾸어 자연스럽게 보이도록 하는 작업이다.

22

스테이지 스트리핑(stage stripping)에 대한 설명으로 가장 적절한 것을 고르시오.

① 주로 손을 이용해 적은 양의 털을 뽑는 행위 자체이다.
② 피부를 자극하면서 죽은 털, 두꺼운 언더코트를 제거하여 새로운 털이 잘 자라도록 촉진시켜 준다.
③ 주기적으로 부드러운 털, 떠 있는 털, 긴 털을 나이프나 손가락으로 뽑아서 라인을 정리한다.
④ 도그 쇼에 맞추어 완성 기간을 두고 스트리핑할 부분을 구분하여 기간의 간격을 두고 순서대로 작업한다.
⑤ 피부가 보일 정도까지 털을 뽑아 주는 작업이다.

정답 ④

해설 스테이지 스트리핑은 단계를 나누어 진행하는 스트리핑 방법이다. 주로 도그 쇼에 맞추어 완성 기간을 설정하고 스트리핑할 부분을 구분하여 기간의 간격을 두고 순서대로 작업한다. 털이 자라나는 주기를 계산하여 완성 모습을 미리 설정하여 계획하는 것이 매우 중요하다.

23

핸드 스트리핑(hand stripping)에 대한 설명으로 적절하지 않은 것을 고르시오.

① 손으로 죽은 털을 뽑아 내는 작업이다.
② 개의 피부에 상처가 있다면 무리해서 진행하지 않는다.
③ 한 번에 많은 양의 털을 잡아당기지 않는다.
④ 손이 미끄러진다면 파우더, 초크, 손가락 고무장갑 등을 사용한다.
⑤ 스트리핑 작업 전에 샴핑을 해야 털 뽑기가 더 좋다.

정답 ⑤

해설 스트리핑 작업 전에 샴핑을 하지 않는 것이 털 뽑기에 더 좋다.

24

스트리핑 나이프 잡는 방법에 대한 설명으로 적절하지 않은 것을 고르시오.

① 나이프 손잡이를 집게손가락부터 네 개의 손가락으로 가볍게 움켜쥔다.
② 어깨, 무릎, 손가락의 관절에 힘을 주면 안 된다.
③ 나이프 날을 피부면과 수직으로 하여 흔들림 없이 작업한다.
④ 왼손으로 피부를 지탱하고 나이프와 엄지손가락 사이에 털 끝을 잡고 털의 결 방향으로 뽑는다.
⑤ 털이 잘리지 않고 반드시 뿌리째 뽑는다.

정답 ③

해설 나이프 날이 피부면과 수직을 이루면 개에게 상처를 입히고 고통만 주고 털은 잘 뽑히지 않는다.

25

쇼 미용 메이크업에서 아래의 설명이 나타내는 제품으로 가장 적절한 것을 고르시오.

> 코트와 피부의 손상을 최소화하고 자연스럽게 색을 더 강조하는 방법으로 사용한다.

① 컬러 전문 샴푸 ② 컬러 초크
③ 컬러 파우더 ④ 밴드
⑤ 스프레이

정답 ①

해설 컬러 전문 샴푸는 염색 없이 코트와 피부의 손상을 최소화하고 자연스럽게 색을 더 강조하는 방법으로 사용한다. 대부분의 컬러 샴푸는 제품을 골고루 바른 후 일정 시간이 지나야 더 나은 효과가 있다.

26

컬러 파우더를 사용할 때 파우더의 접착을 쉽게 하기 위하여 함께 사용하는 제품으로 가장 적절한 것을 고르시오.

① 스프레이 ② 콜레스테롤 크림
③ 밴드 ④ 컬러 전문 샴푸
⑤ 컬러 초크

정답 ②

해설 콜레스테롤 크림은 초크나 파우더의 접착을 쉽게 하기 위해서 사용한다. 콜레스테롤 크림을 과하게 사용하면 털의 자연스러운 표현이 어렵다.

1급

[1급] 시험 대비

실전 모의고사

1급 실전 모의고사 1회

50문항 60분

01
오버코트와 언더코트를 가지는 이중모 구조의 털로 가장 적절한 것을 고르시오.

① 롱 코트(long coat)
② 더블 코트(double coat)
③ 러프(ruff)
④ 싱글 코트(single coat)
⑤ 메인 코트(main coat)

02
새들(saddle)에 대한 설명으로 가장 적절한 것을 고르시오.

① 환모기의 털이다.
② 턱수염이라고도 한다.
③ 에이프런 아랫부분의 긴 장식 털이다.
④ 등 부분에 넓은 말 안장 같은 모양의 털이다.
⑤ 가슴 부위의 장식 털이다.

03
각각의 털에 대한 설명으로 적절하지 않은 것으로 고르시오.

① 러프(ruff) – 목 주위의 풍부한 장식 털이다.
② 머스태시(moustache) – 콧수염이라고도 하며, 입술과 턱 측면에 난 수염이다.
③ 비어드(beard) – 턱수염이라고도 하며, 입 주위의 털이다.
④ 아이브로(eyebrow) – 눈썹 부위의 털이다.
⑤ 실키 코트(silky coat) – 뻣뻣하고 강한 모질의 털이다.

04
건조하고 거칠며 상태가 나빠진 털로 가장 적절한 것으로 고르시오.

① 웨이비 코트(wavy coat)
② 역모
③ 와이어 코트(wire coat)
④ 아웃 오브 코트(out of coat)
⑤ 스테이링 코트(staring coat)

05
각각의 털에 대한 설명으로 적절하지 않은 것을 고르시오.

① 아이래시(eyelash) – 속눈썹이다.
② 아이브로(eyebrow) – 눈썹이다.
③ 비어드(beard) – 턱수염, 입 주위의 털이다.
④ 위스커(whisker) – 정수리 부분의 긴 장식 털이다.
⑤ 머스태시(moustache) – 콧수염, 입술과 턱 측면에 난 수염이다.

06
장식 털에 해당하지 않는 것을 고르시오.

① 퀼로트(culotte)
② 타셀(tassel)
③ 파일(pile)
④ 페더링(feathering)
⑤ 에이프런(apron)

07
환모기의 털로 가장 적절한 것으로 고르시오.

① 몰팅(molting)
② 블론(blown)
③ 아웃 오브 코트(out of coat)
④ 하시 코트(harsh coat)
⑤ 러프(ruff)

08
가슴 부위의 장식 털로 가장 적절한 것으로 고르시오.

① 프린지(fringe) ② 타셀(tassel)
③ 톱 노트(top knot) ④ 에이프런(apron)
⑤ 스커트(skirt)

09
각각의 털에 대한 설명으로 적절하지 않은 것을 고르시오.

① 스커트(skirt) – 에이프런 아랫부분의 긴 장식 털이다.
② 에이프런(apron) – 가슴 부위의 길고 풍부한 장식 털이다.
③ 페더링(feathering) – 귀, 다리, 꼬리, 몸통 등에 있는 깃털 모양의 장식 털이다.
④ 펠트(felt) – 깃발 모양 꼬리의 장식 털이다.
⑤ 톱 노트(top knot) – 정수리 부분의 긴 장식 털이다.

10
머리 부위에 털이 아닌 것을 고르시오.

① 비어드(beard)
② 아이래시(eyelash)
③ 타셀(tassel)
④ 머스태시(moustache)
⑤ 새들(saddle)

11
울리 코트(woolly coat)에 대한 설명으로 적절하지 않은 것을 고르시오.

① 털이 뒤덮인 털복숭이 형태이다.
② 양모 형태의 털이다.
③ 북방 견종에 많다.
④ 털이 엉켜 굳은 상태이다.
⑤ 워터 도그(water dog) 코트에 방수 효과가 있다.

12
해당 견종이 적합하지 않는 모색을 가졌을 때 나타내는 모색 용어로 가장 적절한 것을 고르시오.

① 팰로(fallow)
② 배저(badger)
③ 피그멘테이션(pigmentation)
④ 파티컬러(parti-color)
⑤ 파울 컬러(foul color)

13
섞이지 않은 단일 색으로 가장 적절한 것을 고르시오.

① 멀(merle)
② 배저(badger)
③ 제트 블랙(jet black)
④ 브린들(brindle)
⑤ 세이블(sable)

14
피그멘테이션(pigmentation)에 대한 설명으로 가장 적절한 것을 고르시오.

① 바람직하지 못한 반점이나 모색이다.
② 선천적 색소 결핍증이다.
③ 목 주변을 감싸는 폭 넓은 흰색 반점이다.
④ 피모의 멜라닌 색소 과립 침착 상태이다.
⑤ 흰색, 검은색, 황갈색의 반점이다.

15
비버(beaver) 색에 대한 설명으로 가장 적절한 것을 고르시오.

① 브라운과 그레이가 섞인 색이다.
② 푸른 동색이다.
③ 거무스름한 옅은 흑색의 연기 색이다.
④ 모래색이다.
⑤ 쥐색이다.

16

검은 회색의 청색, 회색이 있는 청색을 나타내는 모색 용어로 가장 적절한 것을 고르시오.

① 슬레이트 블루(slate blue)
② 스틸 블루(steel blue)
③ 블루 마블(blue marble)
④ 블루 블랙(blue black)
⑤ 실버 버프(silver buff)

17

각각의 모색에 대한 설명으로 적절하지 않은 것을 고르시오.

① 골드(gold) – 황금색이다.
② 루비(ruby) – 진한 밤색이다.
③ 리버(liver) – 브라운과 그레이가 섞인 색이다.
④ 마호가니(mahogany) – 체스트넛 레드, 적갈색이다.
⑤ 허니(honey) – 벌꿀 색, 연한 적황갈색이다.

18

유색 견이 흰색 양말을 신은 것 같은 무늬를 나타내는 모색 용어로 가장 적절한 것을 고르시오.

① 삭스(socks) ② 새들(saddle)
③ 블랭킷(blanket) ④ 스폿(spot)
⑤ 마킹(marking)

19

칼라(collar)에 대한 설명으로 가장 적절한 것을 고르시오.

① 캡을 쓴 것 같은 두개 위의 어두운 반점이다.
② 몸 전체 모색이 같은 것이다.
③ 패스턴에서 볼 수 있는 검은색 반점이다.
④ 폰(fawn) 색의 등줄기를 따르는 검은색 선이다.
⑤ 목 주변을 감싸는 폭 넓은 흰색 반점이다.

20

단일 색의 모색이 파괴된 것을 나타내는 모색 용어로 가장 적절한 것을 고르시오.

① 파티컬러(parti–color)
② 브로큰 컬러(broken color)
③ 브리칭(breeching)
④ 알비노(albino)
⑤ 파울 컬러(foul color)

21

트라이컬러(tricolor)에 대한 세 가지 색으로 가장 적절한 것을 고르시오.

① 흰색, 밤색, 검은색
② 흰색, 갈색, 검은색
③ 브라운, 그레이, 블랙
④ 흰색, 검은색, 황갈색
⑤ 블랙, 블루, 그레이

22

퍼그(Pug)의 등줄기에서 발견할 수 있는 검은색 선을 나타내는 모색 용어로 가장 적절한 것을 고르시오.

① 트레이스(trace)
② 카페오레(café au lait)
③ 초콜릿(chocolate)
④ 제트 블랙(jet black)
⑤ 스모크(smoke)

23

설반을 볼 수 있는 견종으로 가장 적절한 것을 고르시오.

① 스탠다드 푸들 ② 차우차우
③ 몰티즈 ④ 슈나우저
⑤ 비숑 프리제

24

알비니즘(albinism)에 대한 설명으로 적절하지 않은 것을 고르시오.

① 백화 현상이라고도 한다.
② 피부, 털, 눈 등에 색소가 발생하지 않는 이상 현상이다.
③ 유전적 원인에 의해 발생된다.
④ 피모의 멜라닌 색소 과립 침착 상태이다.
⑤ 색소 결핍증이라고도 한다.

25

도베르만 핀셔, 로트와일러 등 견종의 볼에 있는 탠색의 반점으로 가장 적절한 것을 고르시오.

① 섬 마크(thumb mark)
② 설반(spotted tongue)
③ 배저 마킹(badger marking)
④ 머즐 밴드(muzzle band)
⑤ 키스 마크(kiss mark)

26

털의 정전기로 생기는 마찰 손상을 줄여 주고, 브러싱을 쉽게 하고, 손상된 코트에 보습 효과를 주어 피모의 손상을 빨리 회복시켜 주는 제품으로 가장 적절한 것을 고르시오.

① 브러싱 컨디셔너
② 워터리스 샴푸
③ 정전기 방지 컨디셔너
④ 엉킴 제거 제품
⑤ 화이트닝 샴푸

27

정전기 방지 컨디셔너에 대한 설명으로 적절하지 않은 것을 고르시오.

① 정전기로 코트가 날리는 현상을 방지한다.
② 목욕 후 수분이 완전히 건조되지 않은 상태의 코트에 직접 분사하여 사용할 수 있다.
③ 코트가 완전히 건조되어 브러싱할 때 코트를 보호하며 정전기를 방지한다.
④ 코트에 컨디셔너가 뭉치는 빌드업(build-up) 현상이 없는 제품을 선택해야 한다.
⑤ 손상된 코트에 보습하여 피모를 빠르게 회복한다.

28

브리슬 브러시에 대한 설명으로 적절하지 않은 것을 고르시오.

① 실키 코트에 사용한다.
② 짐승 털로 된 브러시이다.
③ 털과 피부의 노폐물 제거에 사용한다.
④ 오일을 바를 때 사용한다.
⑤ 나일론 브러시가 천연모 브러시보다 털에 손상이 더 적다.

29

장모종의 브러싱 마무리 단계에서 전체적으로 빗질하여 브러싱 상태를 점검하는 도구로 가장 적절한 것을 고르시오.

① 슬리커 브러시 ② 브리슬 브러시
③ 콤 ④ 핀 브러시
⑤ 루버 브러시

1급

30
일반적인 목욕 제품과 다르게 장모종 목욕 제품이 가진 기능으로 적절한 것을 모두 고르시오.

㉠ 피모 세정	㉡ 보습
㉢ 엉킴 방지	㉣ 모질 복원

① ㉠ ② ㉠, ㉡, ㉢
③ ㉠, ㉢ ④ ㉠, ㉡, ㉣
⑤ ㉠, ㉡, ㉢, ㉣

31
볼륨 목욕 제품을 사용하기에 적합하지 않은 견종을 고르시오.

① 푸들 ② 비숑 프리제
③ 몰티즈 ④ 베들링턴 테리어
⑤ 케리 블루 테리어

32
장모종 싱글 코트에 대한 설명으로 적절하지 않은 것을 고르시오.

① 상모만 가진 일중모 구조이다.
② 환모기가 없다.
③ 털 빠짐이 적다.
④ 추위에 강하다.
⑤ 견종은 푸들, 몰티즈, 요크셔 테리어가 있다.

33
습식 타월에 대한 설명으로 적절하지 않은 것을 고르시오.

① 물에 적셔서 부드럽게 하여 물기를 짜서 사용한다.
② 한 장의 타월로 여러 번 짜서 사용한다.
③ 재질이 매끈하여 타월에 털이 붙지 않는다.
④ 세탁 후 젖은 상태로 접어서 보관한다.
⑤ 목욕 후 여러 장의 타월이 필요하다.

34
장모종 래핑에 대한 설명으로 적절하지 않은 것을 고르시오.

① 모질의 손상을 최소화한다.
② 털의 마찰을 줄이기 위하여 개의 움직임을 고려한다.
③ 래핑 모양은 가지런하고 흔들림이 적게 작업한다.
④ 최대한 모근에 가깝고 타이트하게 래핑한다.
⑤ 래핑 모양이 망가지면 방치하지 말고 다시 작업한다.

35
장모종 엉킨 털을 손상되지 않게 브러싱할 때 설명으로 적절하지 않은 것을 고르시오.

① 먼저 털의 엉킴 정도를 파악한다.
② 엉킴 제거 제품을 분사한다.
③ 엉킴 제거 제품을 분사하고 일정 시간이 지난 후 털을 조심스럽게 손끝으로 갈라낸다.
④ 손으로 갈라낸 털은 안쪽부터 모질 손상에 주의하며 브러싱한다.
⑤ 브러싱 후 콤으로 전체적으로 빗질하여 브러싱 상태를 점검한다.

36
장모종 샴핑 후 헹굴 때 작업 순서로 가장 적절한 것을 고르시오.

㉠ 코를 위로 향하게 하고 후두부와 뺨을 헹군다.
㉡ 목과 등을 헹군다.
㉢ 다리를 헹군다.
㉣ 얼굴 부위를 다시 한번 더 헹군다.

① ㉠ → ㉢ → ㉡ → ㉣
② ㉢ → ㉠ → ㉡ → ㉣
③ ㉠ → ㉡ → ㉢ → ㉣
④ ㉡ → ㉠ → ㉢ → ㉣
⑤ ㉢ → ㉡ → ㉠ → ㉣

37

개를 눕혀서 드라잉할 때 설명으로 적절하지 않은 것을 고르시오.

① 얼굴 부위에 긴 털이 있는 견종은 입 주변의 털을 밴딩한다.

② 털의 결 방향으로 브러싱하며 드라잉한다.

③ 모발의 끝까지 브러싱하여 웨이브가 없도록 드라잉한다.

④ 털의 길이가 긴 부위부터 드라잉한다.

⑤ 얼굴 부위는 콤이나 슬리커 브러시를 이용하여 드라잉한다.

38

도그 쇼에 대한 설명으로 적절하지 않은 것을 고르시오.

① 정의는 견종 표준에 가장 가까운 신체 구성, 성격, 기질을 보여 주는 개를 뽑는 대회이다.

② 역사적으로 세계 최초의 공식적인 도그 쇼는 스포팅 도그 쇼이다.

③ 견종 표준이란 견종별 그 목적에 적합한 이상적인 구성을 묘사한 것이다.

④ 가장 기본적인 목적은 다음 세대를 위한 혈통 번식의 평가를 쉽게 하는 것이다.

⑤ 도그 쇼는 출진하여 반드시 이겨야 즐길 수 있다.

39

도그 쇼의 행사 규정 중에서 참가 절차에 대한 설명으로 적절하지 않은 것을 고르시오.

① 출진할 단체의 출진견과 출진자 등록이 가장 중요하다.

② 출진자 등록은 해당 단체에 회원 가입하여 가능하다.

③ 출진견 등록은 해당 개의 혈통을 단체에 등록하여 공식적으로 족보를 인정받는 것이다.

④ 혈통서는 개에 대한 기본 정보만 기재된 등록 증명서이다.

⑤ 혈통서 발행은 순수 혈통의 보존과 유지를 위해 필요한 절차이다.

40

심사위원이 개의 움직임을 확인할 때 아래의 그림에 대한 설명으로 적절하지 않은 것을 고르시오.

① 다운 앤 백이다.

② 위아래로 움직인다.

③ 목표 지점을 향하여 직선으로 나아가고 회전하여 되돌아온다.

④ 되돌아올 때 심사위원 옆을 지나가며 개의 생생한 표정을 보여 준다.

⑤ 업 앤 다운이다.

41

도그 쇼의 수상 방식에 대한 설명으로 적절하지 않은 것을 고르시오.

① 토너먼트 방식이다.

② 베스트 오브 브리드는 각 견종마다 개체 심사를 거쳐 견종 1위견을 선발한다.

③ 베스트 인 그룹은 베스트 오브 브리드 견들이 경합하여 그룹 1위견을 선발한다.

④ 베스트 인 쇼는 베스트 인 그룹 견들이 경합하여 도그 쇼 최고의 견을 선발한다.

⑤ 견종 그룹의 분류는 나라와 단체마다 동일하다.

1급

42

도그 쇼의 미용에 대한 설명으로 적절하지 않은 것을 고르시오.

① 쇼 견(show dog)은 미용과 관리가 필요하다.
② 견종 표준을 정확히 이해하는 것이 중요하다.
③ 견종 특성을 잘 나타내고 개의 좋은 부분을 강조한다.
④ 출진견이 최고의 컨디션이 되도록 손질한다.
⑤ 도그 쇼 준비 과정에서 필요한 미용은 견종마다 동일하다.

43

미국애견협회(AKC) 단체 기준으로 그룹별 견종을 나열할 때 적절하지 않은 것을 고르시오.

① 그룹 3, 워킹 그룹(WORKING DOGS) – 아메리칸 코커 스패니얼, 래브라도 리트리버 등
② 그룹 4, 테리어 그룹(TERRIERS) – 에어데일 테리어, 오스트레일리안 테리어, 베들링턴 테리어 등
③ 그룹 5, 토이 그룹(TOYS) – 아펜핀셔, 브뤼셀 그리펀, 치와와 등
④ 그룹 6, 논스포팅 그룹(NON-SPORTING DOGS) – 비숑 프리제, 보스턴 테리어, 차이니즈 샤페이 등
⑤ 그룹 7, 목축 그룹(HERDING DOGS) – 비어디드 콜리, 벨지안 쉽독 그로넨달 등

44

세계애견연맹(FCI) 단체 기준으로 1그룹에 속하는 견종으로 가장 적절한 것을 고르시오.

① 목양견 ② 사역견
③ 테리어 ④ 닥스훈트
⑤ 스피츠

45

미국애견협회(AKC)의 푸들 표준 미용 중에서 아래의 설명이 나타내는 클립으로 가장 적절한 것을 고르시오.

- 몸의 뒷부분을 모두 클리핑, 뒷다리에 브레이슬릿을 유지한다.
- 엉덩이 위에 둥근 로제트가 가능하다.

① 퍼피 클립
② 잉글리시 새들 클립
③ 콘티넨털 클립
④ 스포팅 클립
⑤ 멘하튼 클립

46

스태크(stack)에 대한 설명으로 적절하지 않은 것을 고르시오.

① 도그 쇼에서 완벽한 스태킹(stacking) 자세를 취하려면 많은 연습이 필요하다.
② 금방이라도 앞으로 튀어나갈 것 같지만 움직이지 않는 안정된 자세이다.
③ 개의 시선은 전방에 무언가를 주시하는 모습이다.
④ 체중은 앞발과 뒷발에 각각 50%와 50%로 분배되어 있다.
⑤ 머리는 알맞은 높이로 쳐든 모습이다.

47

밸런스를 보완하는 쇼 미용에 대한 설명으로 적절하지 않은 것을 고르시오.

① 머리 – 미용견의 두상을 눈과 손으로 확인하여 장단점을 파악하고 보완한다.
② 몸 – 견종 표준을 바탕으로 상상한 이상적인 몸 길이와 둘레를 비교하여 보완한다.
③ 다리 – 오 다리 형태는 털 길이와 간격을 조절하여 다리 형태가 스트레이트로 보이도록 커트한다.
④ 꼬리 – 꼬리 형태는 털 길이와 모양으로 더 나은 시각적인 효과가 가능하다.
⑤ 몸 – 와이드 리브(wide rib)를 가진 미용견은 털 길이를 길게 커트하여 보완한다.

48

스트리핑 용어 중에서 아래의 설명이 나타내는 것으로 가장 적절한 것을 고르시오.

> 손 끝, 트리밍 나이프를 사용해 털을 뽑아 내는 작업으로, 주로 손으로 적은 양의 털을 뽑는 행위 자체를 말한다.

① 플러킹(plucking)
② 레이킹(raking)
③ 롤링(rolling)
④ 스테이지 스트리핑(stage stripping)
⑤ 풀 스트리핑(full stripping)

49

핸드 스트리핑(hand stripping)에 대한 설명으로 적절하지 않은 것을 고르시오.

① 손으로 죽은 털을 뽑아 내는 작업이다.
② 개의 피부에 상처가 있다면 무리해서 진행하지 않는다.
③ 한 번에 많은 양의 털을 잡아당기지 않는다.
④ 손이 미끄러진다면 파우더, 초크, 손가락 고무장갑 등을 사용한다.
⑤ 스트리핑 작업 전에 샴핑을 해야 털 뽑기가 더 좋다.

50

쇼 미용 메이크업에서 아래의 설명이 나타내는 제품으로 가장 적절한 것을 고르시오.

> 코트와 피부의 손상을 최소화하고 자연스럽게 색을 더 강조하는 방법으로 사용한다.

① 컬러 전문 샴푸
② 컬러 초크
③ 컬러 파우더
④ 밴드
⑤ 스프레이

실전 모의고사 1회 1급 정답 및 해설

1	②	2	④	3	⑤	4	⑤	5	④	6	③	7	②	8	④	9	④	10	⑤
11	④	12	⑤	13	③	14	④	15	①	16	①	17	③	18	①	19	⑤	20	②
21	②	22	①	23	②	24	④	25	⑤	26	①	27	⑤	28	⑤	29	③	30	⑤
31	③	32	④	33	⑤	34	④	35	④	36	③	37	④	38	⑤	39	④	40	④
41	⑤	42	⑤	43	①	44	①	45	③	46	④	47	⑤	48	①	49	⑤	50	①

01 더블 코트는 이중모 구조의 털을 말한다.

02 새들(saddle)은 말 안장을 얹은 것 같은 검은색 반점과 털을 말한다.

03 실키 코트(silky coat)는 부드럽고 광택이 있는 실크 같은 긴 모질을 말한다.

04 스테이링 코트는 건조하고 거칠며 상태가 나빠진 털이다. 상태가 나빠져 곤두서 있는 털을 연상할 수 있다. 질병이 있거나 영양 상태가 안 좋을 경우 나타난다.

05 위스커는 머즐 양쪽에 길고 단단한 털이다. 정수리 부분의 긴 장식 털은 톱 노트(top knot)이다.

06 파일(pile)은 두껍고 많은 언더코트를 말한다. 퀄로트(culotte)는 뒷다리 허벅지 뒤쪽의 긴 장식 털이다. 타셀(tassel)은 귀 끝에 남긴 장식 털이다. 페더링(feathering)은 귀, 다리, 꼬리, 몸통 등에 있는 깃털 모양의 장식 털로 긴 프린지(fringe)이다. 에이프런(apron)은 가슴 부위의 장식 털이다.

07 블론은 환모기에 있는 털이다. 몰팅은 자연스러운 계절적인 환모 현상 그 자체를 말하고, 아웃 오브 코트는 모량이 부족하거나 탈모된 상태이다. 하시 코트는 거치고 단단한 와이어 코트이고, 러프는 목 주위의 풍부한 장식 털이다.

08 가슴 부위의 장식 털은 에이프런(apron) 또는 프릴(frill)이다.

09 펠트는 털이 엉켜 굳은 상태이다. 깃발 모양 꼬리의 장식 털은 플럼(plume)이다.

10 새들은 등 부분에 넓은 말 안장 같은 반점이다. 새들을 제외한 나머지 모두는 머리 부위에 위치한다.

11 털이 엉켜 굳은 상태는 펠트(felt)이다.

12 파울 컬러는 견종 특성에 맞지 않는 반점이나 모색이고, 폴트 컬러(fault color)와 같은 말이다.

13 제트 블랙은 완전한 검은색이다.

14 피그멘테이션은 피모의 멜라닌 색소 과립 침착 상태이다.

15 비버는 브라운과 그레이가 섞인 색이다.

16 슬레이트 블루는 검은 회색이 도는 청색이다.

17 리버는 진한 적갈색, 붉은 간장 색이다. 비버는 브라운과 그레이가 섞인 색이다.

18 삭스는 유색 견이 흰색 양말을 신은 것 같은 무늬이다.

19 칼라는 목 주변을 감싸는 폭 넓은 흰색 반점이고, 예로는 콜리가 있다.

20 브로큰 컬러는 단일색인 모색이 파괴된 것이고, 본래 색이 흰색이나 다른 색에 의해 깨진 것이다.

21 트라이컬러는 흰색, 갈색, 검은색이다.

22 카페오레는 밀크커피색이고, 초콜릿은 검은 적갈색이고, 제트 블랙은 완전한 검은색이고, 스모크는 거무스름한 옅은 흑색의 연기 색이다.

23 설반은 혀에 반점이 있는 것이고, 예로는 차우차우가 있다.

24 피모의 멜라닌 색소 과립 침착 상태는 피그멘테이션이다.

25 섬 마크는 패스턴에서 볼 수 있는 검은색 반점이고, 설반은 혀에 있는 반점이고, 배저 마킹은 목, 귀에 탠이나 다른 색의 반점이 있는 것이고, 머즐 둘레의 하얀 반점이다.

26 워터리스 샴푸는 물로 헹구지 않고 드라이어로 말리거나 수건으로 닦아서 사용한다. 정전기 방지 컨디셔너는 정전기로 코트가 날리는 현상을 방지한다. 엉킴 제거 제품은 엉킨 털을 더 쉽게 풀 수 있다. 화이트닝 샴푸는 하얀색 개의 모색을 더욱 하얗게 보이게 하는 제품이다.

27 브러싱 컨디셔너는 털의 정전기로 생기는 마찰로 인한 털의 손상을 줄이고, 브러싱을 쉽게 하고, 손상된 코트에 보습하여 피모를 빠르게 회복하고, 코트를 건강한 상태로 유지 가능하다.

28 나일론 브러시는 정전기 발생으로 털을 손상시키므로 천연모로 된 브리슬 브러시를 사용한다.

29 장모종의 브러싱 마무리 단계에서 콤으로 전체적으로 빗질하여 브러싱 상태를 점검한다.

30 일반적인 목욕 제품은 피모 세정 기능이지만 장모종 목욕 제품은 더 많은 기능이 필요하다. 긴 털이 끊어지지 않고 건강하게 자라도록 보습, 엉킴 방지, 거칠어진 모질의 복원 등의 기능을 포함한다.

31 몰티즈, 요크셔 테리어는 실키코트 목욕 제품을 사용한다.

32 장모종 싱글 코트는 피모가 얇아서 추위에 약하다.

33 습식 타월은 물기를 짜서 사용하고, 한 장의 타월로 여러 번 짜서 사용한다.

34 래핑이 모근에 너무 가까우면 타이트하여 털이 끊어질 수 있다.

35 손으로 갈라낸 털은 끝부분부터 모질 손상에 주의하며 브러싱한다. 엉킨 털의 가장 바깥쪽 부분의 적은 양부터 브러싱하여 털을 완벽하게 풀어 낸다.

36 샤워기의 수압을 조절하여 머리부터 전체적으로 충분히 헹구어 준다. 코를 하늘로 향하게 하고 후두부와 뺨에 샤워기를 대고 얼굴을 헹군다. 목과 등을 따라 점차 아래쪽을 헹군다. 얼굴 부위를 한 번 더 깨끗하게 헹구어 준다.

37 털의 길이가 짧은 부위부터 드라이한다.

38 도그 쇼는 개를 사랑하는 이들이 즐길 수 있는 최고의 스포츠이다. 도그 쇼에 출진하는 것은 견주나 출진하는 개에게도 모두 즐거운 취미가 될 수 있고, 도그 쇼를 즐기기 위해 반드시 이겨야 할 필요는 없다. 승리에만 관심을 갖는다면 도그 쇼는 취미 문화가 될 수 없다.

39 혈통서는 개에 대한 기본 정보와 조상견이 기재된 등록 증명서이다.

40 다운 앤 백은 심사위원 방향으로 되돌아올 때는 회전하여 직선으로 보행하고, 심사위원과 적당한 거리를 두고 개를 정지시키고, 개의 생생한 표정을 심사위원에게 보여 준다.

41 견종 그룹의 분류는 나라와 단체별로 조금씩 다르다.

42 도그 쇼 준비 과정에서 필요한 미용은 견종에 따라 다르다.

43 미국애견협회의 그룹 3은 워킹 그룹이고, 아키타, 알래스칸 맬러뮤트, 버니즈 마운틴 독, 복서, 불마스티프, 도베르만 핀셔, 자이언트 슈나우저, 그레이트 데인, 코몬도르, 쿠바스, 마스티프, 뉴펀들랜드, 로트와일러, 세인트 버나드, 사모예드, 시베리안 허스키 등이 속한다.

44 세계애견연맹(FCI)의 1그룹은 목양견 그룹(herding group)이고, 목양견(sheepdogs), 목축견(cattle dogs)이 속한다.

45 콘티넨털 클립(Continental Clip)은 몸의 뒷부분을 모두 클리핑하고, 뒷다리에 브레이슬릿을 유지한다. 엉덩이 위에 둥근 로제트(rosette)는 옵션이다.

46 스태킹은 앞발과 뒷발에 체중이 각각 60%와 40% 정도를 이룬다.

47 와이드 리브를 가진 미용견은 털 길이를 좀 더 짧게 커트하여 몸의 밸런스를 보완한다.

48 레이킹은 트리밍 나이프, 콤 등으로 피부에 자극을 주면서 죽은 털이나 두꺼운 언더코트를 제거하는 작업이다. 롤링은 주기적으로 부드러운 털, 떠 있는 털, 긴 털을 나이프나 손가락으로 뽑아서 라인을 정리하는 작업이다. 스테이지 스트리핑은 단계를 나누어 진행하는 스트리핑 방법이다. 풀 스트리핑은 피부가 보일 정도까지 털을 뽑아 주는 작업이다. 블렌딩은 스트리핑한 털의 경계를 자연스럽게 보이도록 하는 작업이다.

49 스트리핑 작업 전에 샴핑을 하지 않는 것이 털 뽑기에 더 좋다.

50 컬러 전문 샴푸는 염색 없이 코트와 피부의 손상을 최소화하고 자연스럽게 색을 더 강조할 수 있다.

1급 실전 모의고사 2회

50문항 60분

01
머스태시(moustache)에 대한 설명으로 가장 적절한 것을 고르시오.

① 목 주위의 풍부한 장식 털이다.
② 콧수염, 입술과 턱 측면에 난 수염이다.
③ 머즐 둘레의 하얀 반점이다.
④ 털갈이이다.
⑤ 에이프런 아랫부분의 긴 장식 털이다.

02
단모와 같은 의미를 가진 털로 가장 적절한 것을 고르시오.

① 스무드 코트(smooth coat)
② 싱글 코트(single coat)
③ 스테이링 코트(staring coat)
④ 메인 코트(main coat)
⑤ 언더코트(undercoat)

03
올드 잉글리쉬 쉽독(Old English Sheepdog)과 같이 텁수룩한 털로 가장 적절한 것을 고르시오.

① 러프(ruff)
② 블론(blown)
③ 실키 코트(silky coat)
④ 섀기(shaggy)
⑤ 플럼(plume)

04
스트레이트 코트(straight coat)에 대한 설명으로 가장 적절한 것을 고르시오.

① 장모(長毛), 긴 털이다.
② 뻣뻣하고 강한 형태의 모질이다.
③ 털이 구불거리지 않는 일직선의 털이다.
④ 꼿꼿하게 선 모양의 털이다.
⑤ 한 겹의 털이다.

05
트라우저스(trousers)에 대한 설명으로 가장 적절한 것으로 고르시오.

① 목 아래 가슴 부위의 긴 털이다.
② 다량의 긴 털이 뒷다리에 자라난 헐렁헐렁한 판탈롱이다.
③ 깃발 모양 꼬리의 장식 털이다.
④ 뒷다리 허벅지 뒤쪽의 긴 장식 털이다.
⑤ 두껍고 많은 언더코트이다.

06
언더코트와 오버코트가 자연스럽게 얽혀 새끼줄 모양으로 된 털로 가장 적절한 것으로 고르시오.

① 컬리 코트(curly coat)
② 코디드 코트(corded coat)
③ 울리 코트(wooly coat)
④ 와이어 코트(wire coat)
⑤ 스테이링 코트(staring coat)

07
웨이비 코트(wavy coat)에 대한 설명으로 가장 적절한 것을 고르시오.

① 상모에 웨이브가 있는 털이다.
② 곱슬 모이다.
③ 새끼줄 모양으로 된 털이다.
④ 뻣뻣하고 강한 형태의 모질이다.
⑤ 부드럽고 광택이 있는 실크 같은 긴 모질이다.

08
꼬리 부위에 있는 털로 가장 적절한 것을 고르시오.

① 퀼로트(culotte)
② 타셀(tassel)
③ 팁(tip)
④ 톱 노트(top knot)
⑤ 머스태시(moustache)

09
거칠고 단단한 와이어 코트로 가장 적절한 것을 고르시오.

① 울리 코트(wooly coat)
② 오버코트(overcoat)
③ 스테이링 코트(staring coat)
④ 스탠드 오프 코트(standoff coat)
⑤ 하시 코트(harsh coat)

10
꼬리에 깃발 모양의 장식 털로 가장 적절한 것을 고르시오.

① 프릴(frill) ② 프린지(fringe)
③ 플럼(plume) ④ 폴(fall)
⑤ 퀄로트(culotte)

11
각각의 모색에 대한 설명으로 적절하지 않은 것을 고르시오.

① 휘튼(wheaten) – 옅은 황색, 밀색이다.
② 폰(faun) – 옅은 황갈색, 금색에 검은색이 조금 섞은 색이다.
③ 할리퀸(harlequin) – 금색에 빨강이 있는 담황색이다.
④ 허니(honey) – 벌꿀 색, 연한 적황갈색이다.
⑤ 골드(gold) – 황금색이다.

12
특별히 도드라지는 색 없이 여러 가지 색으로 반점을 만들 때 모색 용어로 가장 적절한 것을 고르시오.

① 대플(dapple)
② 맨틀(mantle)
③ 그리즐(grizzle)
④ 데드 그래스(dead grass)
⑤ 러스트 탠(rust tan)

13
퍼그(Pug)의 등줄기에서 발견할 수 있는 검은색 선으로 가장 적절한 것을 고르시오.

① 트레이스(trace)
② 카페오레(café au lait)
③ 초콜릿(chocolate)
④ 제트 블랙(jet black)
⑤ 스모크(smoke)

14
단일 색끼리 짝지어진 것을 고르시오.

① 루비(ruby) – 론(roan)
② 골든 버프(golden buff) – 배저(badger)
③ 루비(ruby) – 레몬(lemon)
④ 레몬(lemon) – 골든 버프(golden buff)
⑤ 브린들(brindle) – 레몬(lemon)

15
유사색 중에 가장 어두운 모색을 고르시오.

① 체스트넛(chestnut)
② 머스터드(mustard)
③ 제트 블랙(jet black)
④ 그리즐(grizzle)
⑤ 블루 블랙(blue black)

16
설반을 볼 수 있는 견종으로 가장 적절한 것을 고르시오.

① 스탠다드 푸들 ② 차우차우
③ 몰티즈 ④ 슈나우저
⑤ 비숑 프리제

17
알비니즘(albinism)에 대한 설명으로 적절하지 않은 것을 고르시오.

① 백화 현상이다.
② 피부, 털, 눈 등에 색소가 발생하지 않는 이상 현상이다.
③ 유전적 원인에 의해 발생한다.
④ 피모의 멜라닌 색소 과립 침착 상태이다.
⑤ 색소 결핍증이다.

18
연한 기본 모색에 검은색 털이 섞여 있거나 겹쳐 있는 것으로 가장 적절한 것을 고르시오.

① 슬레이트 블루(slate blue)
② 실버 블랙(silver black)
③ 카페오레(café au lait)
④ 세이블(sable)
⑤ 페퍼 앤 솔트(pepper and salt)

19
도베르만 핀셔의 볼에 있는 탠 색의 반점을 나타내는 모색 용어로 가장 적절한 것을 고르시오.

① 섬 마크(thumb mark)
② 설반(spotted tongue)
③ 배저 마킹(badger marking)
④ 머즐 밴드(muzzle band)
⑤ 키스 마크(kiss mark)

20
양쪽 눈 사이를 중앙으로 가르는 가늘고 긴 백색 선으로 가장 적절한 것을 고르시오.

① 블랙 마스크(black mask)
② 브린들(brindle)
③ 블레이즈(blaze)
④ 브리칭(breeching)
⑤ 셀프 마크트(self marked)

21
가슴 부위의 장식 털로 가장 적절한 것으로 고르시오.

① 프린지(fringe)
② 타셀(tassel)
③ 톱 노트(top knot)
④ 프릴(frill)
⑤ 스커트(skirt)

22
각각의 털에 대한 설명으로 적절하지 않은 것을 고르시오.

① 스커트(skirt) – 에이프런 아랫부분의 긴 장식 털이다.
② 에이프런(apron) – 가슴 부위의 길고 풍부한 장식 털이다.
③ 페더링(feathering) – 귀, 다리, 꼬리, 몸통 등에 있는 깃털 모양의 장식 털이다.
④ 펠트(felt) – 깃발 모양 꼬리의 장식 털이다.
⑤ 톱 노트(top knot) – 정수리 부분의 긴 장식 털이다.

23
해당 견종이 적합하지 않는 모색을 가졌을 때 나타내는 것으로 가장 적절한 것을 고르시오.

① 팰로(fallow)
② 배저(badger)
③ 피그멘테이션(pigmentation)
④ 파티컬러(parti-color)
⑤ 폴트 컬러(fault color)

24
피그멘테이션(pigmentation)에 대한 설명으로 가장 적절한 것을 고르시오.

① 바람직하지 못한 반점이나 모색이다.
② 선천적 색소 결핍증이다.
③ 목 주변을 감싸는 폭 넓은 흰색 반점이다.
④ 피모의 멜라닌 색소 과립 침착 상태이다.
⑤ 흰색, 검은색, 황갈색의 반점이다.

25

각각의 모색에 대한 설명으로 적절하지 않은 것을 고르시오.

① 골드(gold) – 황금색
② 루비(ruby) – 진한 밤색
③ 리버(liver) – 브라운과 그레이가 섞인 색
④ 마호가니(mahogany) – 체스트넛 레드, 적갈색
⑤ 허니(honey) – 벌꿀 색, 연한 적황갈색

26

워터리스 샴푸에 대한 설명으로 적절하지 않은 것을 고르시오.

① 더러운 코트 부위에 직접 뿌려서 사용한다.
② 물로 헹구지 않는다.
③ 샴핑 후 수건으로 닦는다.
④ 물 없는 야외에서 목욕할 수 있다.
⑤ 엉킨 부위에 도포하여 일정 시간 방치한다.

27

슬리커 브러시 사용 방법에 대한 설명으로 적절하지 않은 항목을 모두 고르시오.

> ㉠ 엄지손가락과 집게손가락으로 손잡이를 잡고, 나머지 세 손가락으로 손잡이를 받친다.
> ㉡ 보정하는 손으로 개체의 털과 피부를 고정한다.
> ㉢ 손목 스냅을 이용하여 브러싱한다.
> ㉣ 오일을 바를 때 사용한다.

① ㉠, ㉡ ② ㉡, ㉣
③ ㉢ ④ ㉣
⑤ ㉠, ㉣

28

장모종 개를 브러싱할 때 설명으로 적절하지 않은 것을 고르시오.

① 개를 눕혀서 브러싱할 때 개가 기댈 수 있는 목 베개를 활용한다.
② 플라스틱 재질의 콤은 정전기 발생이 적다.
③ 모량이 많을 때 드라이어를 이용하여 시야를 확보하면서 브러싱한다.
④ 털이 잘 엉키는 부위인 귀 뒤쪽, 관절 뒤 부위, 배와 엉덩이를 꼼꼼하게 확인한다.
⑤ 분무기를 사용할 때 입자가 작고 넓게 퍼지는 제품을 사용한다.

29

부분적인 털의 오염 물질을 제거하기 위한 브러싱 작업에 대한 설명으로 적절하지 않은 것을 고르시오.

① 작업 시작 전에 털의 오염도를 파악한다.
② 오염 제거에 도움을 주는 제품을 사용한다.
③ 오염 물질을 타월로 닦아 내고 드라이어로 건조한다.
④ 브러싱 스프레이를 분사해 가면서 브러싱한다.
⑤ 핀 브러시로 전체적으로 빗질하여 브러싱 상태를 점검한다.

30

견종에 따라 장모종의 목욕 제품을 사용할 때 적절하지 않은 것을 고르시오.

① 푸들 – 볼륨 목욕 제품
② 요크셔 테리어 – 볼륨 목욕 제품
③ 몰티즈 – 실키코트 목욕 제품
④ 비숑 프리제 – 볼륨 목욕 제품
⑤ 비숑 프리제 – 화이트닝 목욕 제품

31
장모종 목욕에 대한 설명으로 적절하지 않은 것을 고르시오.

① 목욕하기 전에 목욕에 필요한 용품을 모두 준비한다.
② 모질 특성과 상태에 맞는 목욕 제품을 선택한다.
③ 욕조에 물을 받아 샴푸 농도를 일정하게 유지하면서 피모에 적용한다.
④ 두 손바닥으로 털을 비비거나 문지르며 마사지한다.
⑤ 린스 헹굼 정도를 조절하여 코트의 무게감을 조절한다.

32
장모종 더블 코트에 대한 설명으로 가장 적절한 것을 고르시오.

① 추위에 강하다.
② 환모기가 없다.
③ 하모가 없고 상모만 있다.
④ 털 빠짐이 적다.
⑤ 견종은 포메라니안, 푸들이 있다.

33
장모종 드라잉에 대한 설명으로 적절하지 않은 것을 고르시오.

① 물기 제거 직후에 풍량은 강으로 하여 털을 펴면서 드라잉한다.
② 모량이 많은 더블 코트는 풍량을 조절해 가며 핀 브러시와 슬리커 브러시로 드라잉한다.
③ 물기가 제거된 싱글 코트는 풍량을 약으로 하여 핀 브러시로 드라잉한다.
④ 젖은 털은 온도를 강으로 해서 말리고, 물기 제거 후에 미지근한 바람으로 드라잉한다.
⑤ 항상 개를 반드시 세워서 드라잉한다.

34
장모종 밴딩에 대한 설명으로 적절하지 않은 것을 고르시오.

① 모질의 손상을 최소화한다.
② 래핑지를 사용하지 않고 밴드만 이용한다.
③ 래핑에 비해 작업이 간단하다.
④ 브러싱 스프레이를 중간에 사용한다.
⑤ 밴딩 후 고무줄 제거 시 손가락으로 뜯어 낸다.

35
장모종 샴핑에 대한 설명으로 적절하지 않은 것을 고르시오.

① 털의 안쪽까지 물을 충분히 적셔 준다.
② 항문낭액을 제거한다.
③ 물을 욕조에 받고 샴푸 농도를 조절한다.
④ 털의 결 반대 방향으로 마사지한다.
⑤ 오염이 심한 부위는 농도가 진한 샴푸를 사용한다.

36
장모종 린싱에 대한 설명으로 적절하지 않은 것을 고르시오.

① 물을 욕조에 받고 린스의 농도를 조절한다.
② 개를 욕조에 넣고 린싱한다.
③ 털의 결 방향으로 마사지한다.
④ 코트의 전체 부위를 담그면 모질이 상한다.
⑤ 손가락을 벌려서 위에서 아래로 빗처럼 사용하여 마사지한다.

37

개를 서 있는 상태로 드라잉할 때 설명으로 적절하지 않은 것을 고르시오.

① 대형견은 세워서 드라잉하면 전체적인 이미지 구상이 가능하다.

② 얼굴 부위에 긴 털이 있는 견종은 털이 입에 들어가지 않도록 밴딩한다.

③ 발부터 시작하여 위쪽 방향으로 순차적인 브러싱을 하며 드라잉한다.

④ 털의 파트를 나누어 집게로 고정하고 집게 안의 털의 양을 조절해 가며 브러싱한다.

⑤ 슬리커 브러시로 드라이 작업의 완성도를 확인한다.

38

도그 쇼의 주요 구성과 역할에 대한 설명으로 적절하지 않은 것을 고르시오.

① 브리더 오너 핸들러는 자신이 번식시키거나 소유한 개로 출진하는 핸들러이다.

② 심사위원은 각 견종 표준에 따라서 완벽한 이미지에 가장 가까운 개를 뽑는 역할이다.

③ 브리더는 번식을 한 어미 개의 소유자이다.

④ 전문 핸들러는 사례를 받고 핸들링을 위탁 받는 핸들러이다.

⑤ 브리더는 각 견종 표준에 부합하지 않는 개를 생산하는 역할이다.

39

도그 쇼의 행사 규정 중에서 진행에 대한 설명으로 적절하지 않은 것을 고르시오.

① 접수처에서 당일 대회와 심사에 관한 전반적인 사항이 기록된 프로그램을 입수한다.

② 출진 등록 번호를 받고 어떤 링에서 몇 시에 심사받는지를 숙지한다.

③ 본인의 출진표를 항시 본인이 휴대하고 출진 시 오른팔에 착용한다.

④ 출진 전에 궁금한 사항은 스튜어드에게 문의한다.

⑤ 출진자는 링 안에서 심사위원의 지시에 따라 심사를 받는다.

40

심사위원이 개의 움직임을 확인할 때 라운딩에 대한 설명으로 적절하지 않은 것을 고르시오.

① 원형으로 보행한다.

② 시계 방향으로 돈다.

③ 전원의 선두에 있을 때 뒷사람들이 준비된 것을 확인한 후 출발한다.

④ 앞에 출진자가 있을 때 충분한 간격을 유지하고 출발한다.

⑤ 개는 핸들러의 왼쪽에 위치한다.

41

도그 쇼의 최고 견으로 가장 적절한 것을 고르시오.

① 베스트 오브 브리드

② 베스트 인 그룹

③ 베스트 인 쇼

④ 베스트 오브 베스트

⑤ 베스트 오브 쇼 도그

42

단체별로 견종을 그룹으로 분류할 때 미국애견협회(AKC) 단체의 그룹 분류에 대한 설명으로 적절하지 않은 것을 고르시오.

① 그룹 1, 스포팅 그룹(SPORTING DOGS) – 사냥꾼을 돕는 사냥개로 에너지가 넘치며 안정된 기질을 지니고 있다.

② 그룹 2, 하운드 그룹(HOUNDS) – 스스로 사냥하고, 시각과 후각으로 사냥감을 추적한다.

③ 그룹 3, 워킹 그룹(WORING DOGS) – 총명하고 강력한 체력으로, 경찰견, 군견 등이 있다.

④ 그룹 4, 테리어 그룹(TERRIERS) – 사냥감을 쫓아 땅속을 움직이기에 충분히 작고 적합하다.

⑤ 그룹 5, 사이트 하운드 그룹(SIGHT HOUNDS) – 시각형 수렵견종이다.

43

워킹 그룹(WORKING DOGS)에 대한 설명으로 가장 적절한 것을 고르시오.

① 사냥꾼을 돕는 사냥개로 에너지가 넘치며 안정된 기질을 가졌다.

② 스스로 사냥하고, 후각과 청각으로 사냥감을 추적한다.

③ 수레를 끌고, 경찰견, 군견으로 다양한 힘든 일을 해낸다.

④ 쥐, 여우 등의 사냥감을 쫓아 땅속을 움직이기에 충분히 작고 적합하다.

⑤ 가축을 다른 장소로 움직이도록 이끌고 감독한다.

44

미국애견협회(AKC)의 푸들 표준 미용에서 아래 그림의 클립에 대한 설명으로 적절하지 않은 것을 고르시오.

① 잉글리시 새들 클립이다.

② 한 살 미만의 푸들이 출진할 수 있다.

③ 얼굴, 목, 발, 꼬리 밑동치를 클리핑한다.

④ 발은 모두 클리핑하여 그 형태를 볼 수 있다.

⑤ 꼬리 끝에 폼폰이 있다.

45

견종 표준서 분석에 대한 설명으로 적절하지 않은 것을 고르시오.

① 단체와 관계 없이 국내 도서관에서 미용하고자 하는 개의 견종 표준서를 확인한다.

② 견종 표준서를 읽고 머릿속에 미용 형태를 그려 보며 이해한다.

③ 해당 견종의 도그 쇼 사진 및 동영상을 참고하여 비교한다.

④ 머릿속에 그린 이미지와 도그 쇼 사진 등의 이미지를 비교하며 이상적인 미용 형태를 결정한다.

⑤ 목적별 견종 그룹의 분류를 확인한다.

46

개의 훈련에 대한 설명으로 적절하지 않은 것을 고르시오.

① 한 번에 오랜 시간을 무리해서 훈련시키지 않는다.

② 훈련은 즐거워야 한다.

③ 훈련할 때 규칙은 일관성이 있어야 한다.

④ 어린 강아지, 훈련에 익숙하지 않은 개들은 짧고 규칙적인 시간에 일정한 장소에서 교육한다.

⑤ 평이한 음성과 제스처로 교육한다.

47

쇼 미용에서 스트리핑(stripping)에 대한 설명으로 적절하지 않은 것을 고르시오.

① 털을 뽑아 내는 작업이다.

② 주로 거칠고 빳빳한 털을 가진 견종에 대하여 털이 빠지고 자라나는 과정을 도와준다.

③ 테리어를 비롯해 많은 다른 견종에 적용한다.

④ 스트리핑 나이프, 스트리핑 스톤, 손으로 털의 결 반대 방향으로 잡아당겨 뽑는다.

⑤ 정상적인 스트리핑은 개에게 고통을 주지 않는다.

48

스테이지 스트리핑(stage stripping)에 대한 설명으로 가장 적절한 것을 고르시오.

① 주로 손을 이용해 적은 양의 털을 뽑는 행위 자체이다.

② 피부를 자극하면서 죽은 털, 두꺼운 언더코트를 제거하여 새로운 털이 잘 자라도록 촉진시킨다.

③ 주기적으로 부드러운 털, 떠 있는 털, 긴 털을 나이프나 손가락으로 뽑아서 라인을 정리한다.

④ 도그 쇼에 맞추어 완성 기간을 두고 스트리핑할 부분을 구분하여 기간의 간격을 두고 순서대로 작업한다.

⑤ 피부가 보일 정도까지 털을 뽑아 주는 작업이다.

49

스트리핑 나이프 잡는 방법에 대한 설명으로 적절하지 않은 것을 고르시오.

① 나이프 손잡이를 집게손가락부터 네 개의 손가락으로 가볍게 움켜쥔다.

② 어깨, 무릎, 손가락의 관절에 힘을 주면 안 된다.

③ 나이프 날을 피부면과 수직으로 하여 흔들림 없이 작업한다.

④ 왼손으로 피부를 지탱하고 나이프와 엄지손가락 사이에 털 끝을 잡고 털의 결 방향으로 뽑는다.

⑤ 털이 잘리지 않고 반드시 뿌리째 뽑는다.

50

컬러 파우더를 사용할 때 파우더의 접착을 쉽게 하기 위하여 함께 사용하는 제품으로 가장 적절한 것을 고르시오.

① 스프레이

② 콜레스테롤 크림

③ 밴드

④ 컬러 전문 샴푸

⑤ 컬러 초크

1급

실전 모의고사 2회 1급 정답 및 해설

1	②	2	①	3	④	4	③	5	②	6	②	7	①	8	③	9	⑤	10	③
11	③	12	①	13	①	14	③	15	③	16	②	17	④	18	④	19	⑤	20	③
21	④	22	④	23	⑤	24	④	25	③	26	⑤	27	④	28	②	29	⑤	30	②
31	④	32	①	33	⑤	34	⑤	35	④	36	④	37	⑤	38	⑤	39	③	40	②
41	③	42	⑤	43	③	44	①	45	①	46	⑤	47	④	48	④	49	③	50	②

01 머스태시는 콧수염, 입술과 턱 측면에 난 수염을 말한다. 예로는 스코티시 테리어(Scottish Terrier)가 있다.

02 짧은 털을 말하고, 스무드 코트는 몸통을 따라 짧은 털이 매끈하게 있는 모양을 말한다. 예로는 닥스훈트(Dachshund), 불 테리어(Bull Terrier)가 있다.

03 러프는 목 주위의 풍부한 장식 털, 블론은 환모기의 털, 실키 코트는 부드럽고 광택이 있는 실크 같은 긴 모질, 플럼은 깃발 모양 꼬리의 장식 털을 말한다.

04 스트레이트 코트는 털이 구불거리지 않는 일직선의 털을 말하고, 직립모(直立毛)라고도 한다.

05 목 아래 가슴 부위의 길고 풍부한 털은 프릴(frill)이다. 깃발 모양 꼬리의 장식 털은 플럼(plume)이다. 뒷다리 허벅지 뒤쪽의 긴 장식 털은 퀄로트(culotte)이다. 두껍고 많은 언더코트는 파일(pile)이다.

06 컬리 코트는 곱슬 털이다. 울리 코트는 북방 견종에게 많이 볼 수 있는 양모 형태의 털이다. 와이어 코트는 상모가 단단하고 바삭거리는 뻣뻣하고 강한 형태의 모질이다. 스테이링 코트는 질병이 있거나 영양 상태가 안 좋을 경우 나타나는 건조하고 거칠며 상태가 나빠진 털이다.

07 곱슬 모는 컬리 코트(curly coat), 새끼줄 모양으로 된 털은 코디드 코트(corded coat)이다. 뻣뻣하고 강한 형태의 모질의 털은 와이어 코트(wire coat)이다. 부드럽고 광택이 있는 실크 같은 긴 모질은 실키 코트(silky coat)이다.

08 팁은 꼬리 끝의 하얀색 털이다.

09 울리 코트는 양모상의 털이고, 오버코트는 상모이고, 스테이링 코트는 건조하고 거칠어 상태가 나빠진 털이고, 스탠드오프 코트는 꼿꼿하게 선 모양의 털이다.

10 폴은 정수리에서 안면부로 늘어져 내린 털이고, 예로는 아프칸 하운드, 스카이 테리어가 있다.

11 할리퀸은 흰색 바탕에 검은색이나 회색의 불규칙한 얼룩 무늬이다. 금색에 빨강이 있는 담황색은 골든 버프(golden buff)이다.

12 맨틀은 어깨, 등, 몸통 양쪽에 망토를 걸친 듯한 크고 진한 반점이고, 그리즐은 흰색 털에 검은색이나 적색 털이 섞인 색이고, 데드 그래스는 옅은 다갈색으로 마른 풀색이고, 러스트 탠은 녹슨 색의 탠이다.

13 카페오레는 밀크커피색이고, 초콜릿은 검은 적갈색이고, 제트 블랙은 완전한 검은색이고, 스모크는 거무스름한 옅은 흑색의 연기 색이다.

14 론은 흰색 털과 유색 털이 섞여 있는 것이고, 골든 버프는 금색에 빨강이 있는 담황색이고, 배저는 그레이, 진회색, 화이트가 섞인 모색이고, 브린들은 바탕색에 다른 색의 무늬가 존재하는 털이다.

15 제트 블랙은 순수하고 완전한 검은색이다.

16 설반은 혀에 반점이 있는 것이고, 예로는 차우차우가 있다.

17 피모의 멜라닌 색소 과립 침착 상태는 피그멘테이션이다.

18 세이블은 연한 기본 모색에 검은색 털이 섞여 있거나 겹쳐 있는 것이다. 보통 황색 또는 황갈색 바탕에 털 끝이 검은색이고, 오렌지색 바탕에 세이블은 오렌지 세이블, 암갈색 바탕에 세이블이 겹쳐진 것은 다크 세이블이라고 한다.

19 섬 마크는 패스턴에서 볼 수 있는 검은색 반점이고, 설반은 혀에 있는 반점이고, 배저 마킹은 목, 귀에 탠이나 다른 색의 반점이 있는 것이고, 머즐 둘레의 하얀 반점이다.

20 블레이즈는 양 눈과 눈 사이에 중앙을 가르는 가늘고 긴 백색의 선이고, 예로는 파피용이 있다.

21 스커트(skirt)는 에이프런 아랫부분의 긴 장식 털을 말한다. 프린지는 귀, 다리, 꼬리, 몸통 등에 있는 깃털 모양의 장식 털이다. 타셀은 귀 끝에 남긴 장식 털이다. 톱 노트는 정수리 부분의 긴 장식 털이다.

22 펠트는 털이 엉켜 굳은 상태이다. 깃발 모양 꼬리의 장식 털은 플럼(plume)이다.

23 패로는 담황색이고, 배저는 그레이, 진회색, 화이트가 섞인 모색이고, 피그멘테이션은 피모의 멜라닌 색소 과립 침착 상태이고, 파티컬러는 흰색 바탕에 갈색 또는 검은색 반점이다.

24 바람직하지 못한 반점이나 모색은 파울 컬러이고, 선천적 색소 결핍증은 알비니즘이고, 목 주변을 감싸는 폭 넓은 흰색 반점은 칼라이고, 흰색, 검은색, 황갈색의 반점은 하운드 마킹이다.

25 리버는 진한 적갈색, 붉은 간장 색이다. 비버는 브라운과 그레이가 섞인 색이다.

26 엉킴 제거 제품은 엉킨 부위에 도포하여 일정 시간 방치한 후 엉킴을 제거한다.

27 브리슬 브러시는 털 관리용 오일을 바를 때 오일 브러시로 사용 가능하다.

28 플라스틱 재질의 콤은 정전기 발생이 심하고 빗살 면이 부드럽지 않아서 털을 손상시킨다.

29 콤을 사용하여 전체적으로 빗질하여 브러싱 상태를 점검하고 코트를 정돈하는 마무리 작업을 한다.

30 실키코트 목욕 제품은 몰티즈, 요크셔 테리어에 적합하다.

31 목욕 중에 마사지할 때 두 손바닥으로 털을 비비거나 문지르면 털에 엉킴이 발생한다.

32 장모종 더블 코트는 추위에 강하고, 환모기가 있어 하모가 많이 빠지고, 견종으로 슈나우저, 포메라니안, 시베리안 허스키가 있다.

33 개를 테이블 위에 눕혀서 드라잉 가능하고, 대형견은 세워서 드라잉하면 전체적인 이미지 구상이 가능하다.

34 밴딩 후 관리할 때 반드시 밴드 커팅 가위로 고무줄을 자른다.

35 털의 결 방향으로 마사지해야 엉킴을 방지할 수 있다.

36 린스 작업 시 코트의 전체 부위를 담그면 모질 개선에 큰 효과가 있다.

37 콤으로 드라이 작업의 완성도를 확인한다.

38 책임감과 의식 있는 브리더는 무분별한 번식을 피하고, 각 견종 표준(breed standard)에 부합하는 더 우수한 개를 생산한다.

39 출진자는 본인의 출진표를 항시 본인이 휴대하고 출진 시 왼팔에 착용한다.

40 라운딩은 원형으로 시계 반대 방향으로 돌고, 개는 핸들러의 왼쪽에 위치한다.

41 베스트 인 쇼(best in show)는 각 그룹의 베스트 인 그룹 견들이 경합하여 선발된 도그 쇼 최고의 견을 말한다.

42 미국애견협회(AKC)는 세계애견연맹처럼 하운드를 시각형과 후각형으로 구분하지 않고, 모두 하운드 그룹에 속한다.

43 워킹 그룹은 대체로 총명하고 강력한 체력을 가지고, 집과 가축을 지키고, 수레를 끌고, 경찰견, 군견으로 다양한 힘든 일을 해낸다.

44 퍼피 클립은 한 살 미만의 푸들이 출진 가능하고, 얼굴, 목, 꼬리 밑둥치를 클리핑하고, 발은 모두 클리핑하여 그 형태를 다 볼 수 있어야 한다. 꼬리 끝에 폼폰이 있고, 단정한 형태를 보기 위해서 약간의 손질은 가능하지만 심한 시저링은 허용 불가하다.

45 인터넷으로 단체의 홈페이지에서 미용하고자 하는 개의 견종 표준서를 확인한다.

46 훈련할 때 평이한 음성과 제스처로 개에게 혼돈을 주면 안 된다.

47 스트리핑 나이프, 스트리핑 스톤, 손으로 털의 결 방향으로 살짝 잡아당겨 뽑는다.

48 스테이지 스트리핑은 주로 도그 쇼에 맞추어 완성 기간을 설정하고 스트리핑할 부분을 구분하여 기간의 간격을 두고 순서대로 작업한다.

49 나이프 날이 피부면과 수직을 이루면 개에게 상처를 입히고 고통만 주고 털은 잘 뽑히지 않는다.

50 콜레스테롤 크림은 초크나 파우더의 접착을 쉽게 하기 위해서 사용한다.

1급 실전 모의고사 3회

50문항 60분

01

이중모 구조의 털을 의미하는 것으로 가장 적절한 것을 고르시오.

① 롱 코트(long coat)
② 더블 코트(double coat)
③ 러프(ruff)
④ 싱글 코트(single coat)
⑤ 메인 코트(main coat)

02

머스태시(moustache)에 대한 설명으로 가장 적절한 것을 고르시오.

① 목 주위의 풍부한 장식 털이다.
② 콧수염, 입술과 턱 측면에 난 수염이다.
③ 머즐 둘레의 하얀 반점이다.
④ 털갈이이다.
⑤ 에이프런 아랫부분의 긴 장식 털이다.

03

새들(saddle)에 대한 설명으로 가장 적절한 것을 고르시오.

① 환모기의 털이다.
② 턱수염이라고도 한다.
③ 에이프런 아랫부분의 긴 장식 털이다.
④ 등 부분에 넓은 말 안장 같은 모양의 털과 반점이다.
⑤ 가슴 부위의 장식 털이다.

04

각각의 털에 대한 설명으로 적절하지 않은 것으로 고르시오.

① 러프(ruff) – 목 주위의 풍부한 장식 털이다.
② 머스태시(moustache) – 콧수염, 입술과 턱 측면에 난 수염이다.
③ 비어드(beard) – 턱수염이라고도 하며, 입 주위의 털이다.
④ 아이브로(eyebrow) – 눈썹 부위의 털이다.
⑤ 실키 코트(silky coat) – 뻣뻣하고 강한 모질의 털이다.

05

건조하고 거칠며 상태가 나빠진 털로 가장 적절한 것으로 고르시오.

① 웨이비 코트(wavy coat)
② 역모
③ 와이어 코트(wire coat)
④ 아웃 오브 코트(out of coat)
⑤ 스테이링 코트(staring coat)

06

각각의 털에 대한 설명으로 적절하지 않은 것을 고르시오.

① 아이래시(eyelash) – 속눈썹이다.
② 아이브로(eyebrow) – 눈썹이다.
③ 비어드(beard) – 턱수염, 입 주위의 털이다.
④ 위스커(whisker) – 정수리 부분의 긴 장식 털이다.
⑤ 머스태시(moustache) – 콧수염, 입술과 턱 측면에 난 수염이다.

07

트라우저스(trousers)에 대한 설명으로 가장 적절한 것으로 고르시오.

① 목 아래 가슴 부위의 긴 털이다.
② 다량의 긴 털이 뒷다리에 자라난 헐렁헐렁한 판탈롱이다.
③ 깃발 모양 꼬리의 장식 털이다.
④ 뒷다리 허벅지 뒤쪽의 긴 장식 털이다.
⑤ 두껍고 많은 언더코트이다.

08

언더코트와 오버코트가 자연스럽게 얽혀 새끼줄 모양으로 된 털로 가장 적절한 것으로 고르시오.

① 컬리 코트(curly coat)
② 코디드 코트(corded coat)
③ 울리 코트(wooly coat)
④ 와이어 코트(wire coat)
⑤ 스테이링 코트(staring coat)

09

환모기의 털로 가장 적절한 것으로 고르시오.

① 몰팅(molting)
② 블론(blown)
③ 아웃 오브 코트(out of coat)
④ 하시 코트(harsh coat)
⑤ 러프(ruff)

10

웨이비 코트(wavy coat)에 대한 설명으로 가장 적절한 것을 고르시오.

① 상모에 웨이브가 있는 털이다.
② 곱슬 모이다.
③ 새끼줄 모양으로 된 털이다.
④ 뻣뻣하고 강한 형태의 모질이다.
⑤ 부드럽고 광택이 있는 실크 같은 긴 모질이다.

11

가슴 부위의 장식 털로 가장 적절한 것으로 고르시오.

① 프린지(fringe)　② 타셀(tassel)
③ 톱 노트(top knot)　④ 에이프런(apron)
⑤ 스커트(skirt)

12

꼬리 부위에 있는 털로 가장 적절한 것을 고르시오.

① 퀼로트(culotte)
② 타셀(tassel)
③ 팁(tip)
④ 톱 노트(top knot)
⑤ 머스태시(moustache)

13

거칠고 단단한 와이어 코트로 가장 적절한 것을 고르시오.

① 울리 코트(wooly coat)
② 오버코트(overcoat)
③ 스테이링 코트(staring coat)
④ 스탠드 오프 코트(standoff coat)
⑤ 하시 코트(harsh coat)

14

머리 부위에 털이 아닌 것을 고르시오.

① 비어드(beard)
② 아이래시(eyelash)
③ 타셀(tassel)
④ 머스태시(moustache)
⑤ 새들(saddle)

15

울리 코트(woolly coat)에 대한 설명으로 적절하지 않은 것을 고르시오.

① 털이 뒤덮인 털복숭이 형태이다.
② 양모 형태의 털이다.
③ 북방 견종에 많다.
④ 털이 엉켜 굳은 상태이다.
⑤ 워터 도그(water dog) 코트에 방수 효과가 있다.

16

각각의 모색에 대한 설명으로 적절하지 않은 것을 고르시오.

① 휘튼(wheaten) – 옅은 황색, 밀색
② 폰(faun) – 옅은 황갈색, 금색에 검은색이 조금 섞은 색
③ 할리퀸(harlequin) – 금색에 빨강이 있는 담황색
④ 허니(honey) – 벌꿀 색, 연한 적황갈색
⑤ 골드(gold) – 황금색

17

특별히 도드라지는 색 없이 여러 가지 색으로 반점을 만들 때 모색 용어로 가장 적절한 것을 고르시오.

① 대플(dapple)
② 맨틀(mantle)
③ 그리즐(grizzle)
④ 데드 그래스(dead grass)
⑤ 러스트 탠(rust tan)

18

다음 중 섞이지 않은 단일 색으로 가장 적절한 것을 고르시오.

① 멀(merle)
② 배저(badger)
③ 제트 블랙(jet black)
④ 브린들(brindle)
⑤ 세이블(sable)

19

퍼그(Pug)의 등줄기에서 발견할 수 있는 검은색 선을 나타내는 모색 용어로 가장 적절한 것을 고르시오.

① 트레이스(trace)
② 카페오레(café au lait)
③ 초콜릿(chocolate)
④ 제트 블랙(jet black)
⑤ 스모크(smoke)

20

피그멘테이션(pigmentation)에 대한 설명으로 가장 적절한 것을 고르시오.

① 바람직하지 못한 반점이나 모색이다.
② 선천적 색소 결핍증이다.
③ 목 주변을 감싸는 폭 넓은 흰색 반점이다.
④ 피모의 멜라닌 색소 과립 침착 상태이다.
⑤ 흰색, 검은색, 황갈색의 반점이다.

21

유사색 중에 가장 어두운 모색을 고르시오.

① 체스트넛(chestnut)
② 머스터드(mustard)
③ 제트 블랙(jet black)
④ 그리즐(grizzle)
⑤ 블루 블랙(blue black)

22

설반을 볼 수 있는 견종으로 가장 적절한 것을 고르시오.

① 스탠다드 푸들
② 차우차우
③ 몰티즈
④ 슈나우저
⑤ 비숑 프리제

23

알비니즘(albinism)에 대한 설명으로 적절하지 않은 것을 고르시오.

① 백화 현상이라고도 한다.
② 피부, 털, 눈 등에 색소가 발생하지 않는 이상 현상이다.
③ 유전적 원인에 의해 발생한다.
④ 피모의 멜라닌 색소 과립 침착 상태이다.
⑤ 색소 결핍증이라고도 한다.

24
칼라(collar)에 대한 설명으로 가장 적절한 것을 고르시오.

① 캡을 쓴 것 같은 두개 위의 어두운 반점이다.
② 몸 전체 모색이 같은 것이다.
③ 패스턴에서 볼 수 있는 검은색 반점이다.
④ 폰(fawn) 색의 등줄기를 따르는 검은색 선이다.
⑤ 목 주변을 감싸는 폭 넓은 흰색 반점이다.

25
단일 색의 모색이 파괴된 것을 나타내는 모색 용어로 가장 적절한 것을 고르시오.

① 파티컬러(parti-color)
② 브로큰 컬러(broken color)
③ 브리칭(breeching)
④ 알비노(albino)
⑤ 파울 컬러(foul color)

26
정전기 방지 컨디셔너에 대한 설명으로 적절하지 않은 것을 고르시오.

① 정전기로 코트가 날리는 현상을 방지한다.
② 목욕 후 수분이 완전히 건조되지 않은 상태의 코트에 직접 분사하여 사용할 수 있다.
③ 코트가 완전히 건조되어 브러싱할 때 코트를 보호하며 정전기를 방지한다.
④ 코트에 컨디셔너가 뭉치는 빌드업(build-up) 현상이 없는 제품을 선택해야 한다.
⑤ 손상된 코트에 보습하여 피모를 빠르게 회복한다.

27
브리슬 브러시에 대한 설명으로 적절하지 않은 것을 고르시오.

① 실키 코트에 사용한다.
② 짐승 털로 된 브러시다.
③ 털과 피부의 노폐물 제거에 사용한다.
④ 오일을 바를 때 사용한다.
⑤ 나일론 브러시가 천연모 브러시보다 털에 손상이 더 적다.

28
장모종의 브러싱 마무리 단계에서 전체적으로 빗질하여 브러싱 상태를 점검하는 도구로 가장 적절한 것을 고르시오.

① 슬리커 브러시 ② 브리슬 브러시
③ 콤 ④ 핀 브러시
⑤ 루버 브러시

29
일반적인 목욕 제품과 다르게 장모종 목욕 제품이 가진 기능으로 적절한 것을 모두 고르시오.

㉠ 피모 세정	㉡ 보습
㉢ 엉킴 방지	㉣ 모질 복원

① ㉠ ② ㉠, ㉡, ㉢
③ ㉠, ㉢ ④ ㉠, ㉡, ㉣
⑤ ㉠, ㉡, ㉢, ㉣

30
견종에 따라 장모종의 목욕 제품을 사용할 때 적절하지 않은 것을 고르시오.

① 푸들 – 볼륨 목욕 제품
② 요크셔 테리어 – 볼륨 목욕 제품
③ 몰티즈 – 실키코트 목욕 제품
④ 비숑 프리제 – 볼륨 목욕 제품
⑤ 비숑 프리제 – 화이트닝 목욕 제품

31
장모종 목욕에 대한 설명으로 적절하지 않은 것을 고르시오.

① 목욕하기 전에 목욕에 필요한 용품을 모두 준비한다.
② 모질 특성과 상태에 맞는 목욕 제품을 선택한다.
③ 욕조에 물을 받아 샴푸 농도를 일정하게 유지하면서 피모에 적용한다.
④ 두 손바닥으로 털을 비벼가며 마사지한다.
⑤ 린스 헹굼 정도를 조절하여 코트의 무게감을 조절한다.

32
장모종 싱글 코트에 대한 설명으로 적절하지 않은 것을 고르시오.

① 상모만 가진 일중모 구조이다.
② 환모기가 없다.
③ 털 빠짐이 적다.
④ 추위에 강하다.
⑤ 견종은 푸들, 몰티즈, 요크셔 테리어가 있다.

33
장모종 래핑에 대한 설명으로 적절하지 않은 것을 고르시오.

① 모질의 손상을 최소화한다.
② 털의 마찰을 줄이기 위하여 개의 움직임을 고려한다.
③ 래핑 모양은 가지런하고 흔들림이 적게 작업한다.
④ 최대한 모근에 가깝고 타이트하게 래핑한다.
⑤ 래핑 모양이 망가지면 방치하지 말고 다시 작업한다.

34
장모종 밴딩에 대한 설명으로 적절하지 않은 것을 고르시오.

① 모질의 손상을 최소화한다.
② 래핑지를 사용하지 않고 밴드만 이용한다.
③ 래핑에 비해 작업이 간단하다.
④ 브러싱 스프레이를 중간에 사용한다.
⑤ 밴딩 후 고무줄 제거 시 손가락으로 뜯어 낸다.

35
장모종 샴핑에 대한 설명으로 적절하지 않은 것을 고르시오.

① 털의 안쪽까지 물을 충분히 적셔 준다.
② 항문낭액을 제거한다.
③ 물을 욕조에 받고 샴푸 농도를 조절한다.
④ 털의 결 반대 방향으로 마사지한다.
⑤ 오염이 심한 부위는 농도가 진한 샴푸를 사용한다.

36
장모종 린싱에 대한 설명으로 적절하지 않은 것을 고르시오.

① 물을 욕조에 받고 린스의 농도를 조절한다.
② 개를 욕조에 넣고 린싱한다.
③ 털의 결 방향으로 마사지한다.
④ 코트의 전체 부위를 담그면 모질이 상한다.
⑤ 손가락을 벌려서 위에서 아래로 빗처럼 사용하여 마사지한다.

37
개를 서 있는 상태로 드라잉할 때 설명으로 적절하지 않은 것을 고르시오.

① 대형견은 세워서 드라잉하면 전체적인 이미지 구상이 가능하다.
② 얼굴 부위에 긴 털이 있는 견종은 털이 입에 들어가지 않도록 밴딩한다.
③ 발부터 시작하여 위쪽 방향으로 순차적인 브러싱하며 드라잉한다.
④ 털의 파트를 나누어 집게로 고정하고 집게 안의 털의 양을 조절해 가며 브러싱한다.
⑤ 슬리커 브러시로 드라이 작업의 완성도를 확인한다.

38
도그 쇼에 대한 설명으로 적절하지 않은 것을 고르시오.

① 정의는 견종 표준에 가장 가까운 신체 구성, 성격, 기질을 보여 주는 개를 뽑는 대회이다.
② 역사적으로 세계 최초의 공식적인 도그 쇼는 스포팅 도그 쇼이다.
③ 견종 표준이란 견종별 그 목적에 적합한 이상적인 구성을 묘사한 것이다.
④ 가장 기본적인 목적은 다음 세대를 위한 혈통 번식의 평가를 쉽게 하는 것이다.
⑤ 도그 쇼는 출진하여 반드시 이겨야 즐길 수 있다.

39

도그 쇼의 주요 구성과 역할에 대한 설명으로 적절하지 않은 것을 고르시오.

① 브리더 오너 핸들러는 자신이 번식시키거나 소유한 개로 출진하는 핸들러이다.
② 심사위원은 각 견종 표준에 따라서 완벽한 이미지에 가장 가까운 개를 뽑는 역할이다.
③ 브리더는 번식을 한 어미 개의 소유자이다.
④ 전문 핸들러는 사례를 받고 핸들링을 위탁 받는 핸들러이다.
⑤ 브리더는 각 견종 표준에 부합하지 않는 개를 생산하는 역할이다.

40

도그 쇼의 행사 규정 중에서 진행에 대한 설명으로 적절하지 않은 것을 고르시오.

① 접수처에서 당일 대회와 심사에 관한 전반적인 사항이 기록된 프로그램을 입수한다.
② 출진 등록 번호를 받고 어떤 링에서 몇 시에 심사받는지를 숙지한다.
③ 본인의 출진표를 항시 본인이 휴대하고 출진 시 오른팔에 착용한다.
④ 출진 전에 궁금한 사항은 스튜어드에게 문의한다.
⑤ 출진자는 링 안에서 심사위원의 지시에 따라 심사를 받는다.

41

심사위원이 개의 움직임을 확인할 때 라운딩에 대한 설명으로 적절하지 않은 것을 고르시오.

① 원형으로 보행한다.
② 시계 방향으로 돈다.
③ 전원의 선두에 있을 때 뒷사람들이 준비된 것을 확인한 후 출발한다.
④ 앞에 출진자가 있을 때 충분한 간격을 유지하고 출발한다.
⑤ 개는 핸들러의 왼쪽에 위치한다.

42

도그 쇼의 최고 견으로 가장 적절한 것을 고르시오.

① 베스트 오브 브리드
② 베스트 인 그룹
③ 베스트 인 쇼
④ 베스트 오브 베스트
⑤ 베스트 오브 쇼 도그

43

단체별로 견종을 그룹으로 분류할 때 미국애견협회(AKC) 단체의 그룹 분류에 대한 설명으로 적절하지 않은 것을 고르시오.

① 그룹 1, 스포팅 그룹(SPORTING DOGS) – 사냥꾼을 돕는 사냥개로 에너지가 넘치며 안정된 기질을 지니고 있다.
② 그룹 2, 하운드 그룹(HOUNDS) – 스스로 사냥하고, 시각과 후각으로 사냥감을 추적한다.
③ 그룹 3, 워킹 그룹(WORING DOGS) – 총명하고 강력한 체력을 가졌고, 경찰견, 군견 등이 있다.
④ 그룹 4, 테리어 그룹(TERRIERS) – 사냥감을 쫓아 땅속을 움직이기에 충분히 작고 적합하다.
⑤ 그룹 5, 사이트 하운드 그룹(SIGHT HOUNDS) – 시각형 수렵견종이다.

44

미국애견협회(AKC) 단체 기준으로 그룹별 견종을 나열할 때 적절하지 않은 것을 고르시오.

① 그룹 3, 워킹 그룹(WORKING DOGS) – 아메리칸 코커 스패니얼, 래브라도 리트리버 등
② 그룹 4, 테리어 그룹(TERRIERS) – 에어데일 테리어, 오스트레일리안 테리어, 베들링턴 테리어 등
③ 그룹 5, 토이 그룹(TOYS) – 아펜핀셔, 브뤼셀 그리펀, 치와와 등
④ 그룹 6, 논스포팅 그룹(NON-SPORTING DOGS) – 비숑 프리제, 보스턴 테리어, 차이니즈 샤페이 등
⑤ 그룹 7, 목축 그룹(HERDING DOGS) – 비어디드 콜리, 벨지안 쉽독 그로넨달 등

45

세계애견연맹(FCI) 단체 기준으로 1그룹에 속하는 견종으로 가장 적절한 것을 고르시오.

① 목양견 ② 사역견
③ 테리어 ④ 닥스훈트
⑤ 스피츠

46

스태크(stack)에 대한 설명으로 적절하지 않은 것을 고르시오.

① 도그 쇼에서 완벽한 스태킹(stacking) 자세를 취하려면 많은 연습이 필요하다.
② 금방이라도 앞으로 튀어나갈 것 같지만 움직이지 않는 안정된 자세이다.
③ 개의 시선은 전방에 무언가를 주시하는 모습이다.
④ 체중은 앞발과 뒷발에 각각 50%와 50%로 분배되어 있다.
⑤ 머리는 알맞은 높이로 쳐든 모습이다.

47

밸런스를 보완하는 쇼 미용에 대한 설명으로 적절하지 않은 것을 고르시오.

① 머리 – 미용견의 두상을 눈과 손으로 확인하여 장단점을 파악하고 보완한다.
② 몸 – 견종 표준을 바탕으로 상상한 이상적인 몸 길이와 둘레를 비교하여 보완한다.
③ 다리 – 오 다리 형태는 다리 형태가 스트레이트로 보이도록 커트한다.
④ 꼬리 – 꼬리 형태는 털 길이와 모양으로 더 나은 시각적인 효과가 가능하다.
⑤ 몸 – 와이드 리브(wide rib)를 가진 미용견은 털 길이를 길게 커트하여 보완한다.

48

쇼 미용에서 스트리핑(stripping)에 대한 설명으로 적절하지 않은 것을 고르시오.

① 털을 뽑아 내는 작업이다.
② 주로 거칠고 뻣뻣한 털을 가진 견종에 대하여 털이 빠지고 자라나는 과정을 도와준다.
③ 테리어를 비롯해 많은 다른 견종에 적용된다.
④ 스트리핑 나이프, 스트리핑 스톤, 손으로 털의 결 반대 방향으로 잡아당겨 뽑는다.
⑤ 정상적인 스트리핑은 개에게 고통을 주지 않는다.

49

쇼 미용 메이크업에서 아래의 설명이 나타내는 제품으로 가장 적절한 것을 고르시오.

코트와 피부의 손상을 최소화하고 자연스럽게 색을 더 강조하는 방법으로 사용한다.

① 컬러 전문 샴푸 ② 컬러 초크
③ 컬러 파우더 ④ 밴드
⑤ 스프레이

50

컬러 파우더를 사용할 때 파우더의 접착을 쉽게 하기 위하여 함께 사용하는 제품으로 가장 적절한 것을 고르시오.

① 스프레이 ② 콜레스테롤 크림
③ 밴드 ④ 컬러 전문 샴푸
⑤ 컬러 초크

실전 모의고사 3회 1급 정답 및 해설

1	②	2	②	3	④	4	⑤	5	⑤	6	④	7	②	8	②	9	②	10	①
11	④	12	③	13	⑤	14	⑤	15	④	16	③	17	①	18	③	19	①	20	④
21	③	22	②	23	④	24	⑤	25	②	26	⑤	27	⑤	28	③	29	⑤	30	②
31	④	32	④	33	④	34	⑤	35	④	36	④	37	⑤	38	⑤	39	⑤	40	③
41	②	42	③	43	⑤	44	①	45	①	46	④	47	⑤	48	④	49	①	50	②

01 롱 코트는 장모, 러프는 목 주위의 풍부한 장식 털, 싱글 코트는 한 겹의 털, 메인 코트는 몸의 중심이 되는 털을 말한다.

02 머스태시는 콧수염, 입술과 턱 측면에 난 수염을 말한다. 예로는 스코티시 테리어(Scottish Terrier)가 있다.

03 환모기의 털은 블론(blown), 턱수염은 비어드(beard), 에이프런 아랫부분의 긴 장식 털은 스커트(skirt), 가슴 부위의 장식 털은 에이프런(apron)이다.

04 실키 코트(silky coat)는 부드럽고 광택이 있는 실크 같은 긴 모질을 말한다.

05 웨이비 코트는 상모에 웨이브가 있는 털, 역모는 주로 목이나 항문에서 볼 수 있는 털, 결에 반대로 자란 털, 와이어 코트(wire coat)는 상모가 단단하고 바삭거리는 뻣뻣하고 강한 형태의 모질, 아웃 오브 코트(out of coat)는 모량이 부족하거나 탈모된 상태를 말한다.

06 위스커는 머즐 양쪽에 길고 단단한 털이다. 정수리 부분의 긴 장식 털은 톱 노트(top knot)이다.

07 목 아래 가슴 부위의 길고 풍부한 털은 프릴(frill)이다. 깃발 모양 꼬리의 장식 털은 플럼(plume)이다. 뒷다리 허벅지 뒤쪽의 긴 장식 털은 퀼로트(culotte)이다. 두껍고 많은 언더코트는 파일(pile)이다.

08 컬리 코트는 곱슬 털이고, 울리 코트는 북방 견종에게 많이 볼 수 있는 양모 형태의 털이다. 와이어 코트는 상모가 단단하고 바삭거리는 뻣뻣하고 강한 형태의 모질이고, 스테이링 코트는 질병이 있거나 영양 상태가 안 좋을 경우 나타나는 건조하고 거칠며 상태가 나빠진 털이다.

09 몰팅은 자연스러운 계절적인 환모 현상 그 자체를 말하고, 아웃 오브 코트는 모량이 부족하거나 탈모된 상태이다. 하시 코트는 거칠고 단단한 와이어 코트이고, 러프는 목 주위의 풍부한 장식 털이다.

10 곱슬 모는 컬리 코트(curly coat), 새끼줄 모양으로 된 털은 코디드 코트(corded coat)이다. 뻣뻣하고 강한 형태의 모질의 털은 와이어 코트(wire coat)이다. 부드럽고 광택이 있는 실크 같은 긴 모질은 실키 코트(silky coat)이다.

11 스커트(skirt)는 에이프런 아랫부분의 긴 장식 털을 말한다. 프린지는 귀, 다리, 꼬리, 몸통 등에 있는 깃털 모양의 장식 털이다. 타셀은 귀 끝에 남긴 장식 털이다. 톱 노트는 정수리 부분의 긴 장식 털이다.

12 팁은 꼬리 끝의 하얀색 털이다.

13 울리 코트는 양모상의 털이고, 오버코트는 상모이고, 스테이링 코트는 건조하고 거칠어 상태가 나빠진 털이고, 스탠드오프 코트는 꼿꼿하게 선 모양의 털이다.

14 새들은 등 부분에 넓은 말 안장 같은 털과 반점이다.

15 털이 엉켜 굳은 상태는 펠트(felt)이다.

16 할리퀸은 흰색 바탕에 검은색이나 회색의 불규칙한 얼룩 무늬이다. 금색에 빨강이 있는 담황색은 골든 버프(golden buff)이다.

17 맨틀은 어깨, 등, 몸통 양쪽에 망토를 걸친 듯한 크고 진한 반점이고, 그리즐은 흰색 털에 검은색이나 적색 털이 섞인 색이고, 데드 그래스는 옅은 다갈색으로 마른 풀색이고, 러스트 탠은 녹슨 색의 탠이다.

18 멀은 검정, 블루, 그레이의 배색이고, 배저는 그레이, 진회색, 화이트가 섞인 모색이고, 브린들은 어두운 바탕색에 밝은 모색이 섞이거나 밝은 바탕색에 어두운 모색이 섞인 것이고, 세이블은 연한 기본 모색에 검은색 털이 섞여 있거나 겹쳐 있는 것이다.

19 카페오레는 밀크커피색이고, 초콜릿은 검은 적갈색이고, 제트 블랙은 완전한 검은색이고, 스모크는 거무스름한 옅은 흑색의 연기 색이다.

20 바람직하지 못한 반점이나 모색은 파울 컬러이고, 선천적 색소 결핍증은 알비니즘이고, 목 주변을 감싸는 폭 넓은 흰색 반점은 칼라이고, 흰색, 검은색, 황갈색의 반점은 하운드 마킹이다.

21 제트 블랙은 순수하고 완전한 검은색이다.

22 설반은 혀에 반점이 있는 것이고, 예로는 차우차우가 있다.

23 피모의 멜라닌 색소 과립 침착 상태는 피그멘테이션이다.

24 칼라는 목 주변을 감싸는 폭 넓은 흰색 반점이고, 예로는 콜리가 있다.

25 파티컬러는 두 가지 색의 구분된 반점의 색깔이고, 브리칭은 검은색 개의 대퇴부 안쪽과 후방의 탠 반점이고, 알비노는 선천성 색소 결핍증에 걸린 개체이고, 파울 컬러는 견종 특성에 맞지 않는 반점이나 모색이다.

26 브러싱 컨디셔너는 털의 정전기로 생기는 마찰로 인한 털의 손상을 줄이고, 브러싱을 쉽게 하고, 손상된 코트에 보습하여 피모를 빠르게 회복하고, 코트를 건강한 상태로 유지 가능하다.

27 나일론 브러시는 정전기 발생으로 털을 손상시키므로 천연모로 된 브리슬 브러시를 사용한다.

28 장모종의 브러싱 마무리 단계에서 콤으로 전체적으로 빗질하여 브러싱 상태를 점검한다.

29 일반적인 목욕 제품은 피모 세정 기능이지만 장모종 목욕 제품은 더 많은 기능이 필요하다. 긴 털이 끊어지지 않고 건강하게 자라도록 보습, 엉킴 방지, 거칠어진 모질의 복원 등의 기능을 포함한다.

30 실키코트 목욕 제품은 몰티즈, 요크셔 테리어에 적합하고, 제품이 털을 차분하게 하고 모질에 윤기를 주고 정전기와 엉킴을 방지시키므로 털 관리가 쉬워진다.

31 목욕 중에 마사지할 때 두 손바닥으로 털을 비비거나 문지르면 털에 엉킴이 발생한다.

32 장모종 싱글 코트는 상모만 가진 일중모 구조이고, 환모기가 없고 털 빠짐이 적고, 피모가 얇아서 추위에 약하다.

33 래핑이 모근에 너무 가까우면 타이트하여 털이 끊어질 수 있다.

34 밴딩 후 관리할 때 반드시 밴드 커팅 가위로 고무줄을 자른다.

35 털의 결 방향으로 마사지해야 엉킴을 방지할 수 있다.

36 린스 작업 시 코트의 전체 부위를 담그면 모질 개선에 큰 효과가 있다.

37 콤으로 드라이 작업의 완성도를 확인한다.

38 도그 쇼를 즐기기 위해 반드시 이겨야 할 필요는 없다. 승리에만 관심을 갖는다면 도그 쇼는 취미 문화가 될 수 없다.

39 브리더의 브리딩(breeding)의 목표는 각 견종 표준(breed standard)에 부합하는 더 우수한 개를 생산하는 것이다.

40 출진자는 본인의 출진표를 항시 본인이 휴대하고 출진 시 왼팔에 착용한다.

41 라운딩은 원형으로 시계 반대 방향으로 돌고, 개는 핸들러의 왼쪽에 위치한다.

42 베스트 인 쇼(best in show)는 각 그룹의 베스트 인 그룹 견들이 경합하여 선발된 도그 쇼 최고의 견을 말한다.

43 미국애견협회(AKC)는 세계애견연맹처럼 하운드를 시각형과 후각형으로 구분하지 않고, 모두 하운드 그룹에 속한다.

44 미국애견협회(AKC)의 그룹 1은 스포팅 그룹(SPORTING DOGS)이고, 포인터, 세터, 스패니얼, 리트리버 등이 속한다.

45 세계애견연맹(FCI)의 1그룹은 목양견 그룹(herding group)이고, 목양견(sheepdogs), 목축견(cattle dogs)이 속한다.

46 스태킹은 앞발과 뒷발에 체중이 각각 60%와 40% 정도를 이룬다.

47 와이드 리브를 가진 미용견은 털 길이를 좀 더 짧게 커트하여 몸의 밸런스를 보완한다.

48 스트리핑 나이프, 스트리핑 스톤, 손으로 털의 결 방향으로 살짝 잡아당겨 뽑는다.

49 컬러 전문 샴푸는 염색 없이 코트와 피부의 손상을 최소화하고 자연스럽게 색을 더 강조한다.

50 콜레스테롤 크림은 초크나 파우더의 접착을 쉽게 하기 위해서 사용한다.